“十三五”国家重点出版物出版规划项目
现代机械工程系列精品教材

工程制图教程

主　编　鲁宇明　刘　毅
副主编　马银平　王利霞
参　编　缪　君　张桂梅　张平生
　　　　王艳春　张冉阳
主　审　高满屯

机 械 工 业 出 版 社

本书吸收现代工程制图教学改革的新成果，结合现代工程设计理念，面向新世纪工科类专业学生，将工程制图相关知识和技能训练有机融合，以适应培养学生创新能力和意识的需要。本书主要内容包括制图的基本知识，点、线、面的投影，立体的投影，组合体，轴测图，机件的表达方法，零件图和装配图。

机械工业出版社还将同时出版由鲁宇明、张桂梅主编的《工程制图习题集》，与本书配套使用。

本书可作为各本、专科院校工科专业学生的制图课程教材，亦可供从事工程产品设计的工程技术人员参考。

图书在版编目（CIP）数据

工程制图教程/鲁宇明，刘毅主编. —北京：机械工业出版社，2020.9（2025.6 重印）

“十三五”国家重点出版物出版规划项目　现代机械工程系列精品教材

ISBN 978-7-111-66523-6

Ⅰ.①工…　Ⅱ.①鲁…　②刘…　Ⅲ.①工程制图-高等学校-教材　Ⅳ.①TB23

中国版本图书馆 CIP 数据核字（2020）第 177021 号

机械工业出版社（北京市百万庄大街 22 号　邮政编码 100037）

策划编辑：舒　恬　责任编辑：舒　恬　王勇哲

责任校对：刘雅娜　封面设计：张　静

责任印制：单爱军

天津光之彩印刷有限公司印刷

2025 年 6 月第 1 版第 14 次印刷

184mm×260mm · 14.75 印张 · 359 千字

标准书号：ISBN 978-7-111-66523-6

定价：39.80 元

电话服务　　网络服务

客服电话：010-88361066　　机　工　官　网：www.cmpbook.com

010-88379833　　机　工　官　博：weibo.com/cmp1952

010-68326294　　金　书　网：www.golden-book.com

机工教育服务网：www.cmpedu.com

前言

本书根据教育部工程图学教学指导委员会制定的《普通高等学校工程图学课程教学基本要求》以及近几年发布的最新制图国家标准编写而成。

本书是南昌航空大学多年来承担的江西省教学改革项目、学校创新创业工程制图课程建设项目及江西省教育规划课题的成果转化和应用，得到“南昌航空大学教材建设基金”资助。

本书在内容体系和编排上，以必需、够用为原则，将理论和实践有机结合，内容循序渐进、通俗易懂，教学案例生动直观，有助于提升学生综合素质及培养创新能力，使学生具备科学思维方法、空间思维能力及工程图样处理能力。本书内容涵盖投影基本理论、制图基础和专业工程图等。为方便学生课后练习，与本书配套的《工程制图习题集》将由机械工业出版社同步出版。本书适用于各本、专科院校工科类相关专业，也适用于各类高等职业技术学校，并可供工程技术人员参考。

本书由鲁宇明、刘毅任主编。教材各章节内容具体编写情况如下：鲁宇明编写绪论，第 4 章的 4.1~4.4 节，第 7 章的 7.1 节、7.3 节、7.4 节和附录；刘毅编写第 1 章、第 3 章、第 4 章的 4.5 节、第 8 章的 8.1~8.4 节和 8.6~8.8 节；缪君编写第 2 章；马银平编写第 6 章的 6.2~6.4 和 6.6 节；张桂梅编写第 6 章的 6.1 节；王利霞编写第 5 章；张平生编写第 6 章的 6.5 节、第 7 章的 7.2 节和第 8 章的 8.5 节；张冉阳编写第 7 章的 7.6~7.7 节；王艳春编写第 7 章的 7.5 节。鲁宇明带领并指导王少钦、肖卓、王千祥、张弛等学生完成工程机件表达方法章节中的图样绘制。全书由鲁宇明统稿。

西北工业大学高满屯教授担任本书主审，并提出了许多宝贵意见；江西科技师范大学闵旭光教授也对本书的部节章节内容进行了审核，在此表示衷心感谢。

在本书编写过程中，编者参考了国内部分同类教材，特向有关作者表示感谢。

由于编者的经验和水平有限，本书难免存在不足之处，敬请读者批评指正。

编　者

目 录

前言

绪论

在工程技术中，设计者通过图样表达设计意图和要求，制造者通过图样了解设计要求、组织生产加工，使用者根据图样了解产品的构造和性能、正确的使用方法和维护方法。根据投影原理及国家标准规定表示工程对象的形状、大小以及技术要求的图，称为工程图样。工程图样不仅是指导生产的重要技术文件，也是进行技术交流的重要工具，被喻为工程界的技术语言。

1. 工程图样的发展状况

图样的出现是自然界发展演变的产物，最早的图作为绘画艺术品，起着装饰效果的作用，如陶器上用简单线条组成图案，以增加陶器的美学效果。随着宫廷建筑、水利、机械工程、天文地理的发展，人们用平面图形能够更清晰地来表示空间物体，如周朝的《三礼图》中就有周王城的平面图。到了战国时期，图样已经很普及，表达方法也有了新进展，我国人民运用有确定的绘图比例、酷似用正投影法画出的建筑规划平面图来指导工程建设。秦汉时期，我国已出现图样的史料记载，并能根据图样建筑宫室。宋代李诫（仲明）所著《营造法式》一书，运用投影法绘制平面图、轴测图、透视图等各种图样表达复杂的建筑结构。随着生产技术的不断发展，农业、交通、军事等行业的器械日趋复杂和完善，图样的形式和内容也日益接近现代工程图样。如清代程大位所著《算法统筹》一书的插图中，就出现了丈量步车的装配图和零件图。

在西方，早在公元前2600年就出现了可以称为工程图样的图，那是一幅刻在泥板上的神庙地图。直到公元1500年文艺复兴时期，才出现将平面图和其他多面图画在同一幅画面上的设计图。法国科学家蒙日在总结前人经验的基础上，根据平面图形表示空间形体的投影规律，于1795年发表了《画法几何》，从而奠定了图学理论的基础，使工程图的表达与绘制提供了规范性依据。

新中国成立后，随着社会主义建设蓬勃发展和对外交流的日益增多，工程制图得到飞快发展，学术活动频繁。画法几何、射影几何、透视投影等理论的研究得到进一步深入，并广泛与生产、科研相结合。与此同时，由于生产建设的迫切需要，由国家相关职能部门批准颁布了一系列制图标准，如技术制图标准、机械制图标准、建筑制图标准、道路工程制图标准、水利水电工程制图标准等。

20世纪50年代，我国著名学者赵学田教授将三视图的投影规律总结为通俗简明的9个字："长对正，高平齐，宽相等"。20 世纪 70 年代，计算机图形学、计算机辅助设计(CAD)、计算机绘图在我国得到迅猛发展，除了国外一批先进的图形、图像软件如 AutoCAD、CADkey、Pro/E 等得到广泛使用外，我国自主开发的一批国产绘图软件，如天正建筑 CAD、CAXA 高华 CAD、开目 CAD、凯图 CAD 等也在设计、教学、科研生产单位得到广泛使用。随着我国现代化建设的迫切需要，计算机技术将进一步与工程制图结合，计算机绘图和智能 CAD 将进一步得到深入发展。

2. 本课程研究对象

工程中，为准确表达工程对象的形状、大小、相对位置和技术要求，通常需要将其按照一定的投影方法和相关技术规定表达在图纸上，就得到了工程图样，简称图样。在机械工程中常用的图样是零件图和装配图，统称为机械图样，如图 0-1、图 0-2。本教材以机械图样作为研究对象。

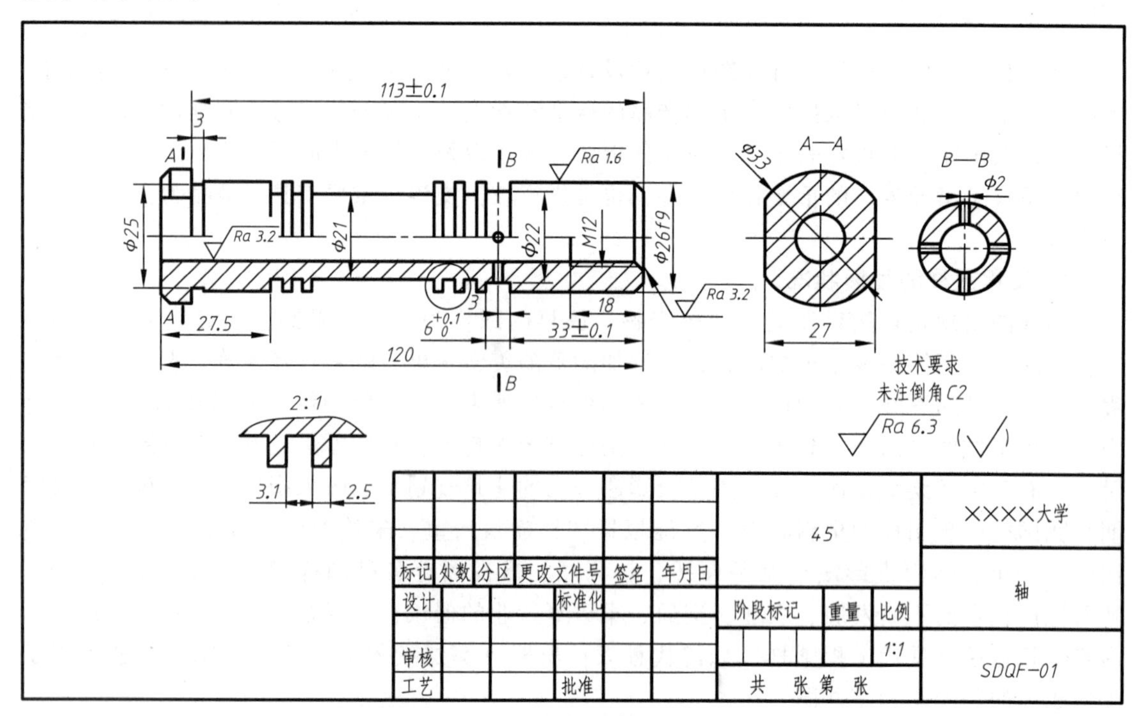

图 0-1　轴零件图

3. 本课程的内容和培养目标

本课程内容分以下几个模块：

制图基本知识——即本书第 1 章，介绍制图国家标准及其他有关标准的一些基本规定。

画法几何——即本书第 2、3 章，介绍运用投影理论在平面上表示空间几何元素（点、线、面、体）及其相对位置的方法（即图示法）和图解空间几何问题的基本原理和方法(即图解法)。

组合体——即本书第 4 章，介绍组合体的构成形式及正确阅读和绘制组合体三视图的方法。

轴测图——即本书第 5 章，介绍轴测投影图的概念和分类及轴测图绘制方法。

机件的常用表达方法——即本书第 6 章，介绍机件表达的常用方法，根据机件形状特

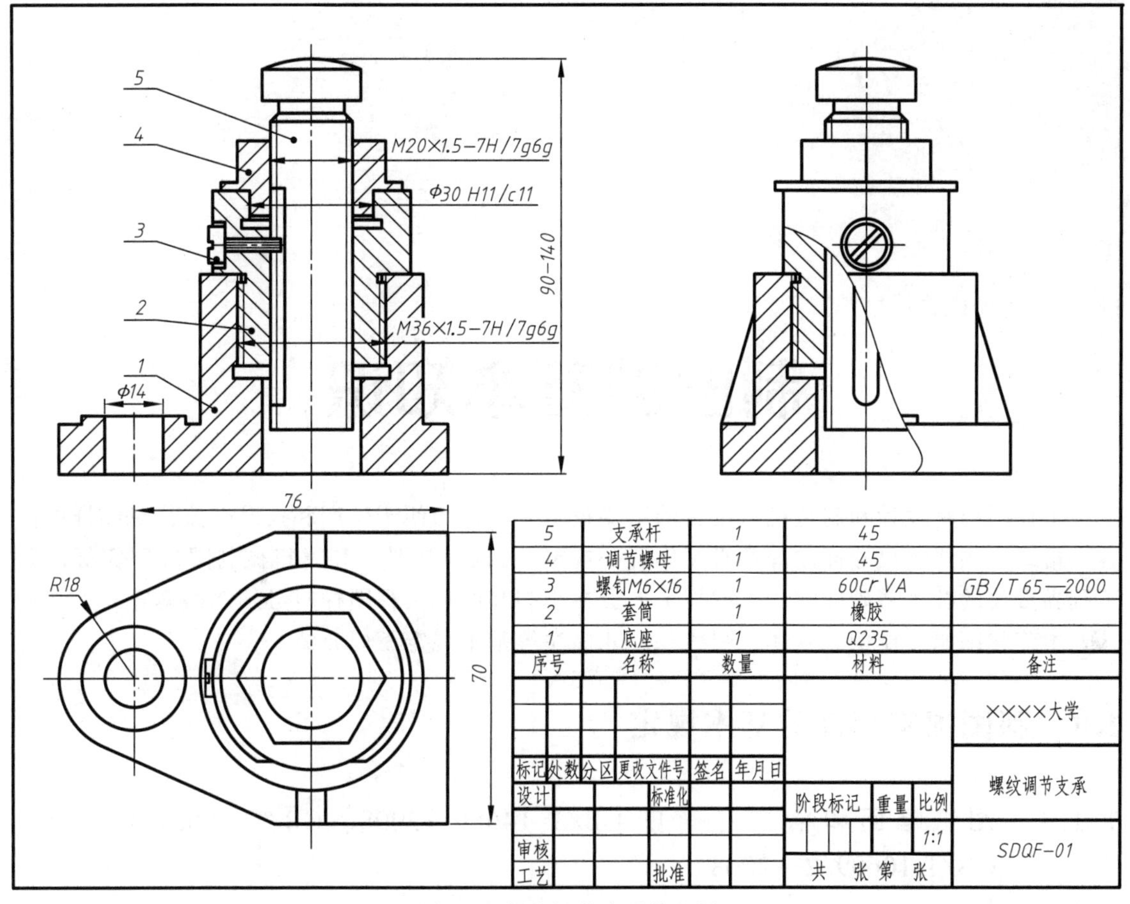

图 0-2　螺纹调节支承装配图

点，选用合适的表达方法。

机械工程图样——即本书第 7、8 章，介绍零件图和装配图的阅读和绘制方法，以及有关技术要求。

本课程培养目标可以概括为三种能力的培养和三种意识的建立。三种能力是：培养图学思维和空间想象能力，培养图形表达能力和简单构型能力，培养图形的绘制能力。三种意识是：建立工程意识，建立设计构型意识，建立遵守标准和规范的意识。

4. 本课程的学习方法

根据本课程的特点，建议学习过程中应注意以下几点：

1）在学习图示理论时，注意空间几何关系，找出空间几何原形与平面图样间的对应关系。留意观察正投影法在日常生活中的应用，图样上所表达的对象大多都是生活中能遇到的。

2）该门课程既是一门基础理论课，又是一门技术基础课，因此它的实践意义十分重要。多想、多看、多画，熟知基本理论和基本方法，深入理解和掌握平面和空间互相转换的规律，借助于现代计算机技术，逐步提高空间想象能力和图形思维能力，掌握复杂形体的各种表达方法。

3）要严格遵守制图国家标准的有关规定，养成实事求是的科学态度，培养一丝不苟、严谨细致的学习作风。

第1章

制图的基本知识

工程图样是设计和制造机器设备的重要技术文件，为便于生产和技术交流，对图样的内容、格式、画法、尺寸标注等都必须作统一规定。《技术制图》和《机械制图》国家标准是工程界重要的技术基础标准，工程技术人员在绘制和阅读工程图样时必须严格遵守。

本节就图幅、比例、字体、图线、尺寸标注等基本规定予以介绍。

1.1 制图国家标准的基本规定

1.1.1 图纸幅面和格式（摘自 GB/T 14689—2008、GB/T 10609.1—2008、GB/T 10609.2—2008）

1. 图纸幅面

绘制图样时，应优先采用表 1-1 中规定的基本幅面。必要时可由基本幅面沿短边成整数倍加长，加长幅面尺寸可参阅图 1-1 或国标的有关规定。

表 1-1 基本幅面尺寸和图框尺寸 （单位：mm）

幅面代号		A0	A1	A2	A3	A4
$B \times L$		841×1189	594×841	420×594	297×420	210×297
周边尺寸	e	20		10		
	c	10			5	
	a	25				

2. 图纸格式

（1）图框　图样上必须带有用粗实线绘制的图框，图框格式分为不留装订边和留装订边两种，分别如图 1-2 和图 1-3 所示。

（2）标题栏和明细栏

1）标题栏（摘自 GB/T 10609.1—2008）。每张图样都必须配置标题栏，标题栏的位置位于图纸的右下角。看图方向与看标题栏的方向一致（图 1-2、图 1-3），也可按方向符号指示的方向看图（参见有关标准图例）。标题栏的格式、内容和尺寸在 GB/T 10609.1—2008 中作了规定，如图 1-4 所示。

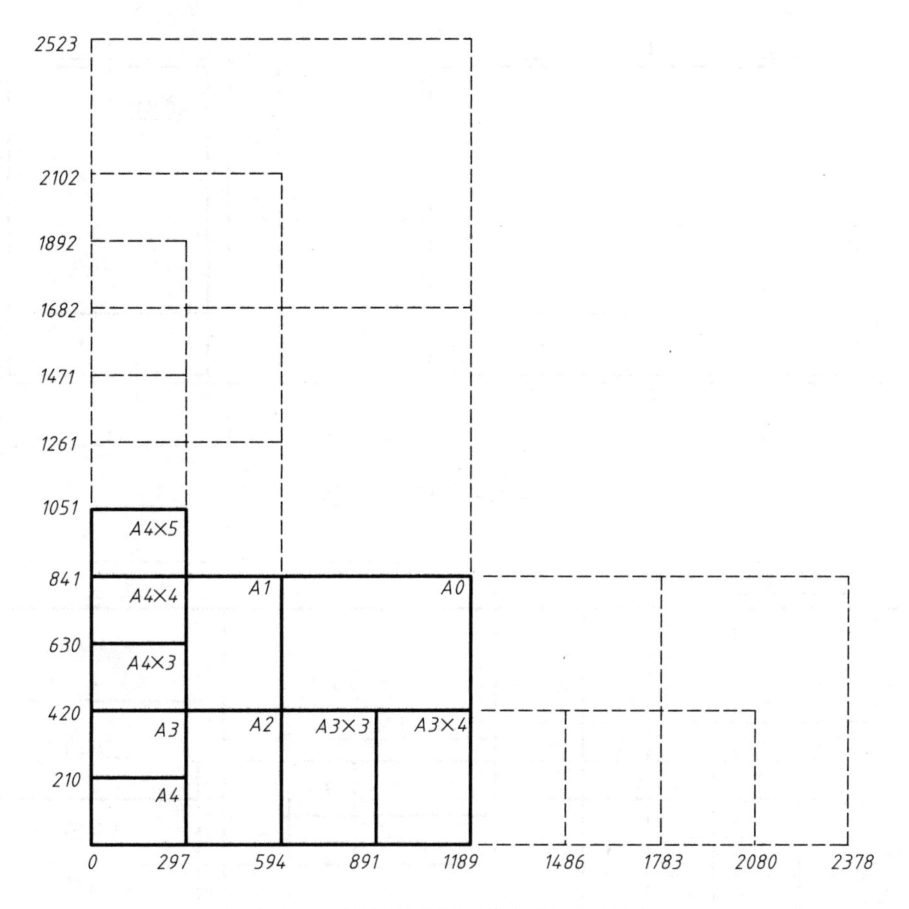

图 1-1　图纸基本幅面及加长幅面尺寸

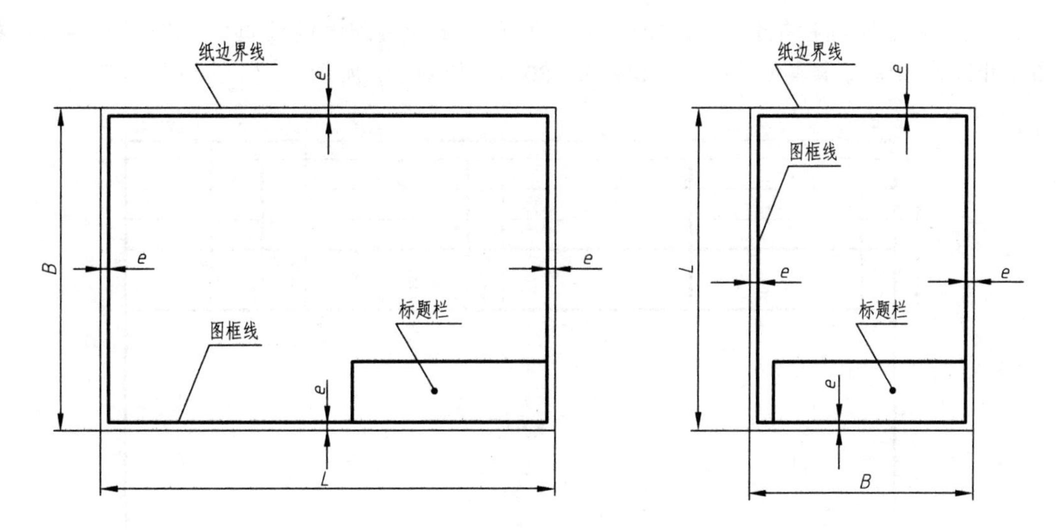

图 1-2　不留装订边的图框格式

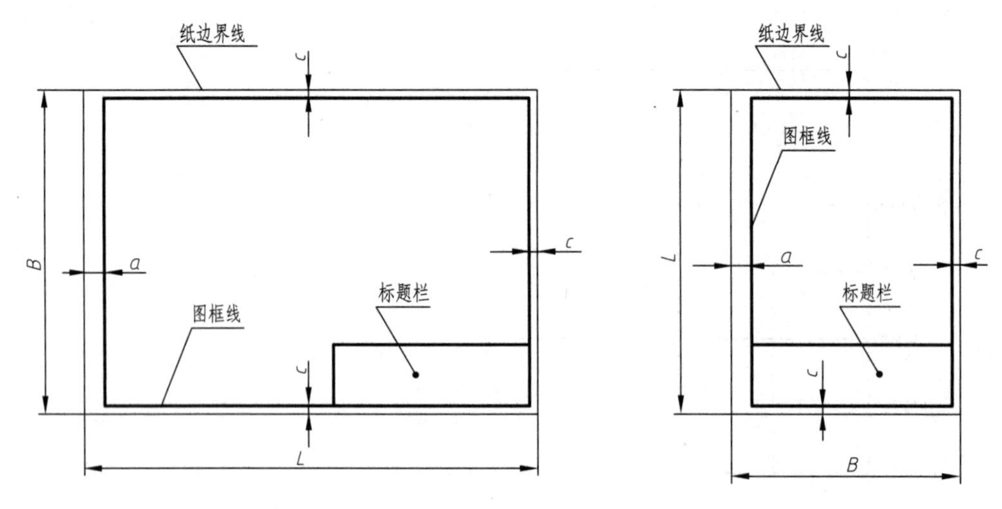

图 1-3　留有装订边的图框格式

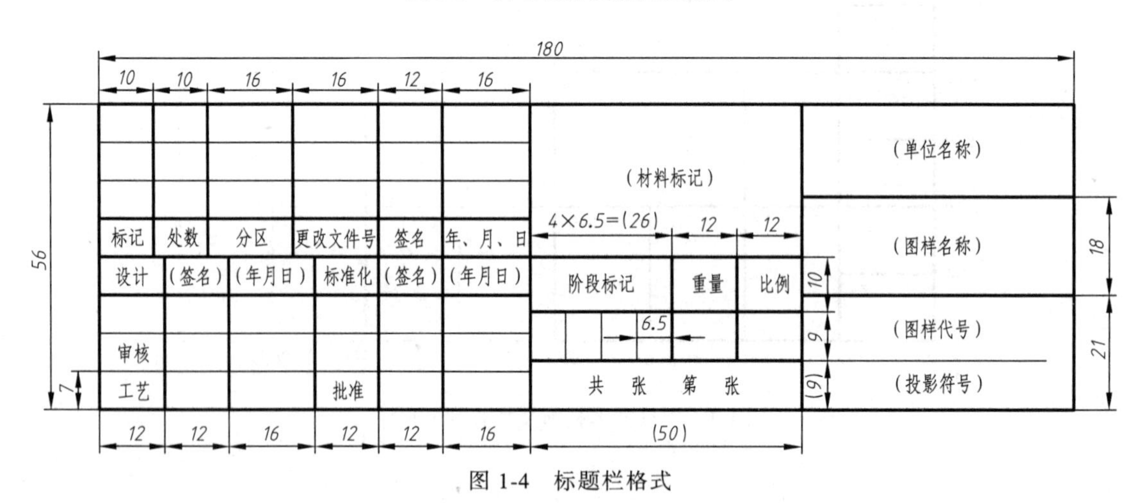

图 1-4　标题栏格式

2）明细栏。明细栏是装配图中的一项内容或附属于装配图的续页。明细栏的内容、格式和尺寸以及填写要求参见 GB/T 10609. 2—2009，如图 1-5 所示。

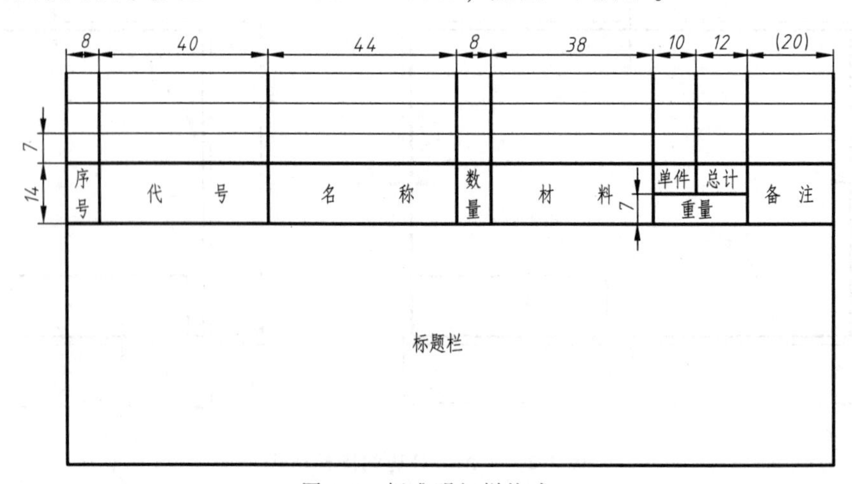

图 1-5　标准明细栏格式

1.1.2 比例（摘自 GB/T 14690—1993）

比例是指图中图形与其实物相应要素的线性尺寸之比。绘制图样时，应由表 1-2 规定的系列中选取适当的比例，一般优先选用 1∶1。表中 n 为正整数。

比值为 1 的比例称为原值比例，比值大于 1 的比例为放大比例，比值小于 1 的比例为缩小比例。

表 1-2 绘图比例

原值比例	缩小比例		放大比例	
	优先	必要时采用	优先	必要时采用
1∶1	1∶2,1∶2×10^n	1∶1.5,1∶1.5×10^n 1∶4,1∶4×10^n	5∶1,5×10^n∶1	4∶1,4×10^n∶1
	1∶5,1∶5×10^n	1∶2.5,1∶2.5×10^n 1∶6,1∶6×10^n	2∶1,2×10^n∶1	2.5∶1,2.5×10^n∶1
	1∶10,1∶1×10^n	1∶3,1∶3×10^n	1×10^n∶1	

图 1-6 是用不同比例绘制的同一实物的图样。图样无论采用缩小或放大比例，所注尺寸应是实物的实际尺寸。在同一张图样上的各图形一般采用相同的比例绘制，并在标题栏中填写。当某个视图需要采用不同比例时，必须另行标注。

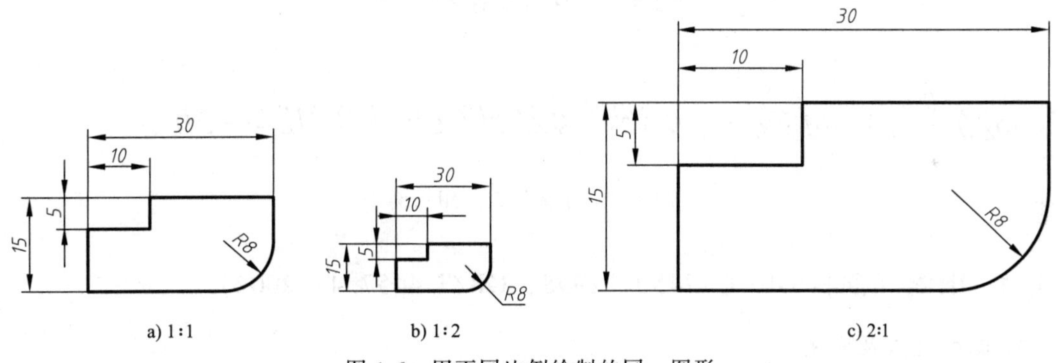

图 1-6 用不同比例绘制的同一图形

1.1.3 字体（摘自 GB/T 14691—1993）

在图样中书写的汉字、数字和字母必须做到：字体工整、笔画清楚、间隔均匀、排列整齐。

字体的号数，即字体的高度（用 h 表示），其公称尺寸系列（单位为 mm）为：1.8，2.5，3.5，5，7，10，14，20。

汉字应写成长仿宋体字，汉字的高度 h 不应小于 3.5mm，字体宽度一般为 $h/\sqrt{2}$，汉字示例如图 1-7 所示。数字和字母有 A 型和 B 型两类，同时又各有斜体和直体之分。A 型字体的笔画较细，为字高 h 的 1/14；B 型字体的笔画较粗，为字高 h 的 1/10。在同一图样上，只允许选用一种型式的字体。A 型阿拉伯数字和罗马数字的字体如图 1-8 所示。A 型拉丁字母字体如图 1-9 所示。字体综合应用时，用作指数、分数、极限偏差、注脚等的数字及字母，一般采用小一号的字体，如图 1-10 所示。

字体工整、笔画清楚、间隔均匀、排列整齐

图 1-7　长仿宋体汉字示例

0123456789

a) 斜体阿拉伯数字

I II III IV V VI VII VIII IX X

b) 斜体罗马数字

图 1-8　A 型阿拉伯数字和罗马数字字体示例

ABCDEFGHIJKLMNOPQRSTUVWXYZ

abcdefghijklmnopqrstuvwxyz

图 1-9　A 型拉丁字母字体示例

$\phi 20^{+0.012}_{-0.023}$　$\phi 15^{\ 0}_{-0.018}$　$\phi 35\frac{H6}{m5}$　$\phi 25H7/c6$　$R8$　$M24—6h$

图 1-10　字体综合运用示例

1.1.4　图线（摘自 GB/T 17450—1998，GB/T 4457.4—2002）

1. 图线型式及应用

1）绘制图样时，应采用表 1-3 中规定的图线。图线分为粗、细两种，粗线的宽度应按图样的大小和复杂程度在 0.5~2mm 之间选取，细线的宽度为粗线的 1/2。

2）所有线型的图线宽度 d 的推荐系列（单位为 mm）为：0.13，0.18，0.25，0.35，0.5，0.7，1，1.4，2。为了保证图样的清晰度、易读性和便于缩微复制，应尽量避免采用小于 0.18mm 的图线。图 1-11 所示为常用图线的应用举例。

表 1-3　线型及其应用

名称	图线型式	一般应用
粗实线	———————（粗）	可见轮廓线、相贯线、螺纹牙顶线、螺纹长度终止线、齿顶圆（线）、表格图和流程图中的表示线、模样分型线、剖切符号用线
细实线	———————（细）	过渡线、尺寸线与尺寸界线、指引线和基准线、剖面线、重合断面的轮廓线、短中心线、螺纹牙底线、尺寸线的起止线、表示平面的对角线、辅助线、成规律分布的相同要素连线等

（续）

名称	图线型式	一般应用
波浪线		断裂处的边界线、视图与剖视图的分界线
双折线		断裂处的边界线、视图与剖视图的分界线
细虚线		不可见轮廓线
粗虚线		允许表面处理的表示线
细点画线		轴线、对称中心线、分度圆（线）、孔系分布的中心线、剖切线
粗点画线		限定范围表示线
细双点画线		相邻辅助零件的轮廓线、可动零件的极限位置的轮廓线、成行前轮廓线、剖切面前的结构轮廓线、轨迹线、中断线等

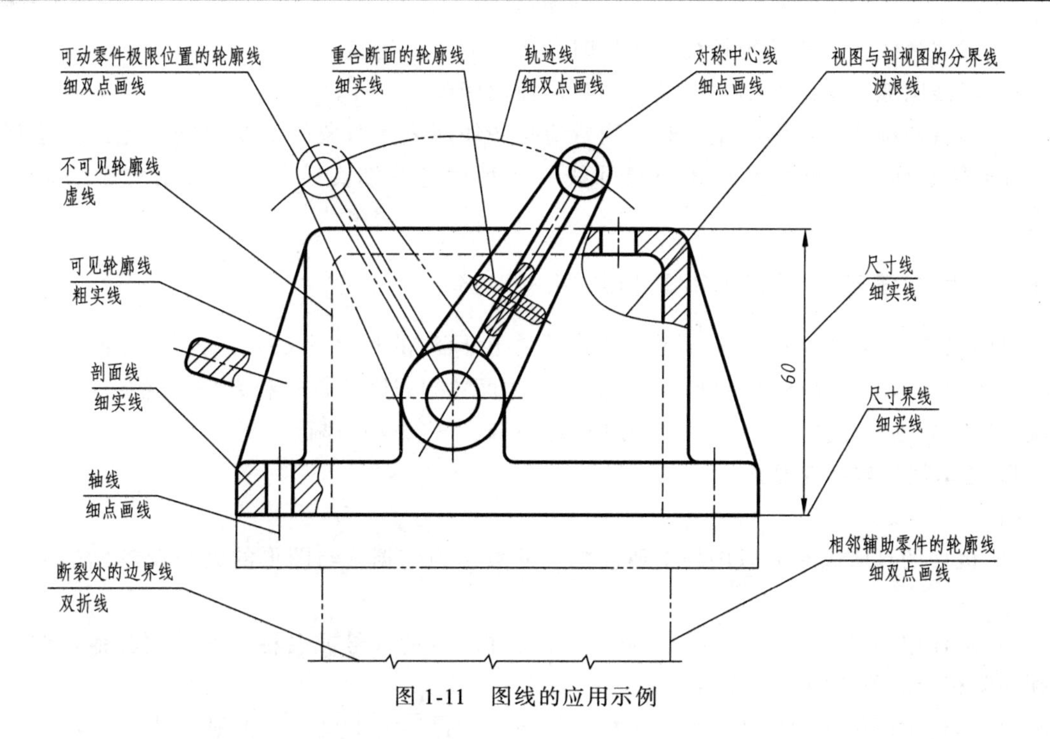

图 1-11　图线的应用示例

2. 图线画法

图线画法示例如图 1-12 所示，绘图时应遵守以下各点：

1）在同一张图纸上，同类图线的宽度应一致。虚线、点画线、双点画线等各线素的长度应符合“图线的构成”或国家标准的有关规定。

2）两平行线间的最小距离不得小于 0.7mm。

3）点画线、虚线相交时应以画相交，而不应该是点或间隔。计算机绘图时，圆心处的中心线可用圆心符号代替（见 GB/T 14665—1998）。

4）绘制圆中心线时，圆心应是画的交点，且点画线的首末两端应是画，而不是点。

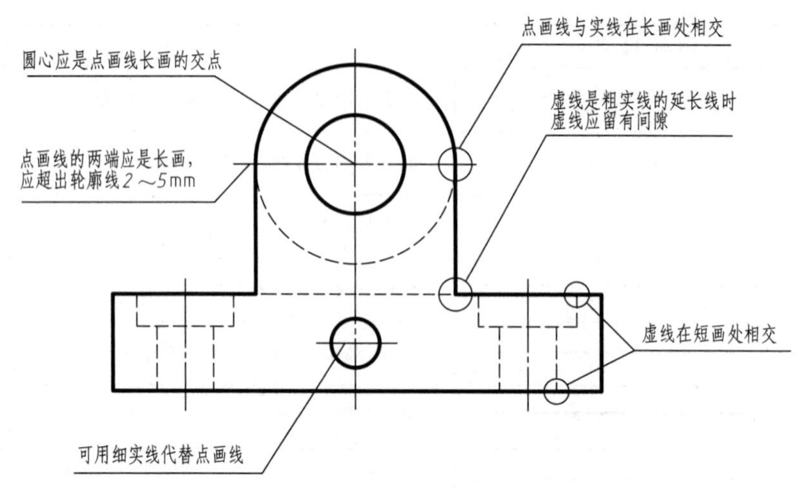

图 1-12　图线画法示例

5）虚线直线在实线的延长线上相接时，虚线应留出间隔。

6）虚线圆弧与实线相切时，虚线圆弧应留出间隔。

7）当有两种或多种图线重合时，通常应按图线所表达对象的重要程度优先选择绘制顺序：可见轮廓线→不可见轮廓线→尺寸线→各种用途的细实线→轴线和对称中心线→假想线。

1.1.5　尺寸注法（摘自 GB/T 4458.4—2003）

图形只能表示物体的形状，而物体的大小由标注的尺寸来决定。国家标准《机械制图　尺寸注法 GB/T 4458.4—2003》规定了标注尺寸的规则、符号和方法。这些规定在绘制机械图样时必须严格遵守。尺寸的标注应做到正确、完整和清晰。

1. 基本规则与组成要素

（1）基本规则

1）机件的真实大小应以图样上所注的尺寸数值为依据，与图形的大小及绘图的准确度无关。

2）图样中的尺寸以毫米为单位时，不需标注单位的代号或名称，如采用其他单位，则必须注明相应的单位的代号或名称。

3）图样中所标注的尺寸，为该图样所示机件的最后完工尺寸，否则应另加说明。

4）机件的每一尺寸，在图样上一般只标注一次，并标注在反映该结构最清晰的图形上。

（2）尺寸的组成要素　一个完整的尺寸标注，是由尺寸界线、尺寸线、尺寸线终端和尺寸数字组成。如图 1-13 所示。

1）尺寸界线。尺寸界限表示所注尺寸的范围，一般用细实线绘出，并应由图形的轮廓线、轴线或对称中心线处引出。也可利用轴线、中心线或轮廓线作为尺寸界限，如图 1-14a 所示。尺寸界限应与尺寸线垂直，必要时才允许倾斜。在光滑过渡处标注尺寸时，应用细实线将轮廓线延长，从它们的交点处引出尺寸界线，如图 1-14b、图 1-14c 所示。

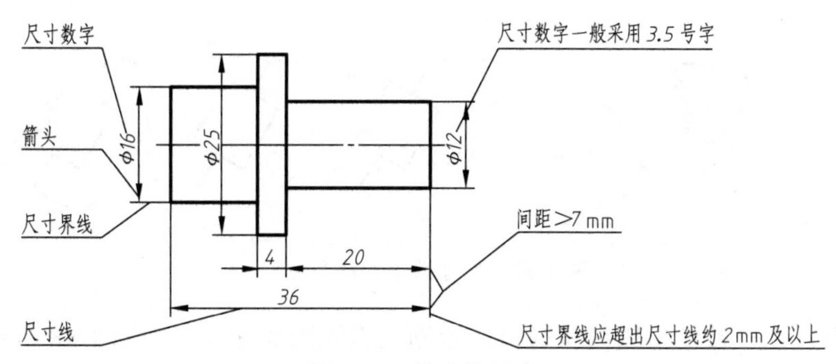

图 1-13 尺寸的组成

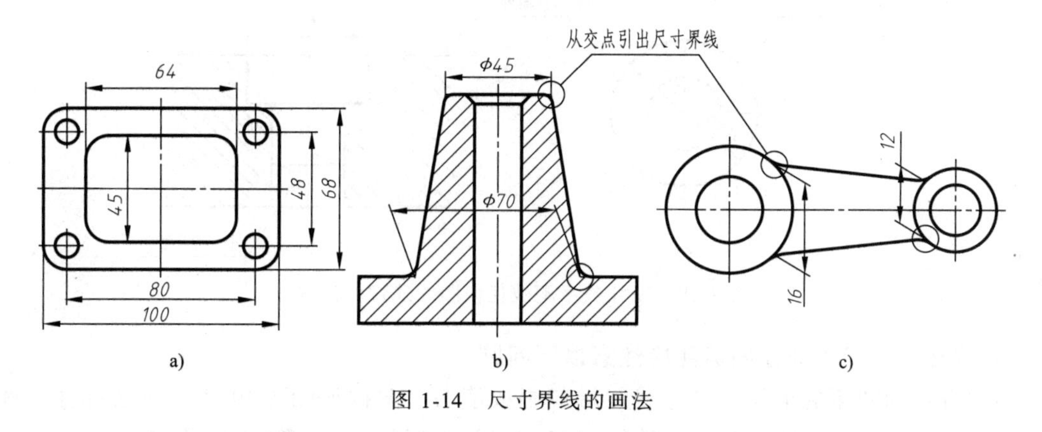

图 1-14 尺寸界线的画法

2）尺寸线。尺寸线用细实线绘制，不能用其他图线代替。标注线性尺寸时，尺寸线应与所标注的线段平行。

3）尺寸线终端有箭头和斜线两种形式。机械图样一般采用箭头形式。当位置不够时，允许用圆点代替箭头，如图 1-15 所示。

4）尺寸数字。线性尺寸的数字一般水平方向注写在尺寸线的上方、铅垂方向注写在尺寸线左边。如图 1-16 所示。

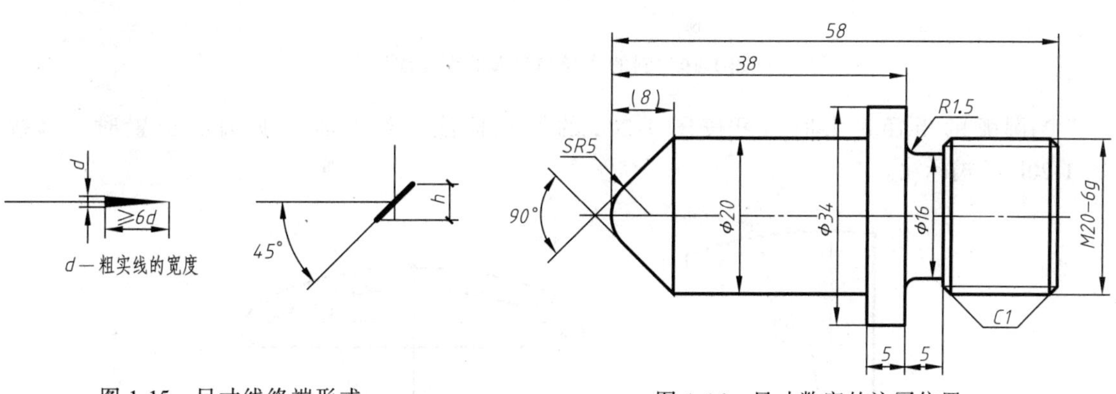

图 1-15 尺寸线终端形式

图 1-16 尺寸数字的注写位置

2. 尺寸标注的一些注意问题

1）数字应按图 1-17a 所示的方向填写，并尽可能避免图示 30°范围内标注尺寸；当无法避免时可按图 1-17b 的形式标注。

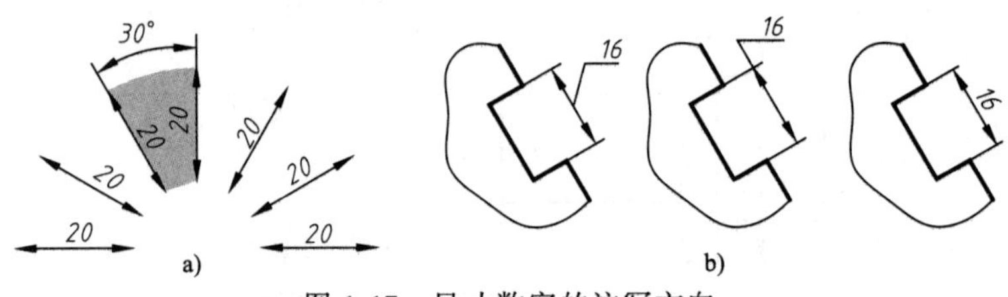

图 1-17　尺寸数字的注写方向

2）尺寸数字不可被任何图线所通过，否则应将该图线断开。如图 1-18 所示。

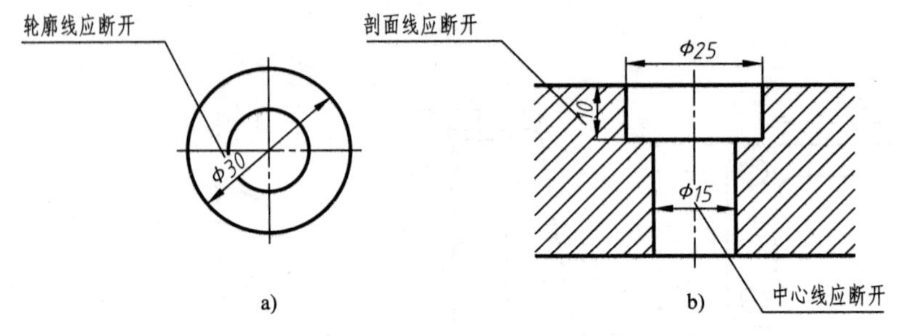

图 1-18　尺寸数字不被任何图线通过的注法

3）半径、直径、球径的标注应注意以下问题：

圆的直径和圆弧的半径的尺寸线终端应画成箭头，并按如图 1-19 所示方法标注。标注直径尺寸时，应在尺寸数字前加注符号“ϕ”；标注半径尺寸时，加注符号“R”。

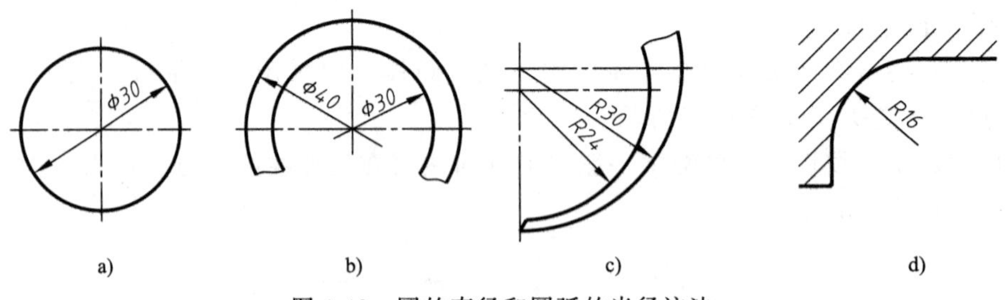

图 1-19　圆的直径和圆弧的半径注法

当圆弧的半径过大时，可按图 1-20a 的形式标注。若不需注明圆心位置时，可按图 1-20b 形式标注。

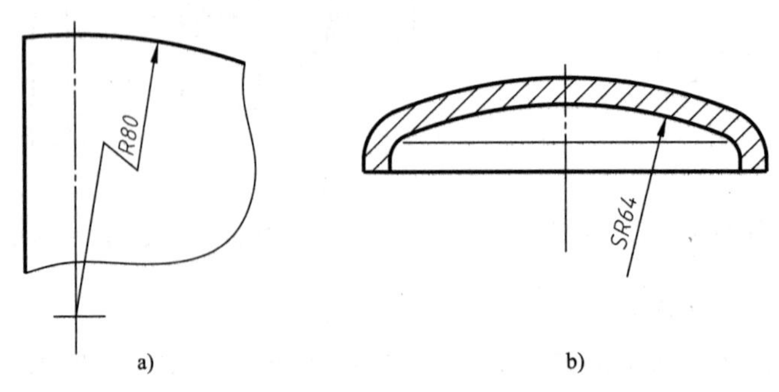

图 1-20　半径过大圆弧的注法

标注球面的直径或半径时，应在符号“ϕ”或“R”前再加注符号“S”。对于轴、螺杆、铆钉以及手柄等端部，在不致引起误解的情况下可省略符号“S”。如图 1-21 所示。

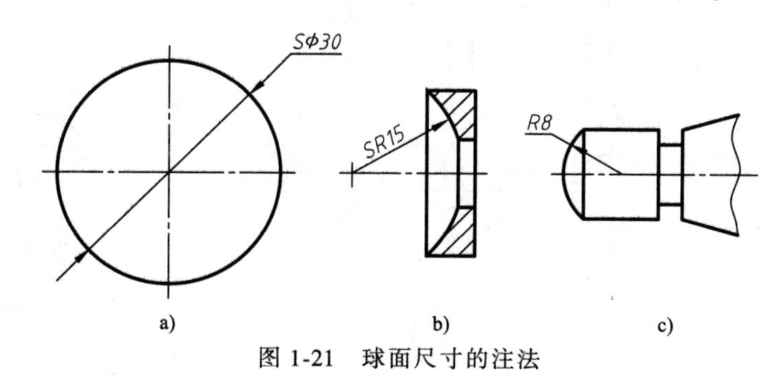

图 1-21　球面尺寸的注法

4）角度标注应注意以下问题：

标注角度的尺寸界线应沿径向引出。标注角度时，尺寸线应画成圆弧，其圆心是该角的顶点，如图 1-22a 所示。

角度的数字一律水平书写，一般注写在尺寸线的中断处，必要时也可注写在尺寸线外面或引出标注，如图 1-22b 所示。

5）弧长、弦长标注应注意：

标注弦长的尺寸界线应平行于该弦的垂直平分线，如图 1-23a 所示。

标注弧长的尺寸界线应平行于该弧所对圆心角的角平分线，如图 1-23b 所示；当弧度较大时，尺寸界线可沿径向引出，如图 1-23c 所示。

标注弧长时，应在尺寸数字左方加注符号“⌒”，如图 1-23b、图 1-23c 所示。

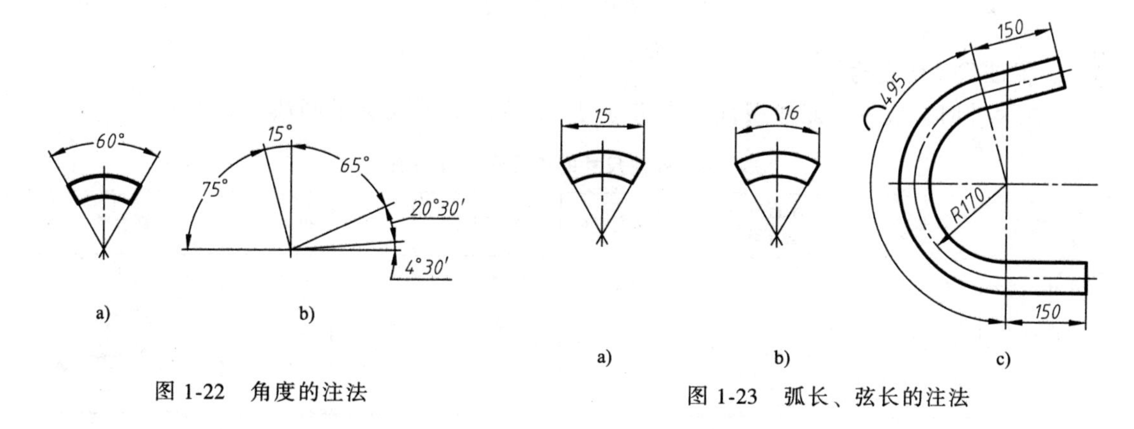

图 1-22　角度的注法

图 1-23　弧长、弦长的注法

6）小尺寸注法，在没有足够位置画箭头或写数字时可按如图 1-24 的形式标注，此时，允许用圆点或斜线代替箭头。

7）对称图形注法应注意以下问题：

当图形具有对称中心线时，分布在对称中心线两边的相同结构，可仅标注其中一边的结构尺寸。如图 1-25 所示。

当对称机件的图形画出一半或多于一半时，尺寸线应略超过对称中心线，如图 1-26a 所示，或断裂线如图 1-26b 所示。此时仅在尺寸线的一端画出箭头。

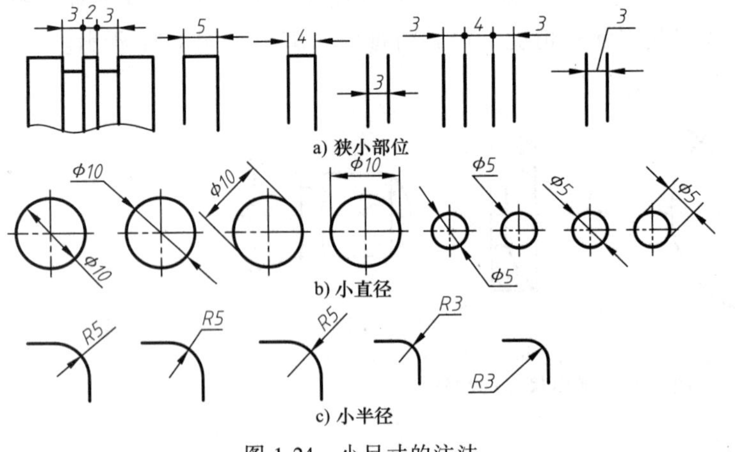

图 1-24　小尺寸的注法

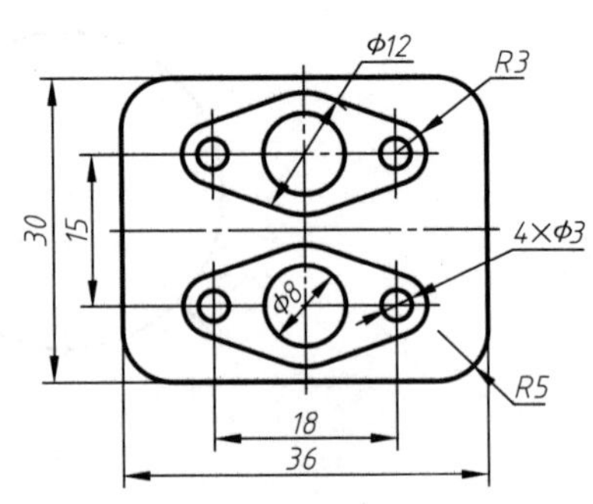

图 1-25　对称图形的注法（一）

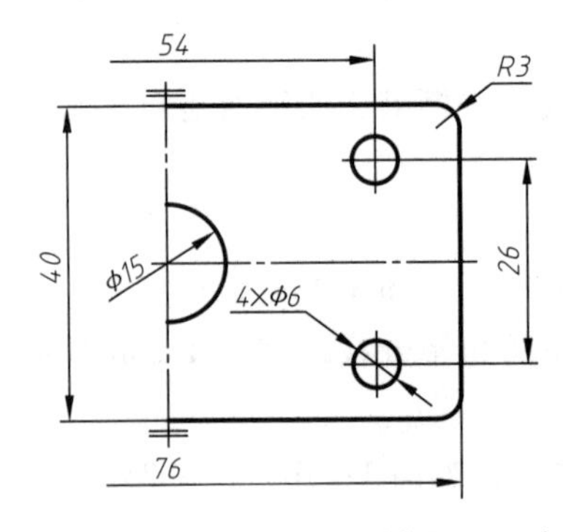

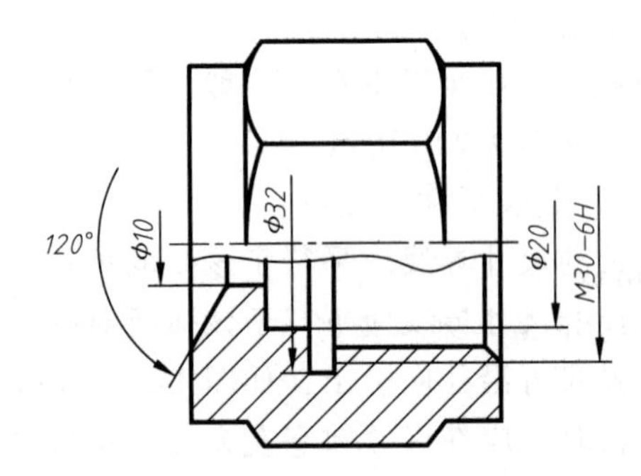

图 1-26　对称图形的注法（二）

3. 标注尺寸的符号

标注尺寸时，应尽可能使用符号或缩写词。常用的符号含义及画法见表 1-4。

表 1-4　标注尺寸的符号含义及画法

	直径	半径	球直径 球半径	厚度	45°倒角	均布	展开长
符号或缩写词	ϕ	R	Sϕ SR	t	C	EQS	
	正方形	深度	沉孔或锪平	埋头孔	弧长	斜度	锥度
符号及比例画法							

1.2 作图工具简介

1.2.1 图板、丁字尺和三角板

1. 图板

图板是绘图时用来铺放并固定图纸的垫板，其左侧边称为导边。

常用的图板规格有0号、1号、2号和3号。

2. 丁字尺

丁字尺由尺头和尺身构成，尺头和尺身相互垂直，尺身沿长度方向带有刻度（且带有斜面）的侧边为丁字尺的工作边。使用时，左手握尺头，使尺头的内侧紧靠图板的左侧边，右手执笔，沿丁字尺的工作边自左向右画线，如图1-27所示。

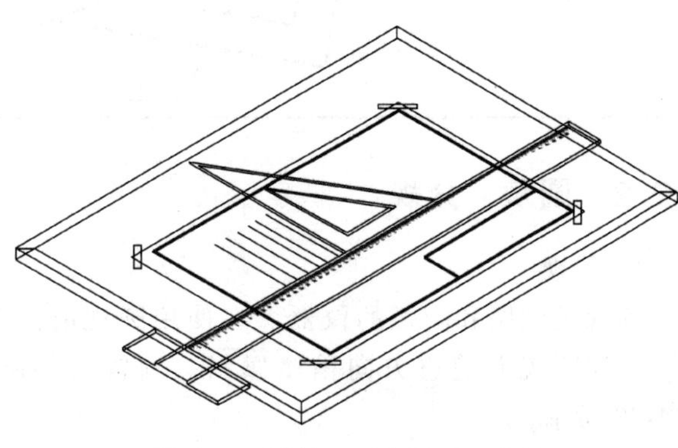

图1-27 图板、丁字尺、三角板

3. 三角板

绘图时要准备一副三角板（一块为45°角，一块为30°角和60°角）。三角板与丁字尺配合可以画铅垂线，自下向上画出，也可画出15°倍角的斜线。两个三角板配合，可画出平行线和垂直线。见表1-5。

表1-5 图板、丁字尺和三角板的用法

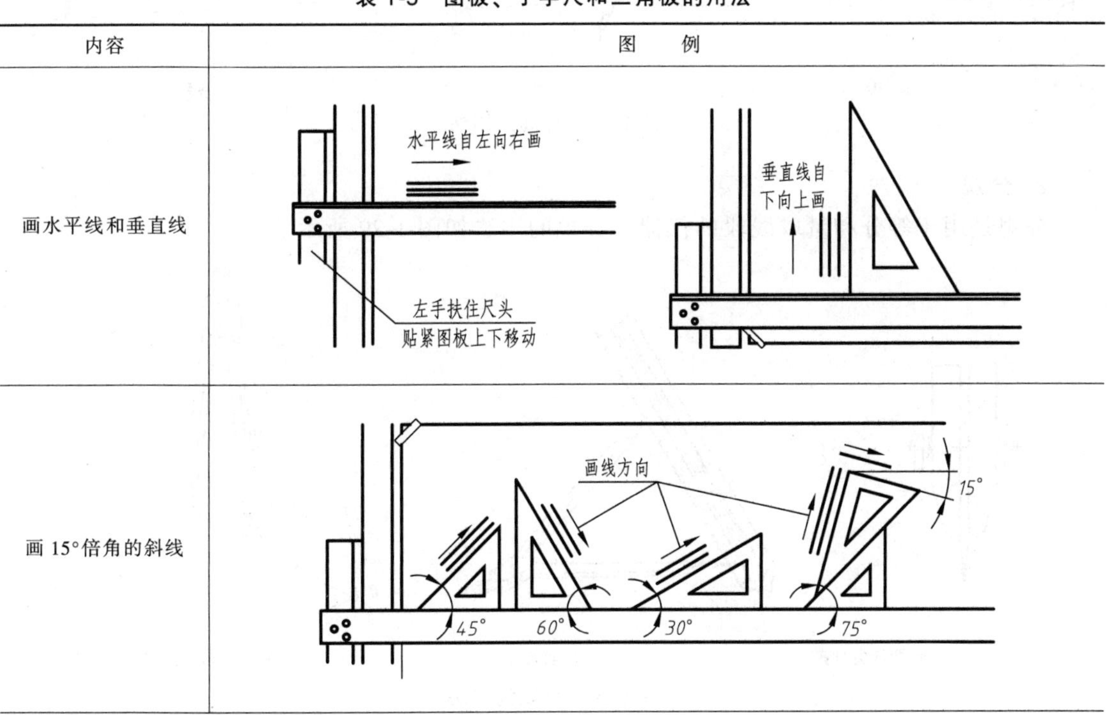

内容	图　　例
画水平线和垂直线	
画15°倍角的斜线	

（续）

内容	图　例
作已知斜线的平行线或垂线	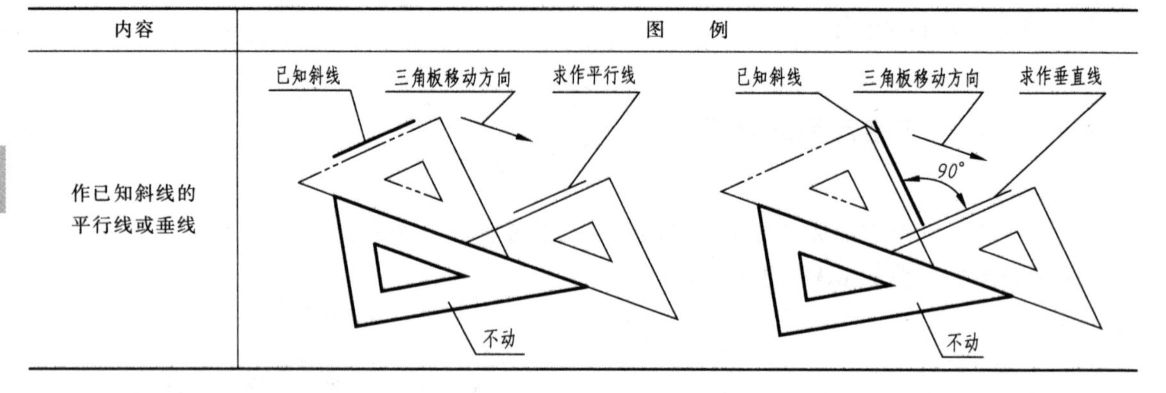

1.2.2　圆规、分规

1. 圆规

圆规是画圆和圆弧的仪器。在使用圆规前，应先调整针脚，使针尖略长于铅芯。画圆时，应使圆规向前进方向稍微倾斜，画较大的圆时，应使圆规的两脚都与直面垂直。如图 1-28 所示。

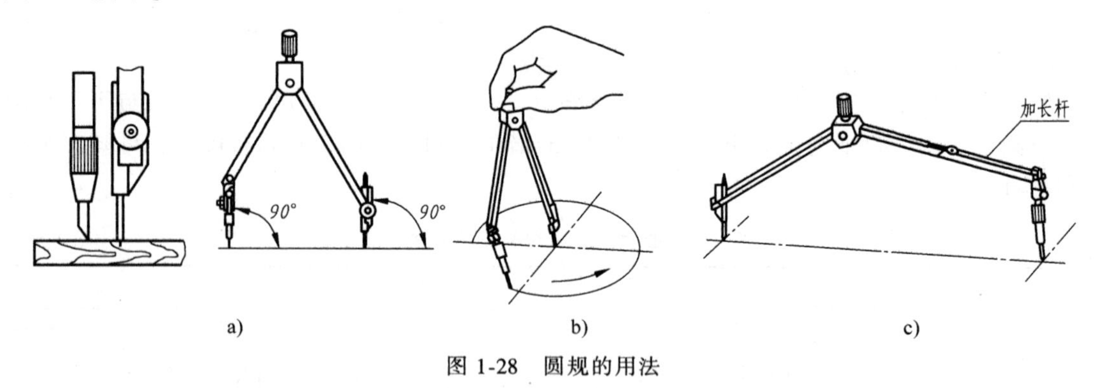

a)　　b)　　c)

图 1-28　圆规的用法

2. 分规

分规是用于等分和量取线段的仪器。分规的用法如图 1-29 所示。

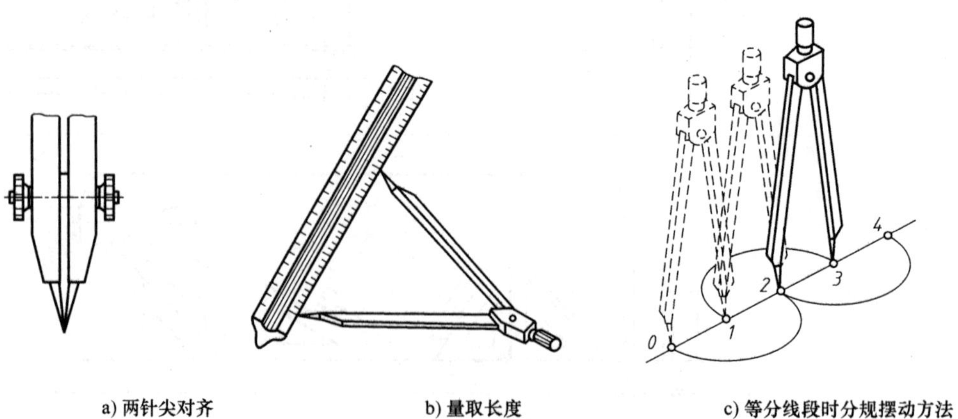

a) 两针尖对齐　　b) 量取长度　　c) 等分线段时分规摆动方法

图 1-29　分规的用法

1.2.3 铅笔

绘图用铅笔的铅芯有各种不同的硬度，分别用 H 和 B 表示。H 表示“硬芯”，B 表示“软芯”，HB 表示中等软硬铅笔。H 前的数字越大，表示铅芯越硬；B 前的数字越大，表示铅芯越软。常用铅笔的型号为 2H、H、B 和 2B。画粗实线用 B 或 2B；画细线用 H 或 2H。加深圆弧时用的铅芯，一般要比画直线的铅芯软一些。

1.3 常用的几何作图方法

工程形体的轮廓形状都是由直线、圆弧或其他曲线组成的几何图形。这里主要讲述一些常用的几何作图方法。

1.3.1 等分直线段

例如，将图 1-30a 所示的直线段 *AB* 五等分。

作图步骤如下：过点 *A* 任作一直线 *AC*，并用分规在 *AC* 上量取等分五段，如图 1-30b 所示。连接 *B*5，然后过 *AC* 上的 1、2、3、4 四个等分点作 *B*5 的平行线，交于 *AB* 上的四个点，即为所求的等分点，如图 1-30c 所示。

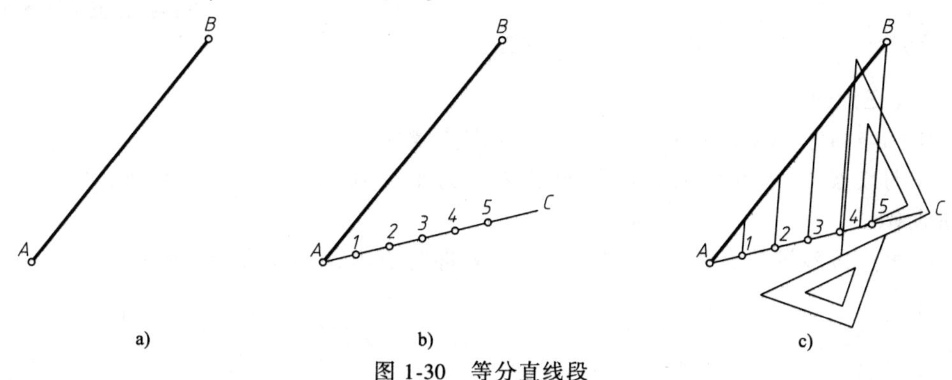

图 1-30 等分直线段

1.3.2 等分两平行线间的距离

如图 1-31a 所示，五等分两平行线 *AB*、*CD* 之间的距离。

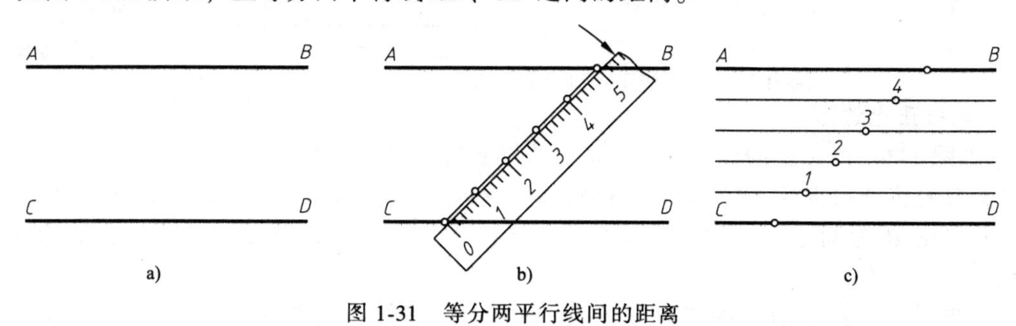

图 1-31 等分两平行线间的距离

作图步骤如下：

1）使直尺刻度线上的 0 点落在 *CD* 线上，转动直尺，使直尺上的 5 点落在 *AB* 上，取等分点 1、2、3、4，如图 1-31b 所示。

2）过 1、2、3、4 点分别作已知直线 *AB*、*CD* 的平行线，即为所求。如图 1-31c 所示。

1.3.3 正多边形的画法

1. 内接正五边形

作如图 1-32a 所示圆的内接正五边形。作图步骤如下：

1）作出半径 *OF* 的中点 *G*，以点 *G* 为圆心，*GA* 为半径作圆弧，交直径于点 *H*，如图 1-32b 所示。

2）以 *AH* 为半径，将圆周分为五等份，顺次连接各等分点 *A*、*B*、*C*、*D*、*E* 即为所求，如图 1-32c 所示。

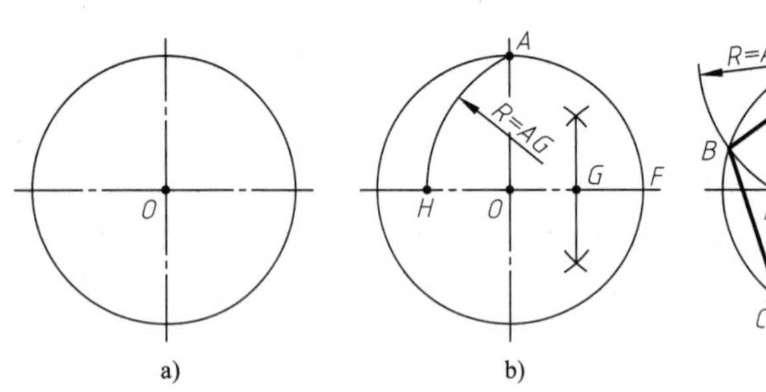

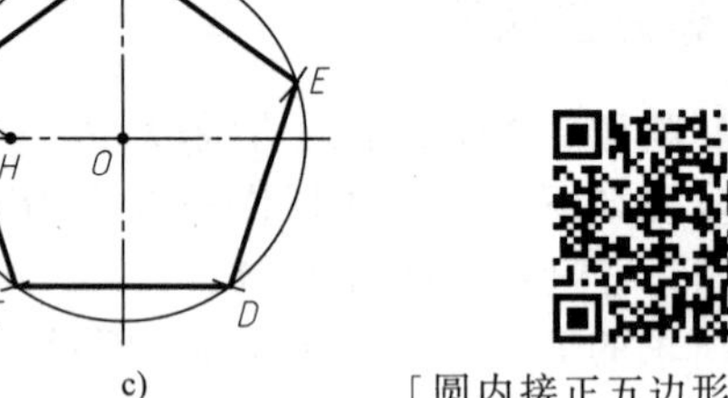

[圆内接正五边形作图过程]

图 1-32　圆内接正五边形的画法

2. 内接正六边形

作如图 1-33a 所示圆的内接正六边形。作图步骤如下：

1）分别以点 *A*、*D* 为圆心，以圆的半径 *R* 为半径画弧，交圆周于点 *B*、*C*、*E*、*F*，如图 1-33b 所示。

2）顺次连接各等分点 *A*、*B*、*C*、*D*、*E*、*F* 即为所求，如图 1-33c 所示。

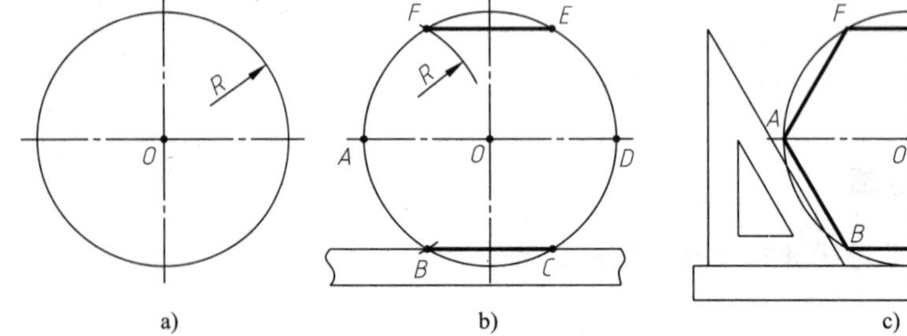

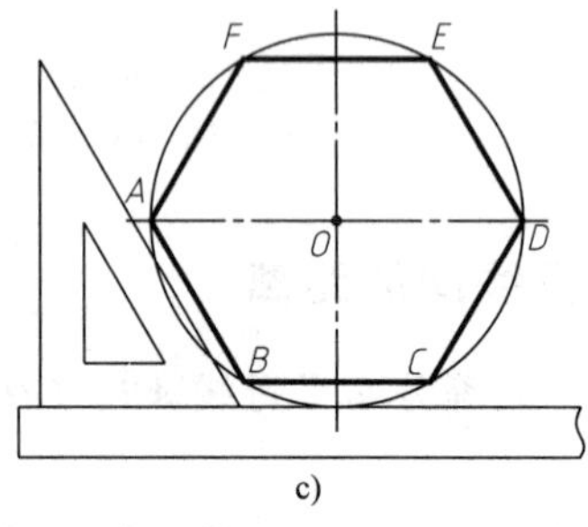

[圆内接正六边形作图过程]

图 1-33　圆内接正六边形的画法

3. 内接正七边形

作如图 1-34a 所示圆的内接正七边形。作图步骤如下：

1）首先将圆的直径 *AB* 七等分，得到等分点 1、2、3、4、5、6，如图 1-34a 所示。

2）以点 *B* 为圆心、*AB* 为半径画弧，交水平直径延长线于 *E*、*F* 两点，如图 1-34b 所示。

3）将 *E*、*F* 点与 *AB* 上的偶数点 2、4、6 相连并延长，与圆周交于点Ⅰ、Ⅱ、Ⅲ、Ⅳ、Ⅴ、Ⅵ，如图 1-34c 所示。

4）顺次连接各等分点 *A*、Ⅰ、Ⅱ、Ⅲ、Ⅳ、Ⅴ、Ⅵ，即可作出正七边形。

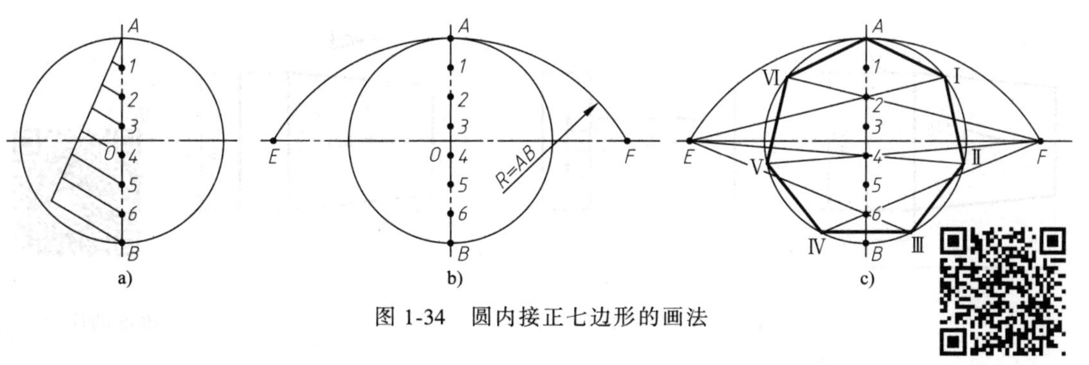

图 1-34　圆内接正七边形的画法

[圆内接正七边形作图过程]

1.3.4　斜度与锥度

1. 斜度

斜度是指一直线或平面对另一直线或平面的倾斜程度，其大小用直线或平面间夹角的正切表示。在图样中以 1∶n 形式标注，并加注斜度的图形符号“∠”或“⦣”，其符号的方向应该与倾斜方向一致，如图 1-35a 所示为斜度符号的画法，其中的“h”为字高，图 1-35b 所示为斜度的标注。图 1-36 为斜度 1∶5 的作图方法。

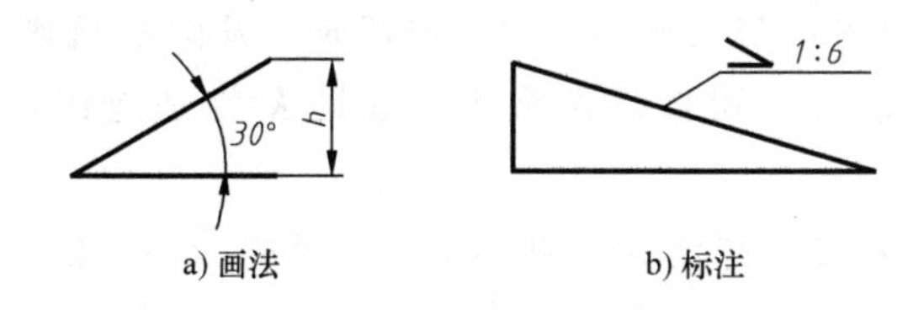

a) 画法　　b) 标注

图 1-35　斜度符号及标注

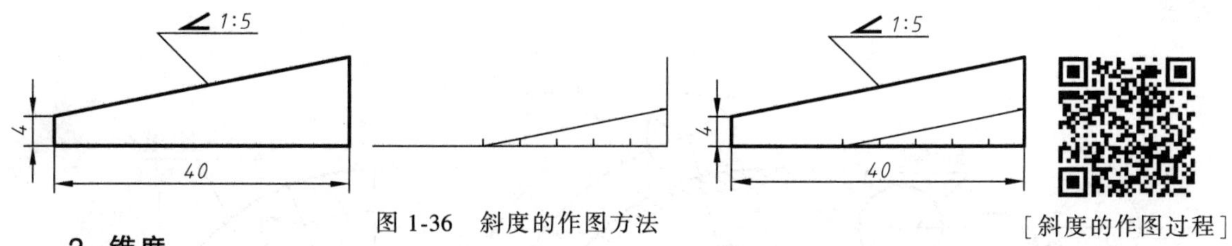

图 1-36　斜度的作图方法

[斜度的作图过程]

2. 锥度

锥度是指正圆锥的底圆直径与圆锥高度之比。在图样中常以 1∶n 的形式标注，并加注锥度的图形符号“◁”或“▷”，符号尖端应指向圆锥小端。图 1-37a 所示为锥度符号的作法，图 1-37b 所示为锥度的标注。图 1-38 所示为锥度为 1∶5 的锥面的作图方法。

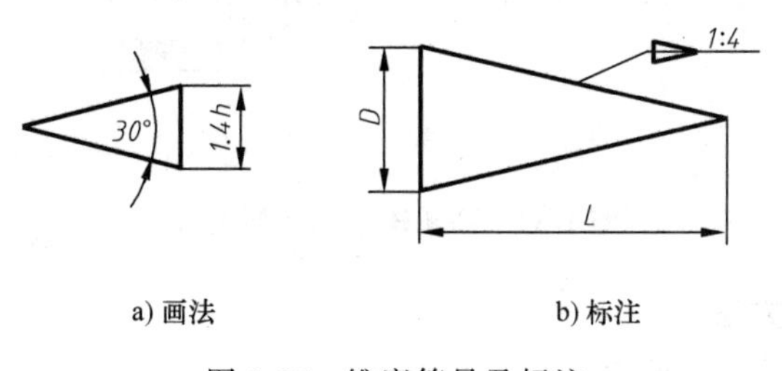

a) 画法　　b) 标注

图 1-37　锥度符号及标注

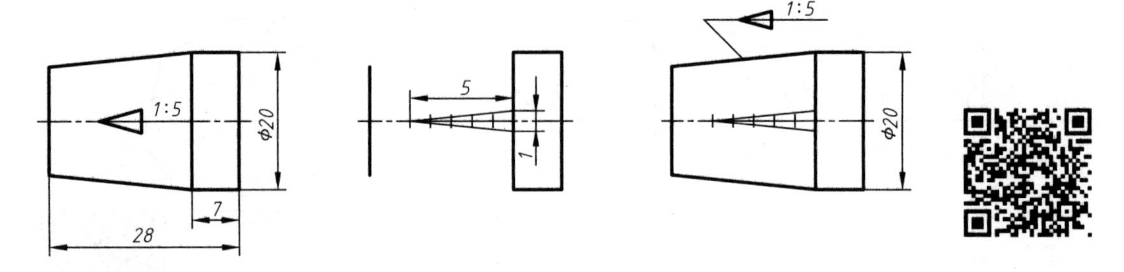

图 1-38　锥度的作图方法　　[锥度的作图过程]

3. 斜度和锥度标注注意要点

标注斜度或锥度时，斜度或锥度符号的方向应与斜度或锥度方向一致。

1.3.5　圆弧连接

在绘制图样时，常常需要用圆弧光滑连接已知直线和圆弧或两个圆弧。光滑连接也就是相切连接，为了保证相切，必须准确地作出圆弧的圆心和切点。

1. 圆弧连接的基本几何原理

1）当一个圆（半径为 R）与已知直线 AB 相切时，其圆心轨迹是已知直线的平行线，两直线的距离为 R。过圆心向已知直线作垂线，垂足 K 就是连接点（切点），如图 1-39a 所示。

2）当一个圆（半径为 R）与已知圆弧 AB（半径为 R_1）相切时，其圆心轨迹是已知圆弧的同心圆。当两圆外切时，同心圆半径为 $R_外=R_1+R$（图 1-39b）；当两圆内切时，同心圆半径为 $R_内=R_1-R$（图 1-39c）。两圆弧连心线与已知圆弧的交点 K 即为连接点（切点）。

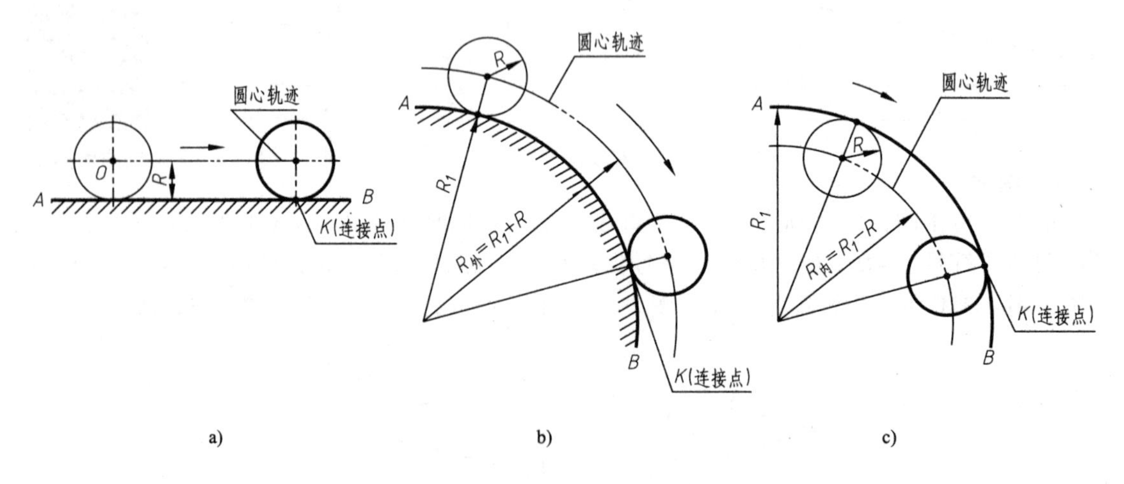

图 1-39　圆弧连接的几何关系

2. 圆弧连接的作图方法

各种圆弧连接的作图方法见表 1-6。

表 1-6 圆弧连接的作图方法

圆弧连接的种类	已知条件	作图方法	作图过程
连接两直线	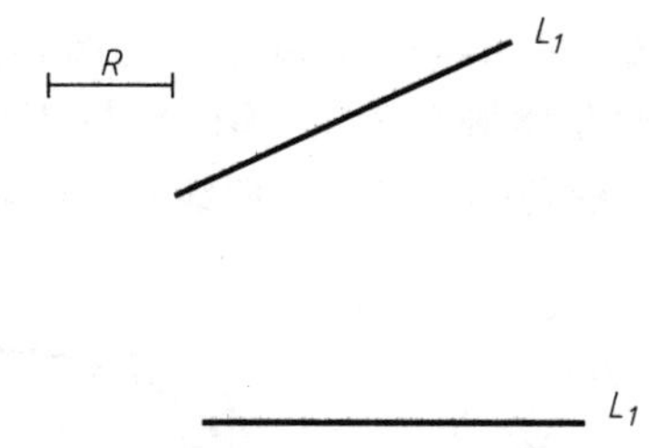	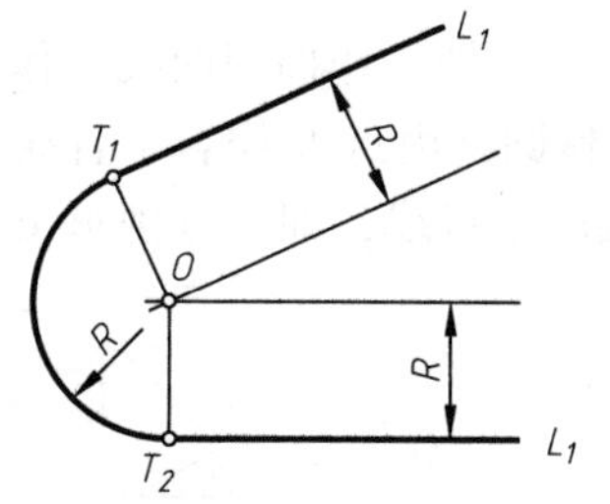	
连接 一直线和一圆弧	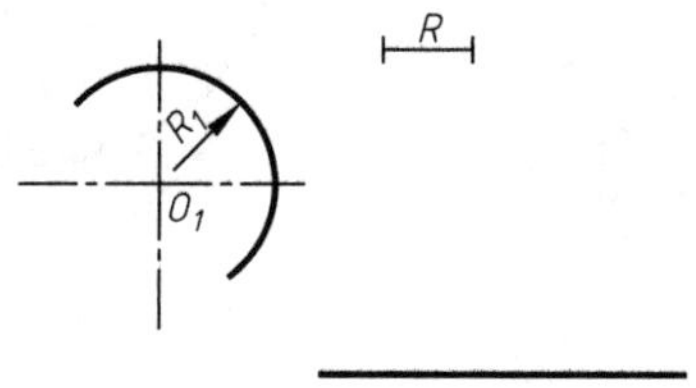	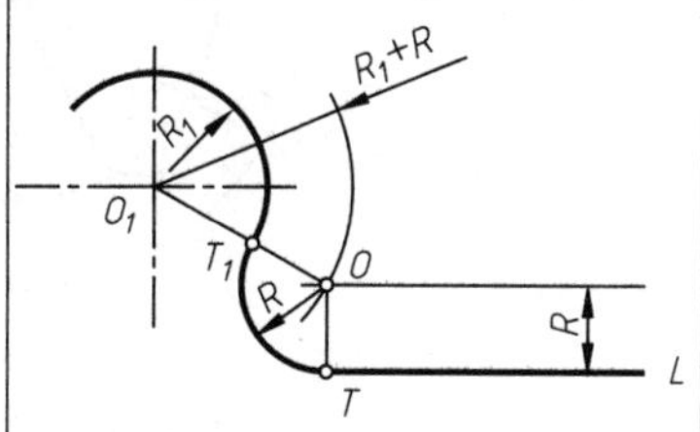	
外切 两圆弧	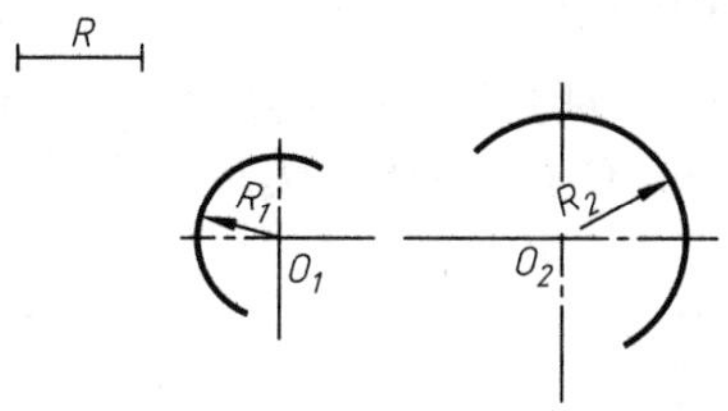	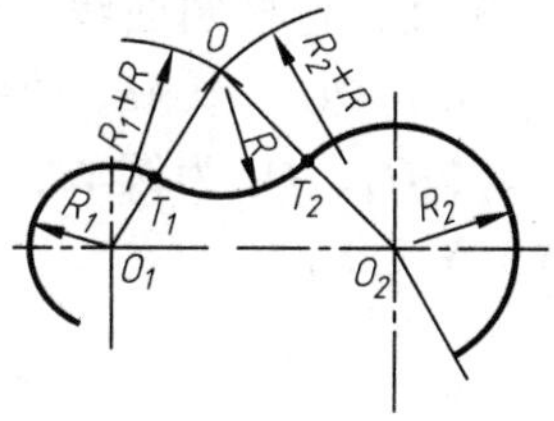	
内切 两圆弧	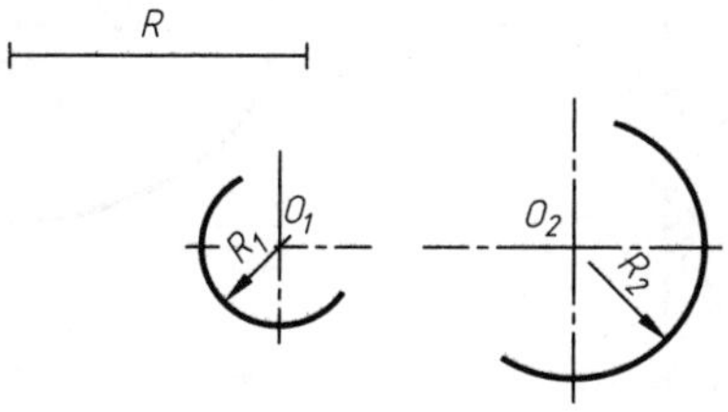	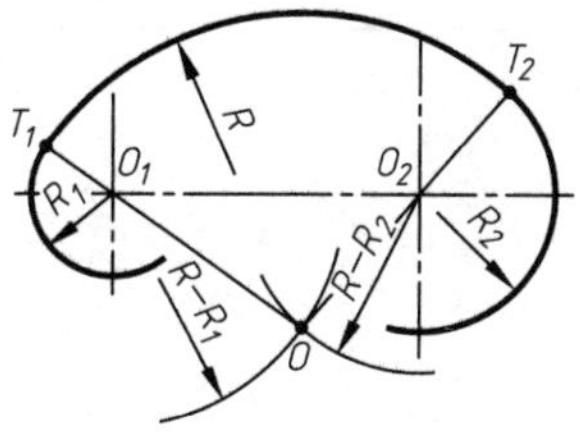	
圆弧连接两 圆弧——外切 内切混合	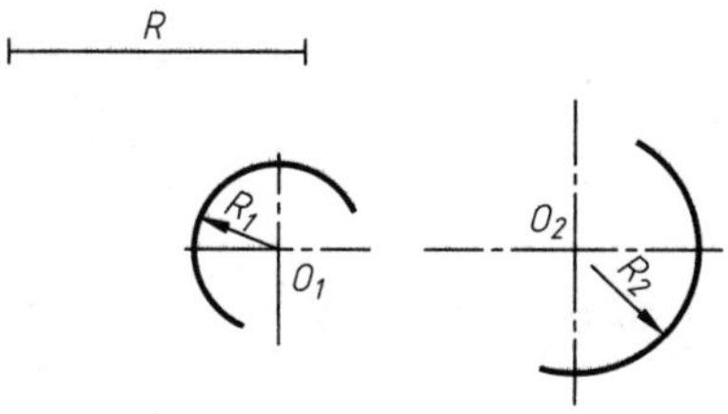	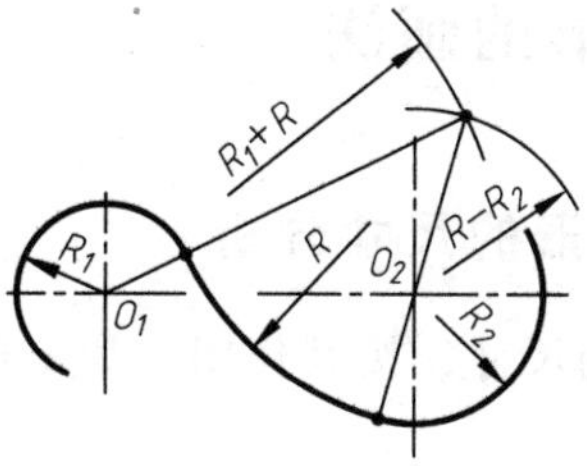	

1.3.6 椭圆的画法

绘图时，除了直线和圆弧外，还会遇到一些非圆曲线。下面介绍两种常见的椭圆曲线的画法。

1. 同心圆法

已知椭圆的长、短轴，作椭圆曲线。作图步骤见图1-40。先以点 O 为圆心，长半轴 OA 和短半轴 OC 为半径作圆。由点 O 作若干直线（一般是将圆分成12等份）与两圆相交，再由各交点分别作长短轴的平行线，即可分别求出椭圆上的各点。最后用曲线光滑连接成椭圆。

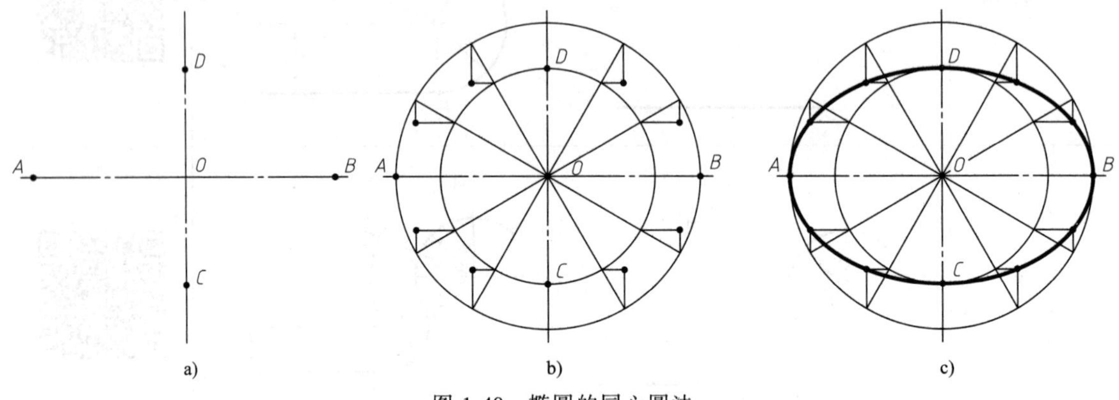

图1-40 椭圆的同心圆法

2. 四心圆法

已知椭圆的长、短轴，作椭圆曲线，作图步骤见图1-41。先作出长、短轴 AB、CD。连接点 A 和 C，取 $CE_1=OA-OC$。作 AE_1 的中垂线，与两轴交于点 O_1 和 O_2，再取对称点 O_3、O_4，分别以点 O_1、O_2、O_3、O_4 为圆心，以 O_1A、O_2C、O_3B、O_4D 为半径作弧，拼成近似椭圆，切点为 K、N、N_1、K_1。

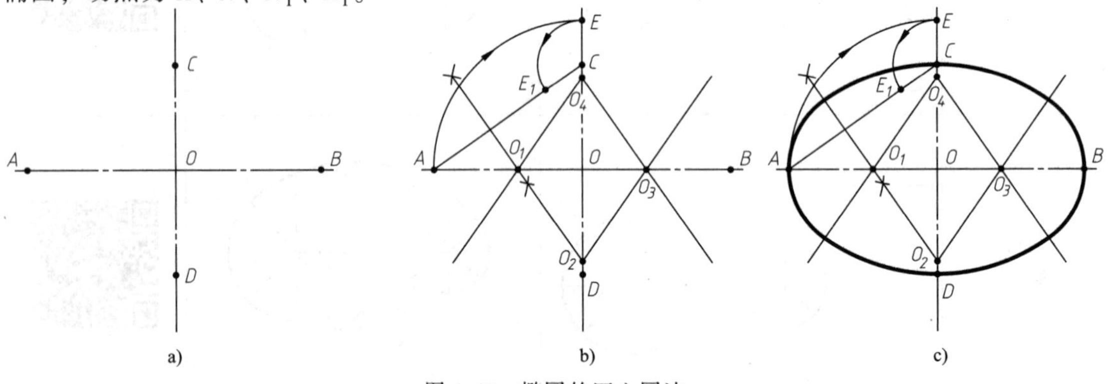

图1-41 椭圆的四心圆法

1.4 平面图形的画法

1.4.1 平面图形的尺寸分析

平面图形中的尺寸，按其作用分为定形尺寸和定位尺寸两类。

1. 定形尺寸

确定平面图形中线段的长度、圆的直径或半径以及角度大小的尺寸，称为定形尺寸。如

图 1-42 所示的 ϕ12、R13、10 等尺寸。

2. 定位尺寸

确定平面图形各组成部分相对位置的尺寸。如图 1-42 所示的 40、18、4 等尺寸。

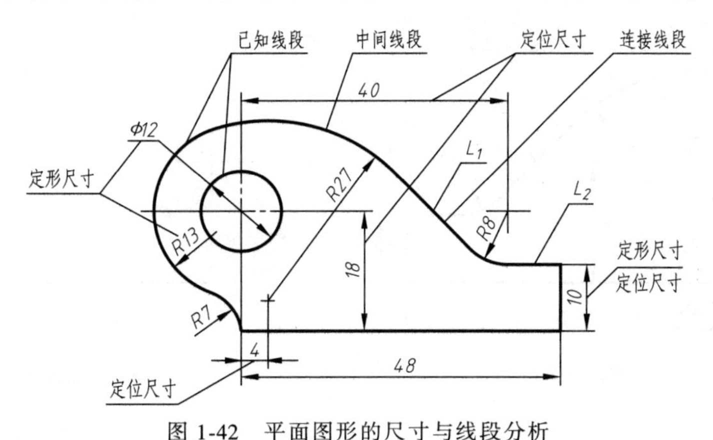

图 1-42 平面图形的尺寸与线段分析

1.4.2 平面图形的线段分析

平面图形是由若干条线段（直线段或曲线段）连接而成的，作图时需要对图形进行分析，以确定线段绘制的先后顺序。

平面图形的绘图步骤、尺寸标注都与线段连接情况有关。根据所标注的尺寸和组成图形的各线段间的关系，图形中的线段可以分为以下三种：

1）已知线段　定形尺寸、定位尺寸齐全，可以直接画出的线段。如图 1-42 中的 R13 的圆弧、ϕ12 的圆以及线段 48、线段 10 和线段 L_2 都是已知线段。

2）中间线段　定形尺寸齐全、定位尺寸不齐全的线段，称为中间线段（圆弧）。中间线段必须根据与相邻已知线段的连接关系才能画出。如图 1-42 中的 R27 和 R8 的圆弧为中间线段。

3）连接线段　只有定形尺寸而无定位尺寸，需要根据两个连接关系才能画出的线段。如图 1-42 中的 R7 的圆弧和线段 L_1 为连接线段。

1.4.3 平面图形的绘图步骤

以图 1-43a 平面图形为例，给出平面图形的绘图步骤。

1）分析图形及其尺寸，判断各线段和圆弧的性质，如图 1-42。

2）画基准线和定位线，并根据各个基本图形的定位尺寸画定位线，以确定平面图形在图纸上的位置和构成平面图形的各基本图形的相对位置，如图 1-43b 所示。

3）画已知线段，如图 1-43c 所示。

4）画中间线段，如图 1-43d 所示。

5）画连接线段，如图 1-43e 所示。

6）加深和描粗图线，如图 1-43f 所示。

1.4.4 平面图形的尺寸标注

1）分析图形，选择尺寸基准，确定已知线段、中间线段和连接线段，如图 1-42 所示。

2）注出已知线段的定形尺寸和定位尺寸，如图 1-42 中的 *R*13、ϕ12、48、10、18。

3）注出中间线段的定形尺寸和部分定位尺寸，如图 1-42 中的 *R*27、*R*8 和 4、40。

4）注出连接线段的定形尺寸，如图 1-42 中的 *R*7。

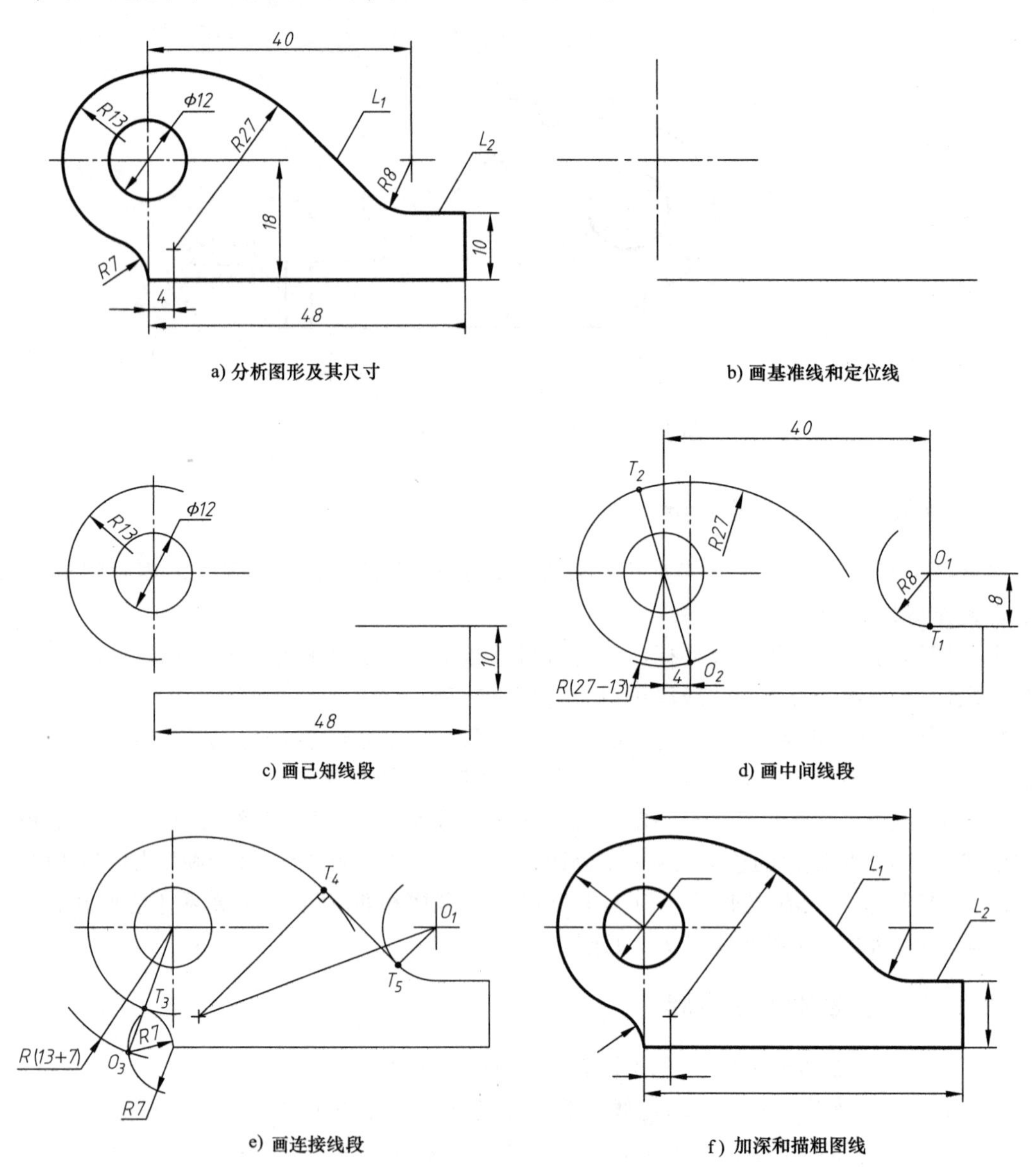

图 1-43　平面图形的画法

［平面图形作图过程］

第2章

点、线、面的投影

2.1　投影体系及三视图

2.1.1　投影的基本知识

1. 投影的概念

投影是人们日常生活中常见的一种自然现象。例如，当物体受到阳光或灯光照射时，地面或墙面上产生与原物体相同或相似的影子，这种现象就可以称为投影，用投影绘制的图形称为投影图。人们利用这种现象，形成了用二维平面图形表达三维空间物体的投影理论。

如图 2-1 所示，投射线通过物体，向指定的投影面投射，这种在投影面上得到物体影子的方法，称为投影法。投影法的基本术语如下：

投射中心：光源（即投射线的交点）；

空间物体：具有（X，Y，Z）坐标需要表达的物体；

投影平面：承接空间物体影像的平面，简称投影面；

投射线：自投射中心发出，经过空间物体到达投影面的光线；

投射方向：投射线的方向；

投影：物体落在投影面上的影像。

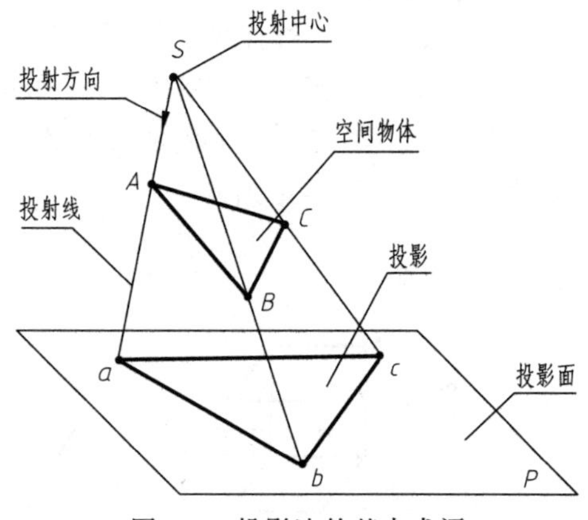

图 2-1　投影法的基本术语
（以中心投影法为例）

2. 投影法分类

投影法按投射线性质的不同可分为中心投影法和平行投影法。

（1）中心投影法　如图 2-1 所示，采用点光源 S 投射出射线，经过物体在指定投影面 P 上获得图像的方法，称为中心投影法。

中心投影法的特点是：点光源与投影面之间距离有限，以此方法得到的投影大小与物体距投射中心、投影面间的距离有关。它不能反映物体的真实大小且度量性差，机械图样中较少使用。

（2）平行投影法　将图 2-1 中的点光源 S 后移到无限远处，则可将经过物体的投射线近似看作是互相平行的。用互相平行的投射线在指定投影面 P 上投影获得物体影像的方法称为平行投影法。

根据投射方向是否垂直于投影面，平行投影法分为正投影法和斜投影法。

1）正投影法：投射线与投影面相垂直的平行投影法，如图 2-2a 所示。

2）斜投影法：投射线与投影面相倾斜的平行投影法，如图 2-2b 所示。

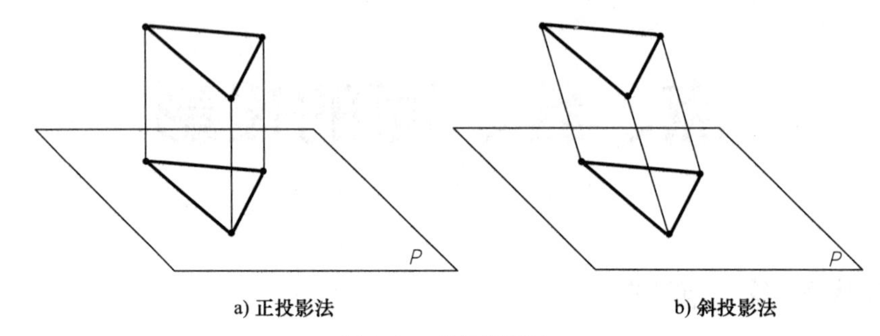

a) 正投影法　　b) 斜投影法

图 2-2　平行投影法

由于正投影法得到的投影图能真实地表达空间物体的形状和大小，与投影面的距离无关，可度量性好，作图简单、方便，因此，绘制机械图样主要采用正投影法。

3. 正投影法投影的几个基本特性

（1）实形性　平行于投影面的空间直线和平面，在其平行的投影面上的投影，分别反映实长和实形，如图 2-3a 所示，$AB=ab$，$\triangle CDE \cong \triangle cde$。

（2）积聚性　当直线或平面垂直于投影面时，直线或平面在垂直的这个投影面上的投影积聚为一个点或一条直线，如图 2-3b 所示。

（3）类似性　当直线和平面与投影面倾斜时，在倾斜的投影面上，直线的投影仍为直线，投影长度小于实长；平面的投影为类似形，构成平面的多边形边数不发生改变，面积小于实际面积，如图 2-3c 所示。

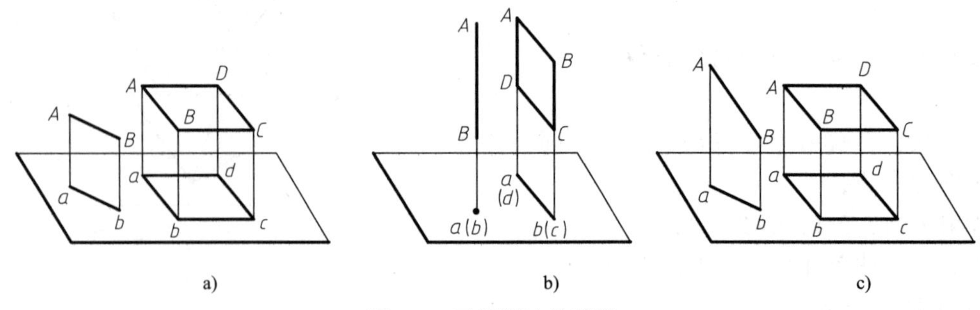

a)　　b)　　c)

图 2-3　正投影法的特性

4. 工程上常用的几种投影图

（1）正投影图　采用正投影法，将空间物体投影在两个或两个以上互相垂直的投影面上来表达物体（如图 2-4a 所示），投影后再将投影面按一定规律展开到同一平面上（如图 2-4b 所示）。这种多面正投影图可以确切地表达物体的形状、结构和大小，且作图简便，

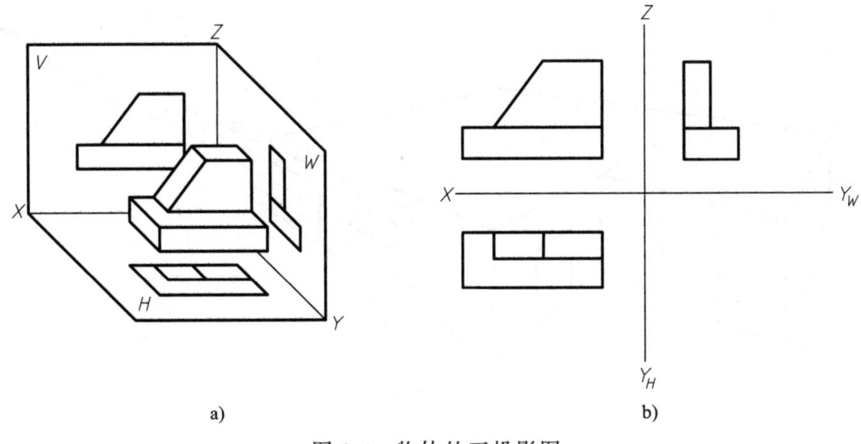

a) b)

图 2-4 物体的正投影图

度量性好，所以在工程中应用广泛。本书以后各章节中如无特殊说明，所述投影图均指正投影图，“投影”二字均指“正投影”。

（2）轴测图 轴测图是用平行投影法，将物体连同确定其空间位置的直角坐标系，沿不平行于任一坐标面的方向，用平行投影法投射到单一投影面上所得到的图形，如图 2-5 所示。轴测图的特点是立体感强，但其度量性差，作图较复杂，因此常作为工程上的辅助图样。

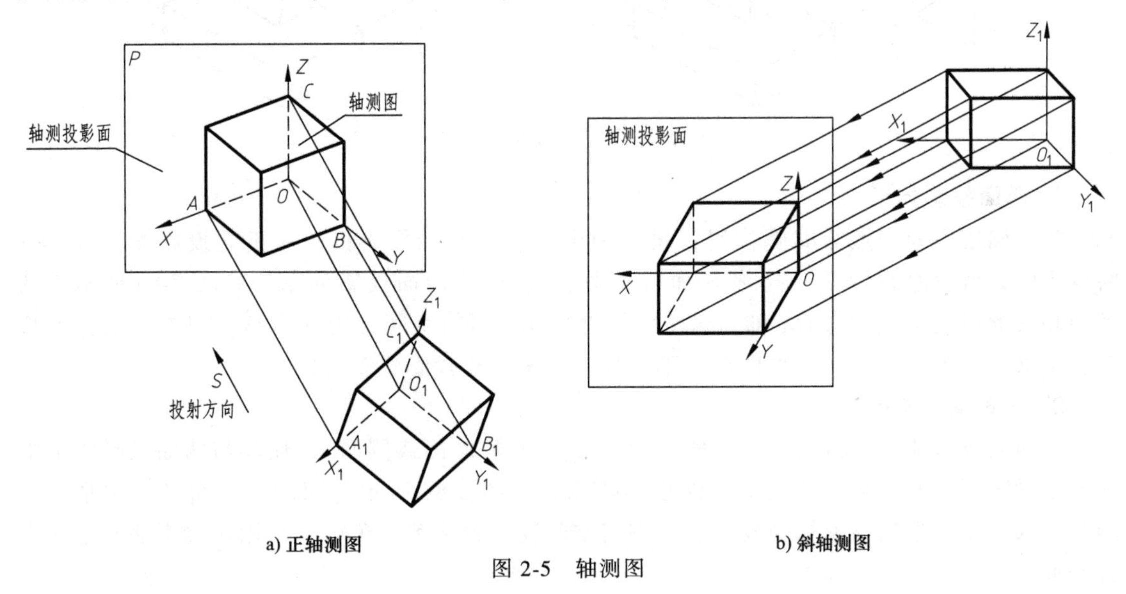

a) 正轴测图 b) 斜轴测图

图 2-5 轴测图

（3）透视图 透视图是用中心投影法画出的单面投影图。它与照相机成像的原理相似，更符合人的视觉规律。看起来自然逼真，但它不能将真实形状和度量关系表示出来，且作图复杂，因此该图主要在建筑、工业设计等工程设计中作为效果图来使用，如图 2-6 所示。

2.1.2 投影体系的概念

因为空间物体都具有三维性，即有长、宽、高 3 个方向的尺寸，而仅凭物体的一个投影不能确切、完整地表达清楚物体所有面的形状结构，如图 2-7 所示。所以在工程设计时，必须采用增加投影面的数量得到一组投影图，来完全确定物体的形状。

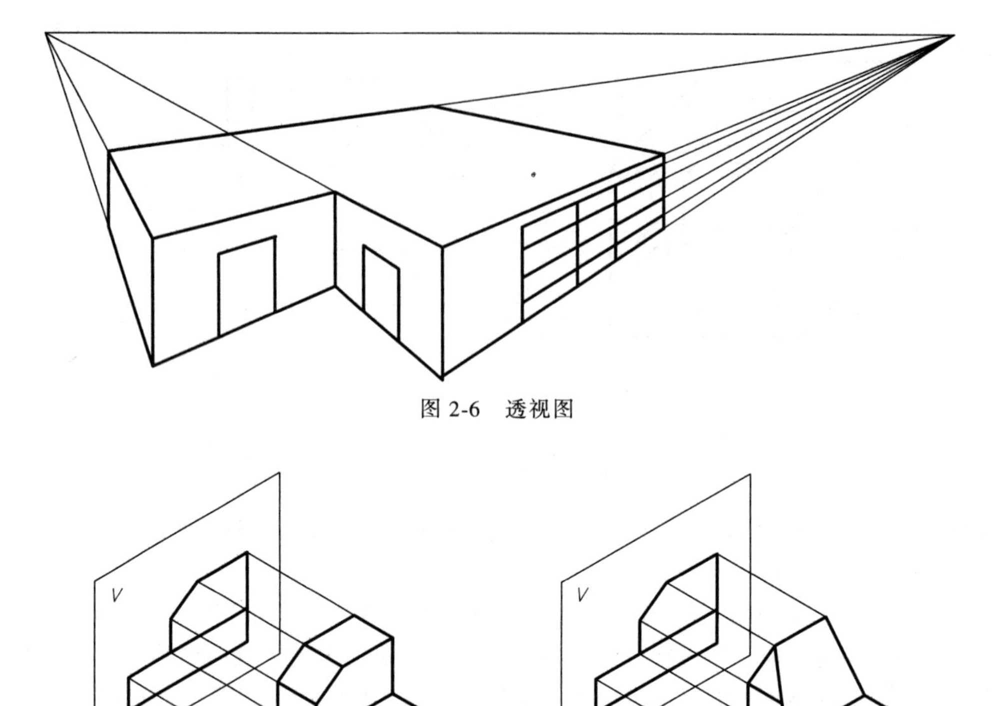

图 2-6　透视图

图 2-7　物体的单面投影图

1. 两面投影体系

为了确定空间一点的准确位置，设立两个相互正交的投影面——正立投影面（简称 V 面或正面）和水平投影面（简称 H 面或水平面），构成两面投影体系，如图 2-8a 所示。两平面相交形成的交线称为 OX 轴。这个两面投影体系可将空间分为四个角。根据国家标准规定，本书所画投影图均是将物体放在第一角内，采用正投影法获得的。

2. 三面投影体系

在两面投影体系中再增加一个侧立投影面（简称 W 面或侧面），使其与两面投影体系中的两个投影面相互垂直，即组成三面投影体系，如图 2-8b 所示。同理，三面投影体系将空间分为八个角，根据国家标准规定，本书将空间物体置于第一角内，采用正投影法对物体进行研究。

三个两两互相垂直的平面构成了三面投影体系，它们分别定义为：

正面投影面——V 面。

水平投影面——H 面。

侧面投影面——W 面。

三投影面之间的交线称为投影轴，分别以 OX、OY、OZ 表示。其中

OX 轴——V 面与 H 面的交线。

OY 轴——H 面与 W 面的交线。

OZ 轴——V 面与 W 面的交线。

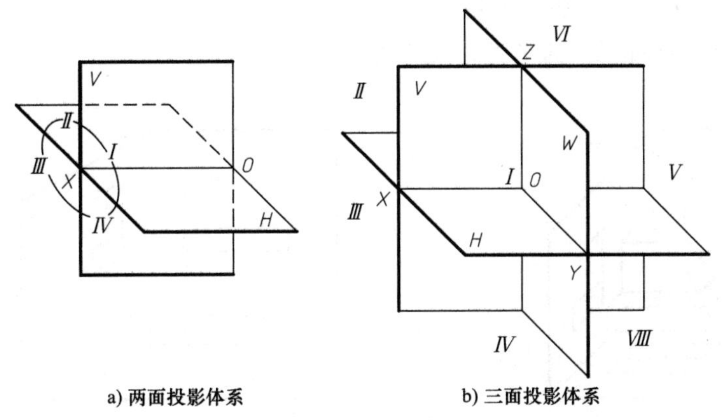

图 2-8 投影体系

2.1.3 三视图的概念

根据国家标准 GB/T 4458.1—2003《机械制图 图样画法 视图》中的有关规定，用正投影法绘制的投影图称为视图。

1. 三视图的形成

将物体置于三面投影体系中，采用正投影法分别向 *V* 面、*H* 面、*W* 面进行投影，即可得到物体的三视图，分别称为：主视图、俯视图、左视图，如图 2-9a 所示。

主视图——由前向后投射，在 *V* 面上得到的视图。

俯视图——由上向下投射，在 *H* 面上得到的视图。

左视图——由左向右投射，在 *W* 面上得到的视图。

相互垂直的三个投影面及其上投影如图 2-9b 所示展开并摊平在同一平面上。展开后获得的三视图如图 2-9c 所示。采用正投影法得到的投影图，投影形状与物体到投影的距离无关，三视图不需要画出投影轴和表示投影面的边框，视图按上述位置布置时，也不需注出视图名称，如图 2-9d 所示。

2. 三视图的投影特性

(1) 位置关系　以主视图为主，俯视图在主视图的正下方，左视图在主视图的正右方。画三视图时，其位置应按上述规定配置，如图 2-9d 所示。

(2) 方位关系　所谓方位关系，指的是以绘图（或看图）者面对物体正面（前面）观察物体上、下、左、右、前、后六个方位在三视图中的对应关系，如图 2-10a、图 2-10b 所示。

主视图反映了物体的上、下和左、右；俯视图反映了物体的前、后和左、右；左视图反映了物体的前、后和上、下。

(3) 三等关系　物体左右方向（*X* 方向）的尺度称为长，上下方向（*Z* 方向）的尺度称为高，前后方向（*Y* 方向）的尺度称为宽。在三视图上，主、俯视图的水平方向反映了物体的长度，主、左视图的垂直方向反映了物体的高度，俯视图的垂直方向和左视图的水平方向反映了物体的宽度，如图 2-10c 所示。则三视图的三等关系为主、俯视图长对正（等长）；

主、左视图高平齐（等高）；俯、左视图宽相等（等宽）。

上述关系简称“长对正，高平齐，宽相等”。

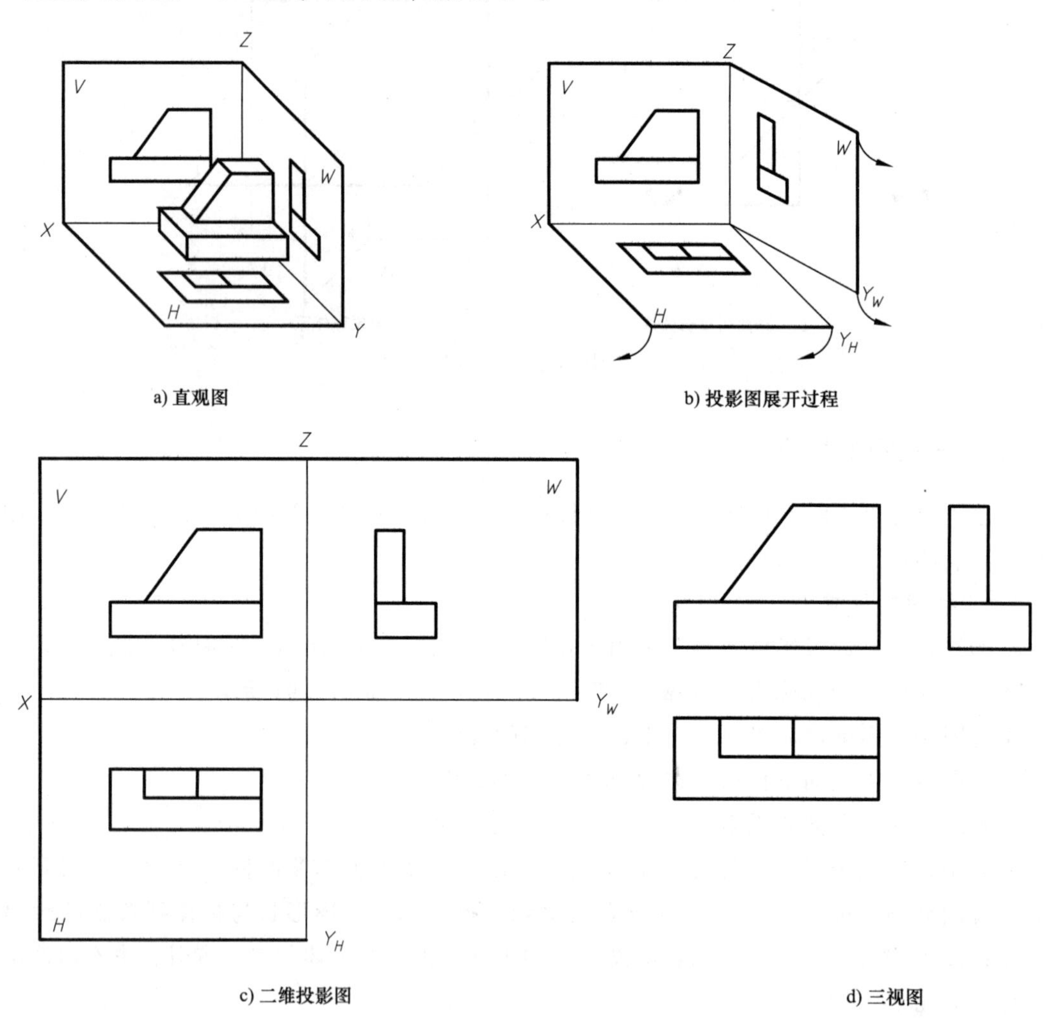

图 2-9　三视图的形成

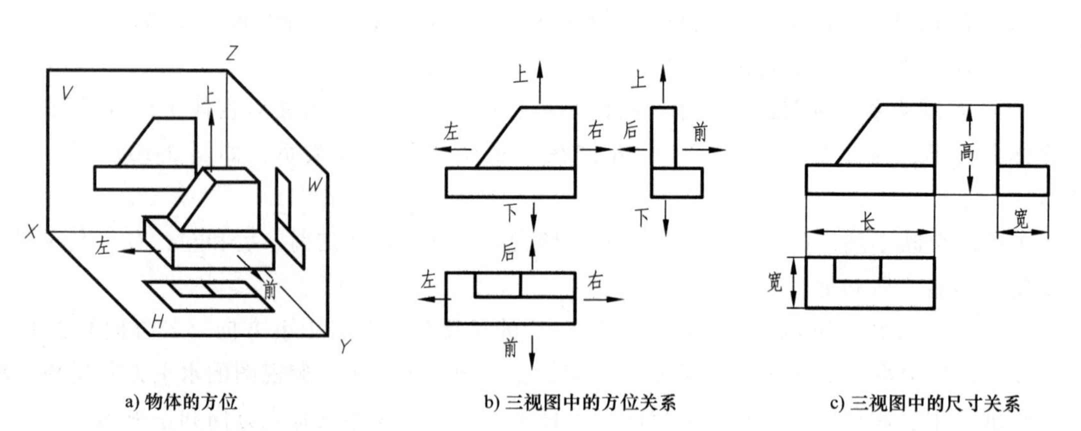

图 2-10　三视图的投影关系

2.2 第三角画法简介

世界各国的工程图样采用两种投影方法，即第一角投影法和第三角投影法。将物体置于第Ⅲ分角内，并使投影面处于观察者和物体之间的多面投影，称第三角投影法或第三角画法。

在我国，工程图样按国家标准中的规定，采用第一角投影法绘制。目前，采用第三角投影法绘制图样的国家有美国和日本等。在我国加入 WTO 后，国际技术交流和协作不断增多，一些国外独资或合资企业的技术资料是采用第三角投影法绘制的。因此，有必要对第三角画法作简单的介绍。

2.2.1 第三角画法的三个视图形成及其配置

将物体放在第三分角内进行投影，即称为第三角投影法，其投影面处于物体和观察者之间，如图 2-11a 所示，然后按照图 2-11b 所示的方法展开投影面，这样展开后即可得到第三角画法绘制的三视图，即主视图、俯视图、右视图。三个视图仍遵循“长对正、高平齐、宽相等”的投影规律，如图 2-11c。

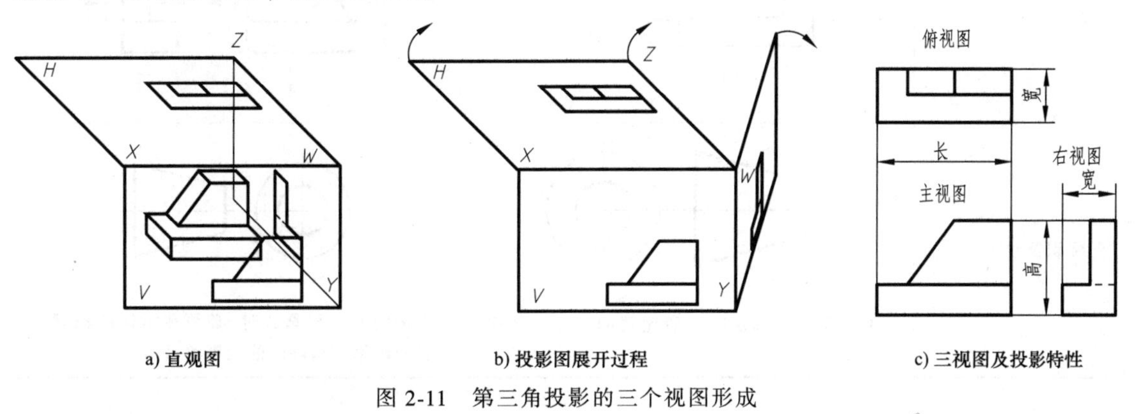

a) 直观图　　b) 投影图展开过程　　c) 三视图及投影特性

图 2-11　第三角投影的三个视图形成

2.2.2 第一角投影法与第三角投影法的区别

表 2-1 说明了第一角投影法与第三角投影法区别。

表 2-1　第一角投影法与第三角投影法区别

类　别	第一角投影法	第三角投影法
视点（观察者）、投影面、物体间顺序	视点（观察者）—物体—投影面	视点（观察者）—投影面—物体

（续）

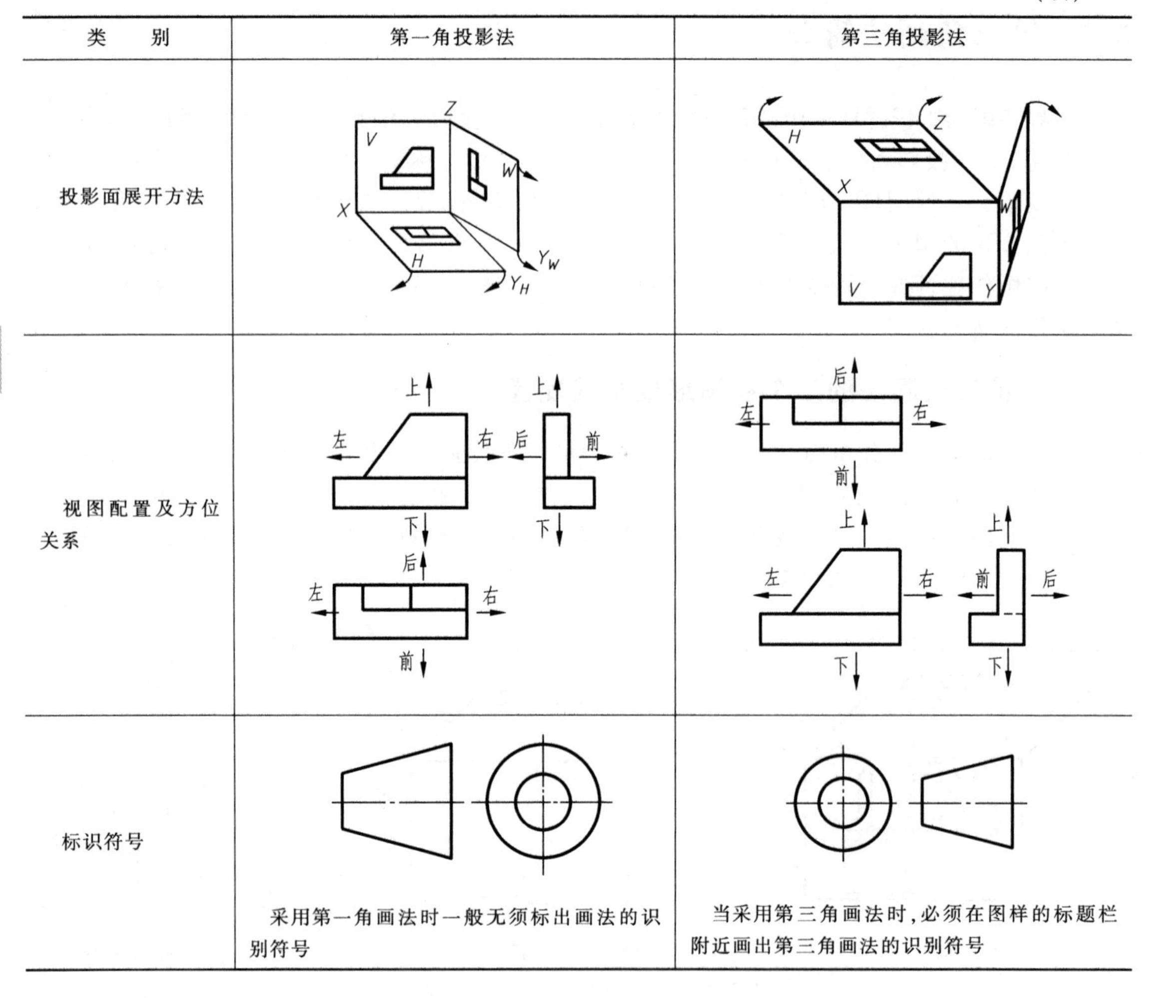

类　别	第一角投影法	第三角投影法
投影面展开方法		
视图配置及方位关系		
标识符号	采用第一角画法时一般无须标出画法的识别符号	当采用第三角画法时，必须在图样的标题栏附近画出第三角画法的识别符号

2.3　点的投影

2.3.1　点在三面投影体系中的投影

如图 2-12 所示，假设在第一分角内有一点 A。经过点 A 分别向 H 面、V 面和 W 面做垂线，垂足即为点的投影，分别用对应的小写字母记为 a、a'和 a''。通常称 a 为点 A 的水平投影，a'为点 A 的正面投影、a''为点 A 的侧面投影。

如图 2-12a 中箭头方向所示，使 H 面绕投影轴 OX 向下旋转到与 V 面共面，W 面绕 OZ 轴旋转到与 V 面共面。旋转后点 A 的水平投影 a 和侧面投影 a''如图 2-12b 所示。实际上，投影图通常也画成如图 2-12c 所示的形式。可以看出，若给定点 O，则点 a'反映点 A 的 (x,z) 坐标位置，点 a 反映点 A 的 (x,y) 坐标位置，点 a''反映点 A 的 (y,z) 坐标，点 A 的空间坐标同样可由其投影反推确定。

研究图 2-12，点的三面投影与其坐标间的密切关系可以总结为下列投影规律：

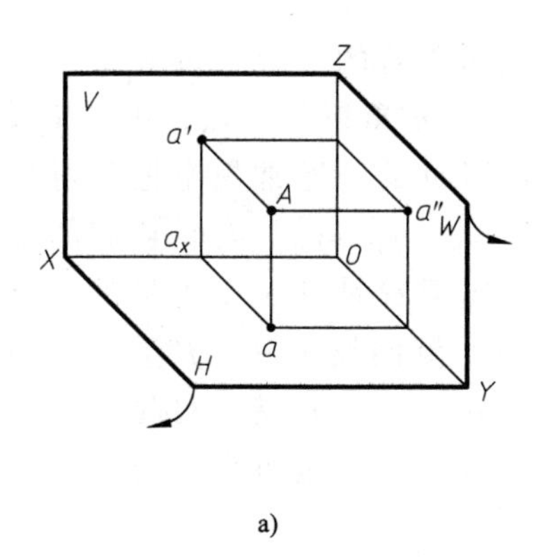

a)

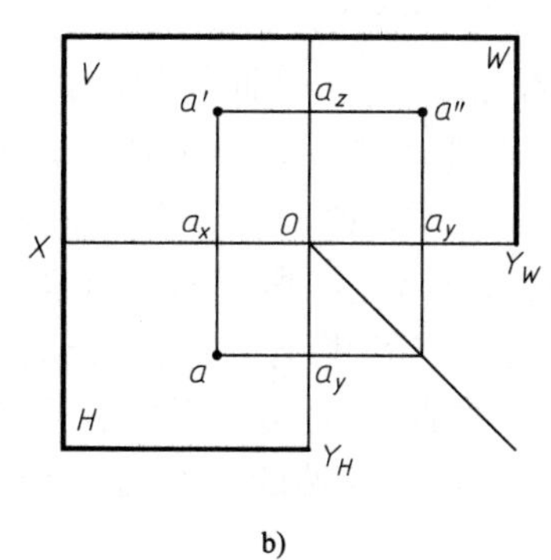

b)

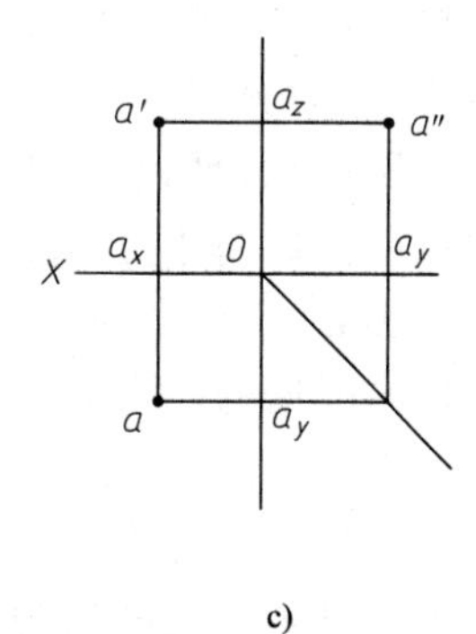

c)

图 2-12　点的三面投影体系

1）aa'连线必定垂直于 X 轴，因 $aa_y=a'a_z=x$。

2）$a'a''$连线必定垂直于 Z 轴，因 $a'a_x=a''a_y=z$。

3）a 和 a''反映同一点 A 的 y 坐标，因为 $aa_x=a''a_z=y$。

应该指出，Y_H 和 Y_W 是同一轴的两种不同表现形式，这是投影面旋转的结果。随 H 面的 y 坐标用 y_H 表示，随 W 面的 y 坐标用 y_W 表示。a 和 y_H或 a''和 y_W 的相对位置，在投影面旋转前后是不变的。由于一点的 y 坐标为定值，所以 $aa_x=a''a_z$，并在图上对应的形成直角。作图时，为了能实现 $aa_x=a''a_z$，并在图上成直角对应关系，可采用图 2-12c 的方法借助 45°辅助线来作图。

2.3.2　投影体系中两个点的相对位置

1. 两点的相对位置的确定

空间点的位置可以用绝对坐标（即空间点相对原点 O 的坐标）来确定，也可以用相对于另一点的相对坐标来确定。两点的相对坐标即为两点的坐标差。如图 2-13 所示，已知空间两点 A（x_A，y_A，z_A）和 B(x_B，y_B，z_B)，如分析 B 相对于 A，在 X 方向的相对坐标为（x_B-x_A），Y 方向的相对坐标为（y_B-y_A），Z 方向的相对坐标为（z_B-z_A）。由于 $x_A>x_B$，则（x_B-x_A）为负值，即点 A 在左，点 B 在右。由于 $y_B>y_A$，则（y_B-y_A）为正值，即点 B 在前，点 A 在后。由于 $z_B>z_A$，则（z_B-z_A）为正值，即点 B 在上，点 A 在下。

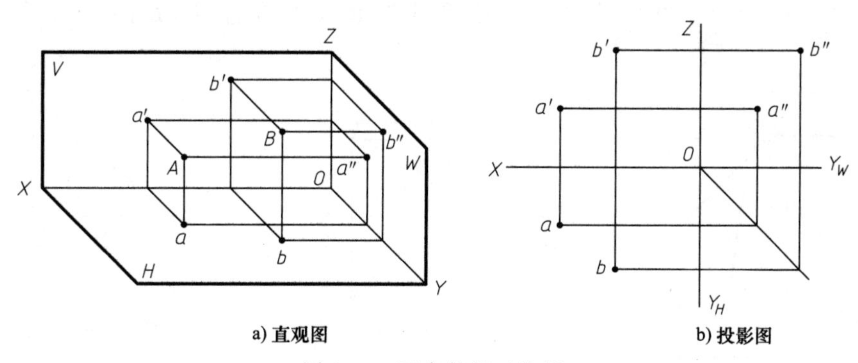

图 2-13　两点的相对位置

2. 重影点的投影

在某一个投影平面内投影重合的点称为相对于该投影面的重影点。即两个点的某两个坐标相同时，该两点将处于同一投射线上，因而对某一投影面具有重合的投影。如图 2-14 所示的 C、D 两点，其中 $x_C=x_D$，$z_C=z_D$，因此它们的正面投影 c' 和 d' 重影为一点，由于 $y_C<y_D$，所以从前面垂直 V 面向后看时点 D 是可见的，点 C 是不可见的。通常规定把不可见的点的投影打上括弧，如（c'）。又如 D、E 两点，其中 $x_D=x_E$，$y_D=y_E$，因此它们的水平投影 d、e 重影为一点，由于 $z_E>z_D$，所以从上面垂直 H 面向下看时点 E 是可见的，点 D 是不可见的。再如 D、F 两点，其中 $y_D=y_F$，$z_D=z_F$，它们的侧面投影 d''、f'' 重影为一点，由于 $x_D>x_F$，所以从左面垂直 W 面向右看时，点 D 是可见的，点 F 是不可见的。由此可知，一个点在一个方向上看是可见的，在另一个方向上看则不一定可见，必须根据该点和其他点的相对位置而定。

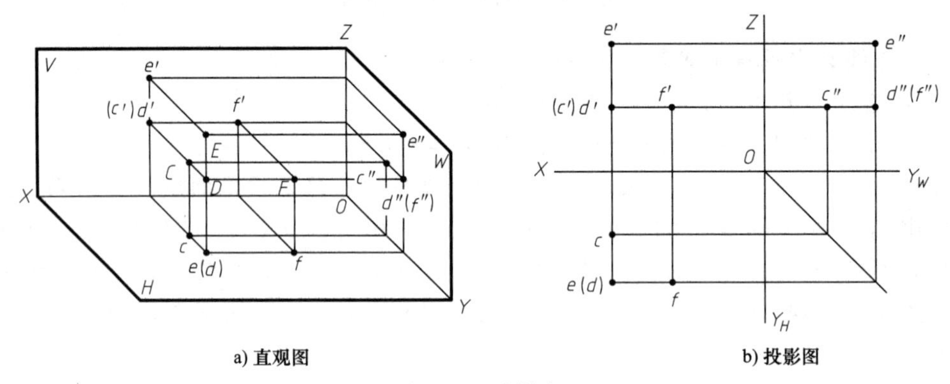

a) 直观图　　b) 投影图

图 2-14　重影点

2.4　直线的投影

2.4.1　直线的投影图

空间一直线的投影可由直线上两点（通常取线段两个端点）的同面投影来确定。如图 2-15 所示的直线 AB，求作它的三面投影图时，可分别作出 A、B 两端点的投影（a、a'、a''）、（b、b'、b''），然后将其同面投影连接起来即得直线 AB 的三面投影图（ab、$a'b'$、$a''b''$）。

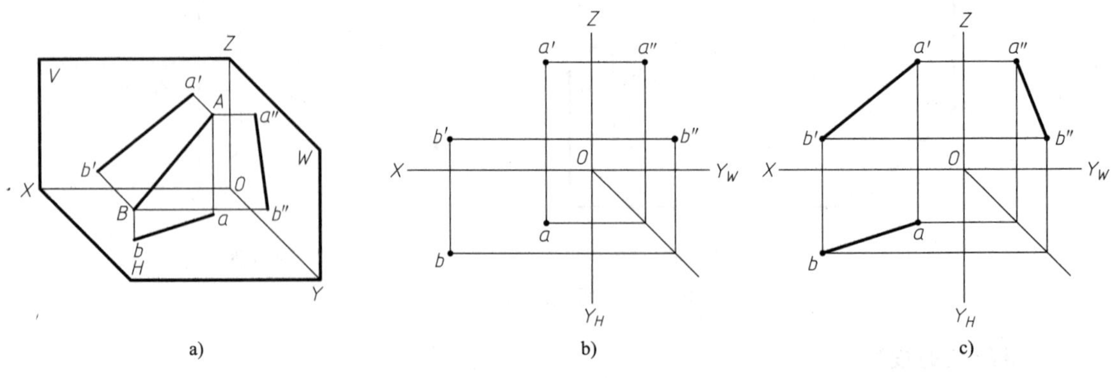

a)　　b)　　c)

图 2-15　直线的投影

2.4.2　各类直线的投影特性

根据直线在三面投影体系中的位置可分为三类：投影面平行线、投影面垂直线、投影面倾斜线。前两类直线称为特殊位置直线，后一类直线称为一般位置直线。它们具有不同的投影特性。

1. 投影面平行线

平行于一个投影面而和另外两个投影面倾斜的直线称为投影面平行线。平行于 V 面的直线称为正平线，平行于 H 面的直线称为水平线，平行于 W 面的直线称为侧平线。

如图 2-16 所示，直线 AB 为一正平线，它的投影特性为：

1）正面投影反应 AB 实长，它与 X 轴的夹角反映直线对 H 面的倾角 α，与于 Z 轴的夹角反映直线对 W 的倾角 γ；

2）水平投影 $ab/\!/OX$ 轴；侧面投影 $a''b''/\!/OZ$ 轴，它们的投影长度小于 AB 实长。

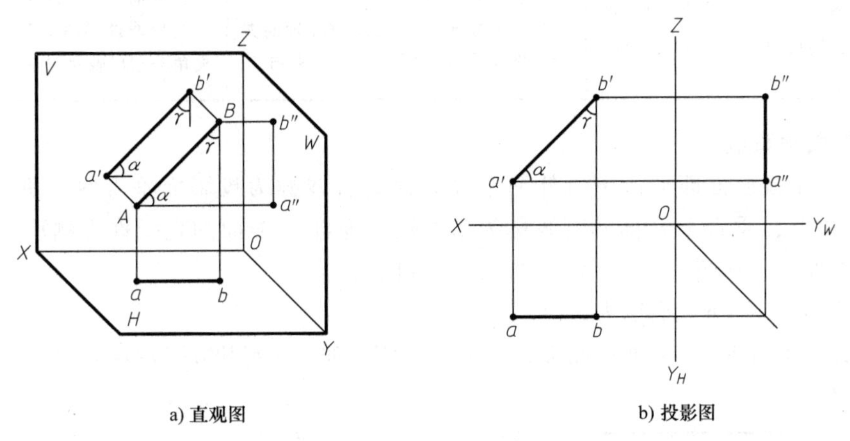

a) 直观图　　b) 投影图

图 2-16　正平线的特性

在表 2-2 中分别列出了水平线、正平线、侧平线的投影及其投影特性。

表 2-2　投影面平行线的特性

名称	水　平　线	正　平　线	侧　平　线
特征	平行于 H 面，倾斜于 V 面和 W 面	平行于 V 面，倾斜于 H 面和 W 面	平行于 W 面，倾斜于 H 面和 V 面
直观图			

（续）

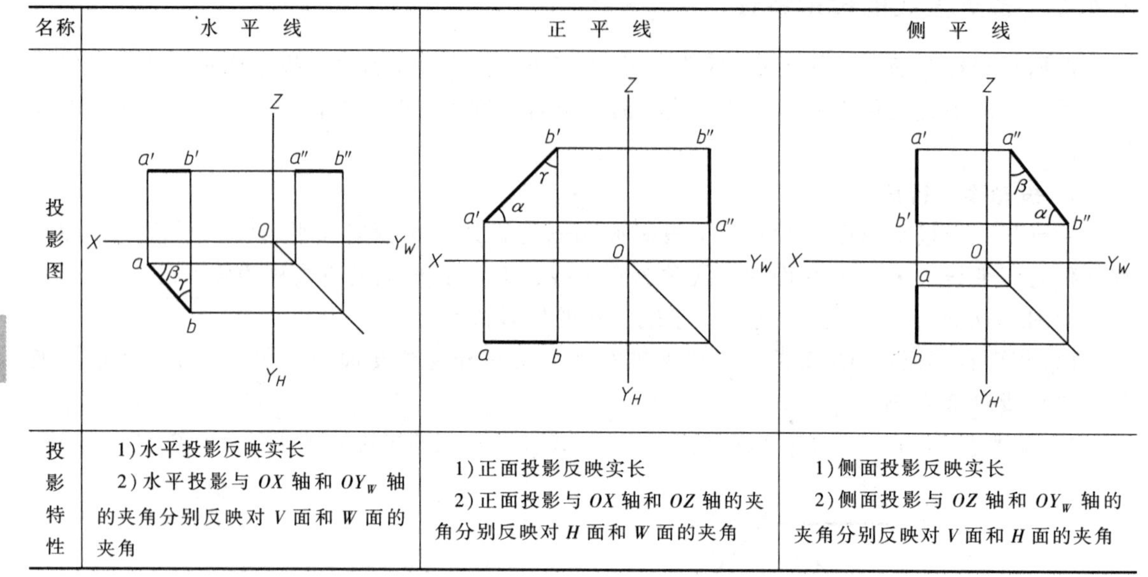

名称	水　平　线	正　平　线	侧　平　线
投影图			
投影特性	1）水平投影反映实长 2）水平投影与 OX 轴和 OY_W 轴的夹角分别反映对 V 面和 W 面的夹角	1）正面投影反映实长 2）正面投影与 OX 轴和 OZ 轴的夹角分别反映对 H 面和 W 面的夹角	1）侧面投影反映实长 2）侧面投影与 OZ 轴和 OY_W 轴的夹角分别反映对 V 面和 H 面的夹角

2. 投影面垂直线

垂直于一个投影面即平行于另外两个投影面的直线称为投影面垂直线。垂直于 V 面的直线称为正垂线，垂直于 H 面的直线称为铅垂线，垂直于 W 面的直线称为侧垂线。

图 2-17 所示，AB 为一铅垂线，它的投影特性为：

1）水平投影 a（b）积聚为一点。

2）正面投影 $a'b' \perp OX$ 轴；侧面投影 $a''b'' \perp OY_W$ 轴。$a'b'$ 和 $a''b''$ 均反映直线实长。

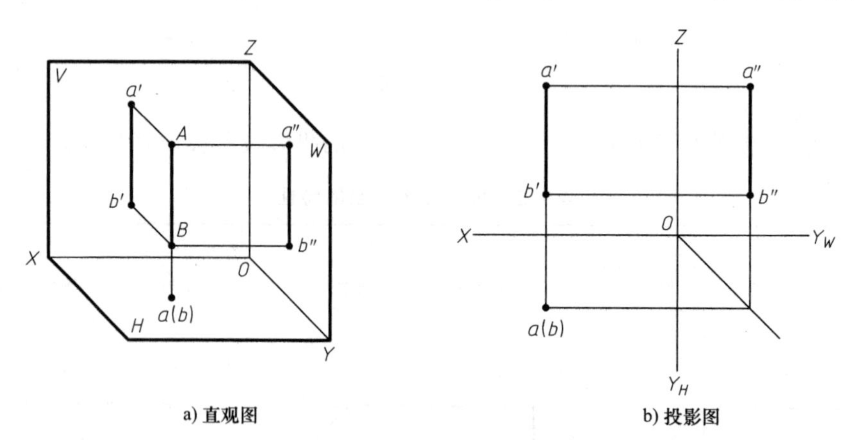

a) 直观图　　b) 投影图

图 2-17　铅垂线投影特性

在表 2-3 中分别列出正垂线、铅垂线和侧垂线的投影及其投影特性。

3. 一般位置直线

与三个投影面都成倾斜的直线称为一般位置直线。如图 2-18 所示，设一般位置直线 AB 对 H 面的倾角为 α；对 V 面的倾角为 β；对 W 面的倾角为 γ，则直线 AB 的实长、投影长度和倾角之间的关系为：

$$ab = AB\cos\alpha\,;\ a'b' = AB\cos\beta\,;\ a''b'' = AB\cos\gamma$$

从上式可知：当直线处于倾斜位置时，由于 $0°<\alpha<90°$；$0°<\beta<90°$；$0°<\gamma<90°$，因此直线的三个投影 ab、$a'b'$、$a''b''$均小于实长。

表 2-3 投影面垂直线的特性

名称	正垂线	铅垂线	侧垂线
特征	垂直于 V 面，同时平行于 H 面和 W 面	垂直于 H 面，同时平行于 V 面和 W 面	垂直于 W 面，同时平行于 V 面和 H 面
直观图			
投影图			
投影特性	1）正面投影积聚成一点 2）水平投影、侧面投影分别平行于 OY_H 轴、OY_W 轴，并反映其实长	1）水平投影积聚成一点 2）正面投影、侧面投影平行于 OZ 轴，并反映其实长	1）侧面投影积聚成一点 2）正面投影、水平投影平行于 OX 轴，并反映其实长

一般位置直线的投影特性为：三个投影都与投影轴倾斜且都小于实长。各个投影与投影轴的夹角都不反映直线对投影面的倾角。

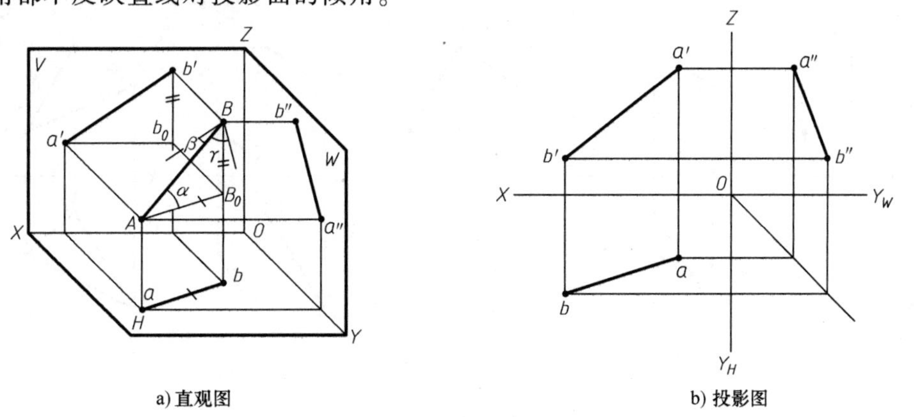

a) 直观图　　b) 投影图

图 2-18　一般位置直线

2.4.3 直线上的点

（1）从属性　直线上的点的投影仍然在直线的各同面投影上。如图 2-19 所示，点 C 在直线 AB 上，则点 C 的三面投影在直线 AB 的三面投影上，并满足点的投影规律。

（2）比例不变性　点分空间线段的比例，投影后保持不变。如图 2-19 所示，

$$AC : CB = ac : cb = a'c' : c'b' = a''c'' : c''b''。$$

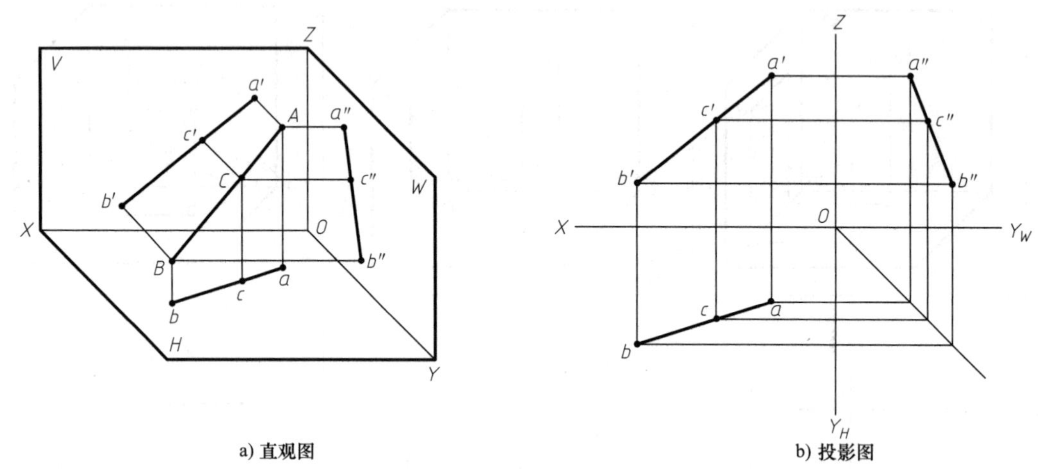

a) 直观图　　b) 投影图

图 2-19　直线上的点

2.5 平面的投影

2.5.1 平面在投影图上的表示法

根据初等几何可知，如果有了下列条件之一，平面的位置就可以完全确定了：不在同一直线上的三点；一直线和不在这条直线上的一点；相交两直线；平行两直线；任意平面几何图形。

因此，可以用上列任一组几何要素的投影，在投影图上表示平面，如图 2-20 所示。

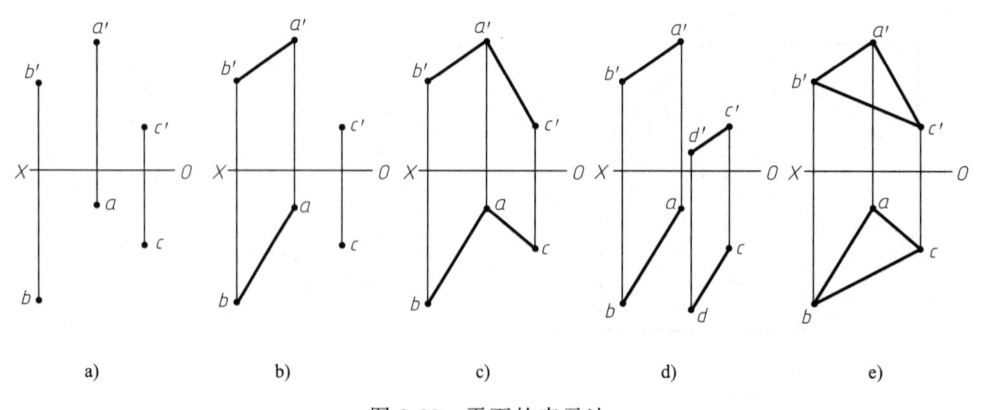

a)　b)　c)　d)　e)

图 2-20　平面的表示法

2.5.2 各类平面的投影特性

根据平面在三面投影体系中的位置可分为三类：投影面平行面；投影面垂直面；投影面倾斜面。前两类平面称为特殊位置平面，后一类平面称为一般位置平面。它们具有不同的投影特性。

1. 投影面平行面

平行于一个投影面而和另外两个投影面垂直的平面称为投影面平行面。平行于 V 面的称为正平面，平行于 H 面的称为水平面，平行于 W 面的称为侧平面。

如图 2-21 所示，平面 P 为一水平面，它的投影特性为：

1）水平投影反映平面 P 的实形。

2）由于平面 P 垂直于投影面 V 和 W，因此其正面投影和侧面投影积聚成一条直线且分别平行于 OX 轴和 OY 轴。

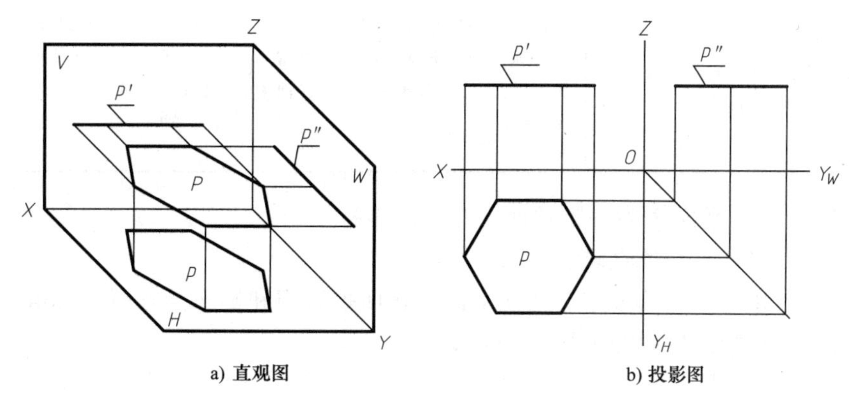

a) 直观图　　b) 投影图

图 2-21　水平面的投影

在表 2-4 中分别列出了水平面、正平面、侧平面的投影及其投影特性。

2. 投影面垂直面

垂直于一个投影面而和另外两个投影面倾斜的平面称为投影面垂直面。其中，垂直于 V 面的称为正垂面，垂直于 H 面的称为铅垂面，垂直于 W 面的称为侧垂面。

表 2-4　投影面平行面的投影特性

名称	水平面	正平面	侧平面
特征	平行于 H 面，同时垂直于 V 和 W 面	平行于 V 面，同时垂直于 H 和 W 面	平行于 W 面，同时垂直于 H 和 V 面
直观图			

（续）

名称	水　平　面	正　平　面	侧　平　面
投影图	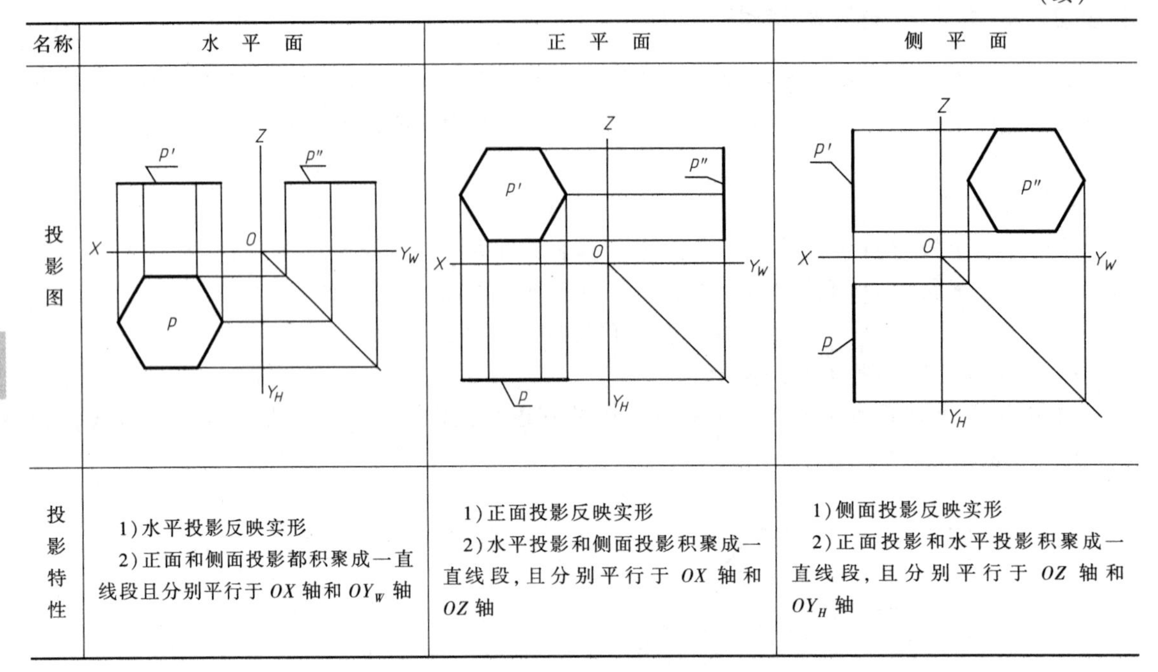		
投影特性	1）水平投影反映实形 2）正面和侧面投影都积聚成一直线段且分别平行于 OX 轴和 OY_W 轴	1）正面投影反映实形 2）水平投影和侧面投影积聚成一直线段，且分别平行于 OX 轴和 OZ 轴	1）侧面投影反映实形 2）正面投影和水平投影积聚成一直线段，且分别平行于 OZ 轴和 OY_H 轴

如图 2-22 所示，平面 T 为一铅垂面，它的投影特性为：

1） 水平投影积聚为一条直线。

2） 水平投影和坐标轴的夹角反映该平面对正面投影面和侧面投影面的夹角。

3） 正面投影和侧面投影为平面 T 的类似形。

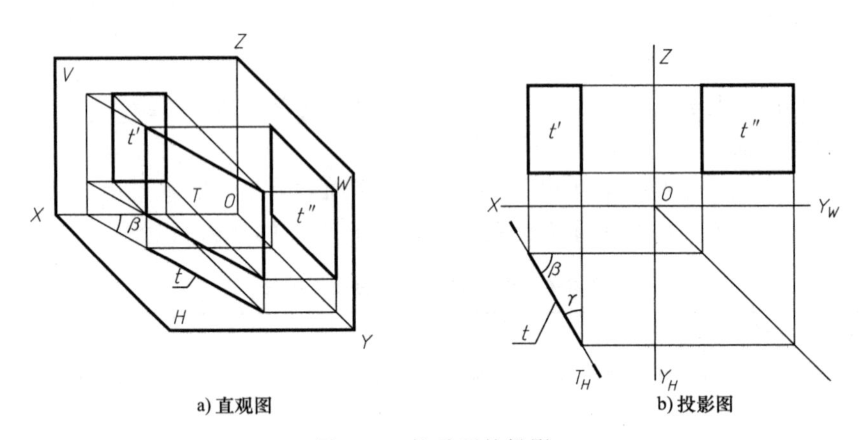

a) 直观图　　b) 投影图

图 2-22　铅垂面的投影

在表 2-5 中分别列出了铅垂面、正垂面、侧垂面的投影及其投影特性。

3. 一般位置平面

对三个投影面都倾斜的平面称为一般位置平面。

如图 2-23 所示，平面 ABC 为一般位置平面，它的投影特性为：

1） 在三个投影面上的投影都不反映实形而是类似形，其面积缩小。

2） 投影不能反映平面对投影面的倾角。

表 2-5　投影面垂直面的投影特性

名称	铅　垂　面	正　垂　面	侧　垂　面
特征	垂直于 H 且与 V 面、W 面倾斜	垂直于 V 且与 H 面、W 面倾斜	垂直于 W 且与 H 面、V 面倾斜
直观图			
投影图			
投影特性	1）水平投影积聚为一条倾斜直线段，该线段与 OX 轴、OY_H 轴的夹角即为该平面与 V 面、W 面的倾角 β 和 γ 2）正面和侧面投影为其类似形	1）正面投影积聚为一条倾斜直线段，该线段与 OX 轴、OZ 轴的夹角即为该平面与 H 面、W 面的倾角 α 和 γ 2）水平投影和侧面投影为其类似形	1）侧面投影积聚为一倾斜直线段，该线段与 OY_W 轴、OZ 轴的夹角即为该平面与 H 面、V 面的倾角 α 和 β 2）水平投影和正面投影为其类似形

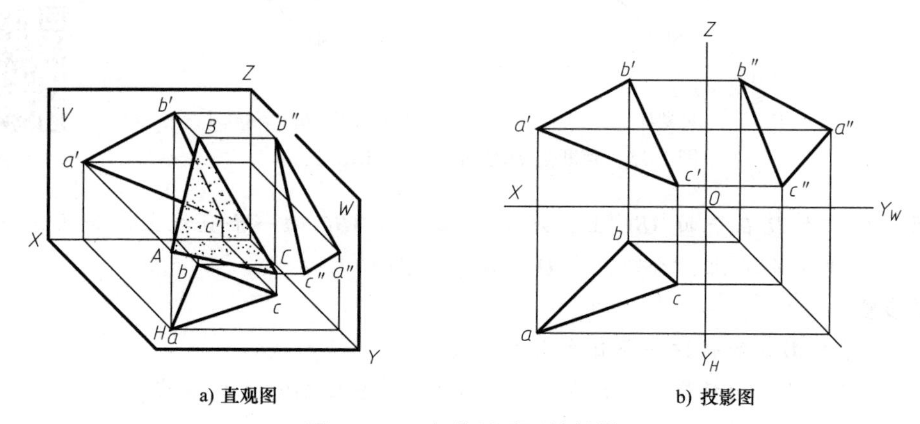

a) 直观图　　b) 投影图

图 2-23　一般位置平面的投影

2.5.3　平面上的点和直线

点和直线在平面上的几何条件：

1）平面上的点，一定在这个平面上的一条直线上，如图 2-24a 所示。

2）平面上的直线，必定通过这个平面上的两个点，如图 2-24b 所示；或者通过平面上的一个点且平行于平面上的一条直线，如图 2-24c 所示。

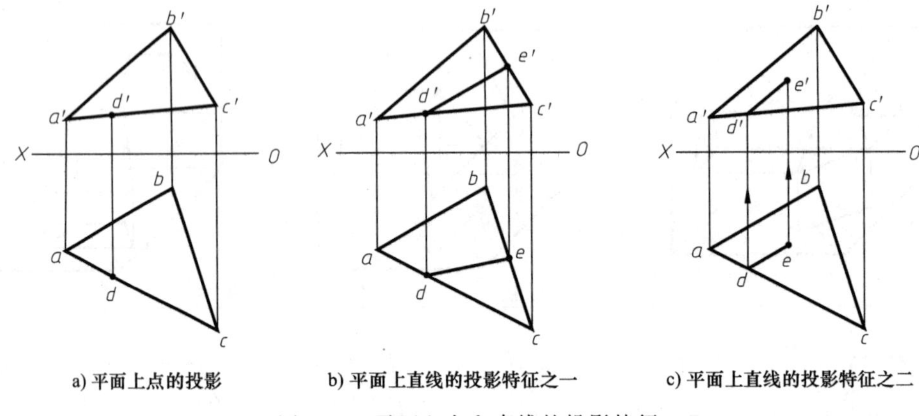

a) 平面上点的投影　b) 平面上直线的投影特征之一　c) 平面上直线的投影特征之二

图 2-24　平面上点和直线的投影特征

例 2-1　判断点 D 是否在平面 ABC 上（图 2-25）。

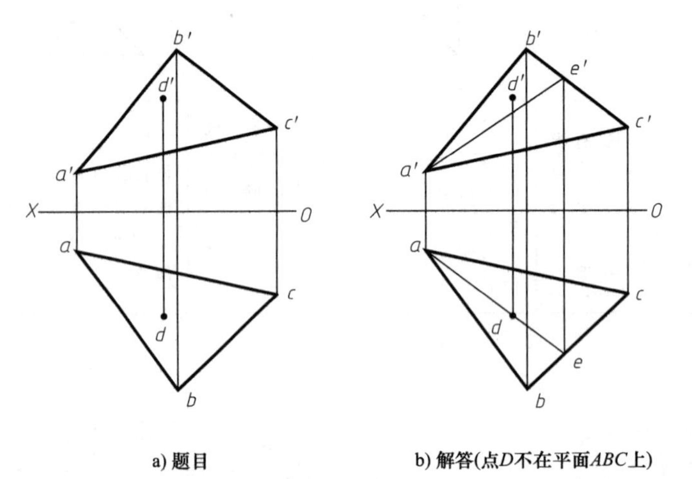

a) 题目　b) 解答(点D不在平面ABC上)

图 2-25　判断点 D 是否在平面 ABC 上

［例 2-1 解题过程］

分析：如果点 D 在平面 ABC 上，则点 D 在平面 ABC 的一条直线上，如果这条直线存在，点 D 就在平面 ABC 上，否则，点 D 不在平面 ABC 上。

作图步骤：

1）过水平投影 a 和 d 作一条直线交 bc 于 e。

2）找出对应的正面投影 $b'c'$上的点 e'，则 AE 是平面 ABC 上的直线。

3）d'不在 $a'e'$上，所以点 D 不是平面 ABC 上的点。

例 2-2　完成图 2-26 中平面四边形 $ABCD$ 的正面投影。

分析：从图 2-26a 可以看出，点 A、B 和 C 三点的两面投影都已知，因此由这三点就确定了唯一一个平面。这样问题就转化为例 2-1 中面上定点的问题。

作图步骤：

1）连接 ac、$a'c'$；

2）连接 bd 交 ac 于点 e，自点 e 作与正面投影的连线交 $a'c'$ 于 e'；

3）在线 BE 上确定点 D，并连接相应边形成四边形，结果如图 2-26b 所示。

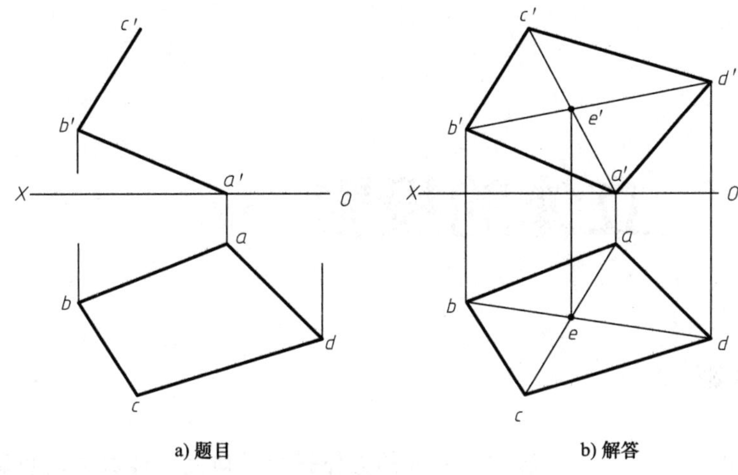

图 2-26　求平面四边形的正面投影

[例 2-2 解题过程]

第 3 章

立体的投影

3.1　基本立体的投影

立体是具有三维坐标的实心体，投影法中所研究的立体投影是研究立体表面的投影。由平面围成的立体称为平面立体，由曲面或曲面与平面围成的立体称为曲面立体。

3.1.1　平面立体的投影

平面立体是由平面围成，而平面又是由直线段围成，每条直线段都可由两个端点确定，因此，绘制平面立体的投影，只需绘制组成它的各个平面的投影，即绘制其各表面的交线（棱线）及各顶点（棱线的交点）的投影。

常见的平面立体有棱柱、棱锥（包括棱台）等。在绘制平面立体投影时，可见的轮廓线画粗实线；不可见的轮廓线画虚线；当粗实线与虚线重合时，应画粗实线。

1. 棱柱

棱柱由上、下底面和侧棱面围成，所有侧棱线互相平行，如图 3-1 所示。以侧棱线是否与底面垂直将棱柱分为直棱柱和斜棱柱，若底面为正多边形，则称该棱柱为正棱柱。

（1）棱柱的投影　图 3-1 为一直三棱柱，其投影由上、下底面和侧棱面的投影组成。三棱柱的上、下底面都为水平面，水平投影反映实形，正面投影和侧面投影积聚为一条直线；三个侧棱面均为铅垂面，水平投影积聚为直线，正面投影和侧面投影反映类似形，都为矩形。

特别要注意侧面投影与水平投影 y 坐标相等的关系，可直接量取作图，也可利用 45°斜线作图。

（2）可见性分析

1）水平投影：上底面的点可见，下底面的点不可见；

2）正面投影：侧棱面 ABB_1A_1，BCC_1B_1 上的点可见，ACC_1A_1 上的点不可见；

3）侧面投影：ABB_1A_1 上的点可见，BCC_1B_1、ACC_1A_1 上的点不可见，$c''c_1''$画虚线。

（3）棱柱表面上点的投影　先分析点在哪一个表面上，若表面投影有积聚性，可直接求得点的投影，否则要通过面上取点的方法求点的投影。若点的投影被其他平面遮住，则该

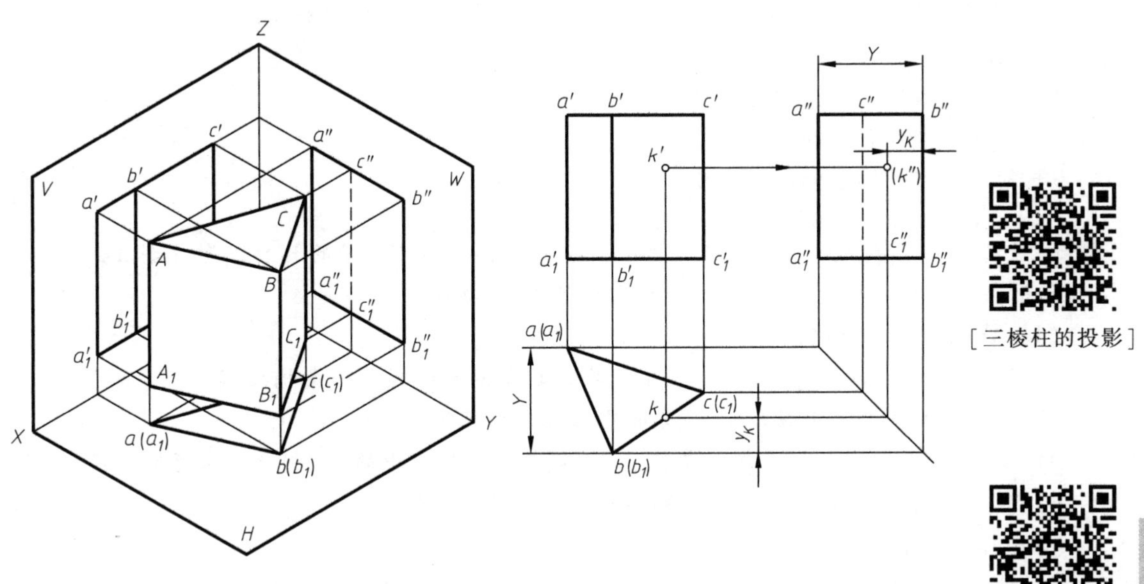

a) 立体图　　　　b) 投影图

图 3-1　直三棱柱的投影及表面上取点

［三棱柱表面取点］

投影不可见，要用圆括号括起来。如果点所在的表面投影有积聚性，点在该投影面上的投影不需要判别可见性。

例 3-1　已知三棱柱表面点 K 的正面投影 k'，求点 K 的其余投影。（图 3-1b）

分析： 正面投影 k'可见，点 K 必属于侧棱面 BCC_1B_1。

作图：

1）过 k'作 X 轴的垂线交有积聚性的投影 bb_1cc_1 于点 k，k 即为点 K 的水平投影。

2）过 k'向 W 面引投影连线，量取 y_K 坐标与水平投影中的 y_K 相等，求得侧面投影 k''。

3）可见性判别：侧面投影 k''不可见，水平投影不需要判别可见性。

2. 棱锥

棱锥有底面和侧棱面组成，其所有侧棱线交于一点，如图 3-2 所示。若底面为正多边形，且锥高通过底面正多边形中心，则称该棱锥为正棱锥。

（1）棱锥的投影　图 3-2a 为三棱锥，其三面投影由底面和侧棱面的三面投影组成。三棱锥的底面为水平面，水平投影反映实形，正面投影和侧面投影积聚为一条直线；侧棱面 $\triangle SAB$、$\triangle SBC$ 为一般位置平面，投影均反映类似形；侧棱面 $\triangle SAC$ 为侧垂面，侧面投影 $s''a''c''$积聚为直线，正面投影和水平投影反映类似形。

（2）可见性分析

1）水平投影：侧棱面的水平投影重合于下底面水平投影 $\triangle abc$，侧棱面上的的点可见，底面上的点不可见。

2）正面投影：侧棱面 $\triangle SAB$、$\triangle SBC$ 上的点可见，$\triangle SAC$ 上的点不可见；

3）侧面投影：侧棱面 $\triangle SAB$ 上的点可见，$\triangle SBC$ 上的点不可见，$\triangle SAC$ 上的点积聚为直线，不需要判断可见性。

（3）棱锥表面上点的投影　求棱锥表面上的点的投影一般用平面内取点的方法，有以下三种作图方法。为使作图简便起见，常用前两种。

1）过已知点作连接锥顶的辅助线。

2）过已知点作底边的平行线。

3）过已知点作锥面上任意直线。

例 3-2　已知三棱锥上点 M、N 的正面投影 m'、n'，求点 M、N 的其余投影（图 3-2b）。

分析： m'可见，$M \in \triangle SAB$；n'不可见，则 $N \in \triangle SAC$。

（1）作图： 求 m、m''：

1）连接 s'、m'并延长，交 $a'b'$于 $1'$，即过已知点和锥顶作一条辅助线。

2）求出辅助线的水平投影 $s1$，过 m'引投影连线交 $s1$ 于 m。

3）过 m'向 W 面引投影连线，量取 y_M 坐标与水平投影中的 y_M 相等，求得侧面投影 m''。

4）可见性判别：水平投影 m、侧面投影 m''均可见。

（2）作图： 求 n、n''：

1）过 n'作 $2'3' /\!/ a'c'$，即过点 N 作$\triangle SAC$ 底边 AC 的平行线。

2）过 $2'$作 X 轴的垂线交 sc 于点 2，作 $2\,3 /\!/ ac$。

3）过 n'分别向 H、W 面引投影连线交 2 3 于 n，交有积聚性的侧面投影 $s''a''c''$于 n''。

4）可见性判别：水平投影 n 可见，侧面投影 n''不需要判别可见性。

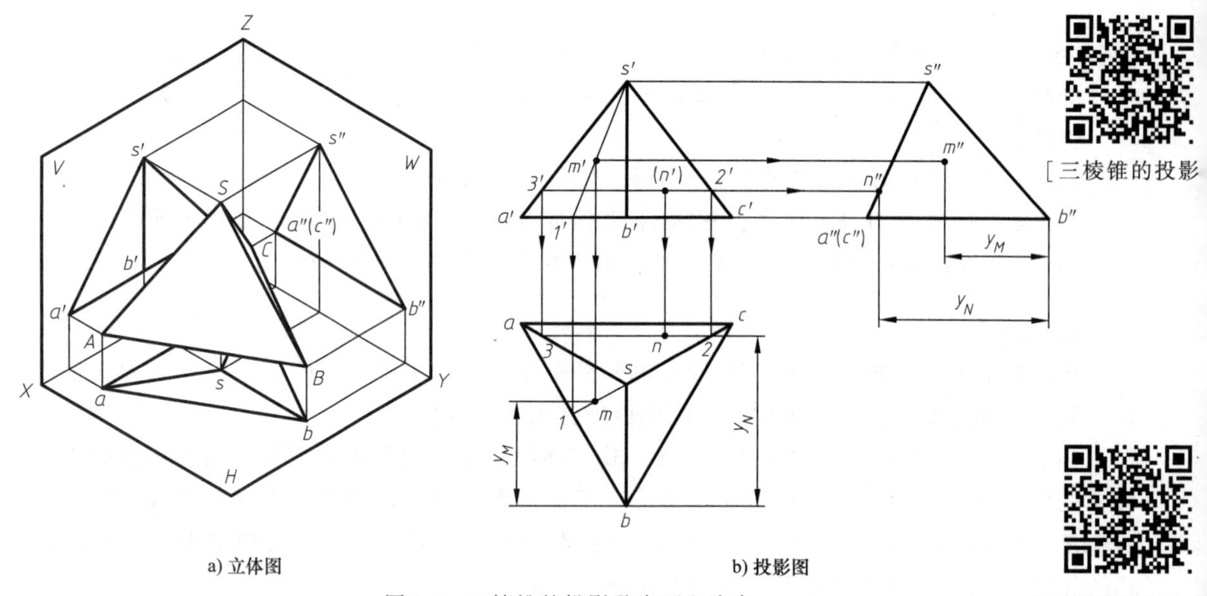

a) 立体图　　b) 投影图

图 3-2　三棱锥的投影及表面上取点

3.1.2　曲面立体的投影

工程中常见的曲面立体主要为回转体，一般由回转面围成或由回转面和平面围成。回转面是一条动线绕一固定轴线旋转形成的。这条动线称为母线，在曲面上任何一个位置的母线称为素线。轴线是回转面形成的必要因素，在曲面立体的投影图中轴线的投影必须先画出。

以下介绍常见的回转体：圆柱、圆锥、球体的投影。

1. 圆柱

圆柱由上、下底圆和圆柱面围成。圆柱面是一条直线绕与它平行的轴线旋转形成，如图 3-3a 所示。

（1）圆柱的投影　如图 3-3b 所示，圆柱的轴线垂直于 H 面，上、下底圆都为水平圆，水平投影反映实形，正面投影和侧面投影积聚为一条直线，长度等于圆的直径，柱面上所有素线都为铅垂线，柱面的水平投影积聚于上、下底圆水平投影的圆周上。圆柱的正面投影和侧面投影都是矩形。正面投影左右两条直线 $a'a_0'$、$b'b_0'$为圆柱的正面投影轮廓线，实际上是圆柱上最左、最右两条素线 AA_0、BB_0 的正面投影，其侧面投影 $a''a_0''$、$b''b_0''$在轴线上；侧面投影前后两条直线 $c''c_0''$、$d''d_0''$称为圆柱的侧面投影轮廓线，实际上是圆柱上最前、最后两条素线 CC_0、DD_0 的侧面投影、其正面投影 $c'c_0'$、$d'd_0'$在轴线上。

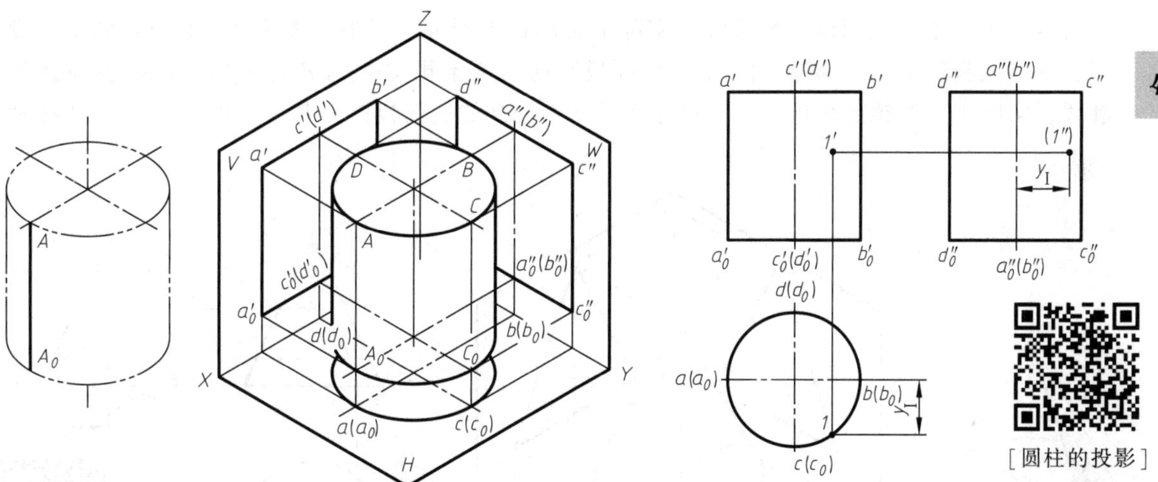

[圆柱的投影]

a) 圆柱面的形成　　b) 立体图　　c) 投影图

图 3-3　圆柱的投影及表面上取点

[圆柱表面取点]

（2）可见性分析

1）水平投影：上底圆上的点可见，下底圆上的点不可见。

2）正面投影：正面投影轮廓线将柱面分为前后两部分，前半圆柱面的点可见，后半圆柱面的点不可见。

3）侧面投影：侧面投影轮廓线将柱面分为左右两部分，左半圆柱面上的点可见，右半圆柱面上的点不可见。

（3）圆柱表面上点的投影　先分析点在柱面上还是在底圆面上。若圆柱轴线垂直于某一投影面，可利用其投影的积聚性直接求得点的投影。

例 3-3　已知圆柱面上点Ⅰ的正面投影 1′，求点Ⅰ的其余投影（图 3-3c）。

分析：在图 3-3c 中，已知点Ⅰ的正面投影 1′在矩形内，而且可见，则点Ⅰ一定在前半个圆柱面上，水平投影必在前半个圆周上。

作图：

1）直接引投影连线求得 1。

2）过 1′向 *W* 面引投影连线，并以轴线为基准量取 y_{I} 坐标与水平投影中的 y_{I} 相等，求得侧面投影 1″。

3）可见性判别：从水平投影看，点Ⅰ位于圆柱面的右半部分，侧面投影 1″不可见。

2. 圆锥

圆锥由底圆和圆锥面围成。圆锥面是一条直线绕与它相交的轴线旋转形成，如图 3-4a 所示，所有素线的交点称为圆锥的顶点。

（1）圆锥的投影　在图 3-4b 中，圆锥的轴线垂直于 *H* 面。底圆为水平圆，水平投影反映为实形，正面投影和侧面投影积聚为一条直线，长度等于底圆的直径。圆锥面的水平投影重合于底圆面的水平投影，圆锥的正面投影和侧面投影都是等腰三角形。正面投影两条腰 *s′a′*、*s′b′*为圆锥的正面投影轮廓线，实际上是圆锥上最左、最右两条素线 *SA*、*SB* 的正面投影，其侧面投影 *s″a″*、*s″b″*在轴线上；侧面投影前后两条腰 *s″c″*、*s″d″*称为圆锥的侧面投影轮廓线，实际上是圆锥上最前、最后两条素线 *SC*、*SD* 的侧面投影，其正面投影 *s′c′*、*s′d′*在轴线上。

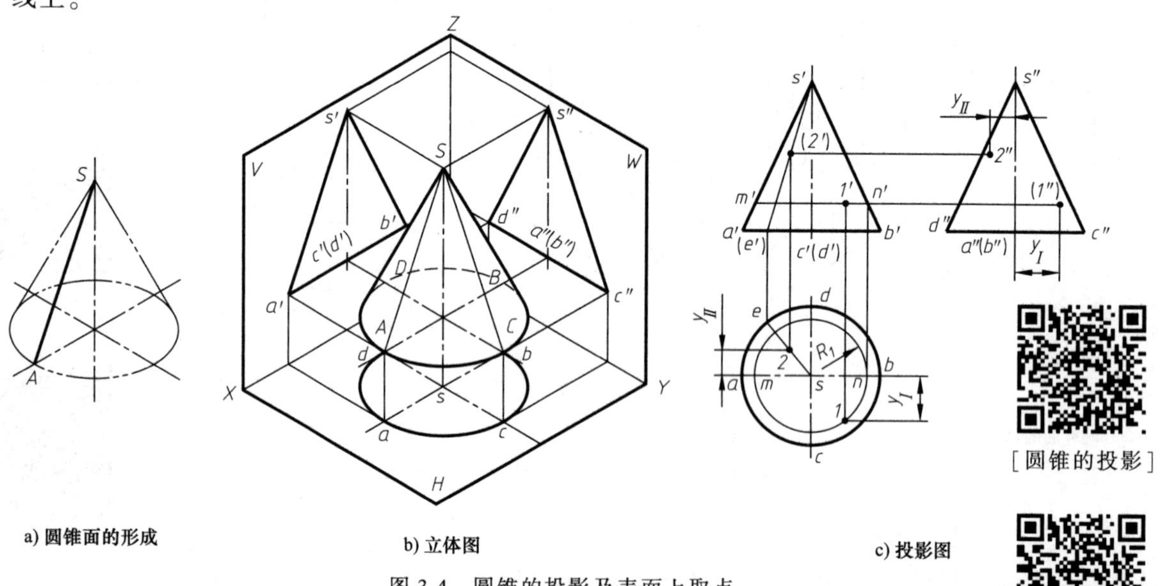

a) 圆锥面的形成　　b) 立体图　　c) 投影图

图 3-4　圆锥的投影及表面上取点

[圆锥表面取点]

（2）可见性分析

1）水平投影：锥面上的点可见，底圆上的点不可见。

2）正面投影：正面投影轮廓线将锥面分为前后两部分，前半圆锥上的点可见，后半圆锥上的点不可见。

3）侧面投影：侧面投影轮廓线将锥面分为左右两部分，左半圆锥上的点可见，右半圆锥上的点不可见。

（3）圆锥表面取点　先分析点在锥面上还是在底圆上。若圆锥轴线垂直于某一投影面，底圆上的点可利用其投影的积聚性直接求得投影；求锥面上的点的投影，可过已知点作连接锥顶的素线为辅助线，或过已知点作与底圆平行的辅助圆求解。

例 3-4 已知圆锥上点Ⅰ、Ⅱ的正面投影，求点Ⅰ、Ⅱ的其余投影（图 3-4c）。

分析：1′、2′在△$s'a'b'$内，点Ⅰ、Ⅱ是锥面上的点，由两点的正面投影可知，点Ⅰ在右前 1/4 圆锥面上，点Ⅱ在左后 1/4 圆锥面上。

作图：（1）求 1、1″

1）过 1′作 $m'n'//a'b'c'd'$，即过点Ⅰ在锥面上取一与底圆平行的水平圆。

2）量取 R_1，画出水平圆的水平投影，可求得水平投影 1。

3）过 1′向 W 面引投影连线，以轴线为基准量取 y_{I} 坐标与水平投影中的 y_{I} 坐标相等，求得侧面投影 1″。

4）可见性判别：水平投影 1 可见，侧面投影 1″不可见。

（2）求 2、2″

1）过（2′）作 s'（e'），即圆锥表面素线 SE 的正面投影。

2）画出素线 SE 的水平投影 se，可求得水平投影 2。

3）过 2′向 W 面引投影连线，以轴线为基准量取 y_{II} 坐标与水平投影中的 y_{II} 坐标相等，求得侧面投影 2″。

4）可见性判别：水平投影 2、侧面投影 2″均可见。

3. 球体

球体由球面围成。球面是一母线圆绕其直径旋转形成，如图 3-5a 所示。

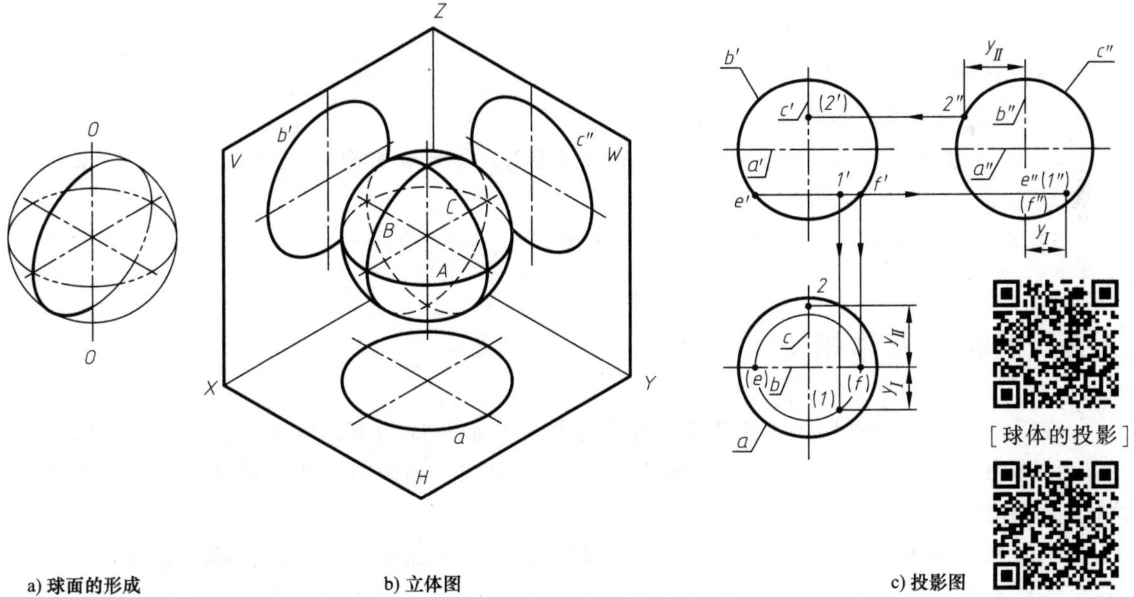

a) 球面的形成　　b) 立体图　　c) 投影图

图 3-5　球体的投影及表面上取点

［球体的投影］

［球体表面取点］

（1）球体的投影　球体的三个投影都是圆，圆的直径等于球体的直径，如图 3-5b 所示。水平投影 a 为球体的水平投影轮廓线圆，是球体上过球心水平圆的水平投影，其正面投影 a'和侧面投影 a''分别在平行于 OX 轴、OY_W 轴的轴线上；正面投影 b'为球体的正面投影轮廓线圆，是球体上过球心的正平圆的正面投影，其水平投影 b 和侧面投影 b''分别在平行于 OX、OZ 轴的轴线上；侧面投影 c''为球体的侧面投影轮廓线圆，是球体上过球心的侧平圆的侧面投影，其水平投影 c 和正面投影 c' 分别在平行于 OY_H 轴、OZ 轴的轴线上。

（2）可见性分析

1）水平投影：水平投影轮廓线圆将球面分为上下两部分，上面的点可见，下面的点不可见，水平投影轮廓线圆是上下半球表面水平投影可见与不可见的分界线。

2）正面投影：正面投影轮廓线圆将球面分为前后两部分，前面的点可见，后面的点不可见，正面投影轮廓线圆是前后半球表面正面投影可见与不可见的分界线。

3）侧面投影：侧面投影轮廓线圆将球面分为左右两部分，左边的点可见，右边的点不可见，侧面投影轮廓线圆是左右半球表面侧面投影可见与不可见的分界线。

（3）球面取点　球面上点的投影，可过已知点作球面上投影面平行圆求解，若点在投影轮廓线圆上，可直接求得点的投影。

例 3-5　已知圆球上点Ⅰ的正面投影和点Ⅱ的侧面投影，求点Ⅰ、Ⅱ的其余投影（图 3-5c）。

分析：由点Ⅰ的正面投影 1′可知，点Ⅰ在右、前、下方 1/8 球面上；由点Ⅱ的侧面投影 2″可知，点Ⅱ在侧面投影轮廓线圆上，且在后、上 1/4 圆上。

（1）作图：求 1、1″

1）过 1′取球面上的水平圆 EF 的水平投影。

2）过 1′作垂线交水平圆 ef 于 1，则点Ⅰ的水平投影 1 一定在 ef 前半圆上。

3）过 1′向 W 面引投影连线，以轴线为基准量取 y_{I} 坐标与水平投影中的 y_{I} 相等，求得侧面投影 1″。

4）因 1′为可见，点Ⅰ在球面右前下方，所以 1、1″都不可见。

（2）作图：求 2、2′

1）过 2″向 V 面引投影连线交轴线于 2′。

2）2′向 H 面引投影连线，以轴线为基准量取 y_{II} 坐标与侧面投影中的 y_{II} 相等，求得水平投影 2。

3）点Ⅱ在球面后上方，所以 2 可见，2′不可见。

3.2　平面与立体相交

在零件上常有平面与立体相交或立体与立体相交而形成的不同的交线。平面与立体表面的交线称为截交线。立体与立体表面的交线称为相贯线。画图时，为了清楚地表达零件的形状，必须正确画出其交线的投影。

平面与立体相交，可设想为立体被平面截切，这一平面称为截平面，截平面与立体表面的交线称为截交线，截交线围成的平面图形称为截断面。求立体被平面截切后的不完整立体的投影，关键是求截交线的投影。以下讨论的是立体被特殊位置平面截切的情况。求截交线的投影可从以下几个方面考虑：

1）立体表面是封闭的，截交线必定是封闭的平面图形。

2）截交线是截平面与立体表面的共有线，截交线上的点是截平面与立体表面的共有点，求出一系列共有点的投影就可得出截交线的投影。

3）可利用截平面及立体表面有积聚性的投影，直接求得截交线上的点的投影。

4）判别可见性，将立体的投影画完整，可见的交线及轮廓线画粗实线，不可见的画虚线。

5）作图前，一般先作出完整立体的投影，在此基础上再进行截切。

3.2.1 平面与平面立体表面相交

平面立体被截平面切割后所得的截交线，是由直线段组成的平面多边形。多边形的各边是立体表面与截平面的交线，而多边形的顶点是立体各棱线与截平面的交点。截交线既在立体表面上，又在截平面上，它是立体表面与截平面的共有线，截交线上的每一点都是共有点。因此，求截交线实际是求截平面与平面立体表面的共有点问题。求平面与平面立体的截交线可归结为：求平面立体棱线与截平面的交点，或求截平面与平面立体各表面的交线。

下面举例说明求平面立体截交线的方法和步骤。

1. 平面与棱锥表面相交

例 3-6 求三棱锥被平面截切后的水平投影、侧面投影（图 3-6）。

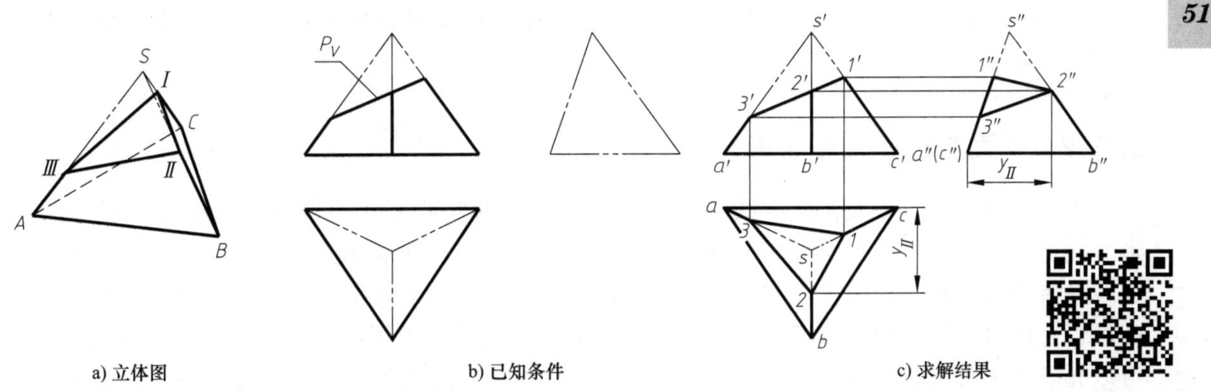

图 3-6　求三棱锥被平面截切后的投影

［例 3-6 作图过程］

分析： 截平面 P 是正垂面，截交线的正面投影积聚为一直线。截平面与三条棱线 SA、SB、SC 的交点Ⅰ、Ⅱ、Ⅲ，只要求得这三个点的投影即可求出截交线的投影。

作图：

1）正面投影 $s'a'$、$s'b'$、$s'c'$ 与 P_V 的交点即为截交线顶点的正面投影 1′、2′、3′。

2）过 1′、2′、3′分别向 W 面、H 面引投影连线，直接求得侧面投影 1″、2″、3″，水平投影 1、3，水平投影 2 可通过量取 $y_{Ⅱ}$ 坐标与侧面投影中的 $y_{Ⅱ}$ 相等或作辅助线求得。

3）水平投影和侧面投影都可见，连接各点的同面投影，完成各投影图。

2. 平面与棱柱表面相交

例 3-7 求四棱柱被平面截切后的三面投影（见图 3-7）。

分析： 截平面是正垂面，产生的截交线是五边形，其正面投影积聚为直线，水平投影和侧面投影反映类似形。可利用积聚性的投影求五边形各顶点的水平投影及侧面投影。

作图：

1）过 1′、2′、3′、4′、5′分别向 H 面引投影连线，求得水平投影 1、2、3、4、5。

2）过 1′、2′、3′分别向 W 面引投影连线交各棱线的侧面投影，求得 1″、2″、3″。

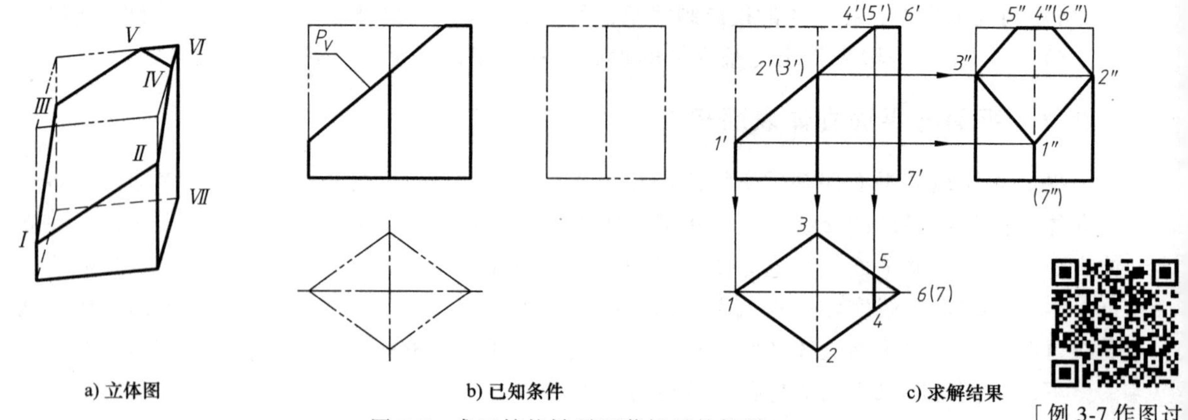

a) 立体图　　b) 已知条件　　c) 求解结果

[例 3-7 作图过

图 3-7　求四棱柱被平面截切后的投影

3）过 4′、5′分别向 *W* 面引投影连线，分别量取 *y* 坐标与水平投影中对应的 *y* 坐标相等求得 4″、5″。

4）连接各点的同面投影并判别可见性：最右边的棱线侧面投影 6″、7″不可见，但与可见轮廓线重影部分仍画粗实线。

3.2.2　平面与曲面立体表面相交

平面与曲面立体相交，截交线一般为封闭的平面曲线或平面曲线与直线组合的平面图形。截交线的形状与截平面截切立体的位置有关，一般有三种情况：圆、直线、一般平面曲线。如果投影是圆，利用半径和圆心，用圆规画出；如果截交线是直线，只要求直线两端点的投影，连接其同面投影即可；如果投影是一般平面曲线，为了准确地求得截交线的投影，可以先求若干截交线上的点的投影，判别可见性后，依次连接各点的同面投影即可。求这些点的投影可利用截交线有积聚性的投影和曲面立体表面取点的方法。

截交线上的点分为：

（1）特殊点　一般包括最高、最低、最左、最右、最前、最后点，以及截平面与立体投影轮廓线的交点，这些点可确定曲线的范围。

（2）一般点　求一些一般点，目的主要是使取点的数量能达到保证作图的准确性。

1. 平面与圆柱表面相交

平面与圆柱的轴线垂直、平行、倾斜时截交线分别为圆、矩形、椭圆，其投影见表 3-1。

表 3-1　平面与圆柱的截交线

截平面位置	与圆柱轴线垂直	与圆柱轴线平行	与圆柱轴线倾斜
截交线形状	圆	矩形	椭圆
直观图			

（续）

截平面位置	与圆柱轴线垂直	与圆柱轴线平行	与圆柱轴线倾斜
投影图	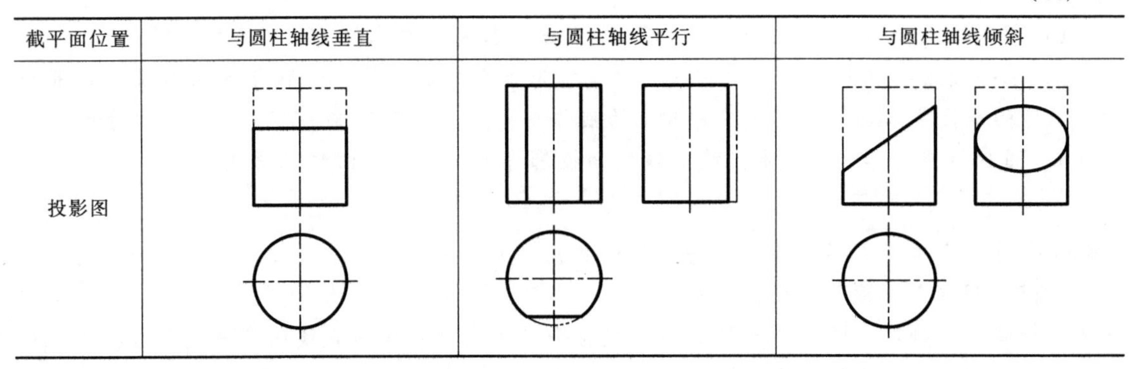		

例 3-8 求圆柱被平面截切后的水平投影、侧面投影（图 3-8）。

分析： 截平面与圆柱轴线倾斜，截交线为椭圆。截交线正面投影积聚为一条直线，水平投影重合于圆柱水平圆投影的圆周上，只要求出截交线的侧面投影。先求特殊点，如截平面与圆柱正面轮廓线的交点Ⅰ、Ⅱ及侧面投影轮廓线的交点Ⅲ、Ⅳ分别为截交线的最低点、最高点、最前点、最后点，其投影为图 3-8b 所示。

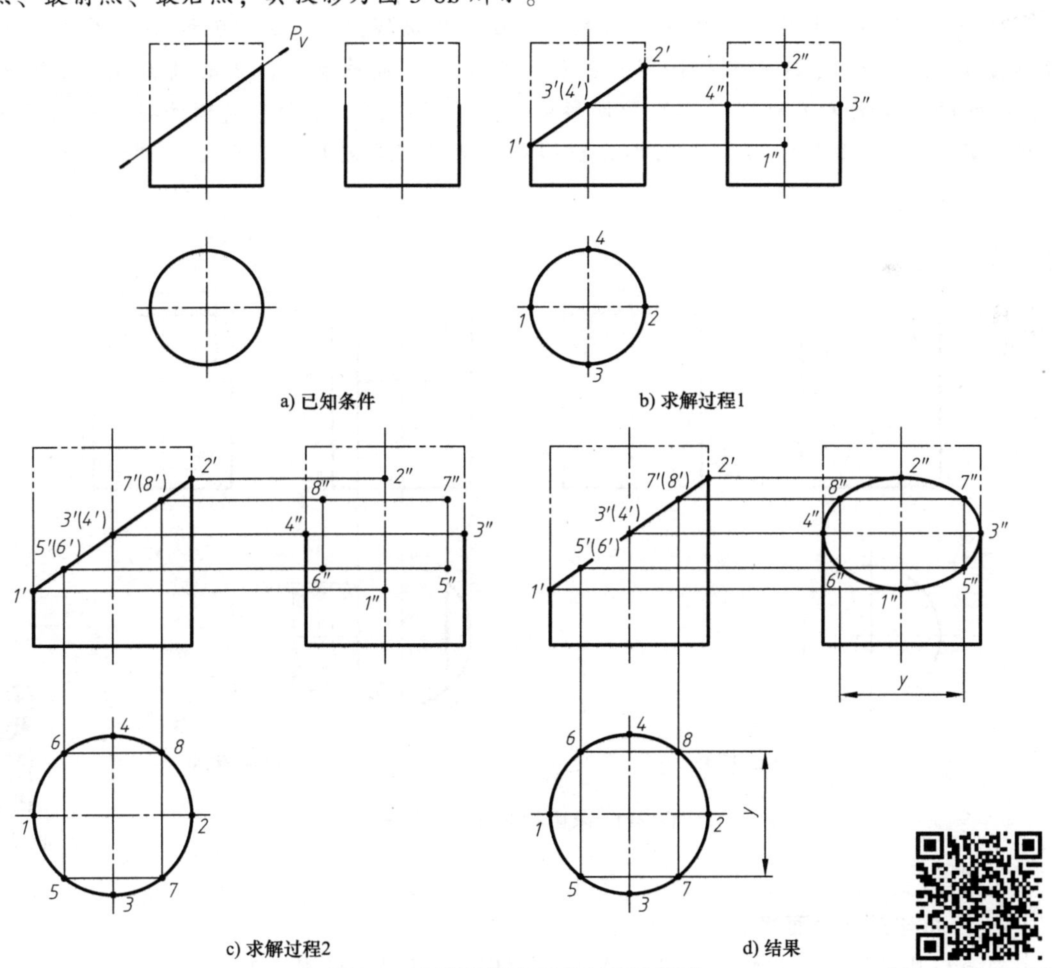

图 3-8　求圆柱被平面截切后的投影

［例 3-8 作图过程］

作图：

1）求特殊点：由1′、2′、3′、4′分别向W面引投影连线求得1″、2″、3″、4″。

2）求一般点：由5′、6′、7′、8′线向H面、W面引投影连线，量取各点在H面、W面中的y坐标相等长度，求得5″、6″、7″、8″。为使作图简便，一般5、6、7、8相对圆周对称。

3）圆柱被截切部分已取走，截交线侧面投影可见，依次用曲线光滑连接即可。

例3-9 求圆柱被开槽后的水平投影、侧面投影（图3-9）。

分析：圆柱上部被开方槽，方槽由两个侧平面和一个水平面构成，左右对称。由于侧平面平行于圆柱的轴线，它们与圆柱面的交线为平行于圆柱轴线的直线；水平截面垂直于圆柱的轴线，与圆柱面的交线为圆弧。

作图：

1）求方槽的水平投影。槽的两个侧面为侧平面，其水平投影积聚为两段直线；这两段直线与圆弧的四个交点，是侧平面与圆柱面交线的积聚性投影。槽底面为水平面，水平投影反映实形，其形状为两段直线（侧平面的积聚投影）和圆弧组成的区域，如图3-9b所示。

2）求方槽的侧面投影。槽的左侧面与圆柱面的交线为铅垂线AB和CD，它们的水平投影为a（b）和c（d），根据投影规律和y坐标的对应关系，画出其侧面投影$a''b''$和$c''d''$；槽的两个侧面左右对称，其侧面投影重叠。槽底面为水平面，其侧面投影积聚成一条直线，其中位于$a''b''$和$c''d''$之间的部分被圆柱剩余的部分遮挡，不可见，画成虚线，如图3-9b所示。

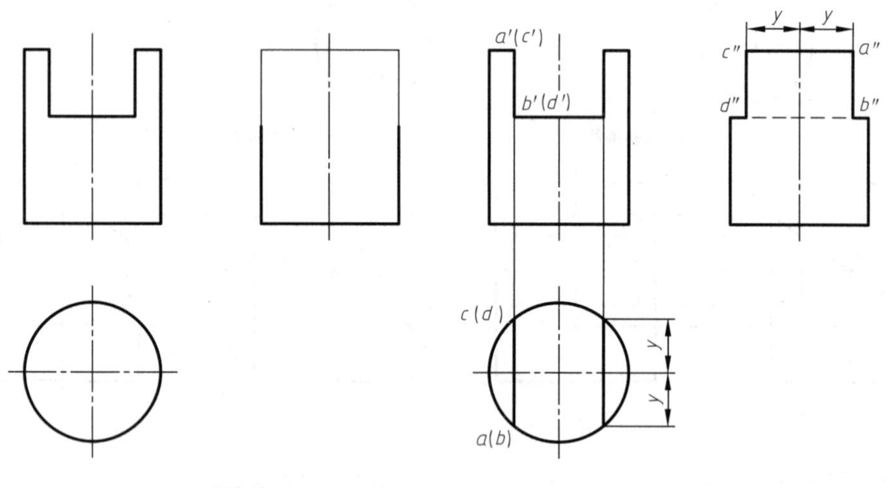

图3-9　求圆柱被开槽后的投影

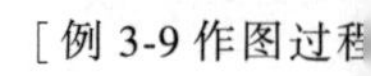
[例3-9作图过程

2. 平面与圆锥表面相交

平面与圆锥相交，截交线形状一般有5种情况，其投影见表3-2。

表 3-2 平面与圆锥的截交线

截平面位置	过锥顶	不过锥顶			
		垂直轴线	$\theta>\alpha$	$\theta=\alpha$	$\theta<\alpha$
截交线形状	等腰三角形	圆	椭圆	抛物线加直线	双曲线加直线
直观图					
投影图					

例 3-10 求与轴平行的平面截切圆锥后的投影（图 3-10）。

分析：正平面与圆锥面的交线为双曲线，与圆锥底面的交线为直线，正平截面与圆锥体的截交线由双曲线和直线组成。

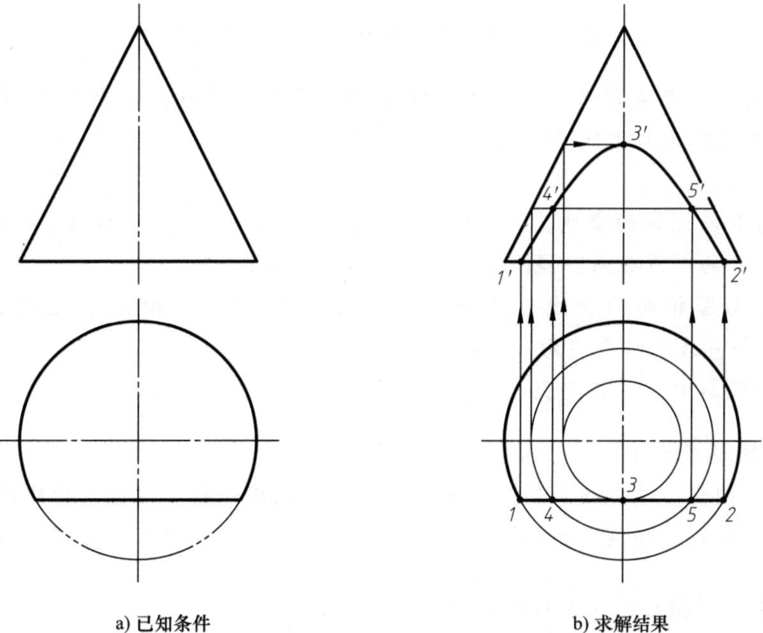

a) 已知条件　　b) 求解结果

图 3-10 求与轴平行的平面截切圆锥后的投影

［例 3-10 作图过程］

作图：

1）求特殊位置点。双曲线的端点Ⅰ、Ⅱ在底面圆周上，可由其水平投影1、2求出正面投影1′、2′。点Ⅲ为双曲线的顶点，在水平投影上画出经过3且与12相切的纬圆投影，根据纬圆的半径确定该纬圆的正面投影位置，求出3′。

2）求一般位置点，在水平投影上任作一纬圆的投影（实形），与12交于4、5，根据纬圆的半径确定该纬圆的正面投影位置，再按投影对应的关系求出4′和5′。按此方法多做几对一般位置点。

3）参照水平投影的顺序依次连接各点的正面投影。

例 3-11 求圆锥被两个平面截切后的水平投影和侧面投影（图 3-11）。

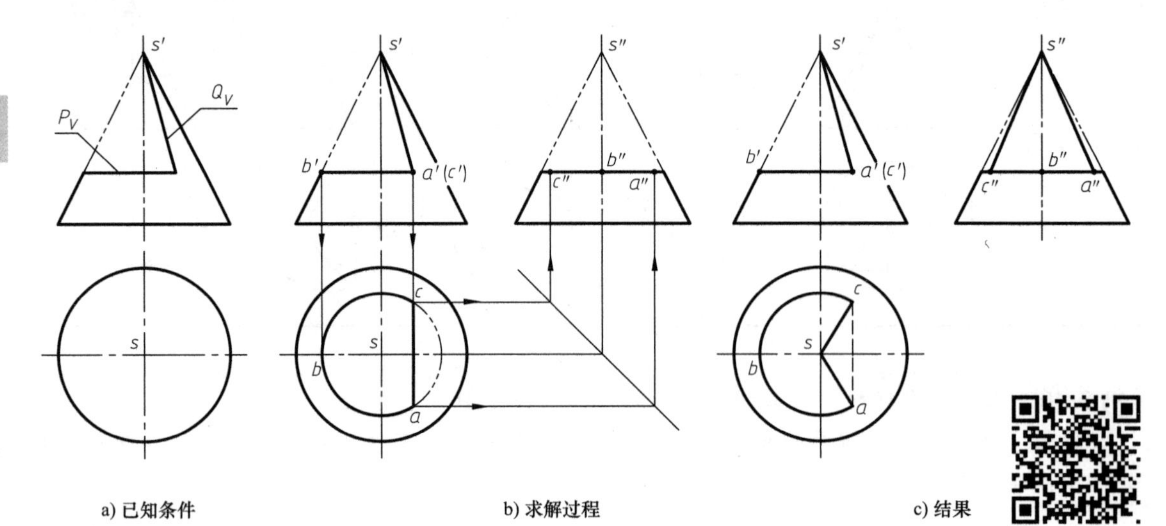

图 3-11　求圆锥被两个平面截切后的投影

［例 3-11 作图过程］

分析：截平面 P 与圆锥轴线垂直，与圆锥面的交线为圆弧；截平面 Q 过锥顶，与圆锥面的交线为两条过锥顶的直线。

作图：

1）作平面 P 与圆锥的交线圆的水平投影，找到平面 P、Q 的交线 AC 端点的水平投影 a 和 c，按照 y 坐标的对应关系，找到 A、C 的侧面投影 a''和 c''。

2）平面 Q 与圆锥面的交线为两条过锥顶的直线，即 SA 和 SC，连接 sa、sc 和 $s''a''$、$s''c''$，即得这两条直线的水平投影和侧面投影。

3）在水平投影中，ac 不可见，用虚线画出。

3. 平面与圆球表面相交

平面与球体相交，截交线总是圆。截交线的投影取决于截平面相对投影面的位置。如果截平面与投影面倾斜，则其投影为椭圆；若截平面与投影面平行，其投影为圆。

例 3-12 求半球开槽后的正面投影和水平投影（图 3-12）。

分析：立体是在半球上开方槽而成的，方槽的两个侧面是正平面，底面是水平面，它们与半球面的交线都是圆弧，且在各自平行的投影面上反映实形，在其他投影面上的投影有积聚性。

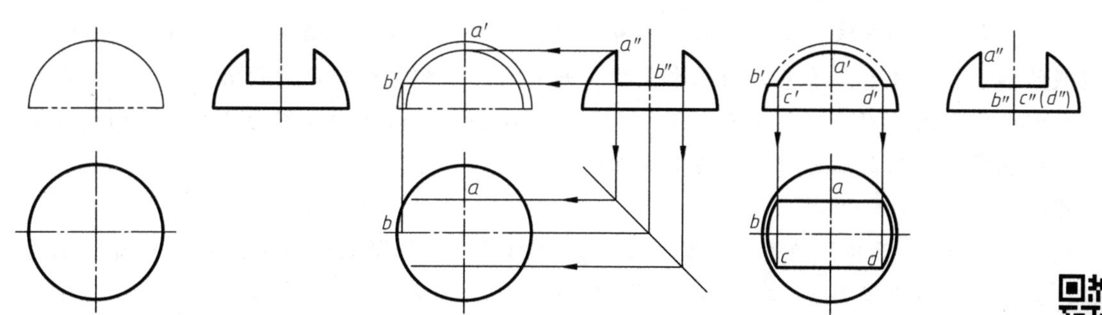

a) 已知条件　　b) 求解过程　　c) 结果

图 3-12　求半球开槽后的投影

［例 3-12 作图过程］

作图：

1）求方槽侧面与球面的交线。由于槽的侧面是正平面，其交线的水平投影和侧面投影均有积聚性，正面投影反映圆弧实形。圆弧最高点为 A，根据 a''，求出 a'，画出圆弧的正面投影，如图 3-12b 所示。

2）求方槽底面与球面的交线。由于槽的底面是水平面，其交线的正面投影和侧面投影均有积聚性，水平投影反映实形。在正面投影中，圆的积聚性投影与轮廓线交于 b'，由此可画出底面交线圆弧的水平投影。

3）在正面投影中，槽底面的积聚性投影位于 $c'd'$ 之间的部分被遮挡，画成虚线。最终作图结果如图 3-12c 所示。

3.3　立体与立体相交

两立体相交，立体表面的交线称为相贯线。本书着重介绍相交两回转体的相贯线。两回转体在曲面部分相交时，其相贯线一般是封闭的空间曲线，相贯线的投影取决于两曲面立体的形状、两曲面立体的相对位置以及两立体相对投影面的位置。

求相交两立体的投影，主要是求相贯线的投影，相贯线是两相交立体的共有线，相贯线上的点是两曲面立体表面的共有点，所以求相贯线的投影可以转化为求两立体表面一系列的共有点的投影，再依次连接这些共有点的同面投影即可。常用的求点方法有立体表面取点法和辅助平面法，下面分别介绍用这两种方法求回转体相贯线的过程。

相贯线可见性判别原则：同时位于两立体的可见表面时，相贯线才可见。

3.3.1　相贯线的求法

1. 立体表面取点法

例 3-13　求图 3-13a 所示的相交两圆柱面的相贯线。

分析：水平圆柱的轴线垂直于 W 面，直立圆柱的轴线垂直于 H 面，两轴线垂直相交，两轴线所确定的平面为两相交圆柱体的公共对称面，且平行于 V 面，相贯线前后、左右均对称，为马鞍形空间曲线。由于柱面投影有积聚性，相贯线上的点是两圆柱表面的共有点，相贯线的水平投影必重合于直立圆柱水平投影的圆周上，相贯线的侧面投影重合于水平圆柱侧面投影的圆周上，同时又属于直立圆柱表面，所以相贯线的侧面投影为公共区域的一段圆弧。根据相贯线的两面投影即可求得其正面投影。

作图：

1）特殊点：正面投影轮廓线的交点 1′、2′为相贯线上的最左、最右点；由相贯线上的最前、最后点的水平投影 3、4，侧面投影 3″、4″，可求得正面投影 3′、4′。

2）一般点：由相贯线上的点Ⅴ、Ⅶ的两面投影 5、7，5″、7″求得正面投影 5′、7′，同理可求点Ⅵ、Ⅷ的投影，其中正面投影 6′、8′分别与 5′、7′重影。

3）可见性判别：以 1′、2′为界相贯线前后重合，正面投影前面可见后面不可见；以 3″、4″为界相贯线左右重合，侧面投影左边可见右边不可见。如图 3-13b 所示。

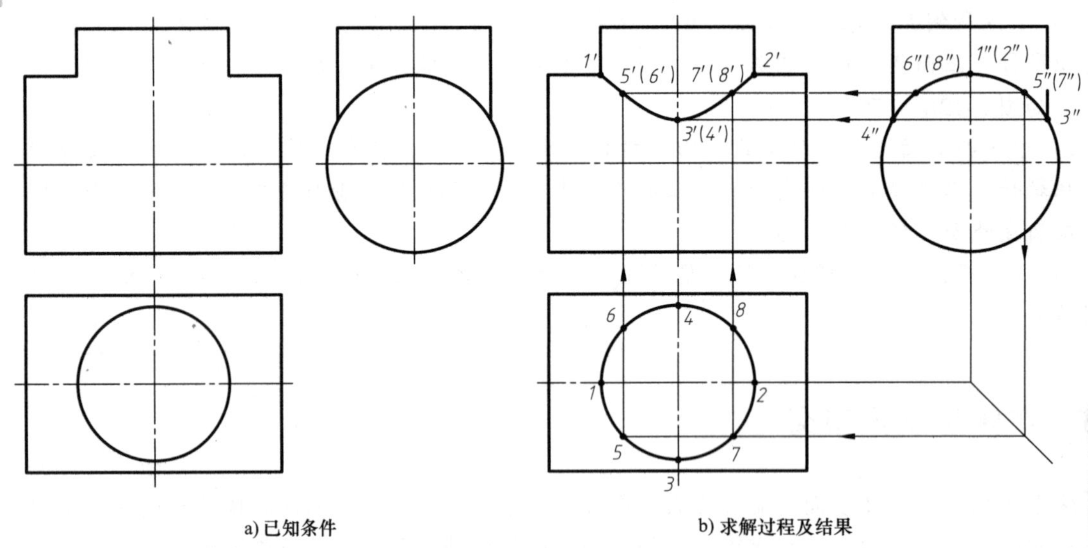

a) 已知条件　　b) 求解过程及结果

图 3-13　求相交两圆柱面的相贯线

[例 3-13 作图

圆柱面相贯有两外圆柱面相贯、外圆柱面与内圆柱面相贯和两内圆柱面相贯三种情况，如图 3-14 所示，相贯线的求法与例 3-13 相同。

2. 辅助平面法

用辅助平面法求相贯线上点的投影是基于三面共点的原理。如图 3-15 所示，圆柱与圆锥相贯，为求相贯线上的点的投影，取一与圆锥底圆平行的辅助平面 P 与两相贯立体表面相交，辅助平面 P 与圆柱的交线为直线，与圆锥的交线为圆，两组交线的交点Ⅰ、Ⅱ一定是相贯线上的点。作多个辅助平面即可求得相贯线上一系列点的投影。

辅助平面的选择原则：与两立体表面的交线为直线或平行于投影面的圆，以简化作图。

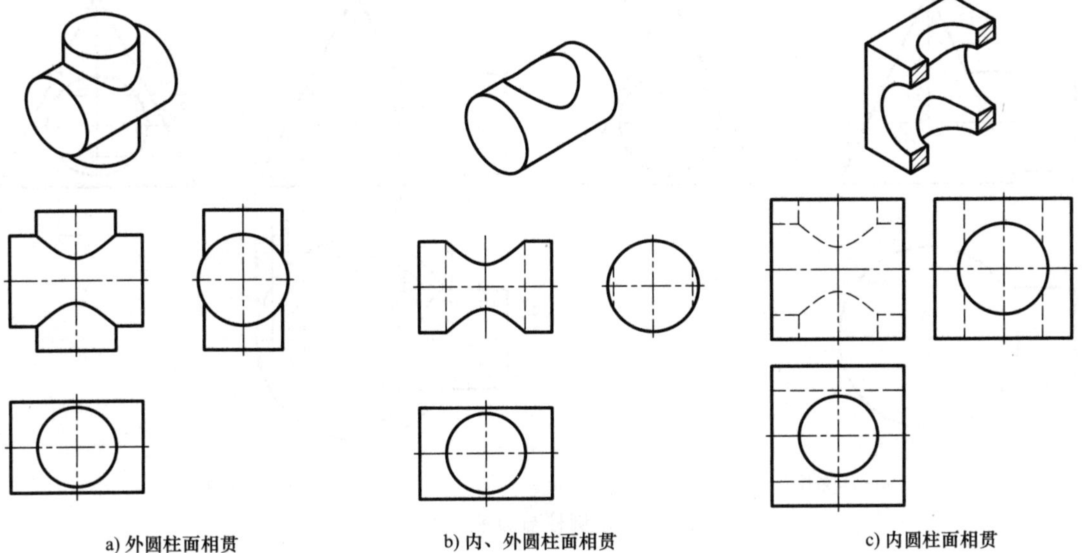

a) 外圆柱面相贯　b) 内、外圆柱面相贯　c) 内圆柱面相贯

图 3-14　圆柱面相贯的三种情况

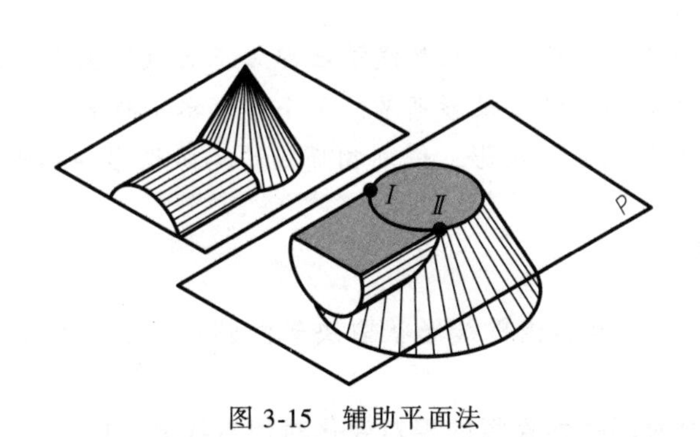

图 3-15　辅助平面法

例 3-14　求圆柱与圆锥的相贯线（图 3-16）。

分析： 圆锥轴线垂直于 H 面，圆柱轴线垂直于 W 面，两轴线垂直相交，两轴线确定的平面为两相交立体的公共对称平面，且平行于 V 面，所以相贯线前后部分的正面投影重合在一起，相贯线的侧面投影重合于侧面投影的圆周上。两立体的正面投影轮廓线在公共对称面上，其交点就是相贯线上的特殊点即最高点、最低点，正面投影可直接得到。相贯线上其余点的投影用辅助平面法求解。

作图：

1）直接求得相贯线上某些特殊点的投影：1′、2′是两立体表面正面投影轮廓线的交点，过 1′、2′分别向 H 面引投影连线交水平轴线于 1、2，即可求得相贯线上最高、最低点的两面投影。

2）用辅助平面法求相贯线上其余特殊点的投影：过圆柱轴线作辅助平面 P，P 与圆柱的交线为圆柱的水平投影轮廓线，与圆锥的交线为一水平圆，两组交线的交点 3、4 即为相贯线上的点，过 3、4 分别向 V 面引投影连线交 P_V 于 3、4。

a) 已知条件　　　b) 求解结果

图 3-16　求圆柱与圆锥的相贯线

3）用辅助平面法球相贯线上一般点的投影：作辅助平面 *Q*、*R*，可求Ⅴ、Ⅵ、Ⅶ、Ⅷ点的正面投影和水平投影。

4）可见性判别：以 1′、2′为界，相贯线前后部分正面投影重合，前面可见后面不可见；以 3、4 为界，相贯线上半部分水平投影可见，下半部分水平投影不可见。

5）用曲线光滑连列各点同面投影，得到相贯线的正面投影和水平投影。

3.3.2　相贯线的分析

两圆柱面相贯时，所产生的相贯线形状取决于两圆柱面直径的相对大小和轴线的相对位置。

1. 轴线垂直相交时两圆柱面直径的相对变化对相贯线的影响

见表 3-3。

表 3-3　轴线垂直相交时两圆柱面直径相对变化对相贯线的影响

圆柱面的直径关系	水平圆柱面直径大	水平圆柱面直径小	两圆柱面直径相等
投影图	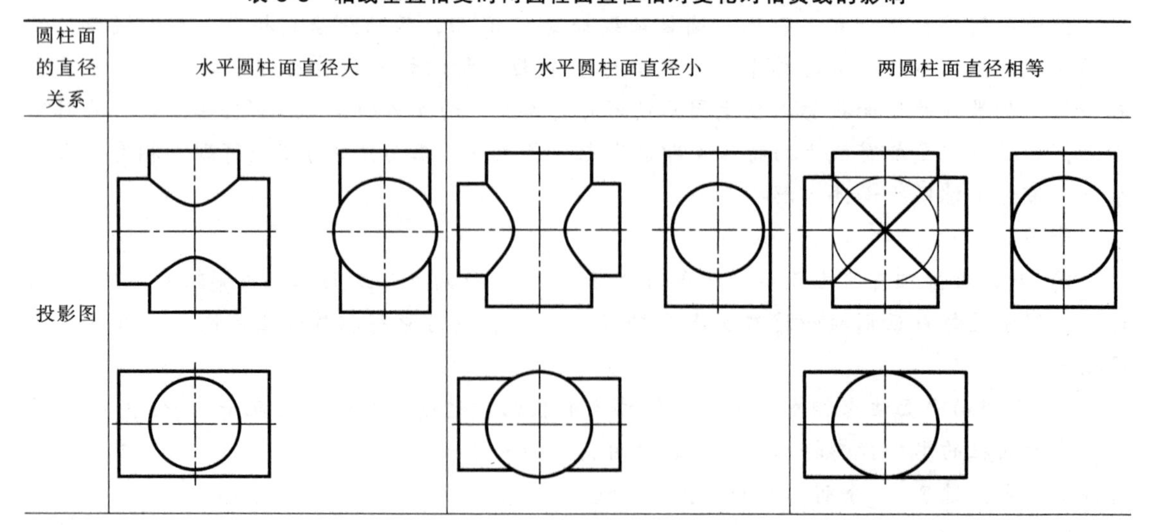		

（续）

圆柱面的直径关系	水平圆柱面直径大	水平圆柱面直径小	两圆柱面直径相等
立体图	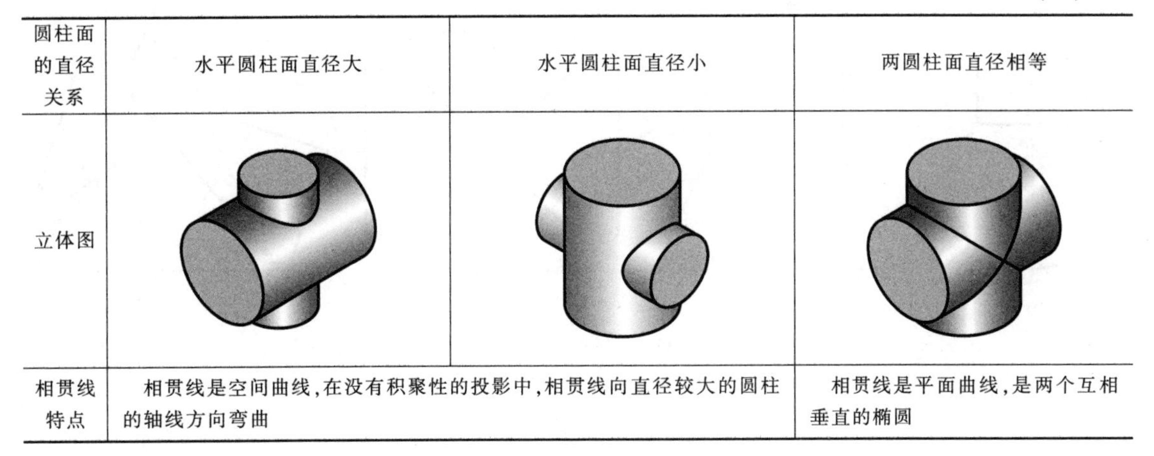		
相贯线特点	相贯线是空间曲线，在没有积聚性的投影中，相贯线向直径较大的圆柱的轴线方向弯曲		相贯线是平面曲线，是两个互相垂直的椭圆

2. 两圆柱体轴线的相对位置变化对相贯线的影响

如图 3-17 所示。

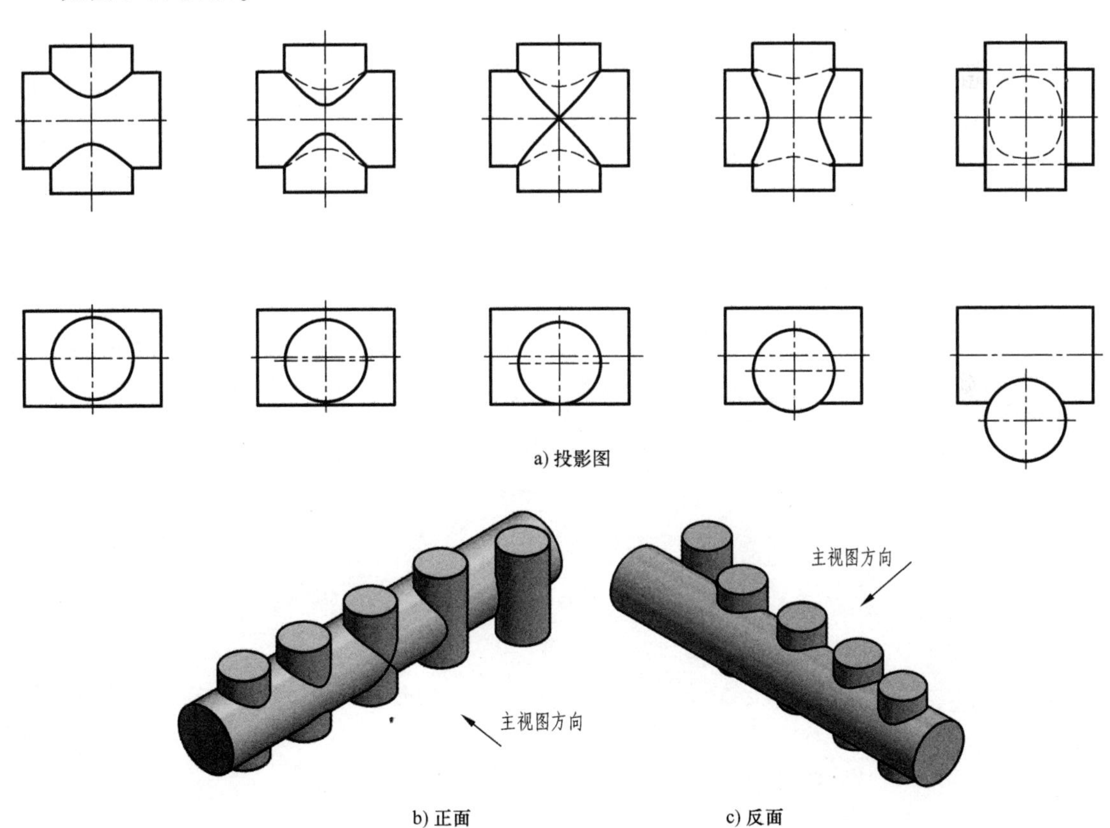

a) 投影图

b) 正面　　c) 反面

图 3-17　两圆柱体轴线相对位置对相贯线的影响

3.3.3　相贯线的特殊情况

两回转面共轴，则相贯线为垂直于轴线的圆；两回转面轴线相交且外切于同一圆球，则相贯线为平面曲线。如图 3-18 所示。

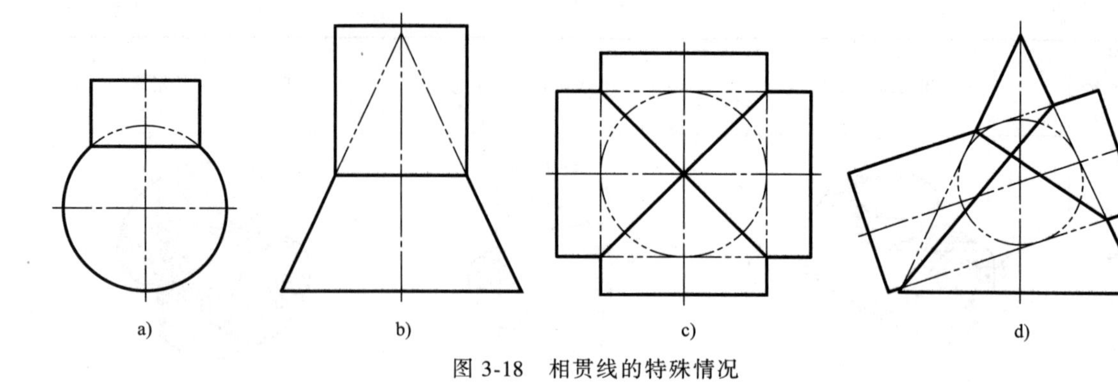

图 3-18 相贯线的特殊情况

第4章

组 合 体

4.1 组合体的形成

尽管各种物体形状千差万别，但都可以看成由若干个基本体组合而成，这些基本形体可以是一个完整的几何体，也可以是不完整的几何体或者是它们的组合。组合体是机器零件的基础，不具备零件的工艺性、质量方面的要求。

4.1.1 组合方式

组合体的组合方式可以分为叠加、切割（包括穿孔）和混合三种形式。

1. 叠加

叠加型组合体由两个或多个基本几何体按一定组合方式叠加而成。

如图 4-1a 所示组合体 1 是由如图 4-1b 所示的圆柱放置于如图 4-1c 所示的长方体底板上叠加而成。

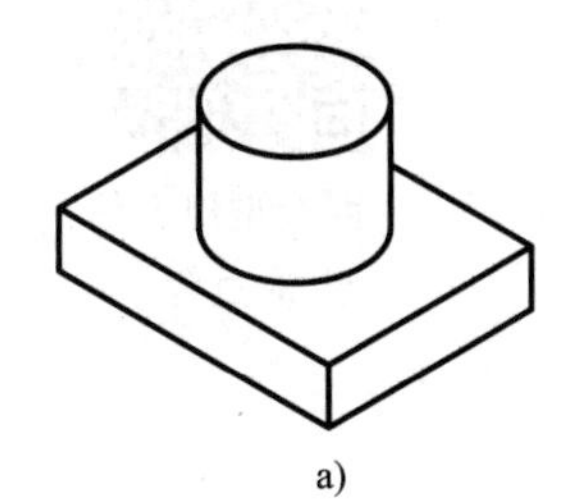
a)

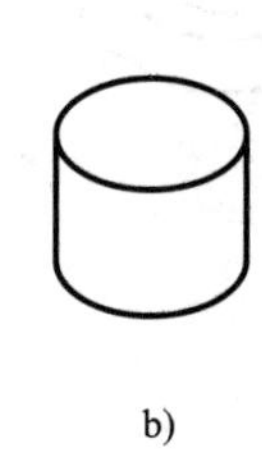
b)

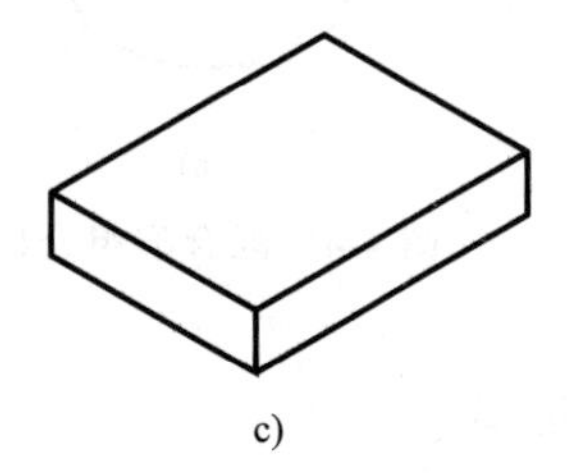
c)

图 4-1 叠加型组合体 1

［叠加型组合体 1 形成过程］

如图 4-2a 所示组合体 2 是在图 4-2b 所示组合体基础上，在底板上于圆柱两侧叠加两个如图 4-2c 所示三角形筋板而成。

2. 切割

切割型组合体是基本几何体经过挖切穿孔而成的。如图 4-3a 所示组合体是由长方体 1、去除三棱柱 2、挖去四棱柱 3、再挖去长条半圆槽 4 而成，如图 4-3b 所示。

3. 混合

在许多情况下，大多数组合体是由叠加和切割综合而成。如图 4-4a 所示组合体由中间被挖切掉一个长方体的带孔圆柱（图 4-4b）和两边带孔凸耳（图 4-4c）叠加而成。

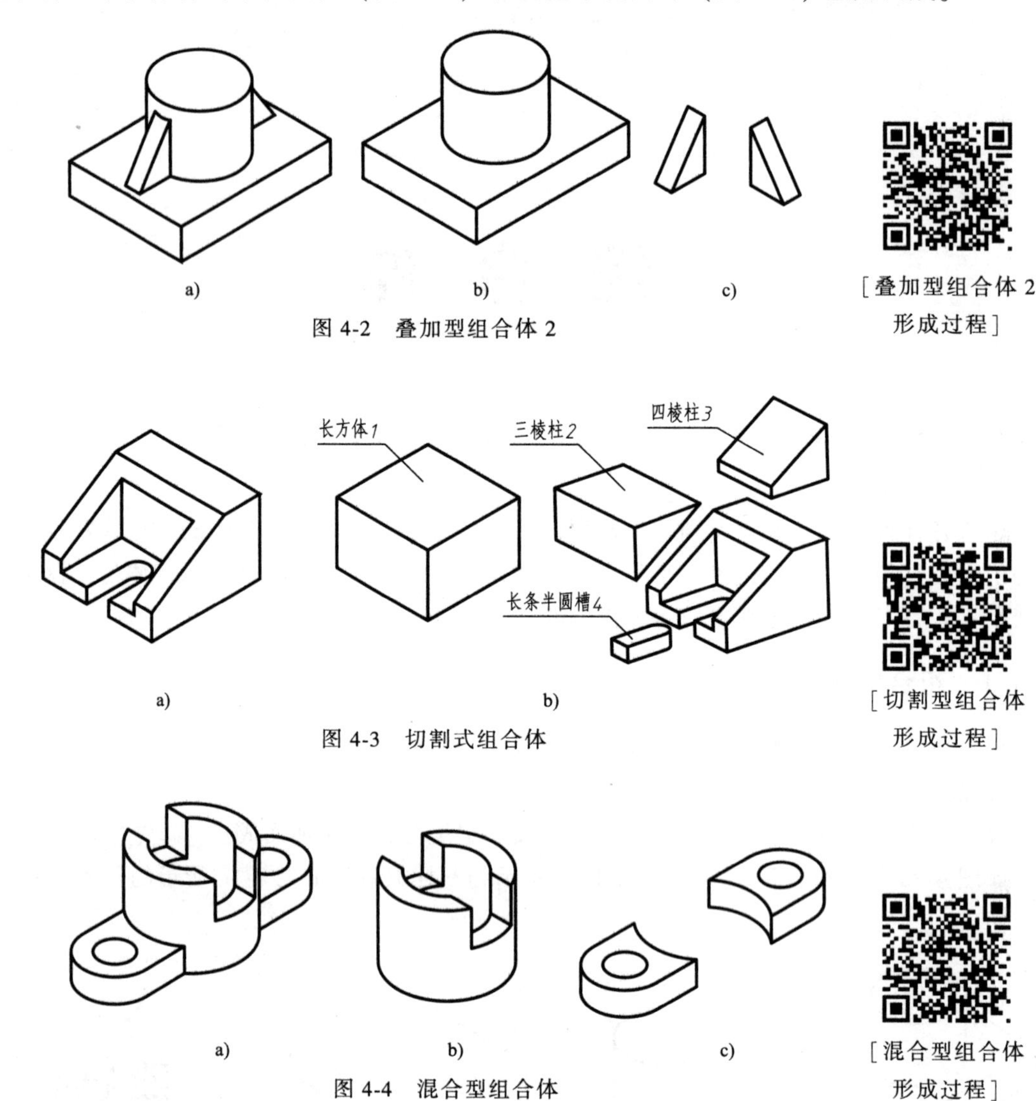

图 4-2　叠加型组合体 2

图 4-3　切割式组合体

图 4-4　混合型组合体

4.1.2　相邻表面连接形式

当各个基本形体经过叠加、切割构成组合体时，由于各基本形体之间存在相对位置关系，导致各个相邻基本形体之间存在着不同的连接关系。相邻基本形体间的表面连接时，存在以下四种情况：

（1）表面平齐　当相邻两个形体的表面共面，即平齐时，在连接部分不存在分界线，则没有交线，其各视图不应画线，如图 4-5 所示。

（2）表面错开　当相邻两个形体的表面不共面，即错开时，在连接部分存在分界线，则有交线，其各视图应画出该交线的投影，如图 4-6 所示。

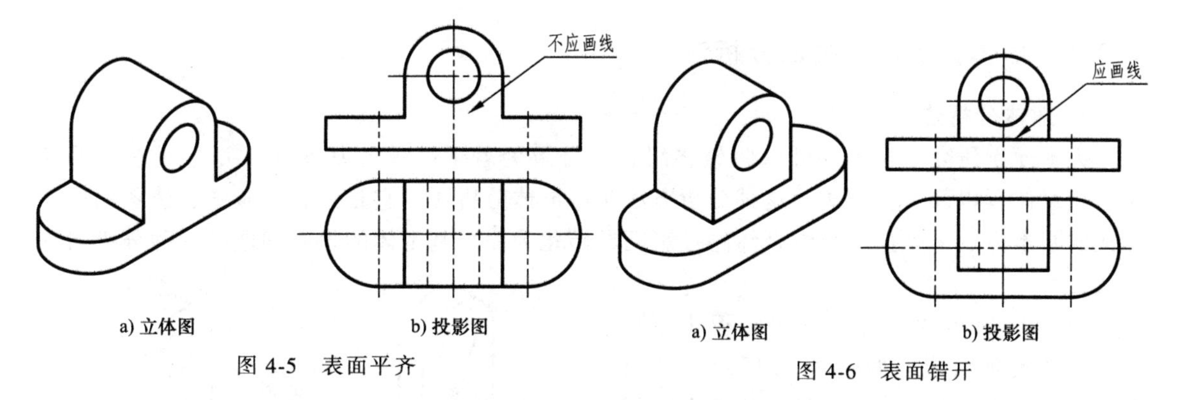

图 4-5　表面平齐　　　　图 4-6　表面错开

(3) 表面相切　当相邻两个形体表面（平面与曲面、曲面与曲面）连接光滑过渡，即相切时，此表面连接处无交线，在投影图中不画切线投影，如图 4-7 所示。

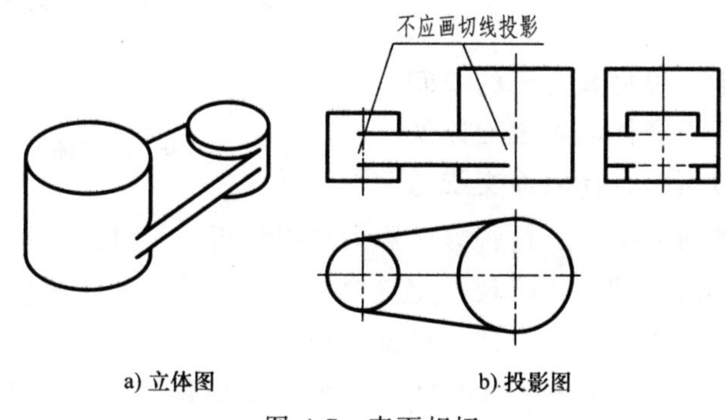

图 4-7　表面相切

(4) 表面相交　当相邻形体表面相交，交线是两形体表面的分界线，如图 4-8 所示。画图时，应画出交线的投影。

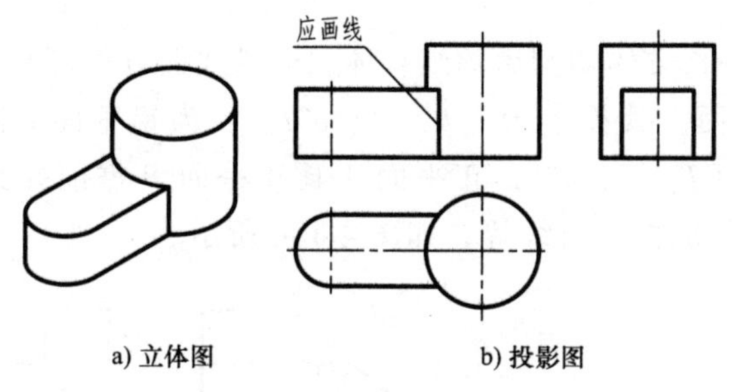

图 4-8　表面相交

4.2　绘制组合体的三视图

绘制组合体视图，就是在分析组合体的构成形式以及各部分形状、结构基础上，选定合适的投射方向，正确、完整、清晰地表达组合体的过程。其方法采用形体分析法为主，辅以线面分析法，是复杂问题简单化的思维方法的具体体现。

4.2.1 形体分析法和线面分析法

1. 形体分析法

为了便于研究组合体，可以假想将组合体分解为若干简单的基本体，并分析它们的形状、相对位置以及组合方式，这种分析方法叫做形体分析法。它是组合体画图、读图和尺寸标注的基本方法，是把复杂组合体的投影问题转化为简单基本体的投影问题的一种分析问题方法。

图 4-9a 所示的组合体是由底板Ⅰ、竖板Ⅱ、肋板Ⅲ组成，如图 4-9b 所示。竖板Ⅱ叠加在底板Ⅰ的上方；肋板Ⅲ叠加在底板Ⅰ上并与竖板Ⅱ支撑，底板Ⅰ与竖板Ⅱ前后平齐。

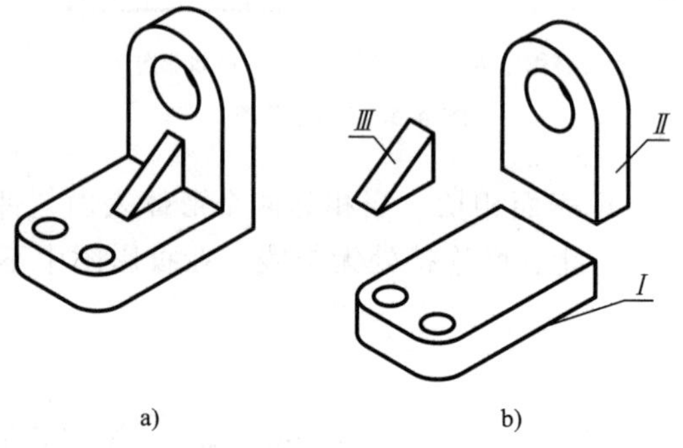

图 4-9　组合体及其形体分析

2. 线面分析法

在形体分析基础上，根据线、面的空间性质、投影规律，分析组合体的各表面以及表面间交线的投影，分析组合体表面交线与视图中的线框、图线的对应关系，这种方法称为线面分析法。对具有切割结构的组合体，在挖切过程中形成的面和交线较多，出现不完整形体，此时需在形体分析基础上采用线面分析的方法。这种方法主要用于分析组合体一些复杂局部结构。

由投影理论可知，组合体的视图中每一个封闭线框都表示立体某个表面的投影或孔洞的投影；每一条直线可能表示垂直面的投影，或表示棱线的投影，或表示回转面转向轮廓线的投影。当立体表面的棱线与投影面垂直时，该棱线的投影积聚为点；当棱线与投影面平行或倾斜时，投影为直线。立体表面与投影面平行时，该表面的投影具有实形性。

如图 4-10a 所示为一长方体切割后的组合体，通过线面分析可知 A 为正平面，其投影为（a、a'、a''）、B 为正平面，其投影为（b、b'、b''）、C 为铅垂面，其投影为（c、c'、c''）、D 为正垂面，其投影为（d、d'、d''）。正平面 A 比正平面 B 靠前并且低，正垂面 D 和铅垂面 C 相交，交线 MN 为一般位置直线等，如图 4-10b 所示。

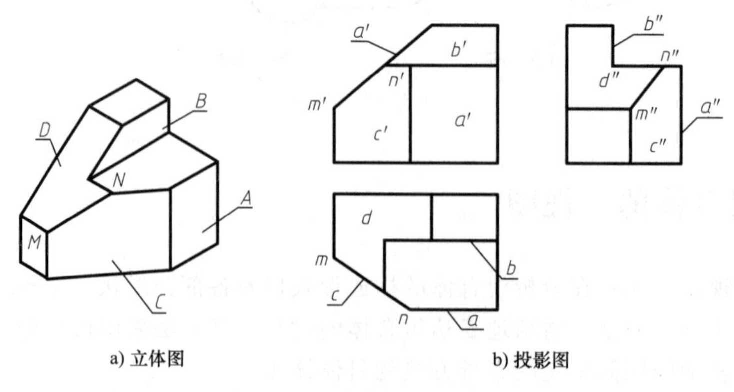

图 4-10　组合体及其线面分析

4.2.2 绘制组合体三视图的步骤

1. 叠加型组合体

以图4-11所示支架为例，说明组合体三视图绘图方法和步骤。

(1) 形体分析　每个组合体都是由若干个基本形体组合而成。画组合体三视图时，首先应对该组合体进行形体分析，进而分析这些基本体之间的相对位置以及它们的组合方式。

图4-11a所示支架可分解为直立带阶梯孔的空心圆柱Ⅰ、带腰子形孔的底板Ⅱ、肋板Ⅲ、耳板Ⅳ四个基本体，如图4-11b所示。肋板叠加在底板上；底板的侧面与直立空心圆柱面相切；肋板和耳板的侧面与直立空心圆柱的柱面相交；耳板的顶面和直立空心圆柱的顶面共面。

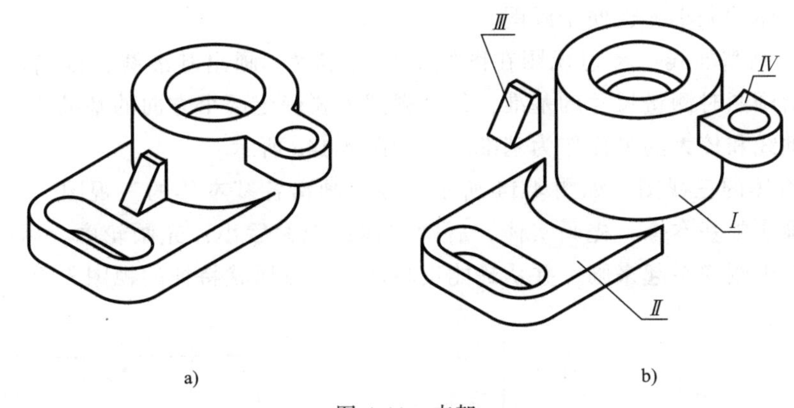

图4-11　支架

[支架形体分析]

(2) 确定主视图　三视图中，主视图是最重要的视图，反映组合体的主要形状特征和位置关系。确定主视图时，主要考虑组合体的摆放与投射方向，主视图一经确定，俯、左两视图亦随之确定。

1) 首先确定组合体的摆放位置。通常组合体按自然位置放置，尽可能使组合体的主体或主轴线与基本投影面处于平行或垂直，使投影反映实形或具有积聚性，便于作图。

2) 主视图的投射方向。主视图的投射方向应选择能充分反映组合体的形状特征及各基本形体的相互位置关系的那个方向，并尽可能减少各个视图中出现不可见轮廓线(虚线)，使图样清晰。

如图4-12所示，有两个投射方向 *A* 和 *B* 作为主视图投射方向进行比较。

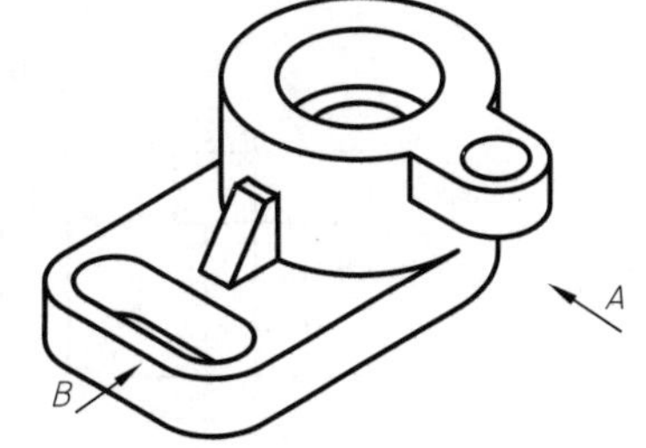

图4-12　投射方向比较

图4-13a是以 *A* 方向作为主视图的投射方向所得主视图，图4-13b是以 *B* 方向作为主视图的投射方向所得主视图。显然，*A* 方向作为主视图的投射方向，使支架各基本体的形状特征及其相对位置关系的表达较为清晰，且虚线较少。

水平投影主要反映底板的形状和上面四个小圆孔的位置，侧面投影主要反映支板与套筒相切的情况。

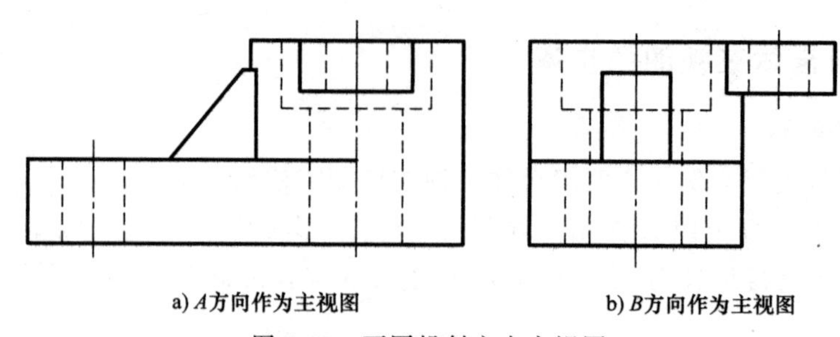

a) A方向作为主视图　　b) B方向作为主视图

图 4-13　不同投射方向主视图

组合体的形状复杂，很难同时满足，此时应根据具体情况，权衡利弊，确定主视图选择。

（3）确定绘图比例　画图时，根据形体的大小及复杂程度确定绘图比例，按选定比例，估算三个视图所占面积，确定图幅大小。在可能的情况下尽量选用原值比例（1∶1），这样既便于直接估量组合体的大小，也便于画图。

（4）布置视图，画基准线　考虑视图在图纸上均匀布置，画出基准线，以确定各视图的位置。基准线是指画图时测量尺寸的基准，每个视图需要确定两个方向的基准线。一般常用对称中心线、主轴线和较大的平面作为基准线，如图 4-14a 所示。

（5）画出各基本体的三视图　如图 4-14 所示，逐个画出各基本体的三视图，一般是先画主要基本体，后画次要基本体；先画实体，后画虚体；先大后小；先画轮廓，后画细节。画基本体时，要三个视图联系起来画，并从最能反映该基本体形状特征的视图入手。

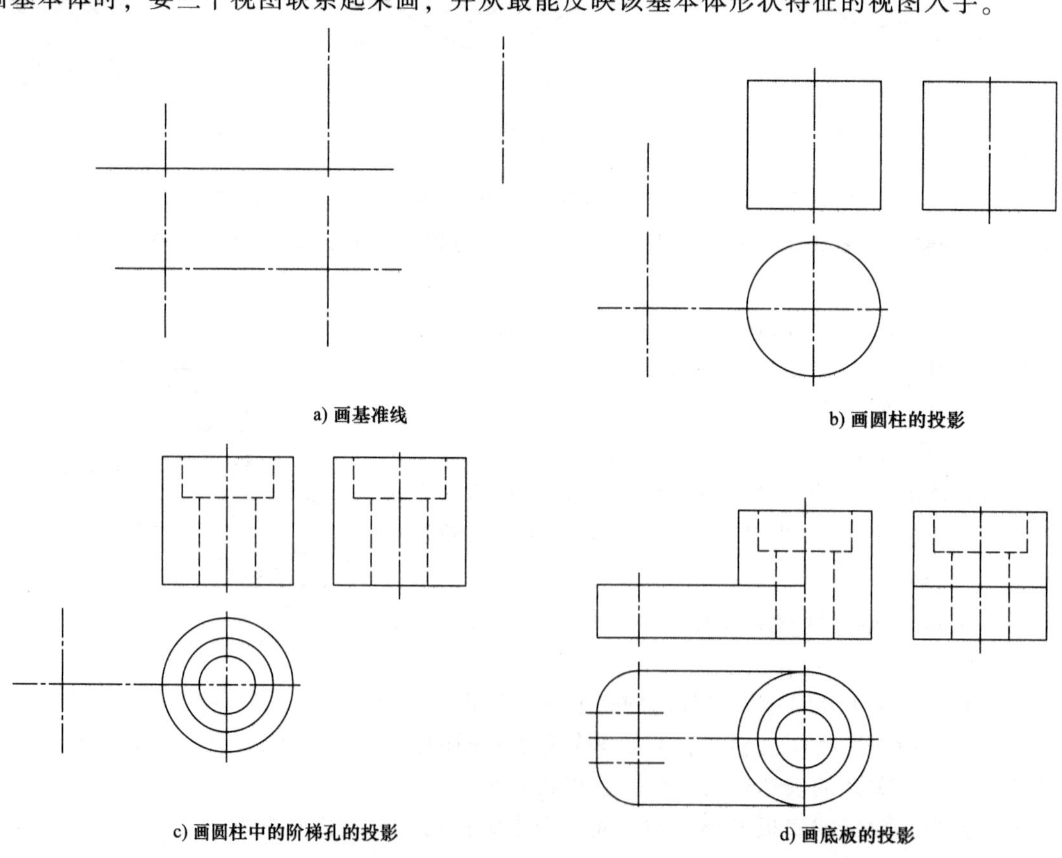

a) 画基准线　　b) 画圆柱的投影

c) 画圆柱中的阶梯孔的投影　　d) 画底板的投影

图 4-14　底稿绘图步骤

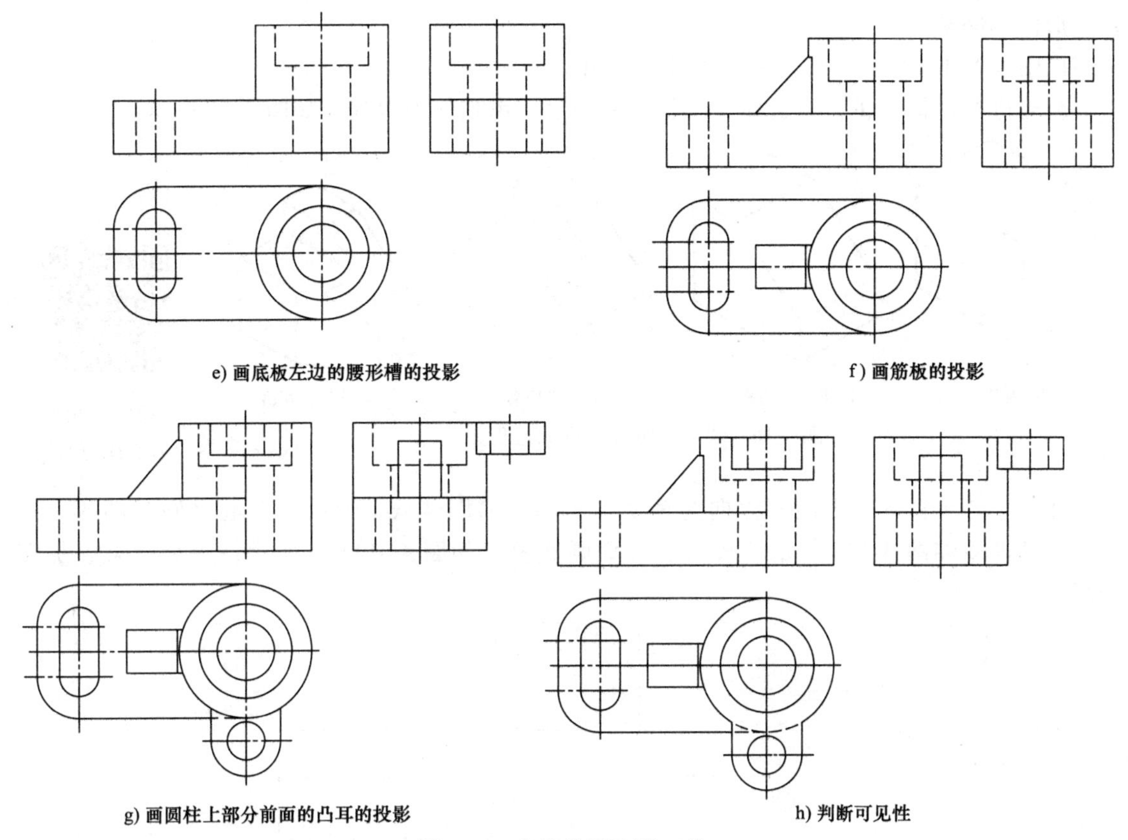

e) 画底板左边的腰形槽的投影　　f) 画筋板的投影

g) 画圆柱上部分前面的凸耳的投影　　h) 判断可见性

图 4-14　底稿绘图步骤（续）

（6）标注尺寸　尺寸标注方法见本章 4.3 节。

（7）检查，描深　底稿画完后，应按基本体逐个仔细检查其投影，并对组合体表面中的垂直面、一般位置面以及处于共面、相切、相交等特殊位置的邻接表面运用线面分析法重点校核，纠正错误和补充遗漏。最后定稿，描深图线，如图 4-15 所示。

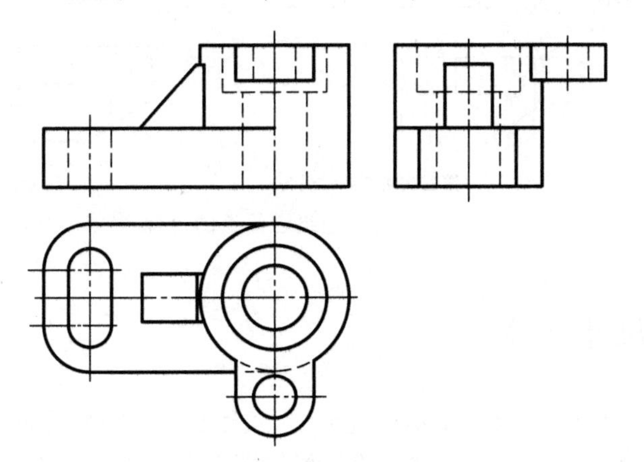

图 4-15　支架的三视图

[支架三视图作图过程]

2. 切割型组合体

经叠加而成的组合体形体关系明确，而切割形成的组合体，在挖切过程中形成较多面和线，形体不完整。

以图 4-16d 所示组合体为例说明作图步骤。

首先进行形体分析，组合体为一长方体经过一系列切割得到，如图 4-16 所示。

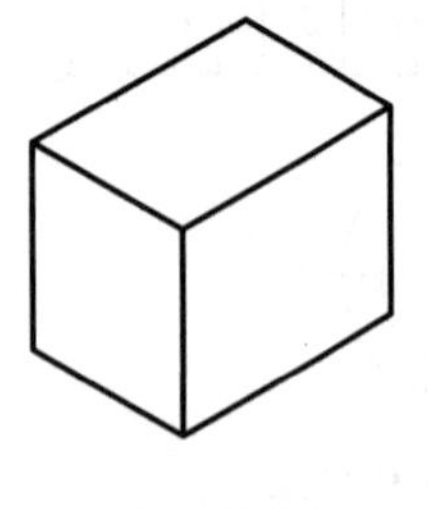

a) 原型为长方体

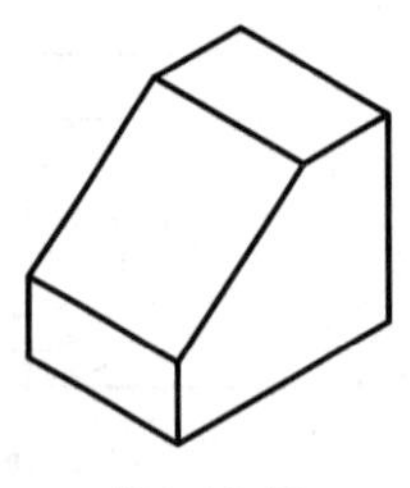

b) 第一次切割

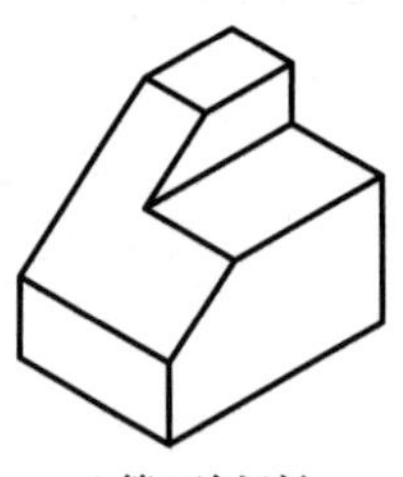

c) 第二次切割

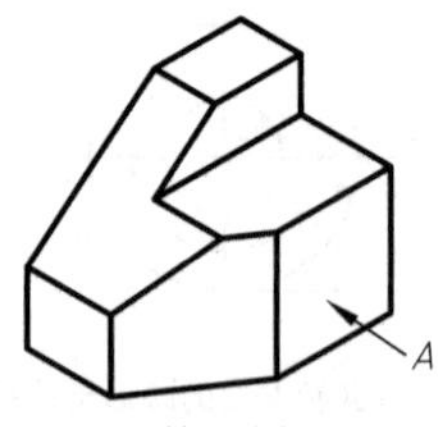

d) 第三次切割

图 4-16　切割型组合体形成过程

［切割型组合体形成过程］

然后选择主视图，主视图方向为箭头方向 A，如图 4-16d 所示；确定比例及图幅，布图，画基准线如图 4-17a 所示；按挖切过程画底稿，如图 4-17b～e 所示；最后检查、加深图线。

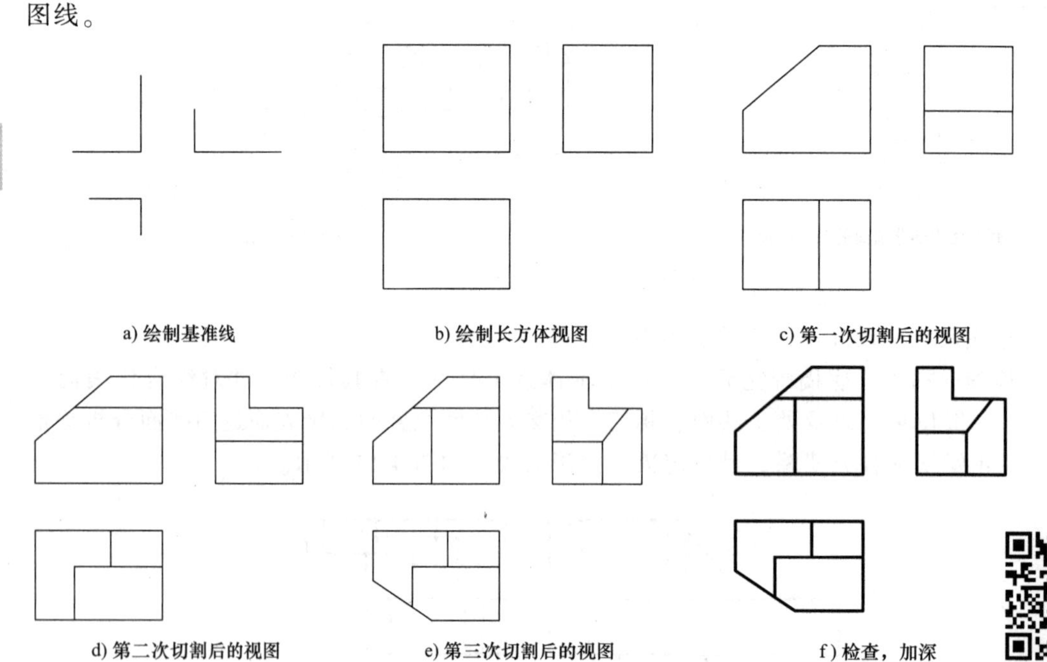

a) 绘制基准线　b) 绘制长方体视图　c) 第一次切割后的视图

d) 第二次切割后的视图　e) 第三次切割后的视图　f) 检查，加深

图 4-17　切割型组合体绘图过程

［切割型组合体绘图过程］

4.3　组合体的尺寸标注

视图只能表达组合体的形状，而不能反映它的大小及其基本体间的相对位置的具体数值。组合体的大小及其基本体间的相对位置是根据图上所注的尺寸来确定的。

4.3.1　尺寸标注规则与要求

组合体标注尺寸的基本要求是：正确、完整、清晰。

1）“正确”指尺寸注法应符合国家标准中的有关规定，即遵守国家标准 GB/T 4458.4—2003《机械制图　尺寸注法》的规定。尺寸数字无误。

2）“完整”即所注尺寸齐全，要能完全确定出物体的形状和大小，不遗漏，不重复。

3）“清晰”是指尺寸布置恰当，安排清晰，便于看图查找。

4.3.2　基本立体的尺寸标注示例

组合体是由基本体组成的，熟悉掌握基本体的尺寸注法是组合体尺寸标注的基础。

1. 基本立体的尺寸标注

为保证基本立体的形状和大小唯一确定，应标注出确定其长、宽、高三个方向上的大小尺寸。

常见的几种基本立体（定形）尺寸的注法如图 4-18 所示。

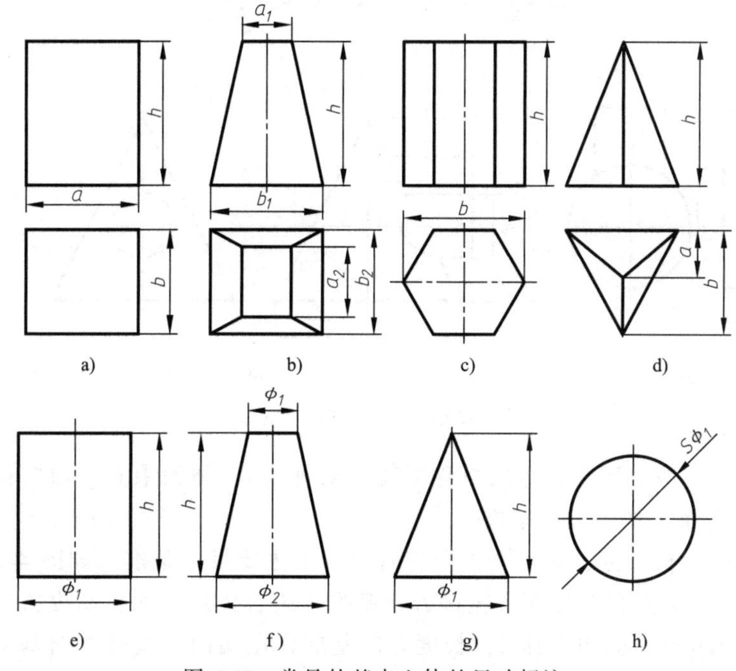

图 4-18　常见的基本立体的尺寸标注

2. 被截切的基本立体尺寸标注

如若基本立体被截切，除标注出确定基本立体三个方向的尺寸之外，一般还应注出截切平面位置的尺寸。常见几种被截切基本立体的尺寸标注如图 4-19 所示。

3. 相贯体的尺寸标注

标注两个基本立体相交尺寸时，应注出两基本立体的定形尺寸和确定两相交形体之间的相对位置的定位尺寸，如图 4-20 所示。而相贯线上不应注出尺寸，因为基本立体的形状、大小和相互位置确定之后，相贯线自然也就确定了。

4.3.3　组合体的尺寸分析

1. 尺寸基准

尺寸基准是尺寸标注的起点，确定尺寸位置的几何元素（点、线、面）标注尺寸应首

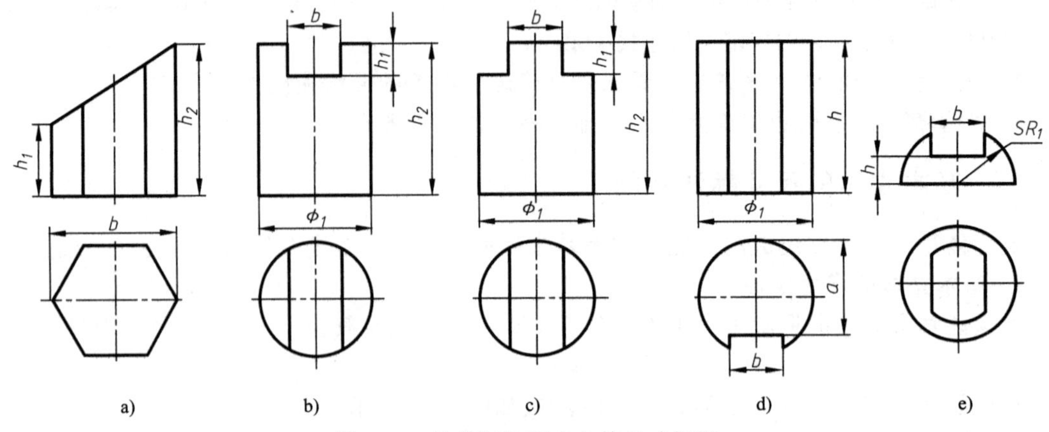

图 4-19　被截切的基本立体尺寸标注

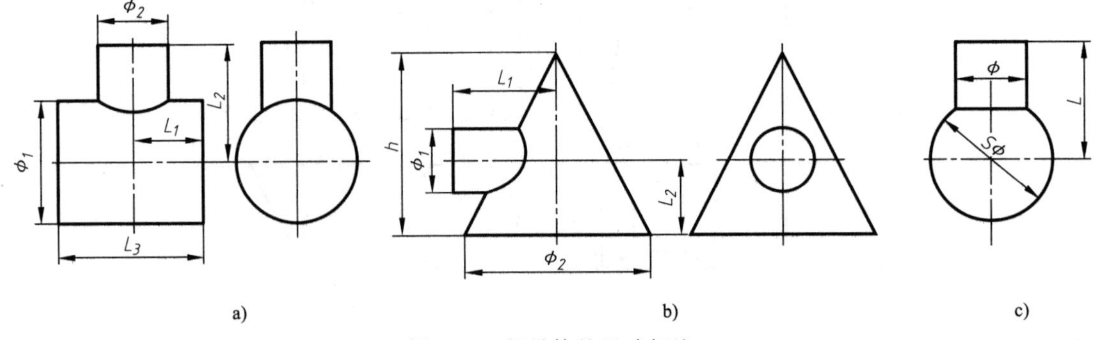

图 4-20　相贯体的尺寸标注

先确定尺寸基准。一般采用组合体的对称平面（对称线）、圆的中心、回转体的轴线和较大的平面（底面、端面）作为尺寸基准。

在三维空间中，长、宽、高三个方向应各有一个主要尺寸基准，如图 4-21a 所示的组合体 1，长度方向基准为左右对称面，宽度方向基准为组合体后端面，高度方向基准为组合体下底面；如图 4-21b 所示的组合体 2，长度方向基准为左端面，宽度方向基准为组合体后端面，高度方向基准为组合体下底面。

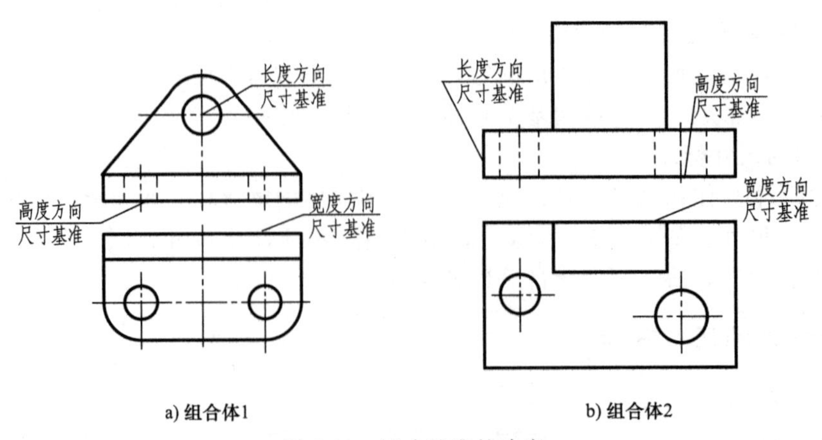

图 4-21　尺寸基准的确定

2. 尺寸种类

（1）定形尺寸　确定组合体各组成部分形状及大小的尺寸。如图 4-22a 所示的圆柱的直径 ϕ34、ϕ24 和高度 38，如图 4-22b 所示底板的长 48、高 10、宽 32，孔的直径 ϕ14；竖板的孔直径 ϕ10、厚度 10。

（2）定位尺寸　确定组合体各组合部分之间相对位置的尺寸，以及内部各要素之间相对位置的尺寸。如图 4-22a 所示圆柱 ϕ20 距底面距离 16，如图 4-22b 所示底板上孔 ϕ14 距右端面距离 36，宽 18 的槽距右端面距离 8；竖板上孔 ϕ10 距底面距离 20。

（3）总体尺寸　表示组合体总长、总宽、总高的尺寸。为了表达组合体所占空间的大小，尺寸标注中标注组合体的总体尺寸是必要的。如图 4-22a 中的 38，图 4-22b 中的底板尺寸 32、48 和竖板尺寸 32。

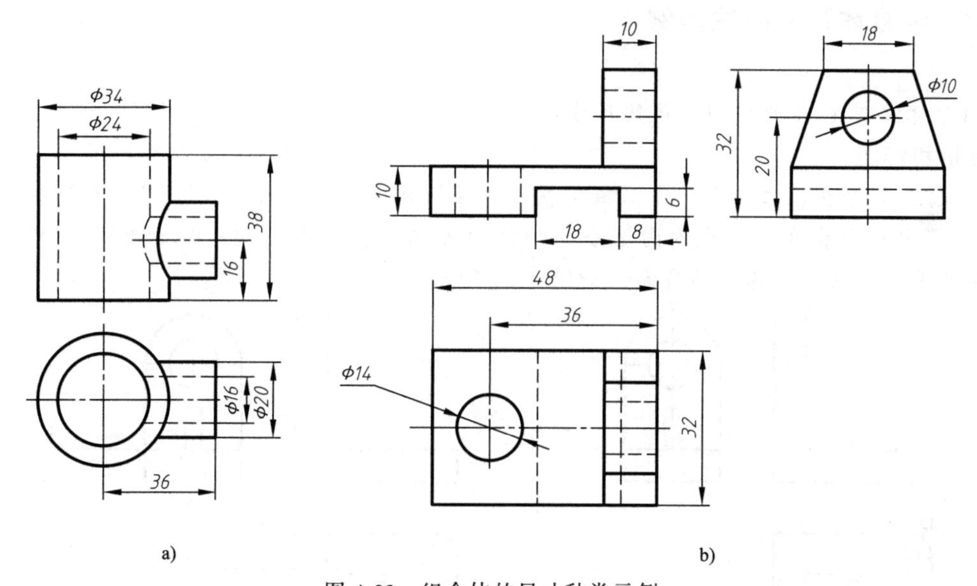

图 4-22　组合体的尺寸种类示例

3. 常见结构的尺寸标注

在生产实际中经常会遇到一些底板、法兰结构，它们的尺寸标注已经固定，如图 4-23 列出了一些常见结构的尺寸标注。

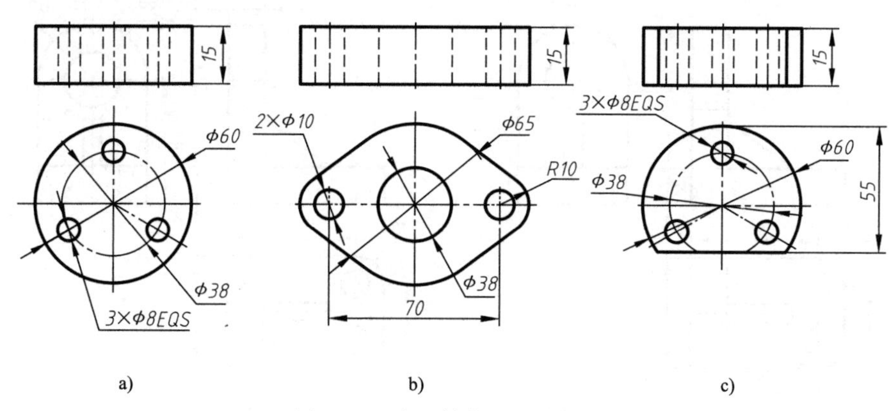

图 4-23　常见结构的尺寸标注

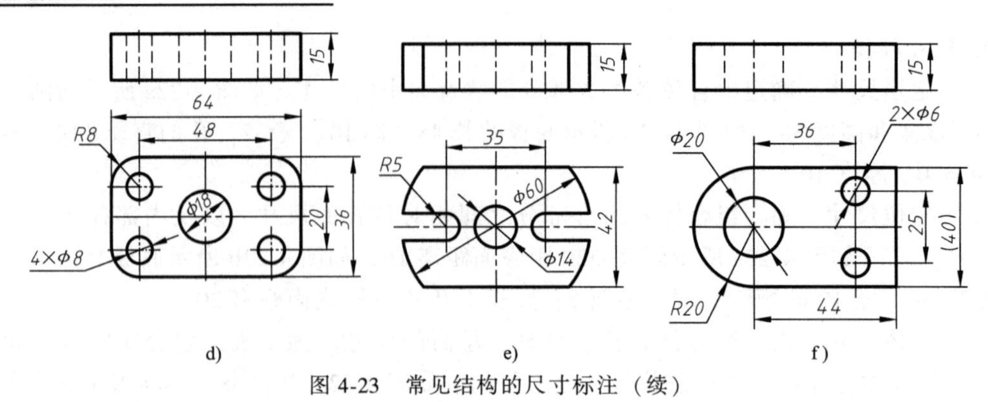

图 4-23　常见结构的尺寸标注（续）

4.3.4　组合体尺寸标注示例

例 4-1　标注图 4-24 所示组合体的尺寸。

分析和作图：

1）作形体分析，该组合体由底板Ⅰ，右边竖板Ⅱ和底板上的肋板Ⅲ构成（图 4-9）。

2）确定尺寸基准。长度方向基准为物体的右端面，宽度方向基准为物体的前后对称面，高度方向的基准为物体的底面，如图 4-25 所示。

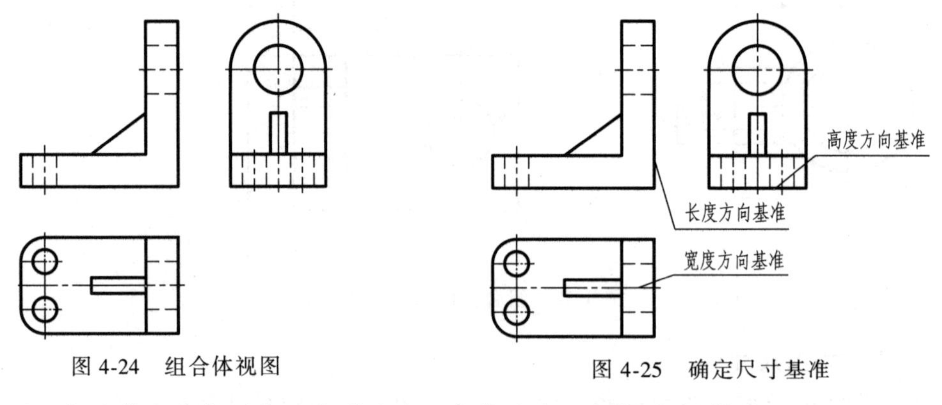

图 4-24　组合体视图

图 4-25　确定尺寸基准

3）逐一标注每个基本形体的定形尺寸、定位尺寸，如图 4-26 所示。

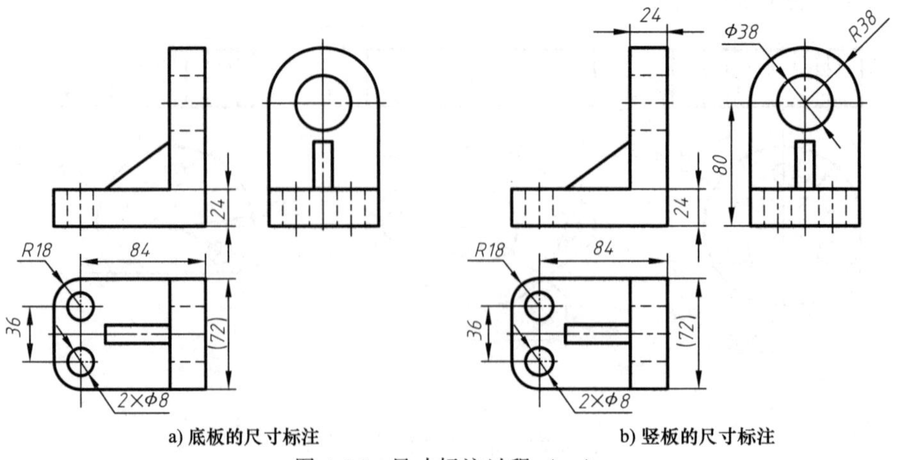

a) 底板的尺寸标注

b) 竖板的尺寸标注

图 4-26　尺寸标注过程（一）

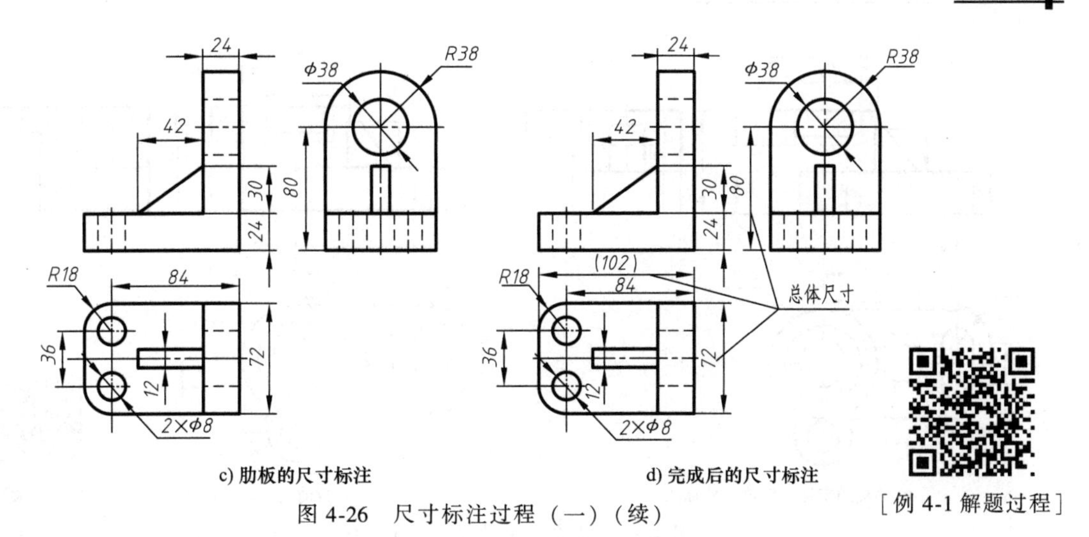

c) 肋板的尺寸标注　　d) 完成后的尺寸标注

图 4-26　尺寸标注过程（一）（续）

[例 4-1 解题过程]

4）标注总体尺寸及调整。

例 4-2　标注图 4-27a 所示组合体的尺寸。

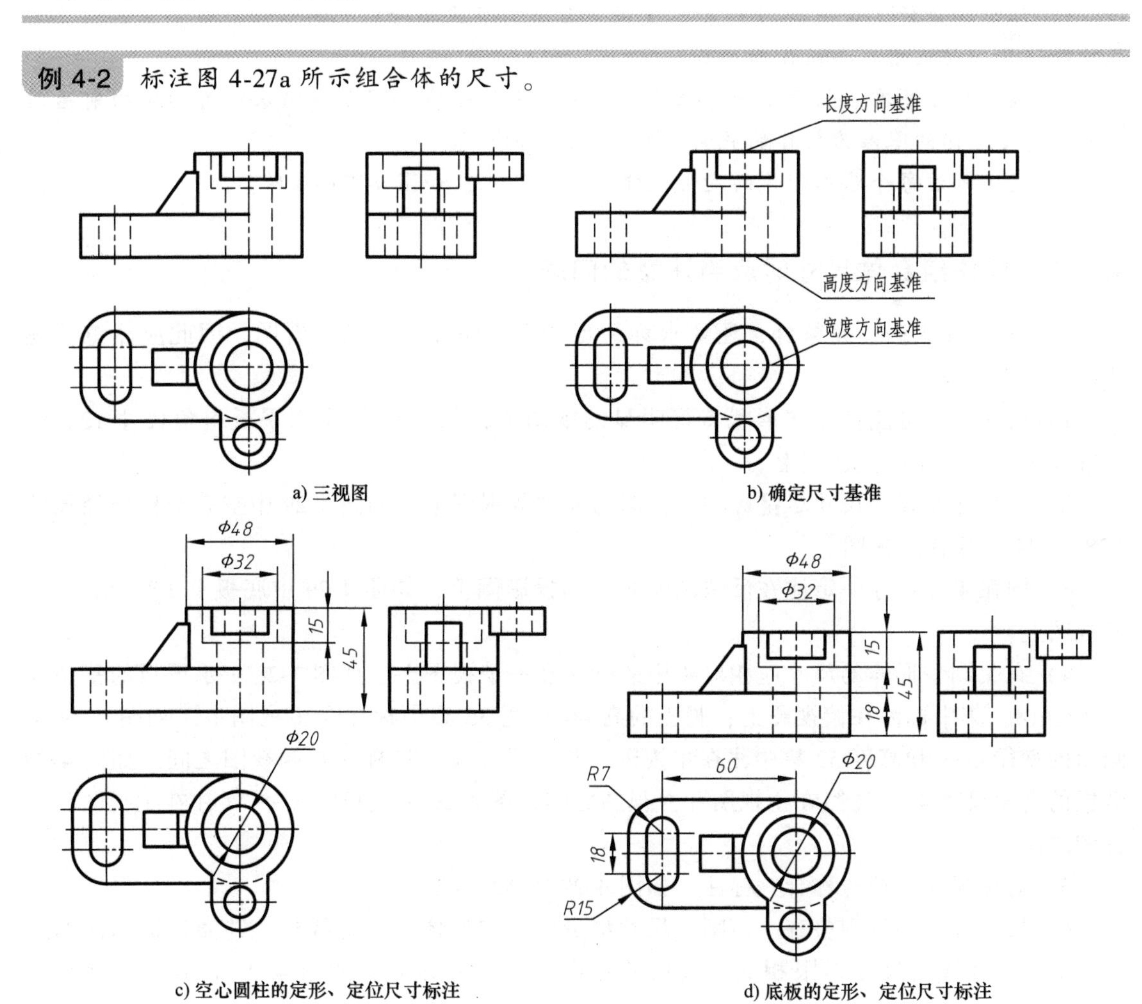

a) 三视图　　b) 确定尺寸基准

c) 空心圆柱的定形、定位尺寸标注　　d) 底板的定形、定位尺寸标注

图 4-27　尺寸标注过程（二）

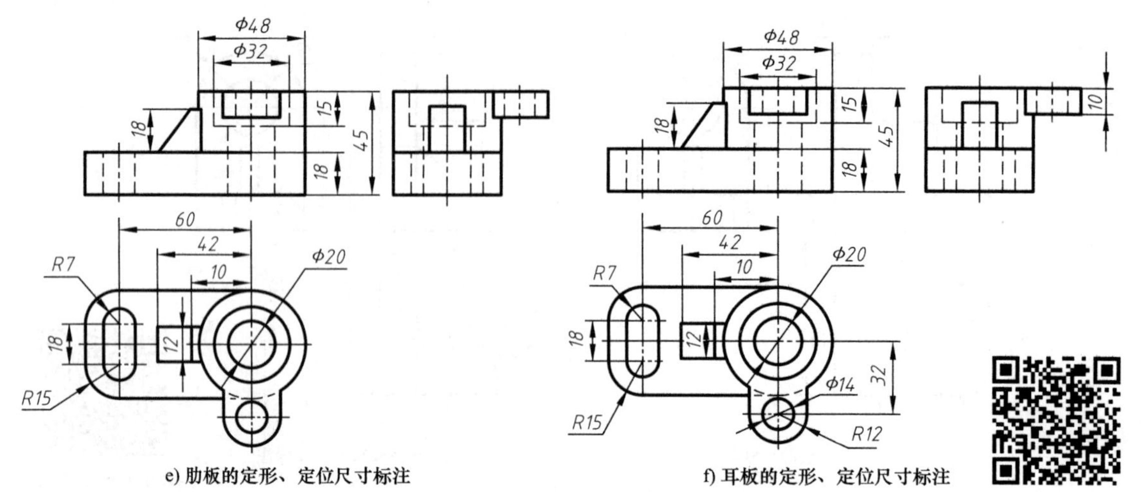

e) 肋板的定形、定位尺寸标注　　f) 耳板的定形、定位尺寸标注

图 4-27　尺寸标注过程（二）（续）

［例 4-2 解题过程］

分析和作图：

1）作形体分析，如图 4-11 所示。支架可分解为直立带阶梯孔的空心圆柱Ⅰ、带腰子形孔的底板Ⅱ、肋板Ⅲ、耳板Ⅳ四个基本体。

2）确定尺寸基准。长度方向基准为空心圆柱Ⅰ的轴线，宽度方向基准为物体的前后对称面，高度方向的基准为物体的底面，如图 4-27b 所示。

3）逐一标注每个基本形体的定形尺寸、定位尺寸，如图 4-27c~f 所示。

4.3.5　标注组合体尺寸时应当注意的问题

尺寸标注除正确、完整外，还要求标注得清晰、明显，以利于看图，因此应注意下述几点：

1）尺寸要尽可能标注在形状特征明显的视图上，如图 4-28 中水平板斜角尺寸 12、8，不宜标注在主视图和左视图上。

2）回转体的直径尺寸尽量标注在投影为非圆的视图上。如图 4-29 中空心圆柱外径尺寸 ϕ38、ϕ24 应注在主视图上。

3）圆弧半径尺寸一定注在反映圆弧实形的投影图上，如图 4-29 中底板上 *R*8、*R*6 注在俯视图上。

4）有关同一形体的尺寸应相对集中的标注在一个视图上。如图 4-28 中水平板的斜角尺寸 12、18，集中标注在俯视图上；竖板的高 45 和宽 35 集中标注在主视图上。如图 4-29 中圆筒的直径 ϕ38 和高度 52 集中注在主视图。相关尺寸应尽量标注在两视图之间。如图 4-28 竖板的高度尺寸 45，注写在主视图和左视图之间，图 4-29 中底板的尺寸 78 注在主视图和俯视图之间。

5）对称尺寸应按对称合一标注，如图 4-29 中 62、42。

6）尺寸标注要排列整齐、清晰。尺寸尽量标注在形体的轮廓线外，并靠近被标注的形体。避免尺寸线与尺寸界限相交，大尺寸在内，小尺寸在外，如图 4-29 中 14、15 和 52，图 4-30 中 25、20、16 和 72。

7）各视图中同一方向的尺寸线，应画在同一条水平线或铅垂线上，如图4-29中14、15，图4-30中25、20、16。尺寸线与尺寸线之间的距离应相等，距离约5~7mm。

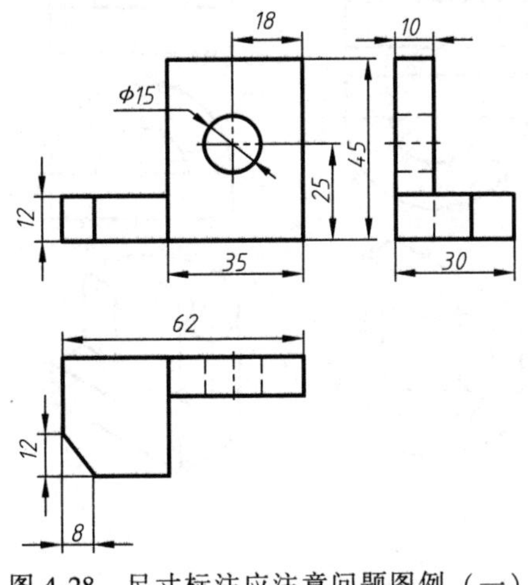

图4-28　尺寸标注应注意问题图例（一）

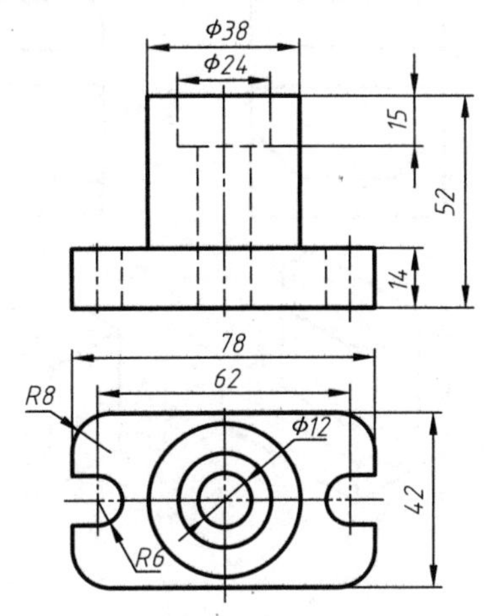

图4-29　尺寸标注应注意问题图例（二）

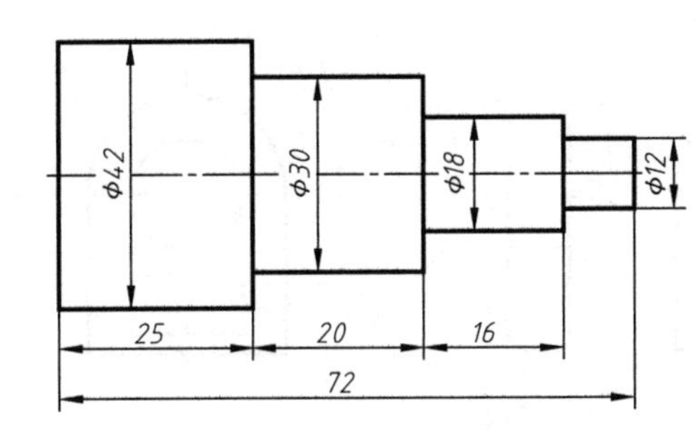

图4-30　尺寸标注应注意问题图例（三）

4.4　阅读组合体的三视图

根据给出的组合体视图，经过分析，想象出它的空间形体的过程，是组合体读图。读图是画图的逆过程。组合体读图主要方法也是形体分析法，对一些不易看懂的局部则应用线面分析法。

要想正确读懂组合体的视图，必须掌握读图的基本方法，通过不断实践，培养空间想象能力和空间构思能力，提高读图的能力和速度。

4.4.1　读图的注意事项

1. 几个视图联系起来看

通常，一个视图或两个视图不能完全确定组合体的形状及其各形体间的相对位置，每个视图只能反映组合体一个方向的形状。这就要求在读组合体视图时，将组合体的各个视图联系起来，不能孤立地看某个视图。如图4-31、图4-32所示。

2. 明确视图中图线、图框含义，识别表面间的相对位置

（1）视图上图框的含义　视图中每个封闭的图框是指表面的投影，可以表示以下几种

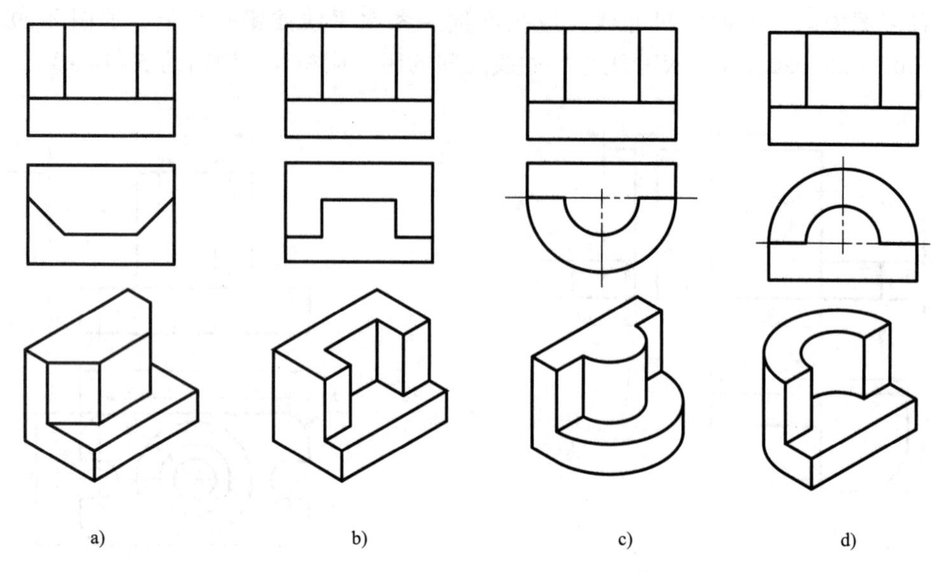

图 4-31　一个视图不能确定组合体形状

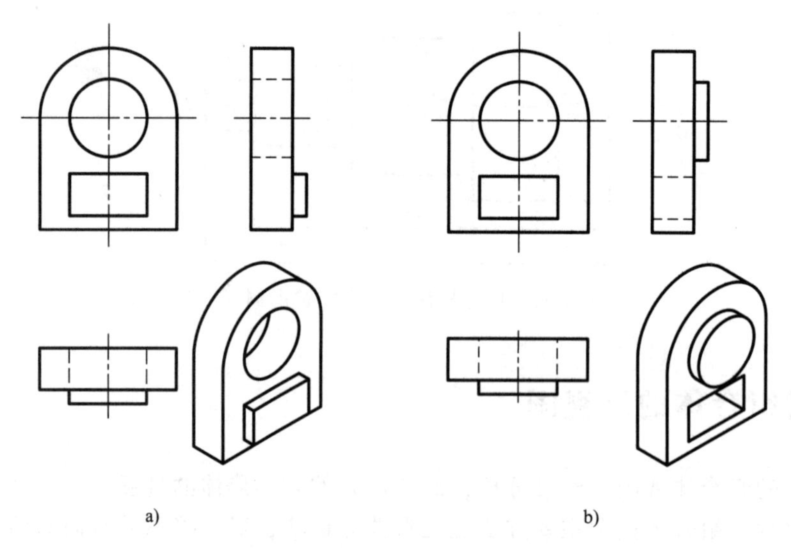

图 4-32　两个视图不能确定组合体形状

情况：

1）平面的投影。如图 4-33 所示的 1′、1″、5。

2）曲面的投影。如图 4-33 所示的 2、4。

（2）视图上图线的含义

1）表面的交线，如图 4-33 所示的 $a'b'$、$a''b''$。

2）表面的积聚性投影，如图 4-33 所示的 1、5′、5″。

3）曲面的转向轮廓线，如图 4-33 所示的 4″。

（3）识别形体表面间的位置关系　视图中相邻或嵌套的两个线框可能表示相交的两个面，或高、低错开的两个面，或一个面与一个孔洞，如图 4-34 所示。

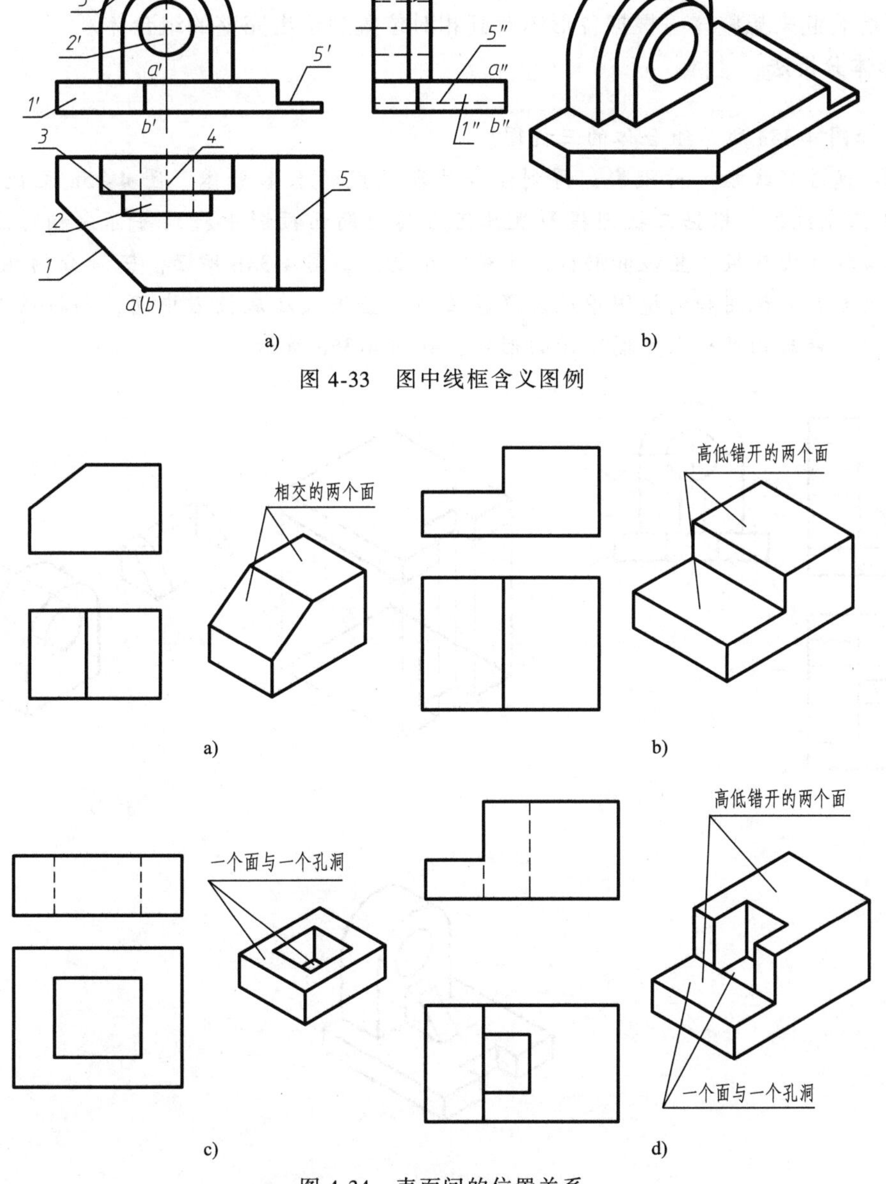

图 4-33　图中线框含义图例

图 4-34　表面间的位置关系

4.4.2　读图的基本方法

读图方法一般是以形体分析法为主、线面分析法为辅，根据形体的视图，逐个识别出各个基本形体，并确定基本形体的组合形式、相对位置及邻接表面关系。想象出组合体后，应验证给定的每个视图与所想象的组合体的视图是否相符，不断修正想象的形体，直至各个视图都相符。步骤如下：

（1）分线框、对投影　从主视图入手，几个视图联系起来看，把组合体大致分成几部分；

（2）识形体、定位置　根据每一部分的视图想象出各形体，并确定它们的相对位置和虚实；

（3）综合起来想整体　根据各形体及其相对位置想象出完整的组合体。

1. 形体分析法

例 4-3　读图 4-35a 所示组合体的三视图。

读图： 通过分线框、对投影，得到组合体所构成的基本形体。图 4-35a 主视图可分为 1′、2′、3′三个线框、根据三视图投影规律可在其他两面投影中找到每部分相对应的投影，由此可知该物体由底板、竖板和肋板三个部分组成，如图 4-35b 所示。三部分的相对位置及表面连接关系在主视图和俯视图中反映得很清楚。竖板放在底板右中间，筋板放在底板上，与竖板相靠，最后构思出立体图所示的形状，如图 4-35c 所示。

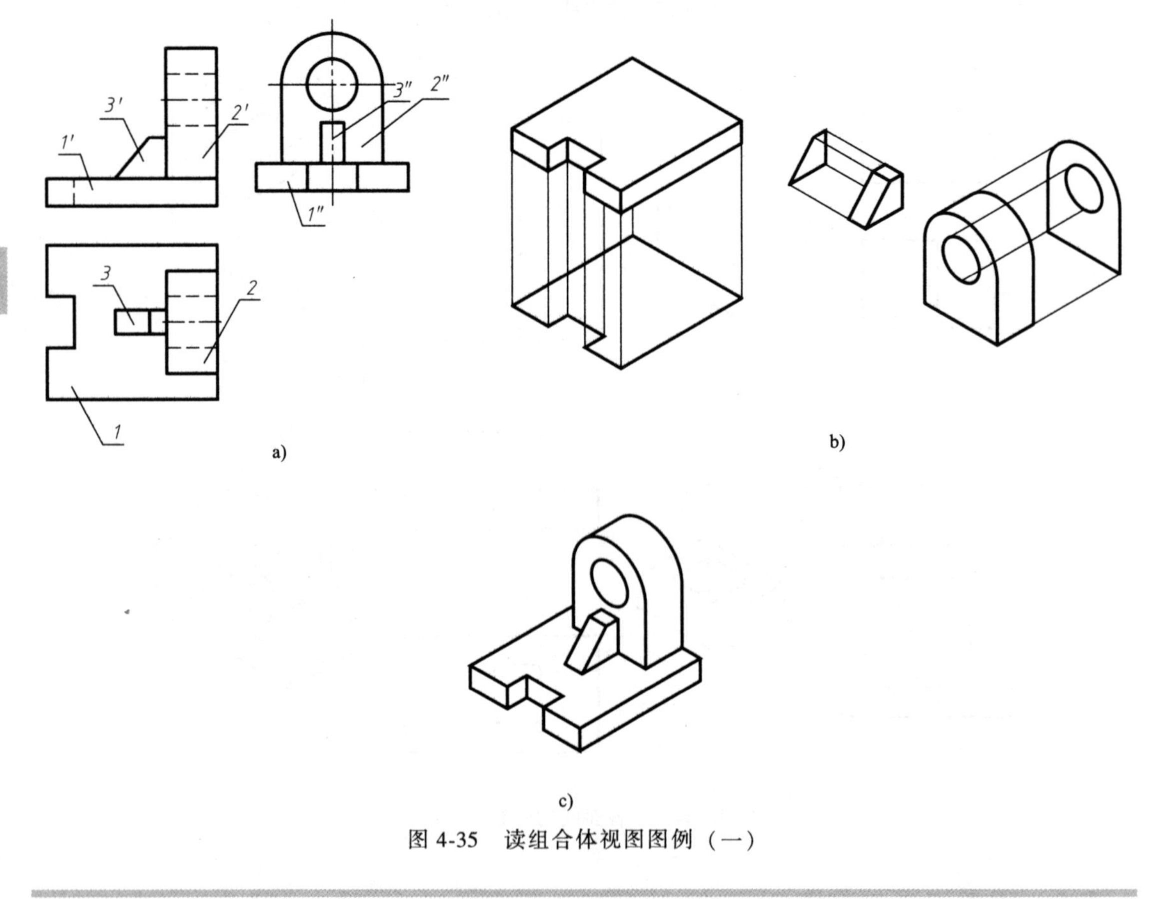

图 4-35　读组合体视图图例（一）

分解形体往往是从一些较大的线框入手来确定基本形体的，可能在大线框里还有些小线框，这些小线框可留在明确了主体形状后再去处理。在分解基本形体时，要注意它们的组合形式，按叠加、切割或综合方式灵活掌握，以便于想出基本形体的形状为主。

2. 线面分析法

例 4-4　读图 4-36a 所示组合体三视图。

读图： 分析三视图，可以知道该组合体的视图轮廓基本是矩形，所以基本形体是一个长方体。由主视图可知，长方体的左上部被一正垂面 A 截切掉；由左视图可知，在长方体的上端又被前后对称的两个侧垂面截切掉两部分；三视图结合起来，可以看出中下部被挖切出一个从左到右的通槽，槽的上半部分为半圆柱形，图 4-36b～d 表示了组合体的切割过程，由此可以想象出这个组合体的大致形状，该组合体是由一长方体被多次切割形成的。

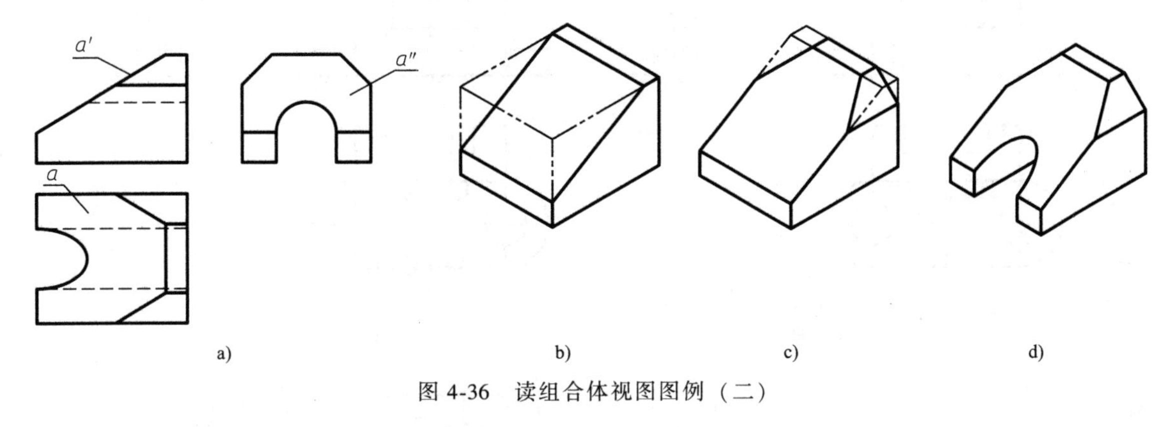

图 4-36　读组合体视图图例（二）

4.4.3　读图综合举例

读图的方法，形体分析法和线面分析法是相辅相成的。在读图的过程中要把投影分析与空间想象紧密结合在一起。组合体上形状比较复杂的部分不易理解，常常需要线面分析来帮助想象，理解这部分局部结构。

有些组合体用两个视图就能清楚表达它的形体结构，看懂图后，根据两个视图画出第三个视图。

例 4-5　已知组合体的主视图和俯视图如图 4-37 所示，画出组合体的左视图。

分析：分线框，可得 3 个部分，见图 4-38。

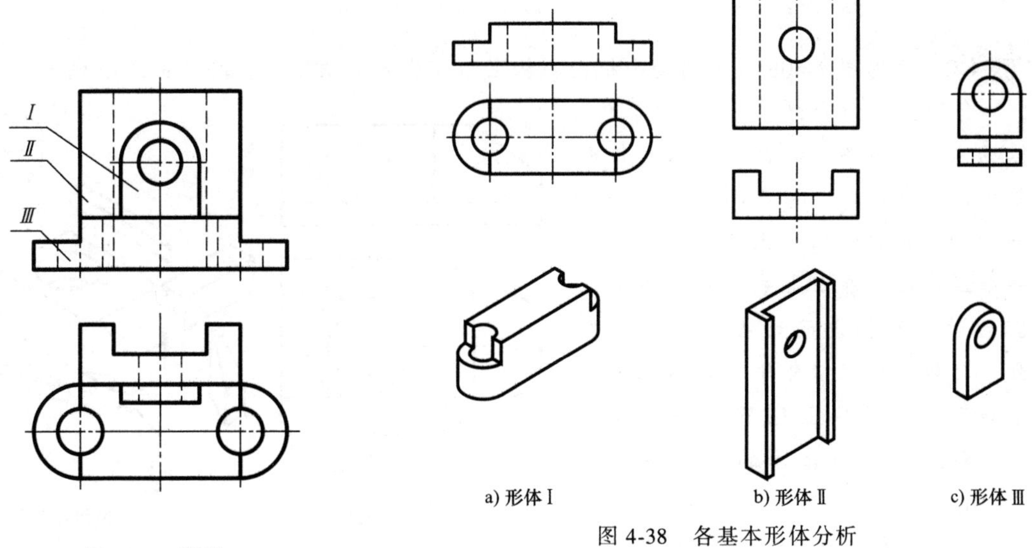

图 4-38　各基本形体分析

图 4-37　题目

作图：补图步骤如图 4-39 所示。

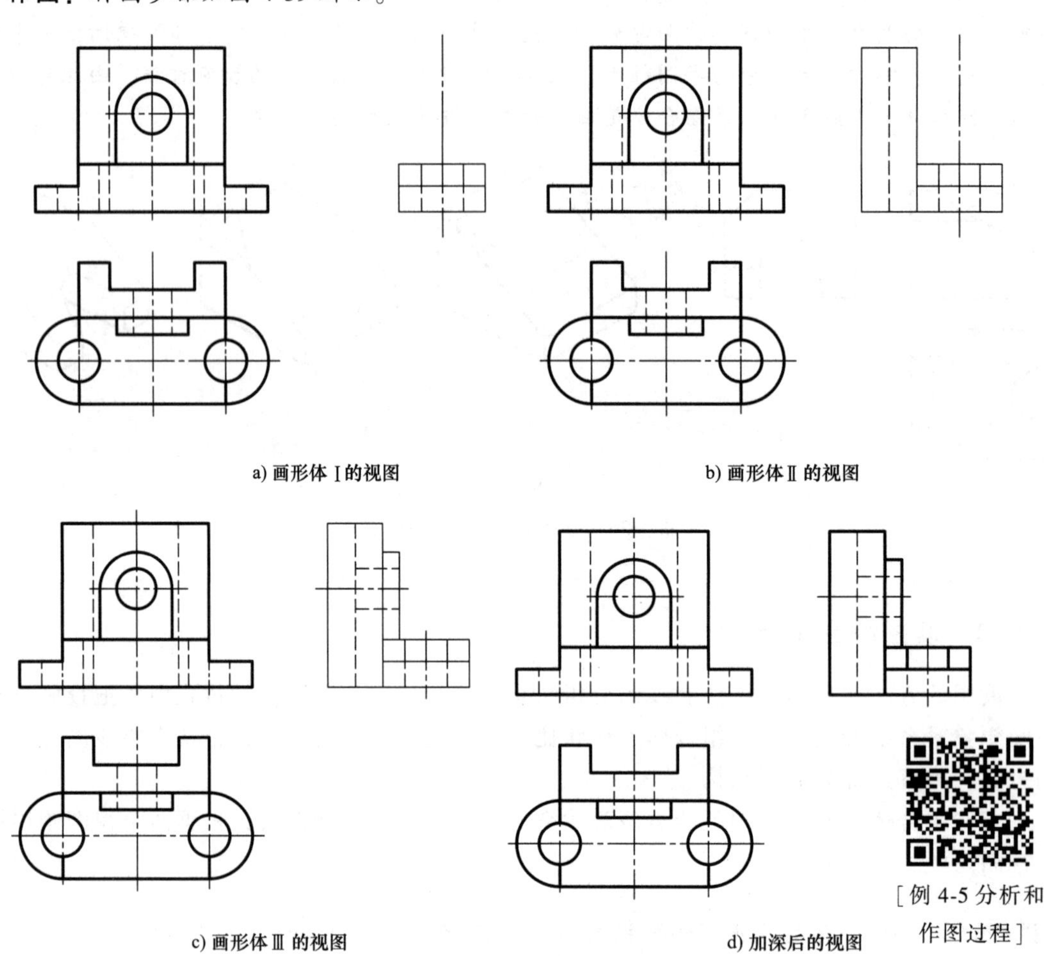

a) 画形体Ⅰ的视图
b) 画形体Ⅱ的视图
c) 画形体Ⅲ的视图
d) 加深后的视图
[例 4-5 分析和作图过程]

图 4-39　补画第三个视图步骤

例 4-6　根据图 4-40a 所示的两个视图，构思组合体的形状结构，补画第三个视图。

分析：该组合体是一个切割体，根据主、左视图，组合体可以看作由长方体经过切割、穿孔而成。一个正垂面切去长方体的左上角，基本体为一个三棱柱，在以上基础上，用两个前后对称的铅垂面切去组合体左部分，之后，又在组合体前后各切去一个矩形槽，再从上往下打一个阶梯孔。最后得到组合体的完整形状图 4-40b。

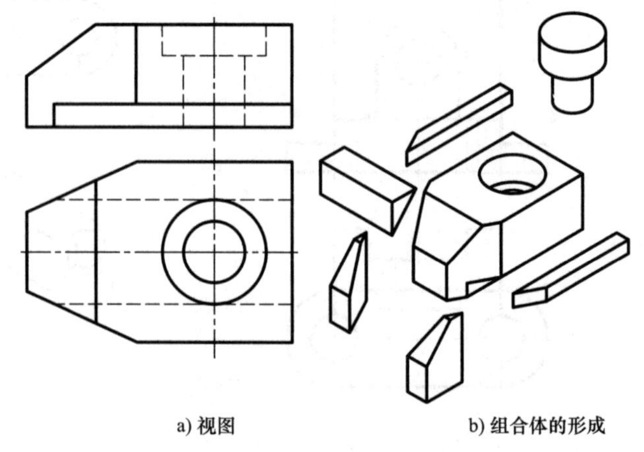

图 4-40　视图及形体形成

作图：作图过程如图 4-41 所示。

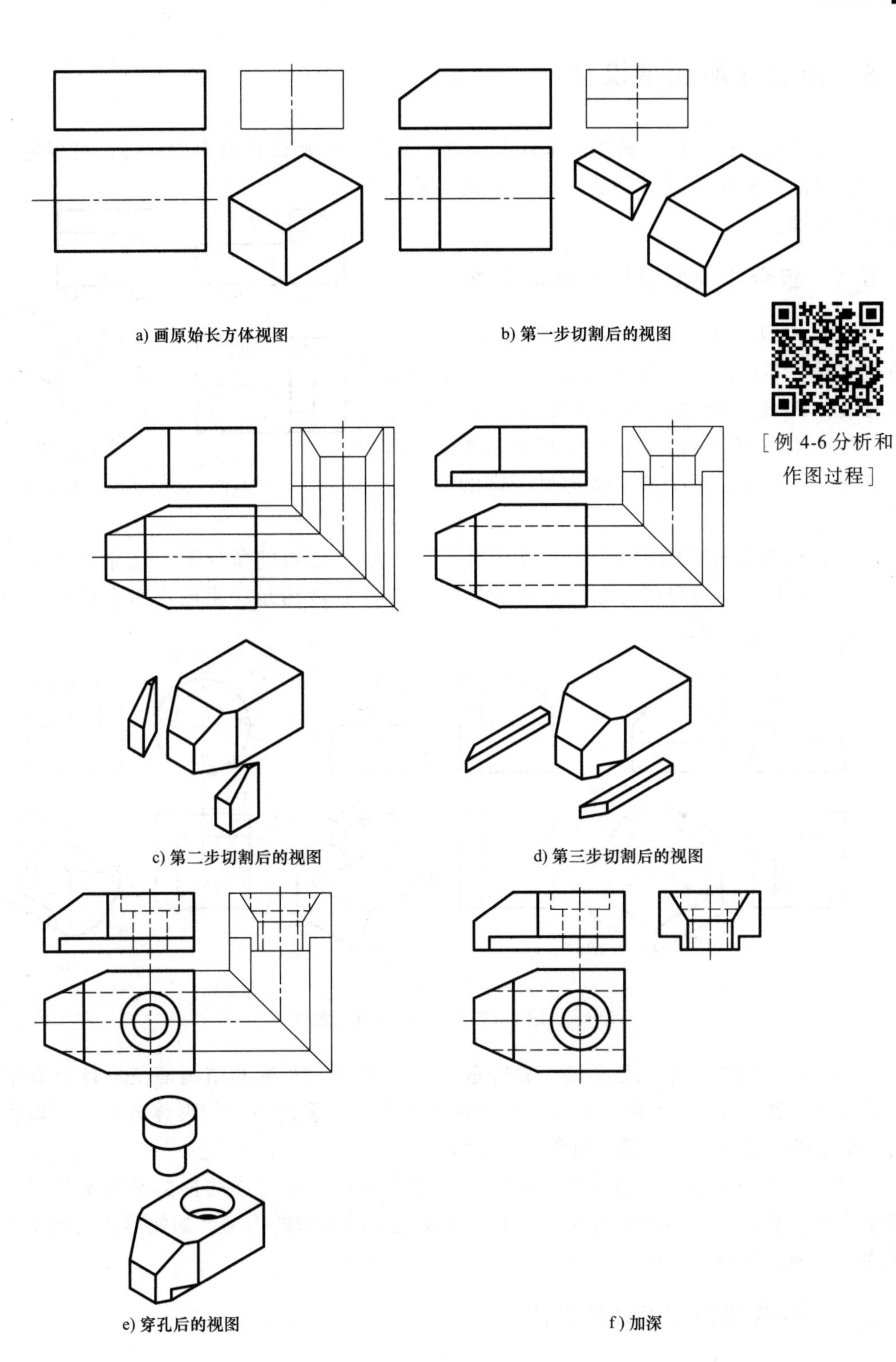
a) 画原始长方体视图
b) 第一步切割后的视图
[例 4-6 分析和作图过程]
c) 第二步切割后的视图
d) 第三步切割后的视图
e) 穿孔后的视图
f) 加深

图 4-41　绘图过程示例

4.5 组合体的构型设计

在掌握组合体读图与画图的基础上，进行组合体构型设计方面的训练，可以进一步提高空间想象能力和形体设计能力，为今后的工程设计打下基础。

4.5.1 组合体构型设计的基本要求

(1) 构型应以基本体为主　组合体的构型应符合工程上零件结构的设计要求，但又不能完全工程化。因此，所构思的组合体应由基本体组成。如图 4-42 所示的组合体，它的外形很像一部小汽车，但都是由几个基本体通过一定的组合方式形成的。

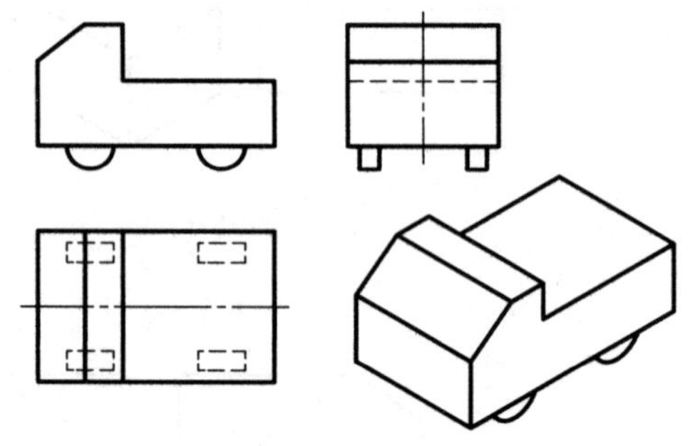

图 4-42　构型以基本体为主

(2) 构型应具有创新性　构思组合体时，在满足已给的条件下，应充分发挥空间想象力，设计出具有不同风格且结构新颖的形体。如图 4-43 所示，由给出组合体的俯视图，可以构思出不同组合体。

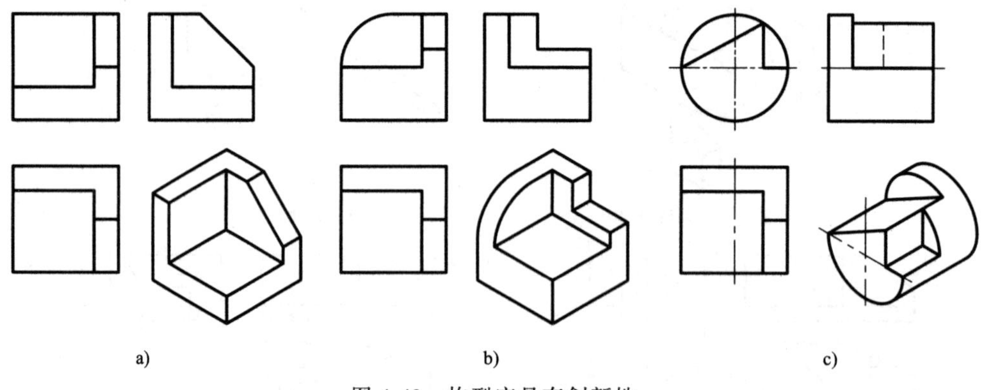

图 4-43　构型应具有创新性

(3) 构型应体现平、稳、动、静等造型艺术法则　对称的结构能使形体具有平衡、稳定的效果，如图 4-44a 所示；而对于非对称的组合体，采用适当的形体分布，可以获得力学与视觉上的平衡感与稳定感，如图 4-44b 所示。

(4) 构型应符合零件结构的工艺要求且便于成形　组合体的构型不但要合理，而且要易于实现。对此，应该避免出现一些不合常规或难以成型的构型，如两形体之间不宜仅用线或面连接和点接触，如图 4-45 所示无法构成一个整体。

4.5.2 组合体构型设计的方法

1. 叠加式设计

给定几个基本体，通过叠加而构成不同的组合体，称为叠加式设计。图 4-46 为给定一个三棱柱和一个四棱柱，通过不同的叠加方式后得出的几个不同的组合体。

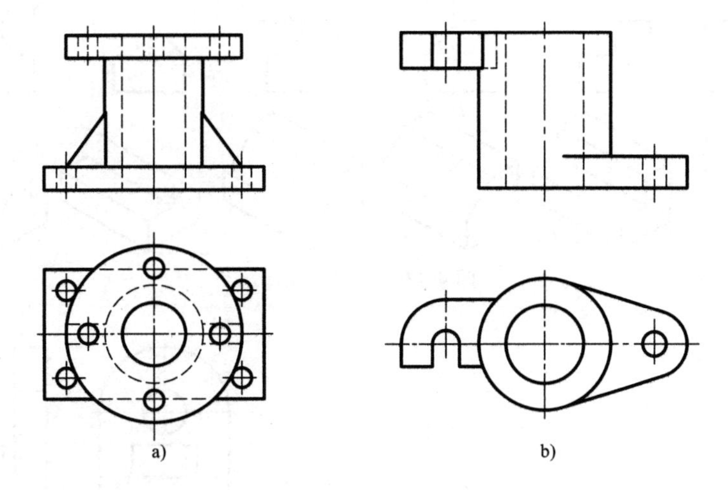

图 4-44　构型应体现平、稳、动、静等造型艺术法则

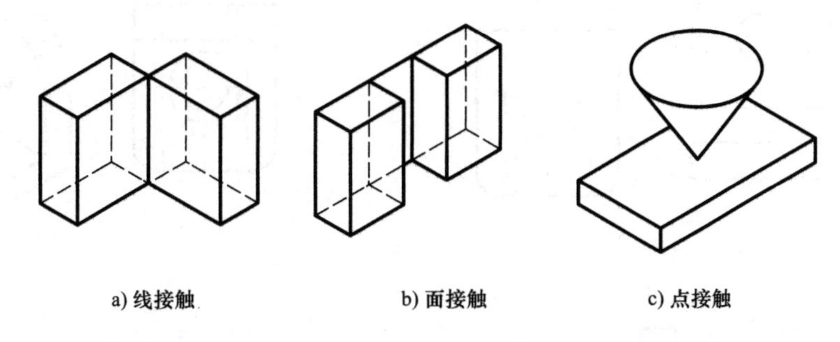

图 4-45　不合理和不易成型的构型

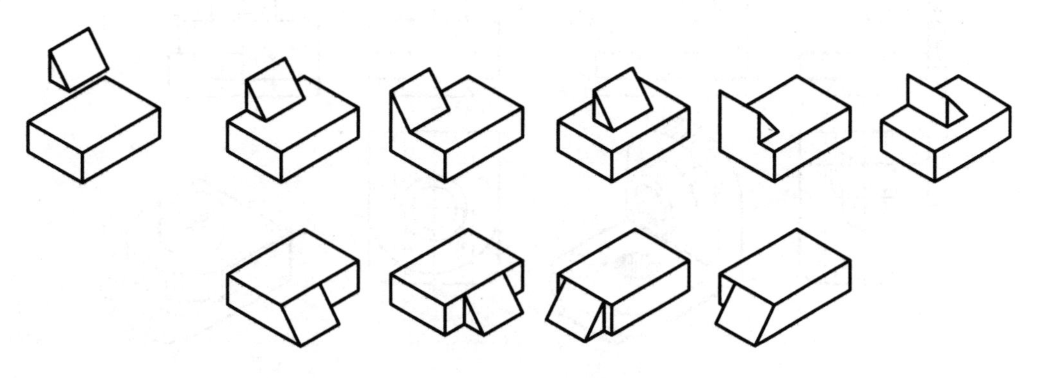

图 4-46　叠加式设计

2. 切割式设计

给定一基本立体，经不同的切割或穿孔而构成不同的组合体，称为切割式设计。图 4-47 为一四棱柱经不同的切割方法而形成的组合体。

3. 组合式设计

给定若干基本体，经过叠加、切割（包括穿孔）等方法而构成组合体，称为组合式设计。图 4-48 所示为给定部分形体，经过不同的组合设计而构成三个不同组合体的例子。

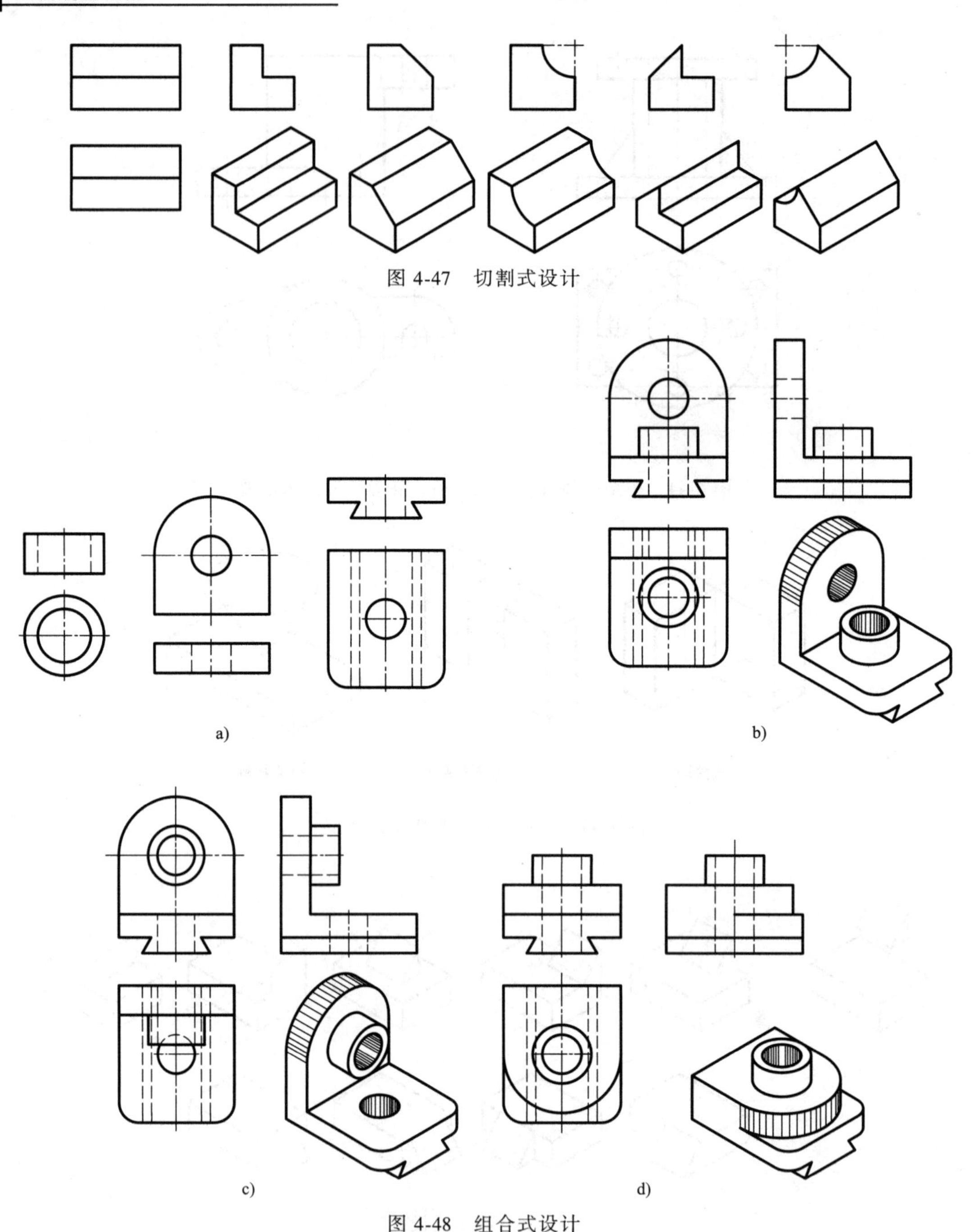

图 4-47　切割式设计

图 4-48　组合式设计

4.5.3　组合体构型设计的一般形式

组合体构型有多种形式，可根据给出的一个或两个视图，构思出不同结构的组合体。图 4-49a 所示为根据相同的俯视图，构思出几个不同的组合体的例子。图 4-49b 所示为根据相同的主视图，构思出几个不同的组合体的例子。图 4-49c 所示为根据相同的主视图和俯视图，构思出几个不同的组合体的例子。

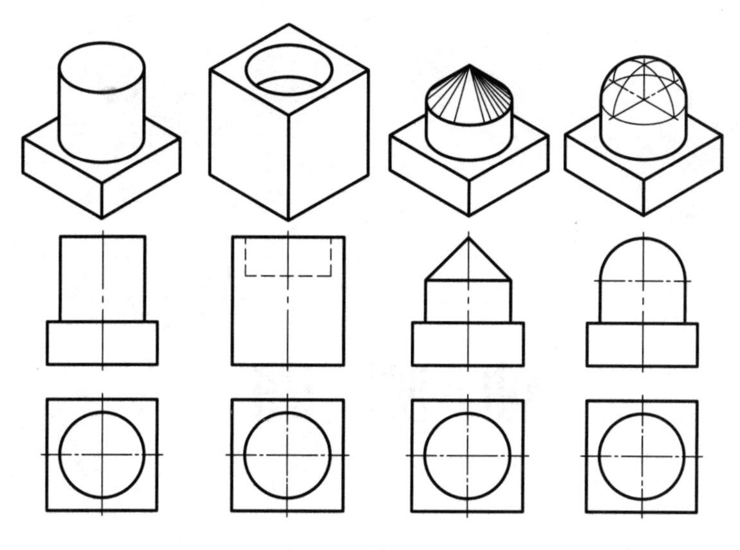

a) 根据相同的俯视图,构思不同的组合体

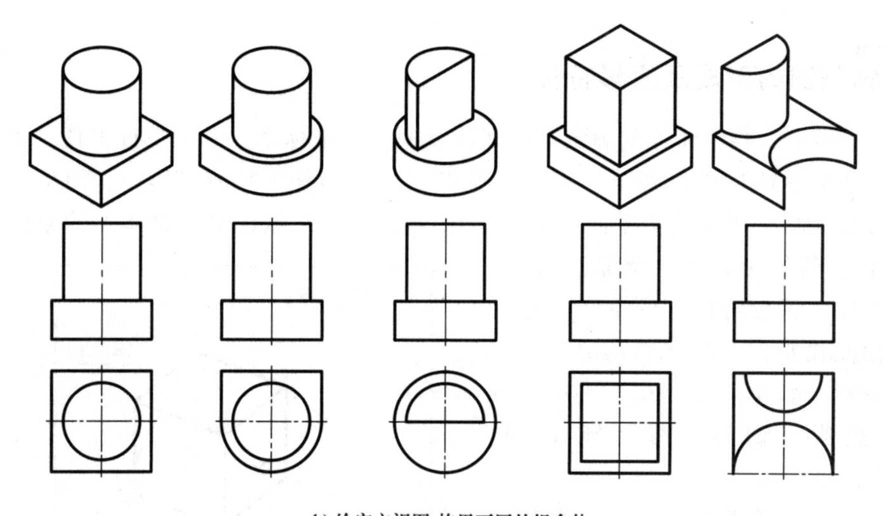

b) 给定主视图,构思不同的组合体

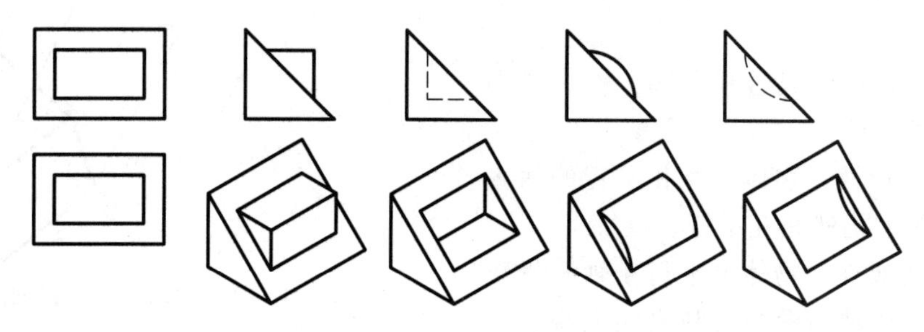

c) 给定主视图、俯视图,构思不同的组合体

图 4-49 构型设计形式

第5章

轴 测 图

5.1 轴测图的基本知识

5.1.1 轴测图的形成及投影特性

如图 5-1 所示，将物体连同确定其空间位置的直角坐标系，沿不平行于任一直角坐标面的方向，用平行投影法投射到单一平面上所得到的图形称为轴测投影图，简称轴测图。其中，承接投影的单一平面称为轴测投影面，用大写字母 P 做记号；物体上的空间坐标轴在轴测投影面上的投影称为轴测轴。此外，本章中，为便于区分物体上的空间坐标点与对应的轴测投影点，将空间点记为大写字母加下角标，如 A_1、B_1、C_1、……，对应的轴测投影点记为大写字母 A、B、C……表示。

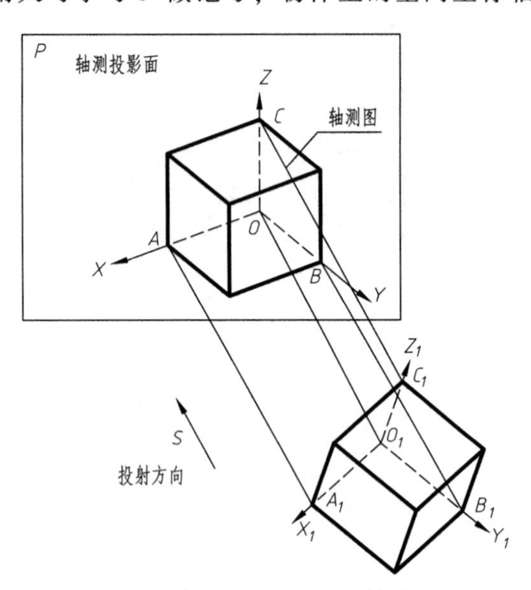

图 5-1 轴测图的形成（正轴测图）

注意：将物体连同坐标系一起向投影面作投影时，投射方向不应与坐标轴一致。

根据轴测图形成过程可知，轴测图具有如下投影特性：

（1）平行性 物体上互相平行的两直线在轴测图上仍然相互平行。

（2）真实性 物体上平行于轴测投影面的平面，在轴测图中反映真实大小、真实实形。

（3）定比性 物体上两平行线段长度之比在轴测图上保持不变。

（4）沿轴测量性 物体上凡是与空间坐标轴平行的线段，都可以沿轴向进行测量和按一定比例作图；反之不可。

5.1.2 轴测图与正投影图的比较

工程上常采用正投影图，如图5-2a所示，能够完整、准确地反映物体各部分的结构形状。正投影图的特点是：作图简便，标注尺寸方便，但缺乏立体感，直观性差，要想象物体的形状，只有具备一定读图能力的人才能看得懂正投影图的图样。

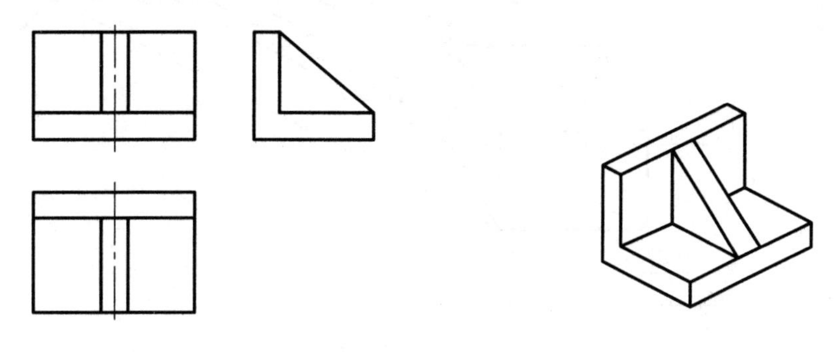

a) 正投影图　　　　b) 轴测图

图5-2　正投影图与轴测图的比较

轴测图是一种单面投影图，如图5-2b所示，能在一个投影面上同时反映出物体三个面（正面、侧面和水平面）的形状，更接近于人们的视觉习惯，具有形象、逼真、富有立体感等特点。但轴测图一般不能反映出物体各表面的实形，并且度量性差，且作图较复杂。因此，在工程上常把轴测图作为辅助图样，来说明机器的结构、安装、使用等情况，或在设计中用轴测图帮助构思、想象物体的形状，以弥补正投影图的不足。

5.1.3 轴测图的基本参数

（1）轴间角　两轴测轴之间的夹角，记为$\angle XOY$、$\angle XOZ$、$\angle YOZ$。

（2）轴向伸缩系数　轴测轴上的单位长度与相应空间直角坐标轴上的单位长度之比。即：设线段u为直角坐标系上各轴的单位长度，i、j、k分别为它们在轴测轴OX、OY、OZ上对应的投影长度，则：

$i/u=p$为X轴的轴向伸缩系数。

$j/u=q$为Y轴的轴向伸缩系数。

$k/u=r$为Z轴的轴向伸缩系数。

5.1.4 轴测图分类

1）在轴测投影中，根据投射方向与投影面关系，将轴测图分为：

正轴测图——投射方向S垂直于轴测投影面P，如图5-1所示。

斜轴测图——投射方向S倾斜于轴测投影面P，如图5-3所示。

2）在轴测投影中，根据轴向伸缩系数是否相等，将轴测图可分为：

等轴测图——三个轴向伸缩系数都相等。

二等测图——三个轴向伸缩系数中两个相等。

三测图——三个轴向伸缩系数各不相等。

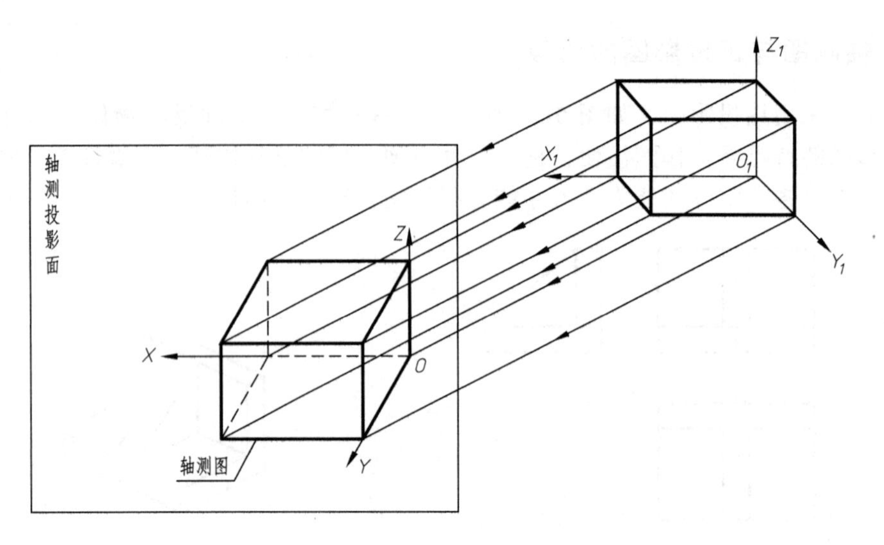

图 5-3 斜轴测图

综上所述，轴测图分类可以归结为如图 5-4 所示的几类。

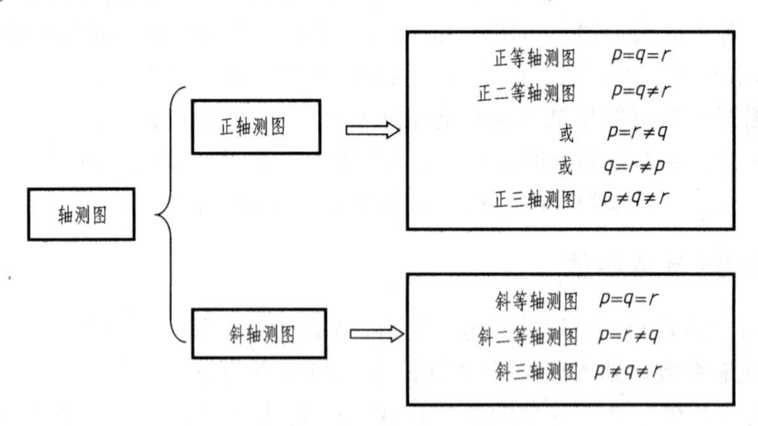

图 5-4 轴测图的分类

5.1.5 轴测图基本作图方法

作轴测图时，为了看图直观和作图方便，通常将轴测轴 OZ 画成竖直位置，然后再由轴间角画出其他轴测轴。

绘制轴测图具体作图步骤如下：

1）对所画物体进行形体分析，了解物体的形体特征，选择适当的轴测图，确定轴间角和轴向伸缩系数。

2）在物体（或正投影图）上确定空间坐标轴和原点的位置。

3）画轴测轴。

4）逐步画出物体（或正投影图）上各点、线段、面的轴测投影。

注意：轴测图中一般只画出可见部分，必要时才画出不可见部分。

5.2 正等轴测图

5.2.1 轴间角与轴向伸缩系数

如图 5-1 所示，将正方体的对角线 O_1A_1 放置成与轴测投影面 P 相互垂直的状态，以 S 的方向作为投影方向，采用平行投影法在轴测投影面 P 上获得的图像称为正等轴测图，简称正等测。正等测的基本参数为：

轴间角 $\angle XOZ=\angle XOY=\angle YOZ=120°$；轴向伸缩系数 $p=q=r=1$，如图 5-5 所示。

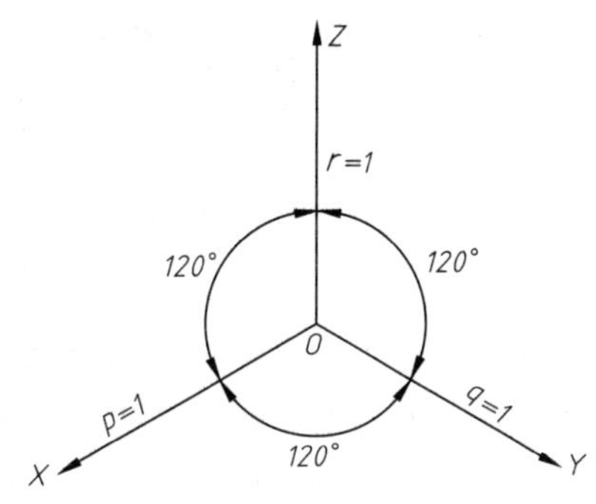

图 5-5　正等轴测图的基本参数

5.2.2 平面立体正等轴测图画法

画轴测图时应根据立体形状特点选择适当的方法绘图。画平面立体正等轴测图常用的方法有：坐标法、切割法、叠加法。

1. 坐标法

坐标法通过测量物体上每个点的轴测坐标进行绘图，是绘制正等轴测图最基本的方法。该方法适用于物体上倾斜面较多，无其他规律可利用的情况。

坐标法画图前，应根据物体（或原正投影图）的特点，在物体（或原正投影图）上建立合适的直角坐标系 $O_1X_1Y_1Z_1$ 作为度量基准，然后沿直角坐标轴测量线性尺寸，结合轴向伸缩系数，画出其对应的轴测投影，最后将可见点用粗实线依次连接，绘制出物体的轴测图。

例 5-1　坐标法绘图 5-6a 所示三棱锥的正等轴测图。

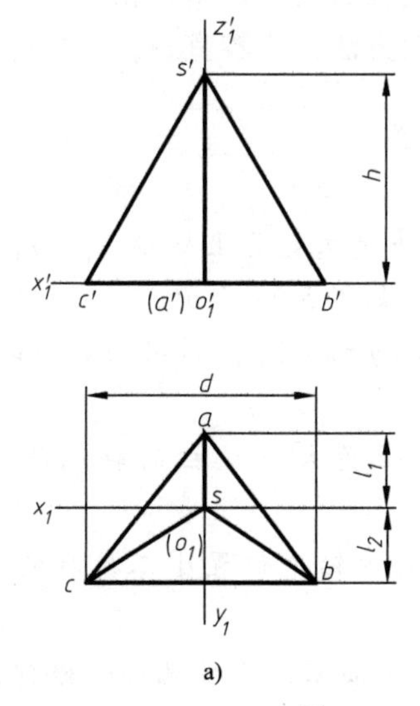

a)

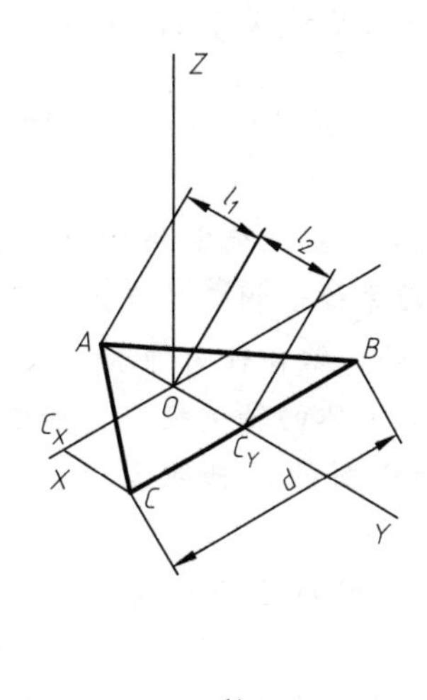

b)

图 5-6　三棱锥正等轴测图画法

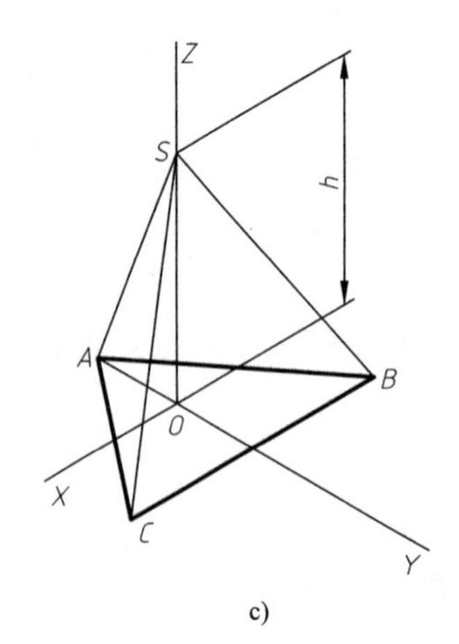

c)

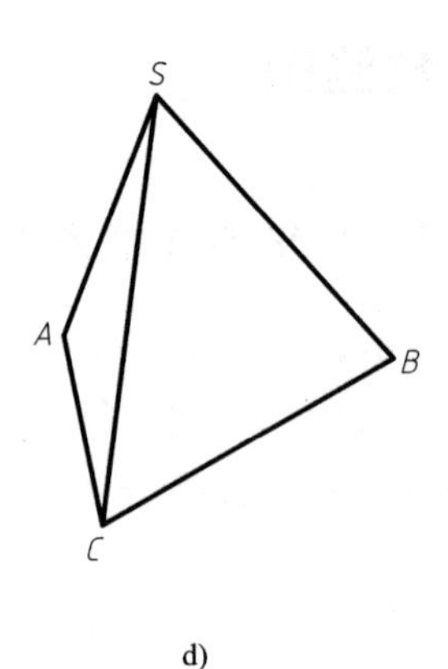

d)

图 5-6 三棱锥正等轴测图画法（续）

作图：在正投影视图上确定三棱锥的坐标原点 O_1 并建立直角坐标轴 X_1、Y_1、Z_1。本例选三棱锥底面的中心为直角坐标系原点，如图 5-6a 所示；

1）画正等轴测轴 OX、OY、OZ，如图 5-6b 所示；

2）根据正等测轴向伸缩系数 $p=r=q=1$ 的特点，以及轴测图的沿轴测量性，沿轴测轴分别量取线段 $OC_x=d/2\times p$，$OC_y=l_2\times q$，分别作 Y 轴、X 轴平行线交于一点，确定点 C 位置。依次画出三棱锥底面 B、C 点的轴测投影，并依次连接各顶点，得三棱锥底面的轴测图，如图 5-6b 所示；

3）画三棱锥顶点 S 的轴测投影，过 O 点沿 Z 轴方向取长度 h，得到轴测投影点 S，用细实线将轴测投影点 S 与底面 A、B、C 点连接，如图 5-6c 所示；

4）将可见棱线加粗，不可见棱线擦掉，完成三棱锥正等轴测图，如图 5-6d 所示。

2. 切割法

对于切割型物体，绘制正等轴测图时，首先将物体看成是一定形状的“完整形体”，并画出该完整形体的轴测图；然后再按照物体的形成过程，逐一切割，相继画出被切割后的形状；并处理好表面交线关系的一种形体减运算的作图方法，比较直观，适合初学者学习。

例 5-2 切割法绘制图 5-7a 所示斜切块的正等轴测图。

作图：

1）在正投影视图上确定斜切块的坐标原点 O_1 并建立直角坐标轴 X_1、Y_1、Z_1。本例选斜切块底面右后方棱边相交端点为直角坐标系原点，如图 5-7a 所示。

2）画轴测轴。结合轴向伸缩系数的特点（取 $p=q=r=1$），利用轴测图的沿轴测量性，画出未切割前长方体的轴测投影，如图 5-7b 所示。

3）利用轴测图的沿轴测量性，切去长方体左上角大三棱柱的轴测投影，如图 5-7c 所示。

4）利用轴测图的沿轴测量性，切去长方体左前方铅垂位置小三棱柱的轴测投影，如图 5-7d 所示。

5）擦去作图线，进行可见性判断。可见部分加粗描深，不可见部分擦掉，即得斜切块的正等轴测图，如图 5-7e 所示。

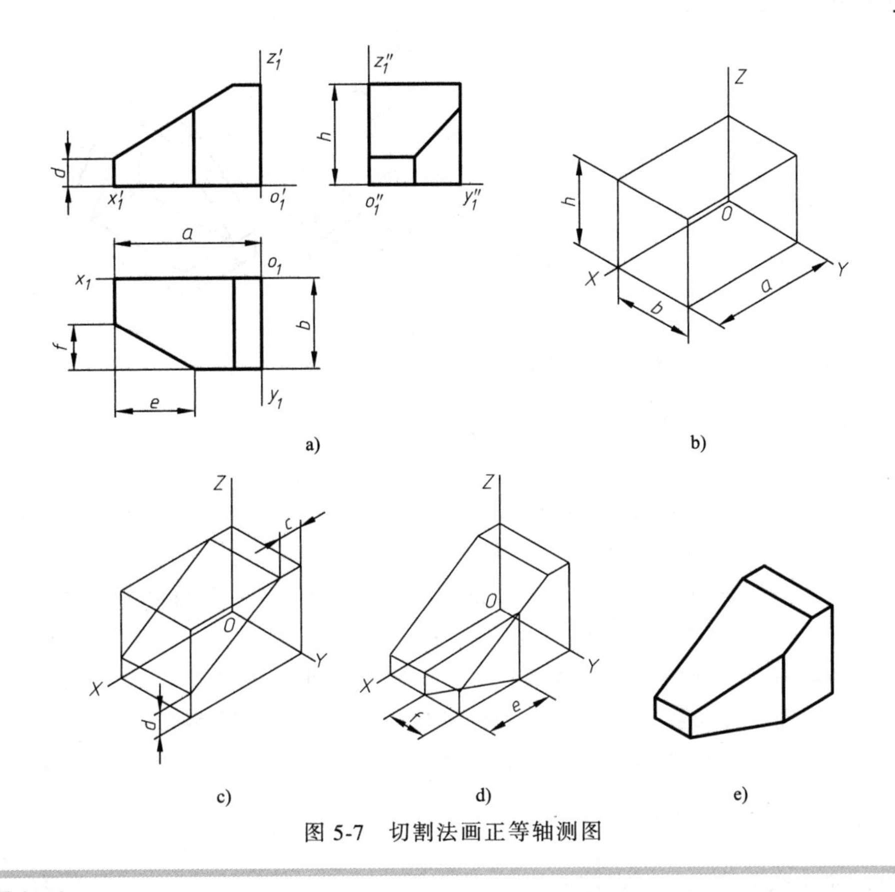

a) b)

c) d) e)

图 5-7 切割法画正等轴测图

3. 叠加法

对于叠加型物体，运用形体分析法将物体分成几个简单的形体，然后根据各形体之间的相对位置依次画出各部分的轴测图，即可得到该物体的轴测图。叠加法是按组合体叠加原则绘制轴测图的一种方法。该方法也是适用于初学者学习形体分析的立体轴测图绘图方法。

例 5-3 叠加法绘制图 5-8a 所示组合体的正等轴测图。

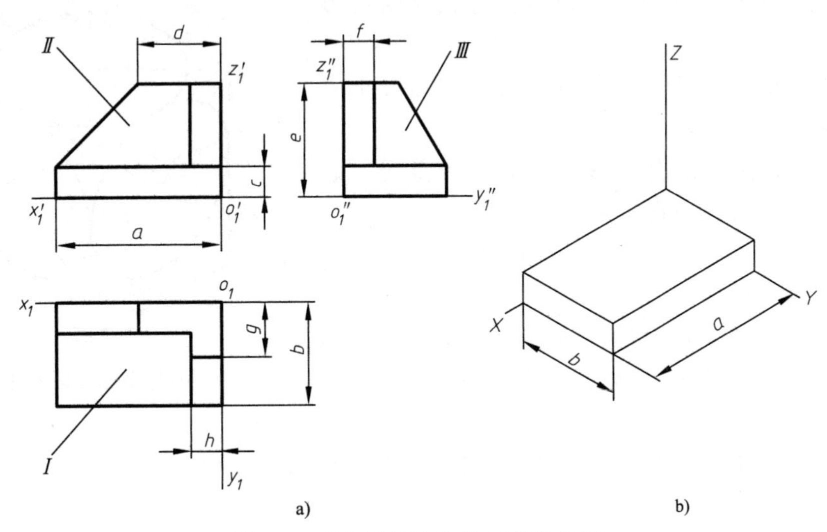

a) b)

图 5-8 叠加法画组合体正等轴测图

c) d) e)

图 5-8 叠加法画组合体正等轴测图（续）

分析：将物体看作Ⅰ、Ⅱ、Ⅲ三部分叠加而成。

作图：

1）确定组合体的坐标原点 O_1 并建立直角坐标轴 X_1、Y_1、Z_1。本例选组合体底板底面右后方棱边相交端点为直角坐标系原点，如图 5-8a 所示；

2）画轴测轴。结合轴向伸缩系数的特点（取 $p=q=r=1$），利用轴测图的沿轴测量性，画出长方体底板Ⅰ的轴测投影，如图 5-8b 所示；

3）利用轴测图的沿轴测量性，在底板Ⅰ上画出竖板Ⅱ的轴测投影，如图 5-8c 所示；

4）利用轴测图的沿轴测量性，画出竖板Ⅲ的轴测投影，如图 5-8d 所示；

5）擦去作图线和竖板Ⅱ、Ⅲ顶面平齐的线段，并进行可见性判断，可见部分描深，即得组合体的正等轴测图，如图 5-8e 所示。

5.2.3 曲面立体正等轴测图画法

由于平行于坐标面的圆，轴测投影时大部分是椭圆，因此绘制曲面立体的正等轴测图，必须要掌握正等轴测图中椭圆的画法。

1. 平行坐标面圆的正等轴测图画法

在正方体的三个投影面上作相同直径的内切圆，其正等轴测投影如图 5-9 所示。根据正等轴测图投影特性可知：

1）正等测投影所得的三个椭圆其形状和大小完全相同，但各自方向不同。

2）各椭圆短轴与相应菱形的短对角线重合，短轴与垂直该面的坐标轴方向一致。

3）用简化画法作图（$p=q=r=1$），椭圆长轴长约为 $1.22D$，短轴长约为 $0.7D$。

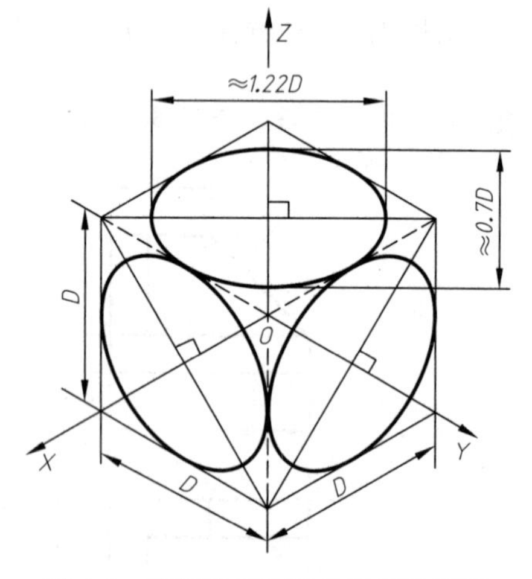

图 5-9 平行坐标面圆的正等轴测图

实际作图中，常采用外切四边形法（四心法）近似画椭圆。本节以水平圆为例，介绍平行坐标面圆的正等轴测图的作图过程如下：

1）过圆心 O_1 作坐标轴 OX_1、OY_1。作水平圆的外切正方形（正方形边长 $=2R$），得四个切点 A_1、B_1、C_1、D_1，如图 5-10a 所示。

2）作轴测轴。作切点 A_1、B_1、C_1、D_1 的轴测投影点 A、B、C、D，过四点作轴测轴 OX、OY 的平行线，相交后得到外切正方形轴测图（菱形，边长 = $2R$），如图 5-10b 所示。

3）求四个圆心 1、2、3、4：菱形短对角线上的两个顶点 1、2 即为两个圆心，连接 $1A$、$1B$ 与菱形长对角线相交得点 3 和点 4，求得另外两个圆心，如图 5-10c 所示。

4）画四段圆弧：分别以点 1、2、3、4 为圆心，以 $1A$、$2C$、$3D$、$4B$ 为半径画圆弧，用四段圆弧即可近似地拟合出椭圆，如图 5-10d 所示。

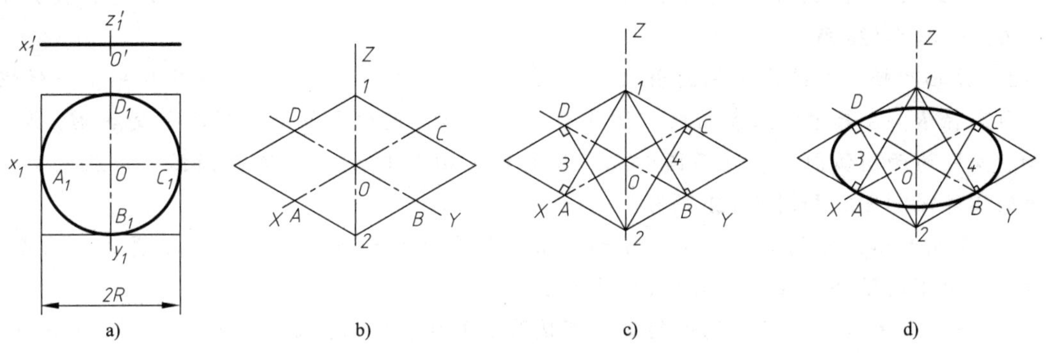

图 5-10　水平圆的正等轴测图近似画法

2. 圆柱体的正等轴测图画法

例 5-4　绘制如图 5-11a 所示圆柱体的正等轴测图。

作图：

1）在正投影图上标注参考原点 O_1 以及直角坐标轴 X_1、Y_1、Z_1 位置，画出圆的外切正方形。为方便作图，选定 O_1Z_1 轴方向向下，如图 5-11a 所示；

2）画轴测轴。并画出圆柱体上下两圆外切正方形的轴测投影图，如图 5-11b 所示；

3）在上、下两菱形平面内作圆的轴测投影，即绘制椭圆。其中下面圆的投影是上面圆投影完成后将圆心下移高度 h 后绘制的。随后画出两投影椭圆的公切线，如图 5-11c 所示；

4）擦去作图线，进行可见性判断。可见轮廓线加粗描深，完成全图，如图 5-11d 所示。

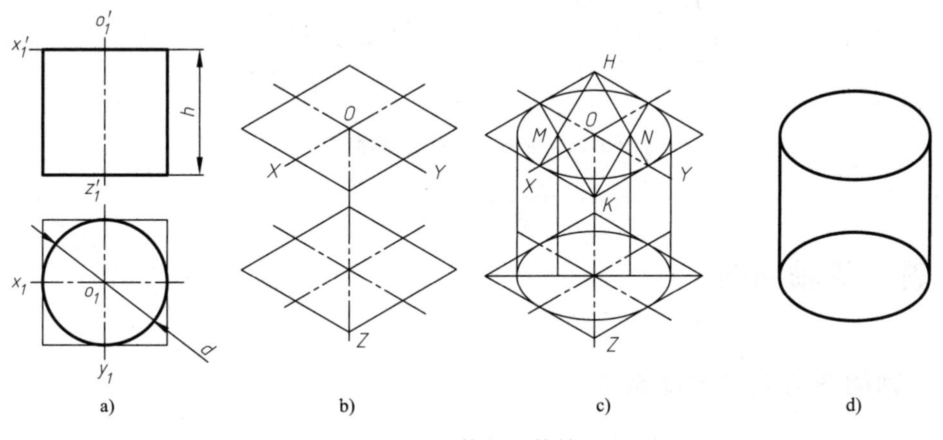

图 5-11　圆柱体的正等轴测图

3. 圆角的正等轴测图画法

在物体的底板上经常会出现四分之一的圆柱面形成的圆角轮廓，在画正等轴测图时，该圆角轮廓同样可采用四心法近似画出。因此，只要确定圆角对应圆弧的圆心和切点即可作图。

例 5-5 绘制如图 5-12a 所示底板圆角的正等轴测图。

作图：

1）在正投影图上标注参考原点 O_1 以及直角坐标轴 X_1、Y_1、Z_1 位置，并量取底板圆角半径 R，如图 5-12a 所示；

2）画轴测轴。并画出未倒圆角之前底板的完整形体——长方体。在此基础上，根据已知圆角半径 R，在长方体上表面找出切点 1、2、3、4，过切点作垂线得两个交点 M、N，交点 M、N 即为两圆弧圆心。过两圆心 M、N 和相应切点 1、2、3、4 画圆弧，得底板上表面圆角的正等轴测图。如图 5-12b 所示；

3）采用移心法将圆心 M，N 向下移动 h，得圆心 H 和 K，以 R 为半径再画一次圆弧。然后画出上下两弧公切线，如图 5-12c 所示；

4）去除作图线，进行可见性判断。可见图线加粗、描深，完成全图，如图 5-12d 所示。

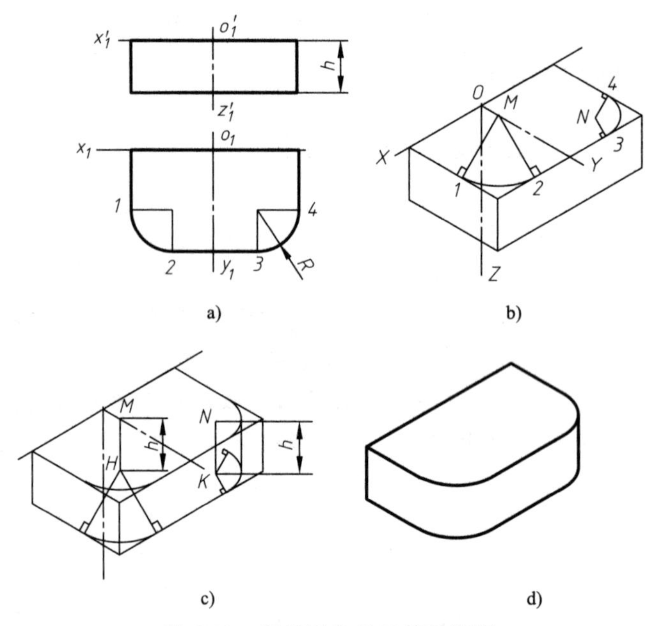

图 5-12　底板圆角的正等轴测图

5.3　斜二等轴测图

5.3.1　轴间角与轴向伸缩系数

如图 5-13 所示，空间物体上直角坐标系中的 $O_1X_1Z_1$ 面与轴测投影面 P 平行，采用倾斜于轴测投影面 P 的平行光线照射物体后，在轴测投影面 P 上会产生具有立体感的斜轴测投影图。

斜二等轴测图基本参数为：轴间角 $\angle XOZ=90°$、$\angle XOY=\angle YOZ=135°$；轴向伸缩系数 $p=r=1$，$q=0.5$。且规定 OZ 轴画成铅垂方向。如图 5-13 所示。

5.3.2　平行于坐标面的圆的斜二等轴测图

作平行于坐标面的圆的斜二等轴测图时，由轴测图投影特性——真实性可知，平行于 $X_1O_1Z_1$ 坐标面的圆或圆弧，其斜二测投影仍是圆和圆弧。平行于 $X_1O_1Y_1$、$Y_1O_1Z_1$ 坐标面的圆，其斜二测投影均是椭圆，如图 5-14 所示，这些椭圆作图较烦琐，本书不做介绍。

因此，斜二等轴测图主要用于表达单一方向比较复杂或仅在一个方向上有圆或圆弧的物体。当物体在两个或两个以上方向存在圆或圆弧时，为了作图清晰、简单，通常采用正等测的方法绘制轴测图。

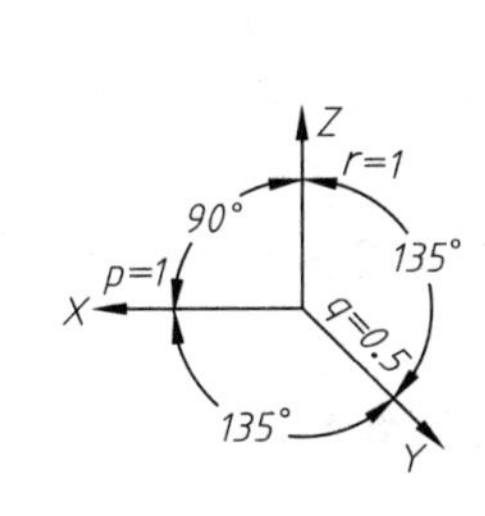

图 5-13　斜二等轴测图基本参数

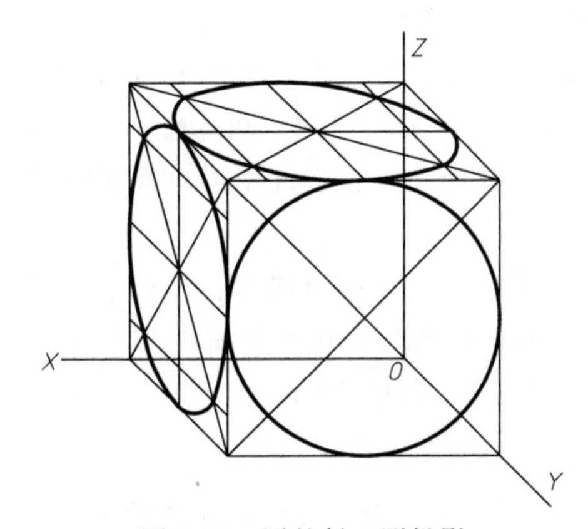

图 5-14　圆的斜二测投影

5.3.3　斜二等轴测图画法举例

例 5-6　绘制如图 5-15a 所示圆台的斜二等轴测图。

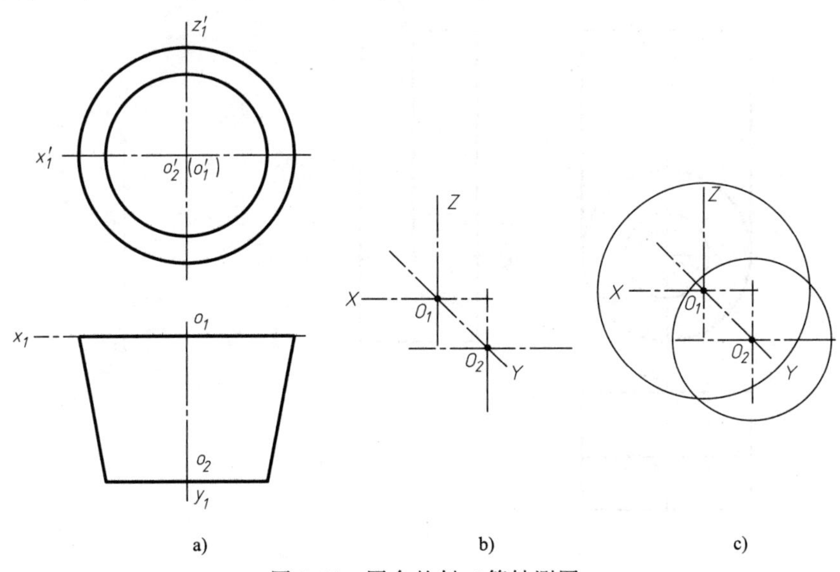

图 5-15　圆台的斜二等轴测图

d)　　　　　　　　e)

图 5-15　圆台的斜二等轴测图（续）

作图：

1）在正投影图上确定参考原点 O_1 以及直角坐标轴 X_1、Y_1、Z_1 位置，取圆台大圆端面的圆心为坐标原点 O_1，选 Y_1 轴与圆台轴线重合，如图 5-15a 所示。

2）画轴测轴。按圆台高度一半的尺寸在轴测轴 Y 上量取圆台小圆端面的圆心 O_2，如图 5-15b 所示。

3）分别以 O_1 和 O_2 为圆心，以圆台前后端面半径为半径画圆如图 5-15c 所示。

4）画出两圆的外公切线如图 5-15d 所示。

5）擦去多余图线，可见性判断。可见轮廓线加粗描深，完成如图 5-15e 所示。

例 5-7　绘制如图 5-16a 所示组合体的斜二测图。

分析：如图 5-16a 所示，由组合体三视图可知，组合体上平行于坐标面 $O_1X_1Z_1$ 的图线多为圆或圆弧，故采用斜二测投影画轴测图更加合适。

作图：

1）形体分析，在正投影图上确定直角坐标轴 X_1、Y_1、Z_1，标出三个圆心 O_1、O_2、O_3

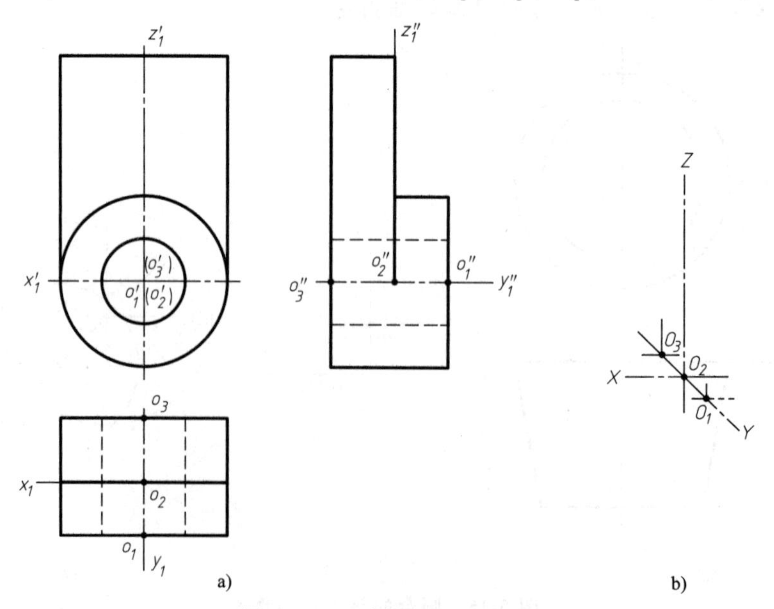

图 5-16　组合体的斜二测图

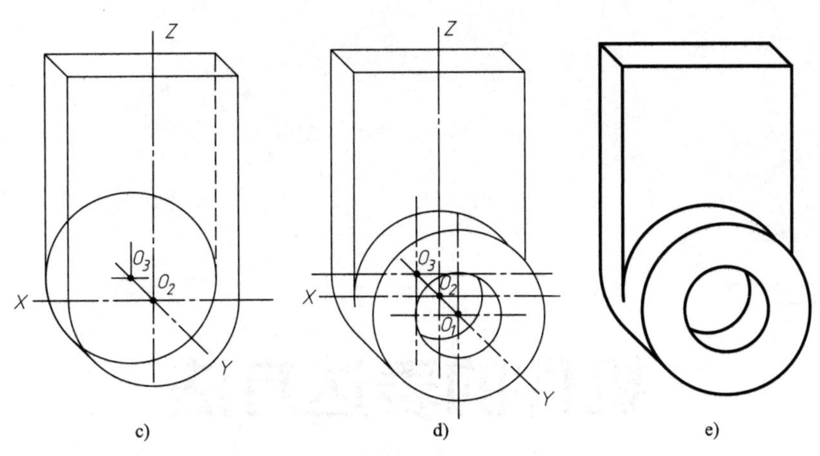

图 5-16　组合体的斜二测图（续）

位置，如图 5-16a 所示。

2）画轴测轴 X、Y、Z。并根据轴测轴 Y 的轴向伸缩系数 $q=0.5$，确定出三个圆心的轴测投影位置 O_1、O_2、O_3，如图 5-16b 所示。

3）依次抄画出各端面的投影、通孔的投影、圆的公切线，如图 5-16c 和图 5-16d 所示。

4）擦去多余作图线和两组合结构的平齐部分交线，进行可见性判断。可见轮廓线加粗描深，完成全图，如图 5-16e 所示。

第6章

6

机件的表达方法

工程图样是根据投影原理及国家标准规定表示工程对象的形状、大小以及技术要求的图样，是现代生产中重要的技术文件。在生产实践过程中，由于机器、零部件的形状、结构多种多样、千变万化，其复杂程度差别也很大，在绘制工程图样时，应根据机器、零部件特点，选用适当的表达方法。

GB/T 4458.1—2002《机械制图　图样画法　视图》、GB/T 4458.6—2002《机械制图　图样画法　剖视图和断面图》及GB/T 17451—1998《技术制图　图样画法　视图》、GB/T 17452—1998《技术制图　图样画法　剖视图和断面图》规定了视图、剖视图、断面图、局部放大图、简化画法以及一些规定画法。通过这些图样的基本表达方法，工程技术人员在完整、清晰前提下，力求工程图样便于看图与绘制。

6.1　视图

视图是机件在多面投影体系向投影面作正投影所得的图形，为了便于看图，视图通常用来表达机件的外部结构，所以一般只画出机件的可见部分，必要时才用虚线表达其不可见部分。最常用的视图有基本视图、向视图、局部视图和斜视图。

6.1.1　基本视图

为表达机件的复杂外部形状，仅采用前面介绍的主、俯、左三个视图，往往不能将机件表达清楚，按照国家标准的规定，用六面体的六个面作为基本投影面，从机件的前、后、左、右、上、下六个方向向六个基本投影面投影，得到六个视图称为基本视图，如图6-1所示。

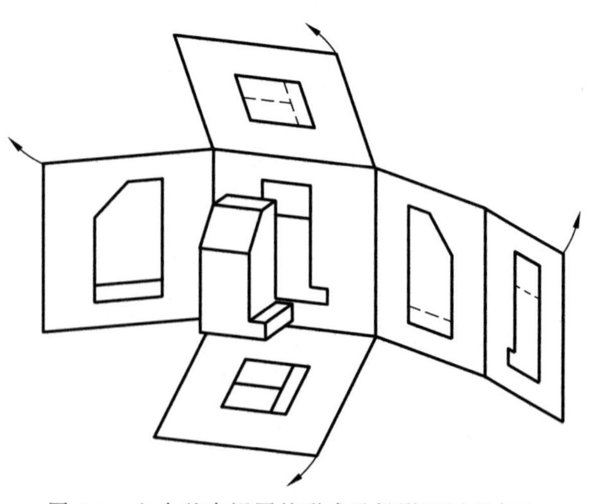

图6-1　六个基本视图的形成及投影面展开方法

在这六个基本视图中，除前面讲过

的主视图、俯视图、左视图外，还有后视图——从后垂直向前投影所得；仰视图——从下垂直向上投影所得；右视图——从右垂直向左投影所得。各投影面的展开方法如图 6-1 所示，经过展开后，各基本视图的配置如图 6-2 所示。在同一张图样中，按图 6-2 配置视图时，一律不标注视图的名称。

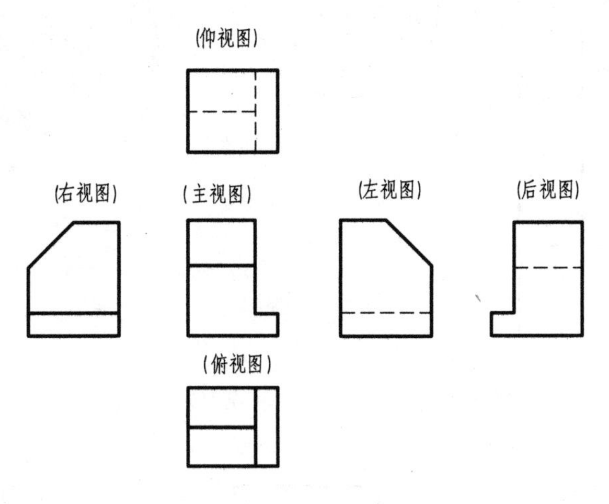

图 6-2　六个基本视图的配置

显然，六个基本视图之间仍应保持“长对正、高平齐、宽相等”的投影规律，如图 6-3。

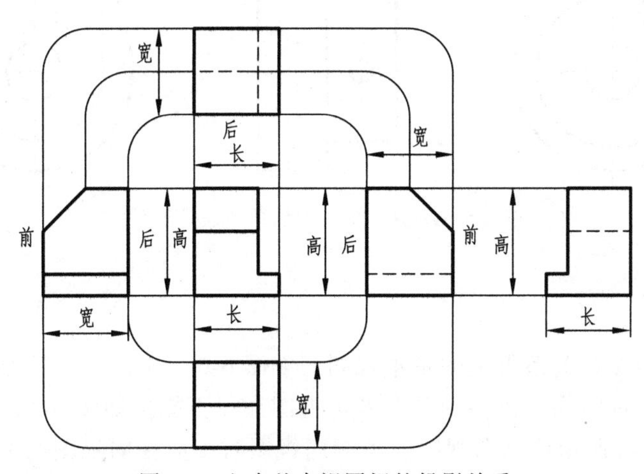

图 6-3　六个基本视图间的投影关系

虽然机件可以用六个基本视图来表示，但在实际应用中，并不是所有的机件都要绘制六个基本视图，应根据机件的形状和结构特点，选用其中必要的几个基本视图。一般的原则是在完整、清晰地表达机件各部分形状的前提下，力求制图简便。如图 6-4 所示为支架的三视图，可以看出如果采用主、左两个视图，即可将机件的各部分形状表达完整，俯视图可以省略。但由于该机件左、右部分的结构有差异，且形状较复杂，左、右部分都投影在左视图上造成虚线和实线重叠，影响图面清晰。若增加一个右视图则可以将该机件右边的形状表达清楚，同时左视图上用于表达机件右侧形状的虚线可不画，如图 6-5 所示。显然，从完整、清晰的角度分析，图 6-5 的表达方案较图 6-4a 的表达方案好。

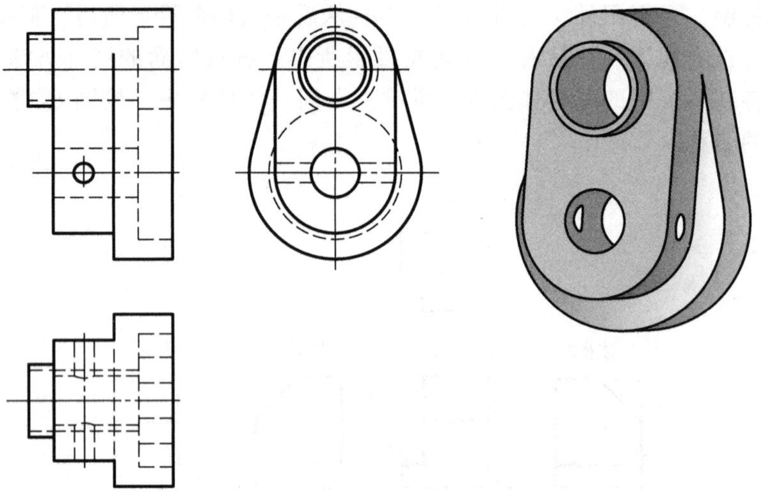

a)　　　　b)

图 6-4　用主、俯、左三视图表达机件

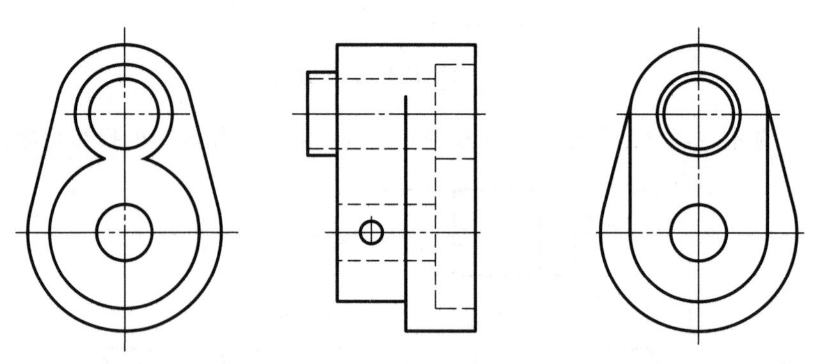

图 6-5　用主、左、右三视图表达机件

6.1.2　向视图

向视图是指自由配置关系得到的基本视图，如图 6-6 所示。在实际绘图时，由于考虑到各视图在图纸中的合理布局，机件的各个基本视图往往不能按如图 6-2 所示规定配置视图位置，此时可按如图 6-6 所示绘制向视图。绘制向视图时，应在向视图的上方用大写字母标注视图名称“×”（如 *A*、*B* 等），并在相应的视图附近用箭头指明投射方向，并注上相同的字母，如图 6-6 中的 *A*、*B*、*C* 三个向视图，未标注的三个视图是基本视图：主视图、俯视图、左视图。

6.1.3　局部视图

将机件的某一部分向基本投影面投射所得的视图称为局部视图。

当机件的主要形状已经在基本视图中表达清楚，但机件的某一部分结构形状需要表达清楚、而又没有必要画出机件的某个完整基本视图时，可采用局部视图。

如图 6-7 所示的机件，绘制了主视图和俯视图，但还有左侧的凸台没表达清楚，如果再绘制一个完整的左视图，对于竖立的圆筒而言则没有必要，因为主视图已经将竖立的圆筒表达清楚了，所以采用一个从左往右看的局部视图则可以清晰地表达这个凸台的形状。这样重点突出，简单明了，也便于画图和看图。

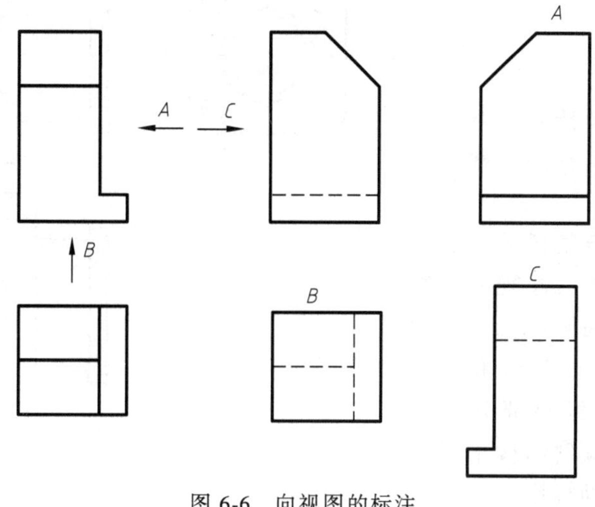

图 6-6　向视图的标注

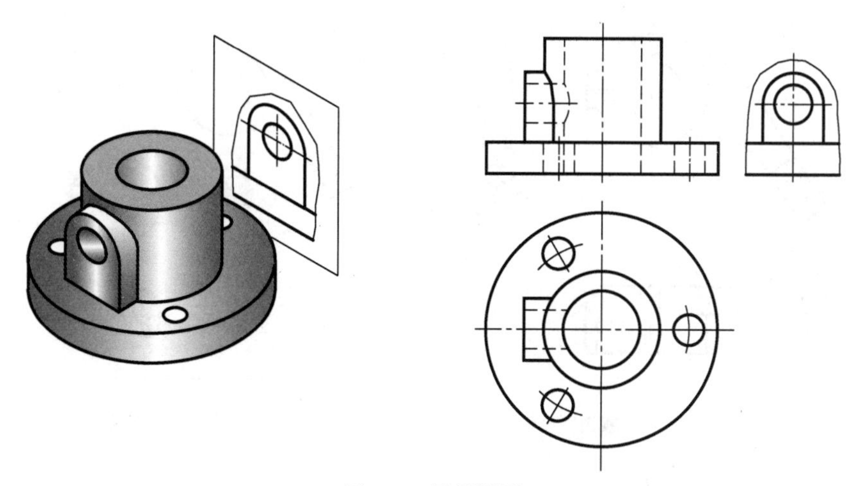

图 6-7　局部视图

绘制局部视图的注意点：

1）画局部视图时，其断裂边界用波浪线或双折线绘制，如图 6-7 所示。可将波浪线理解为机件断裂边界的投影，但要用细实线绘制，所以波浪线不应超出机件的外轮廓线，也不能画在机件的中空处。

2）画局部视图时，一般在局部视图上方标注出局部视图的名称“×”，如图 6-8 中的“*A*”，在相应视图附近用箭头指明方向。局部视图可按基本视图的配置形式配置，若中间没有其他图形隔开，则不必标注，如图 6-7 所示。

3）局部视图也可按向视图的配置形式自由配置，但此时需要标注，即在局部视图上方用大写的字母标出视图的名称，并在相应的视图附近用箭头指明投影方向，注上相同的字母。如图 6-8 中的“*A*”局部视图。

4）当所表达的局部结构形状完整且外轮廓线封闭时，波浪线可省略不画，如图6-8所示。

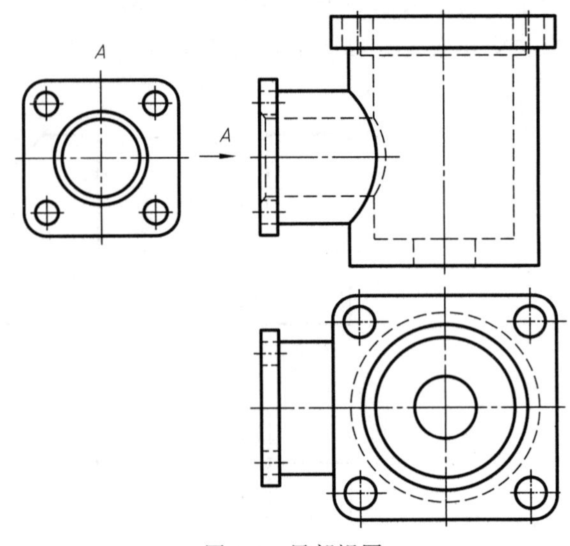

图6-8　局部视图

6.1.4　斜视图

将机件向不平行于任何基本投影面的平面投射所得到的视图，称为斜视图。

如图6-9所示，压紧杆的左下部分耳板是倾斜的，在俯、左视图上均不反映实形，如图6-9a所示为压紧杆的三视图，给画图和看图均带来困难。为了清晰地表达倾斜部分的结构，可以增加一个与倾斜结构平行且与正投影面垂直的辅助投影面，将倾斜结构向该辅助投影面投射，就可得到反映倾斜结构实形的斜视图，如图6-9b所示。

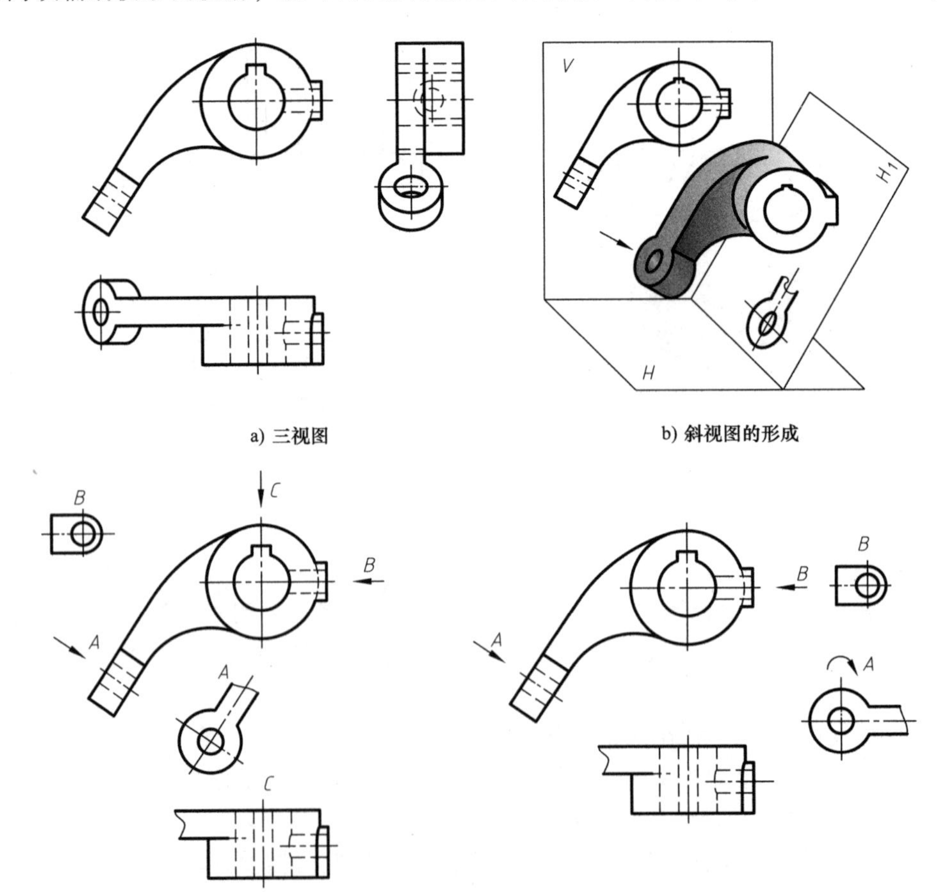

图6-9　斜视图的形成及画法

绘制斜视图的注意点：

1）斜视图通常用来表达机件倾斜部分的结构形状，而在斜视图中非倾斜部分不必画出，其断裂边界用波浪线表示，如图6-9c所示。

2）斜视图一般按向视图的配置形式配置并标注，即需在视图上方标出视图的名称“×”，在相应的视图附近用箭头指明投影方向，并标上相同的字母“×”，如图6-9c所示。

3）为了方便作图，在不致引起误解的情况下，允许将斜视图旋转，但在旋转后的斜视图上方应注明旋转符号“⌒”或“⌒”，旋转符号是半径为字高的半圆弧，箭头指向应与图形的实际旋转方向一致，并且大写拉丁字母要放在靠近旋转符号的箭头端，如图6-9d所示⌒A。

需要特别说明的是：表示视图名称的大写拉丁字母必须水平书写，指明投射方向的箭头必须与倾斜结构有积聚性的表面垂直，如图6-10所示。

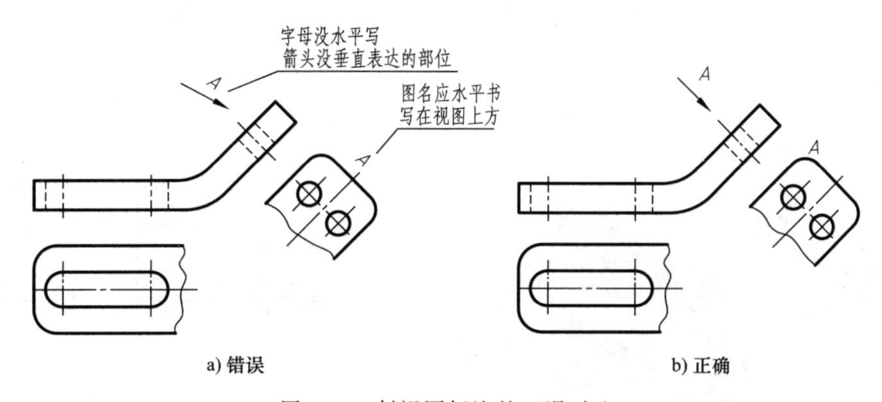

图6-10　斜视图标注的正误对比

6.2　剖视图

在用视图表达机件时，由于内部结构是用不可见轮廓线表示（绘制虚线），对于较复杂的零件就会造成虚线多，且互相重叠交错，不便于看图，也不便于标注尺寸。为了解决这个问题，在制图上通常采用剖视的方法表达机件的内部结构。

6.2.1　剖视图的概念和画法

1. 剖视图的概念

如图6-11所示，为了表达机件的内部结构，假想用剖切面（平面或柱面）剖开机件，将处在观察者与剖切面之间的部分移去，将其余部分向投影面投射所得到的视图称为剖视图，简称剖视。剖视图主要用于表达机件的内部结构和形状。

2. 剖视图的画法

下面以图6-11a所示机件为例，说明将主视图画成剖视图的方法和步骤。

第一步：以剖切符号确定剖切平面的位置。

为了使图6-12a中主视图中的内孔变成可见并反映实际大小，剖切平面应平行于正面且通过各孔的轴线，如图6-12b所示。剖切面起、讫和转折位置以及投影的投射方向用剖切符号表示。

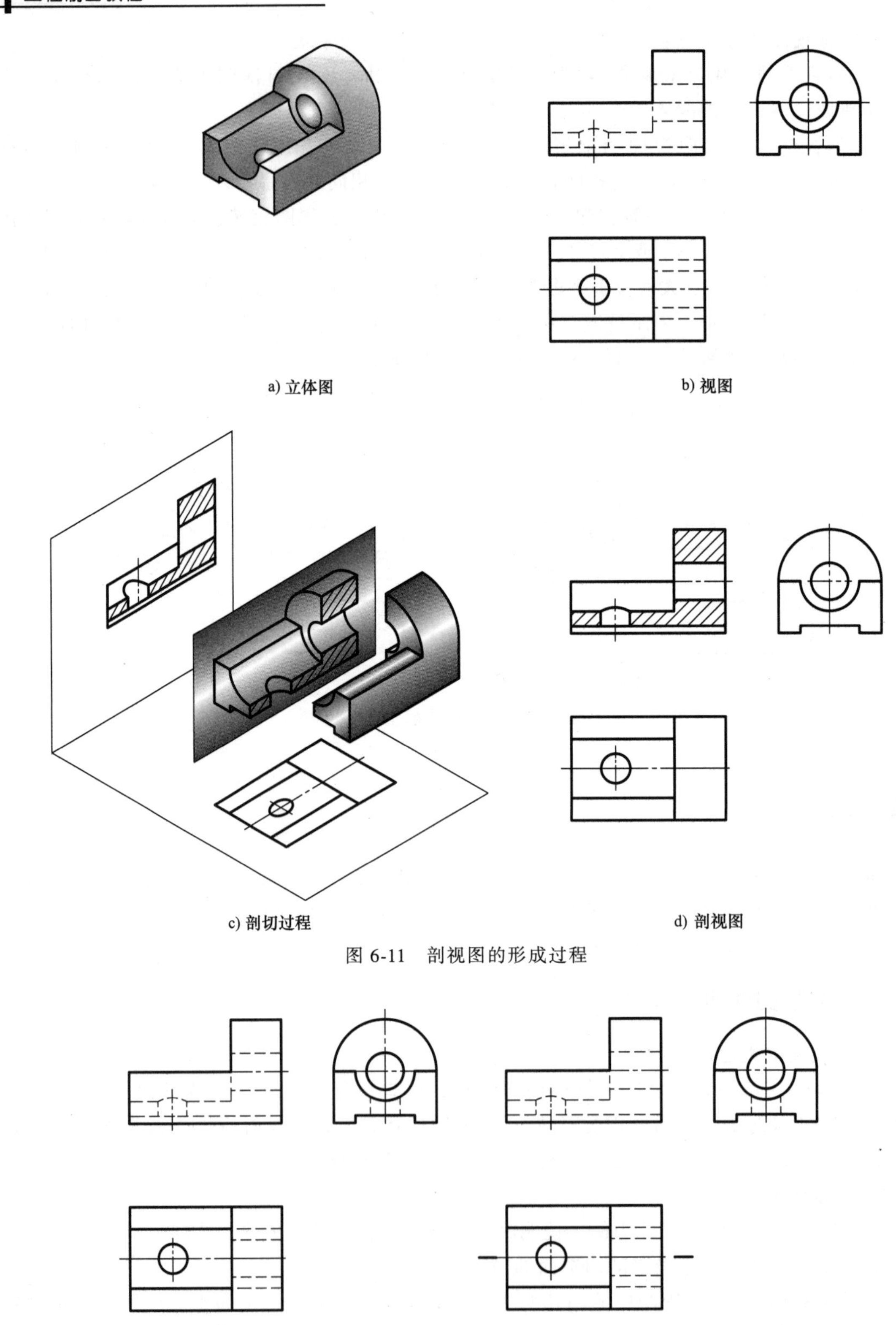

a) 立体图　　b) 视图

c) 剖切过程　　d) 剖视图

图 6-11　剖视图的形成过程

a) 视图　　b) 确定剖切面位置

图 6-12　剖视图的画法

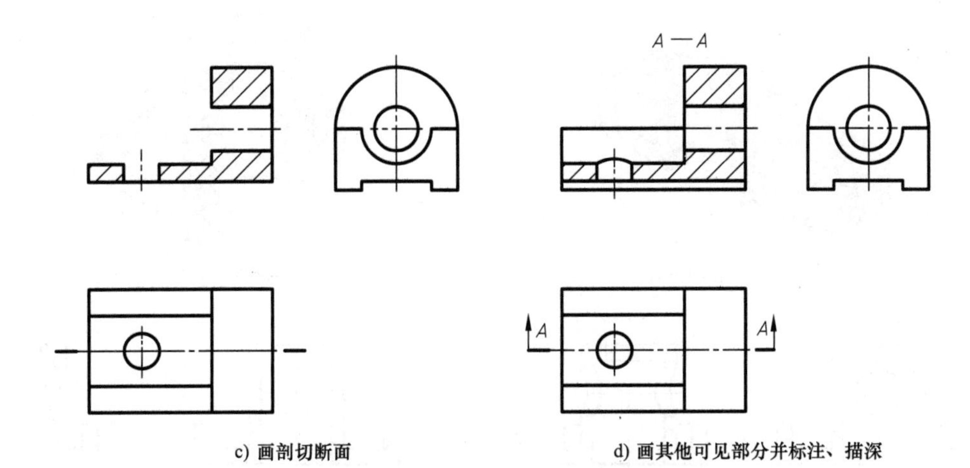

图 6-12　剖视图的画法（续）

第二步：画出剖切平面剖开机件后断面的图形，并在剖面区域内画出相关的剖面符号，如图 6-12c 所示。此处剖面符号绘制成 45°斜线，不同材料的剖面符号有一定差异，后面会详细介绍。

第三步：画出断面后面的可见部分，然后对剖视图进行校核，无误后描深，最后对剖视图进行标注。如图 6-12d 所示。

为了便于看图，对剖视图一般应进行标注。标注的方法是在剖视图的上方用大写的拉丁字母标注出剖视图的名称“×—×”（*A—A*），在相应的视图上用剖切符号表示剖切位置和投影方向，并在剖切符号旁标注与剖视图名称相同的大写拉丁字母“×”（*A*），如图 6-12d 所示。

3. 画剖视图时的注意事项

（1）剖切的目的性和真实性　剖切的目的是为了表达机件的内部结构的真实形状，因此剖切面的选择应有利于清楚地表达机件的内部结构与形状。

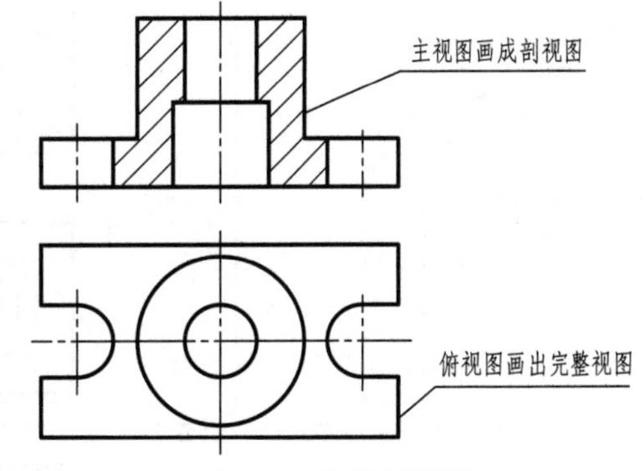

图 6-13　机件剖视图

（2）剖切的假想性　由于剖切面是假想的，因此所画剖视图不影响其他视图的绘制，即当机件的某一个视图画成剖视图后，其他视图仍应完整地画出，如图 6-13 中的俯视图。

（3）剖切面的位置　为了表达机件内部的真实形状，剖切平面应通过孔的轴线或机件的对称平面，并平行于剖视图所在的投影面，如图 6-13 所示。

（4）剖视图的可见轮廓线不要遗漏　剖切面后面机件所有结构的可见轮廓线，包括剖切到断面形状和剖切面后的可见轮廓线，应全部画出，不得遗漏。初学时很容易犯漏线的错误，如图 6-14 所示。表 6-1 列举了几种易漏线情况。

（5）剖视图中虚线的处理　在剖视图中，不可见轮廓线或其他结构若其他视图已表达清楚，则不画虚线，如图 6-15 所示。

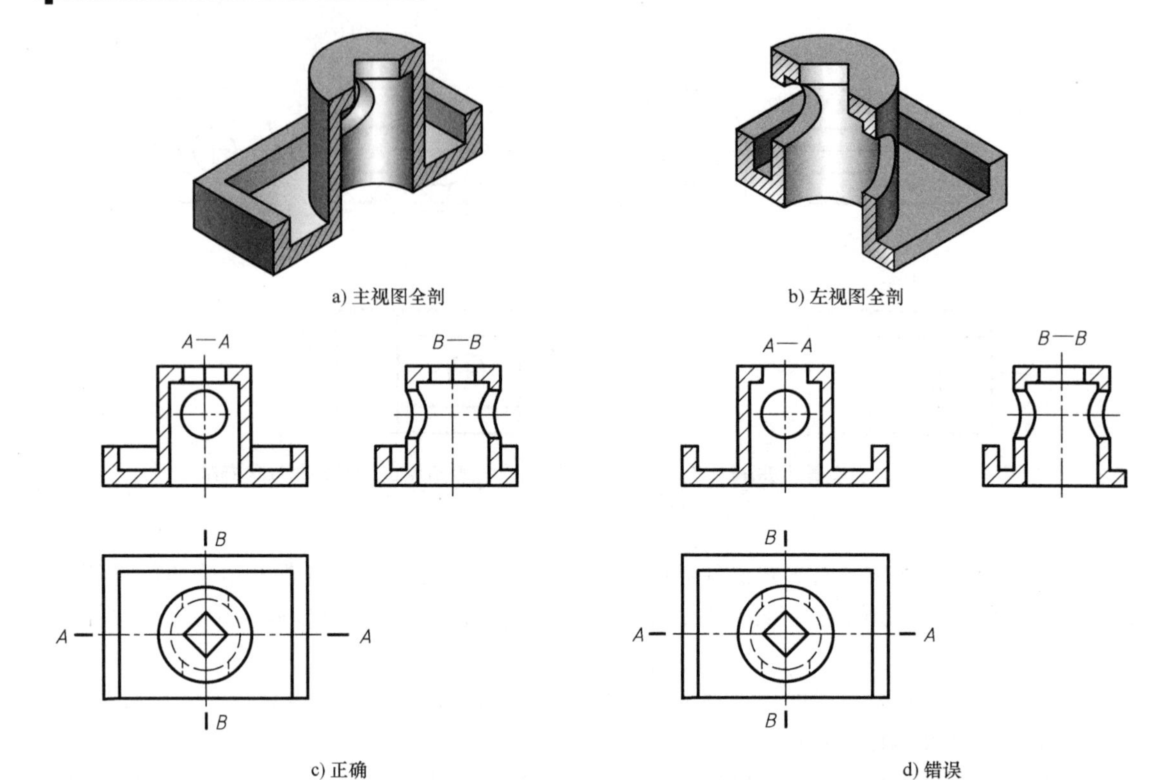

a) 主视图全剖　　b) 左视图全剖

c) 正确　　d) 错误

图 6-14　剖切面后可见部分的画法

表 6-1　剖视图中容易漏线的示例

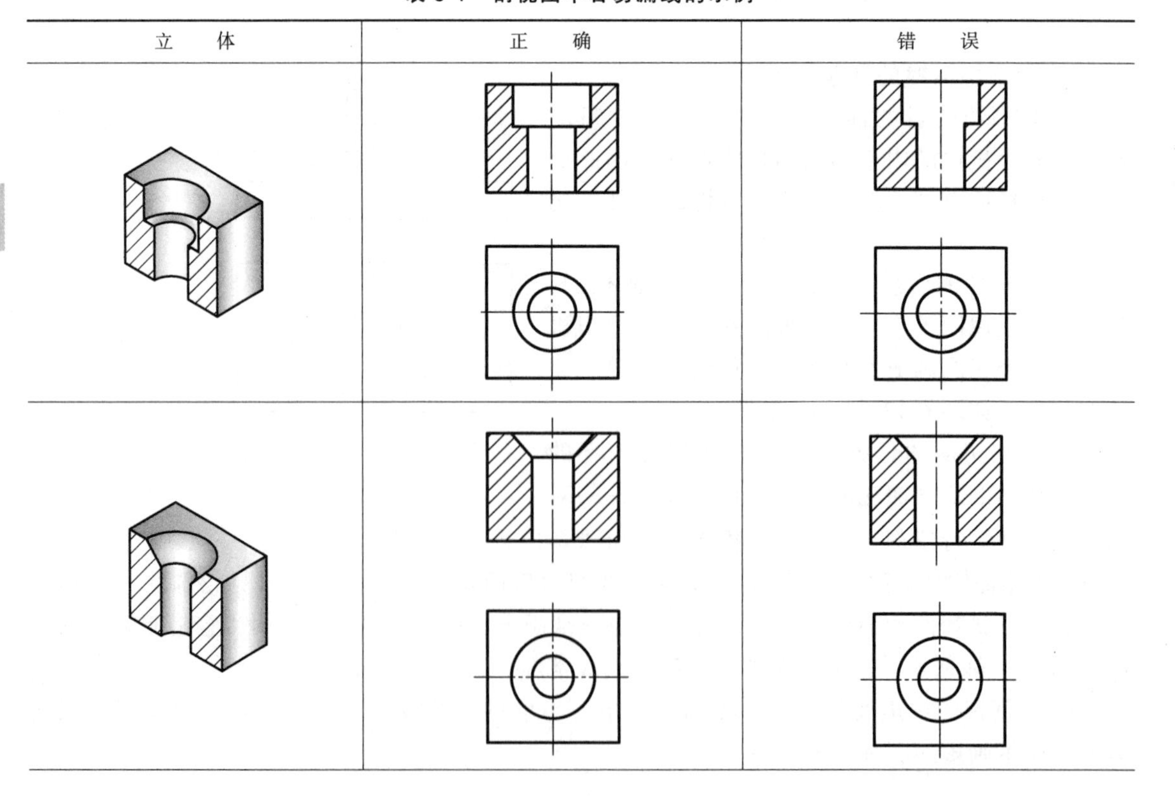

（续）

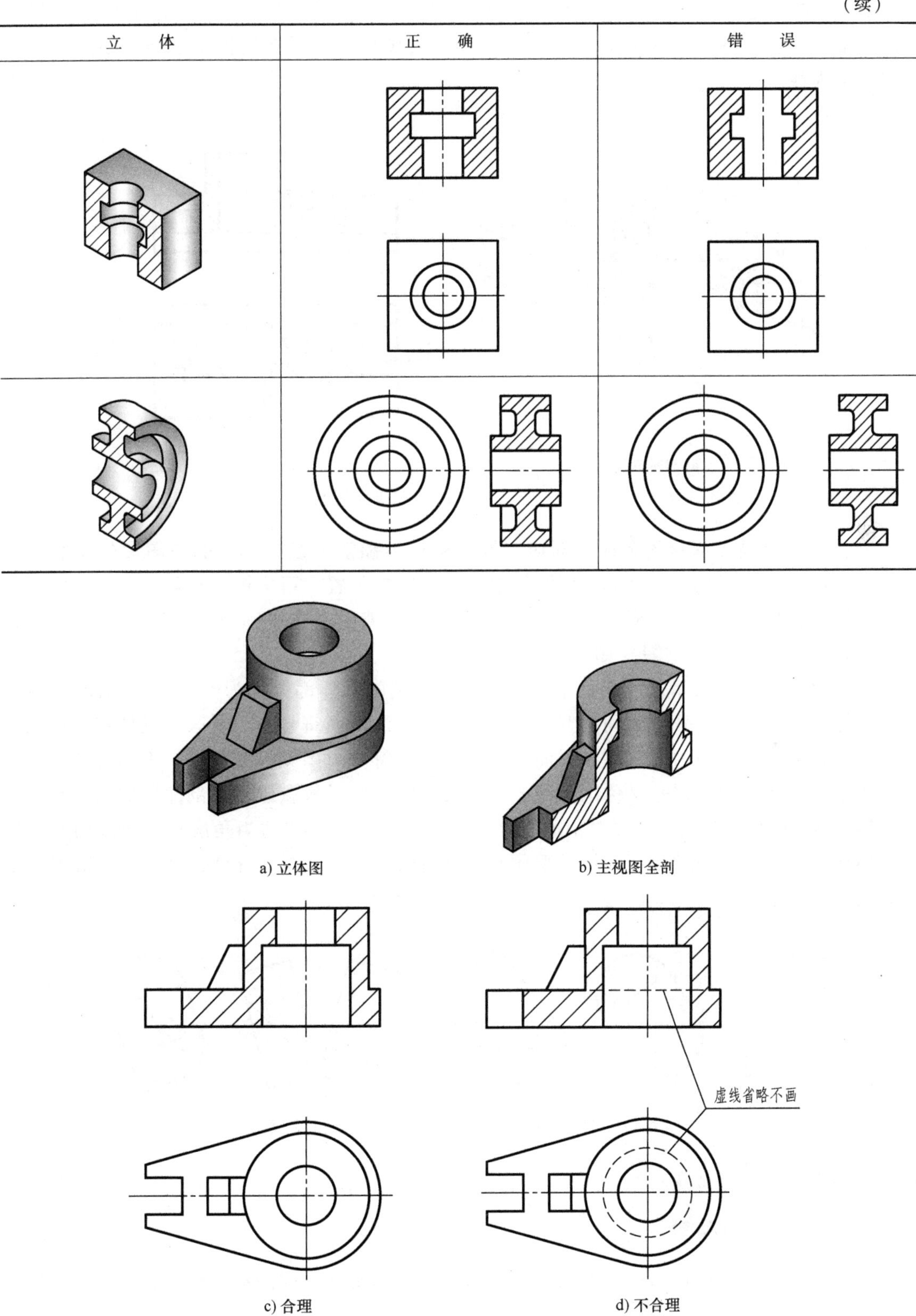

a) 立体图　b) 主视图全剖

c) 合理　d) 不合理

图 6-15　剖视图中不画细虚线的情况

对于没有表达清楚的结构，在不影响剖视图的清晰、同时可以减少一个视图的情况下，可画少量虚线，如图 6-16 所示机件，如果不画左视图，则必须在俯视图上画出表示底部槽宽的两条虚线。

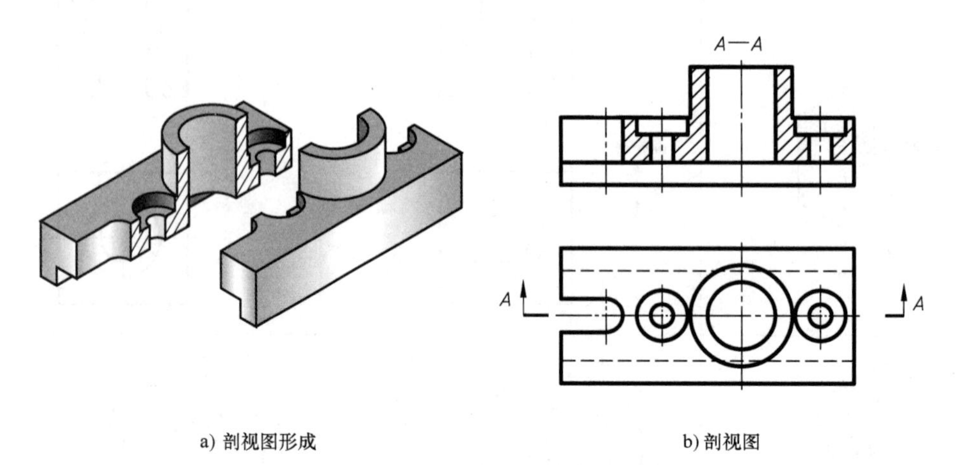

a) 剖视图形成　　b) 剖视图

图 6-16　剖视图中画细虚线的情况

（6）剖切符号和剖视图名称　剖切符号由粗短画和箭头组成，不能与图形的轮廓线相交，粗短画长约 5~10mm，表示剖切面的起、讫、转折位置，箭头指示投射方向。在剖切符号附近标注大写拉丁字母“×”（一般写在外侧），剖视图上方中间位置注写剖视图的名称“×—×”，字母一律水平书写，如图 6-16b 中的 *A—A*。

（7）剖面区域的表示法　机件上被剖切平面剖到的实体部分称为断面。国家标准规定，断面上必须画出剖面符号。不同类型的材料采用不同的剖面符号。为了区分机件被剖切到的实体部分和未被剖切到的部分，在断面上应画出剖面符号。国家标准规定了不同材料的剖面符号。金属材料的剖面符号又称剖面线，用细实线绘制，一般应画成与剖面区域的主要轮廓或对称线成 45°的平行线，必要时剖面线也可画成与主要轮廓成适当角度。剖面线向左或向右倾斜均可，但同一机件在各个剖视图中的剖面线倾斜方向应相同，间距应相等。如图 6-17 所示。

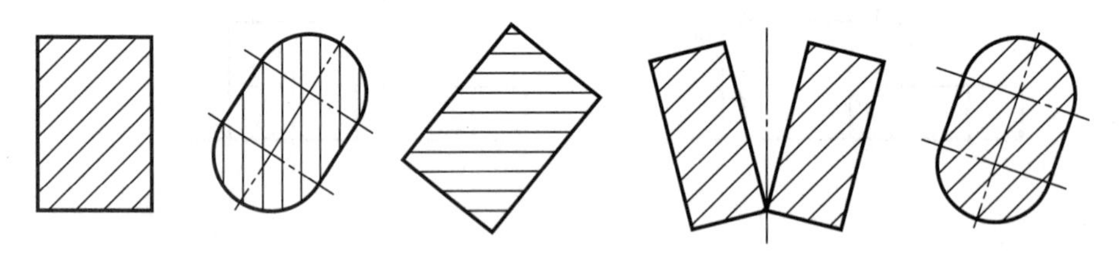

图 6-17　剖面区域呈不同方位时的剖面线倾斜方向

常用的剖面符号见表 6-2。

6.2.2　剖切面的种类

由于机件的形状多种多样，在画图时应当根据各种机件不同的结构特点，采用适当的剖切面和剖切方法来表达机件。

表6-2 常用剖面符号

常用材料		剖面符号	常用材料	剖面符号
金属材料（已有规定剖面符号除外）			木质胶合板（不分层数）	
线圈绕组元件			基础周围的泥土	
转子、电枢、变压器和电抗器等叠钢片			混凝土	
非金属材料（已有规定剖面符号除外）			钢筋混凝土	
型砂、填砂、粉末冶金、砂轮、陶瓷刀片、硬质合金刀片等			砖	
玻璃及供观察用的其他透明材料			格网（筛网、过滤网等）	
木材	纵断面		液体	
	横断面			

各种剖切面，按其几何特征有平面和柱面之分；按其一次性选用的数量则有单一剖切面和组合剖切面之分；按其与基本投影面的相对位置有正剖切面（投影面平行面）和斜剖切面之分。常用的剖切平面有单一剖切面、几个平行的剖切面和几个相交的剖切面三种类型。

1. 单一剖切面

用一个剖切面剖开机件的方法称为单一剖切，这里提到的剖切面为平面。该剖切平面可以与基本投影面平行，也可以与基本投影面不平行，但是必须与基本投影面垂直。

（1）剖切面与基本投影面平行　用与基本投影面平行的平面剖切机件上需要表达的内部结构，是一种常用的表达方法，如图6-18所示。

（2）剖切面与基本投影面不平行　当机件上需要表达的内部结构与基本投影面倾斜时，可用一个与倾斜部分平行且垂直于某一基本投影面的平面剖切，再投射到与剖切平面平行的投影面上，即可得到倾斜部分内部结构的实形。

如图6-19a所示，该机件上具有倾斜结构。为了清晰地表达出倾斜部分的内部结构，采用一个通过倾斜部分孔的轴线且垂直于V面的剖切平面，将机件沿倾斜方向剖开，然后将剖开后的部分向与剖切平面平行的投影面上投射，即可得到图6-19b中的A—A剖视图。

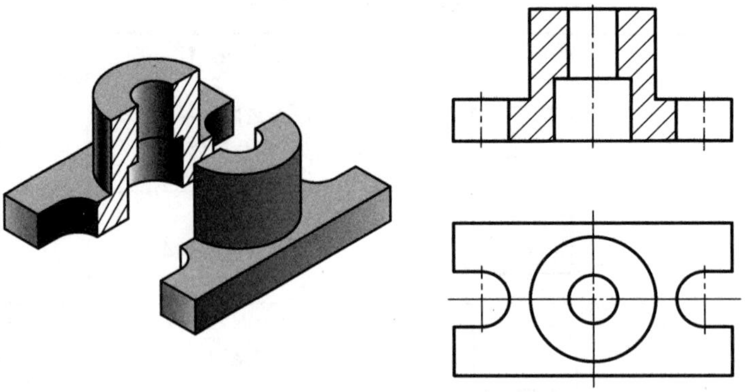

a) 立体图　　b) 剖视图

图 6-18　单一剖切平面剖得的剖视图

采用单一斜剖切平面剖切机件画剖视图时需要注意以下事项：

1）剖视图位置应尽量按箭头所指的方向配置，并与基本视图保持投影对应关系。必要时也可将它配置在其他适当的位置。

2）剖视图必须进行标注，其剖切位置及其标注形式见图 6-19b，字母一律水平标注书写，与倾斜部分的方向无关。

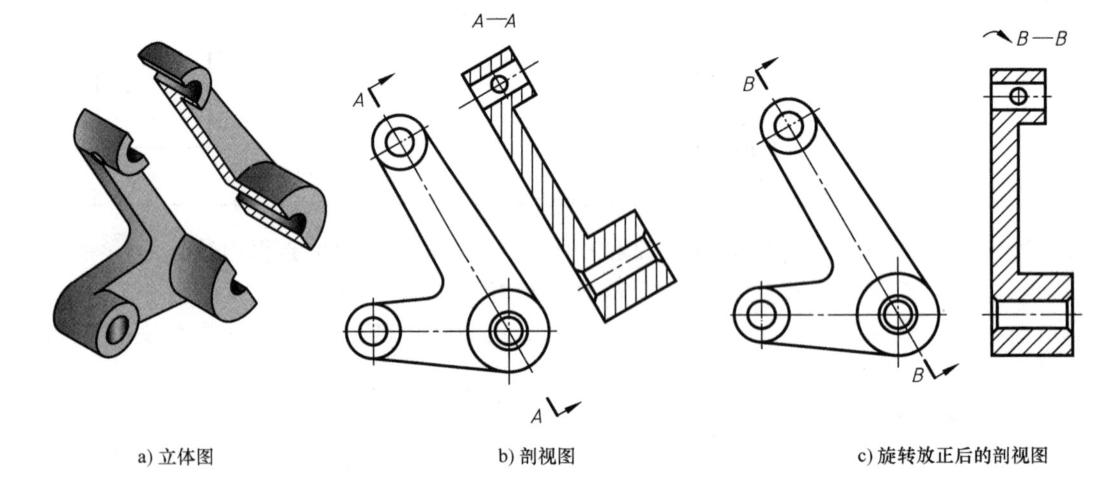

a) 立体图　　b) 剖视图　　c) 旋转放正后的剖视图

图 6-19　用单一斜剖切平面剖得的剖视图

3）在不致引起误解的情况下，允许将图形旋转放正后画出（一般情况下旋转角度小于 90°），此时，剖视图的上方要标注旋转符号，如图 6-19c 所示。

2. 几个平行的剖切平面

用几个平行的剖切面剖开机件获得的剖视图的画法，如图 6-20 所示。

底板上的小孔和中间的空心圆柱体的内部形状，只用一个剖切平面是无法表达清楚的，需要采用两个相互平行的剖切平面，分别通过底板上的小孔和中间空心圆柱体的轴线将其剖开，剖开以后将前面部分移去，将剖切平面后面的部分向 V 面进行投射，这样就可以在同一个剖视图上将小孔和空心圆柱体的结构表达清楚了，如图 6-20b 所示。

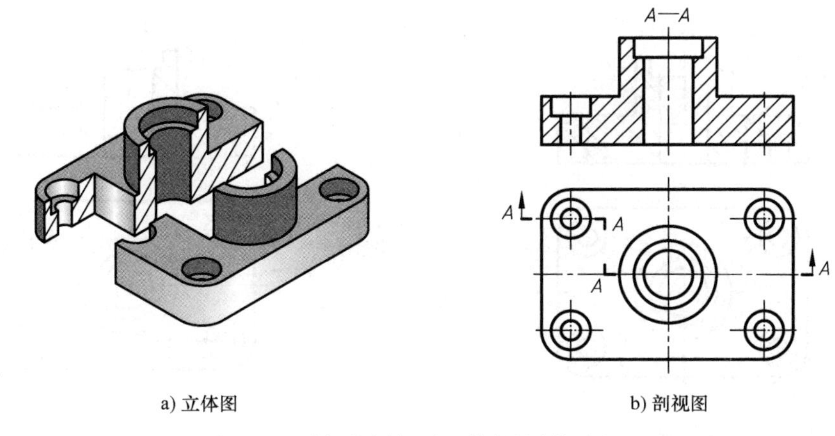

a) 立体图　　b) 剖视图

图 6-20　平行的剖切平面获得的剖视图（一）

采用这种方法剖切，画剖视图时应注意以下事项：

1）剖视图必须进行标注，如图 6-20b 所示，在每个剖切平面的起讫、转折平面的起讫处画出粗短画线（长约 5~10mm）表示剖切平面位置和转折平面的位置，在表示起始剖切平面和终止剖切平面位置的粗短画线的外侧画出箭头表示投射方向，在起、讫和每一个转折附近标注大写拉丁字母“×”，在剖视图上方中间位置标注剖视图名称“×—×”。

2）由于几个互相平行的剖切平面剖切机件画出的剖视图是画在同一个平面上的，因此不应画出各剖切平面的分界线（即转折面），如图 6-21a 所示。

3）剖切平面的转折处不能与剖视图中的轮廓线重合，如图 6-21b 所示。

4）应完整地剖切完一个要素后再转折剖切另一个要素，因此在图形内不应出现不完整的要素，如图 6-21c 所示。只有当两个要素在图形上具有公共对称中心线或轴线时，才可以对称中心线或轴线为界，将两个要素各画一半，如图 6-21d 所示。

3. 几个相交的剖切平面

用几个相交的剖切面（交线垂直于某一个投影面）剖开机件获得的剖视图如图 6-22 所示。

用几个相交的剖切平面适用于剖切具有回转轴线的机件，该轴线是两剖切平面的交线，且该交线垂直于某一基本投影面。采用这种方法剖切时，应先按剖切位置将机件剖开，然后将倾斜部分的结构旋转到与某一投影面平行的位置后再进行投射，使剖开部分的结构在该投影面上的投影反映实形。

如图 6-22a 所示，该机件被一个水平剖面和正垂剖面剖切，两个剖切面的交线与大圆柱的轴线重合并与 *V* 面垂直。为了使正垂面剖切到的结构能够在俯视图上反映实形，需要将该部分结构旋转到与水平面平行后再向 *H* 面进行投射，这样就得到了俯视剖视图，如图 6-22b 所示。

如图 6-23 所示机件采用了 3 个相交剖切面进行剖切。

采用几个相交的剖切平面剖切，画剖视图时应注意以下事项：

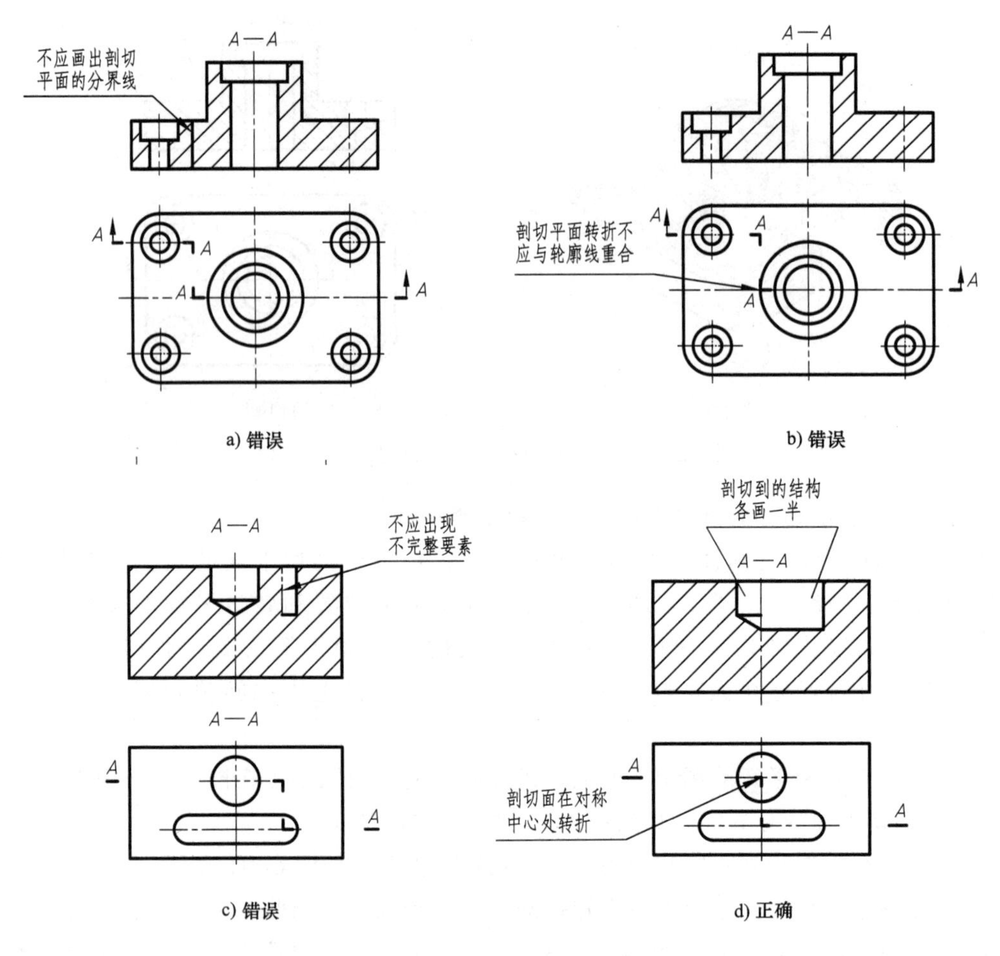

图 6-21 平行的剖切平面获得的剖视图（二）

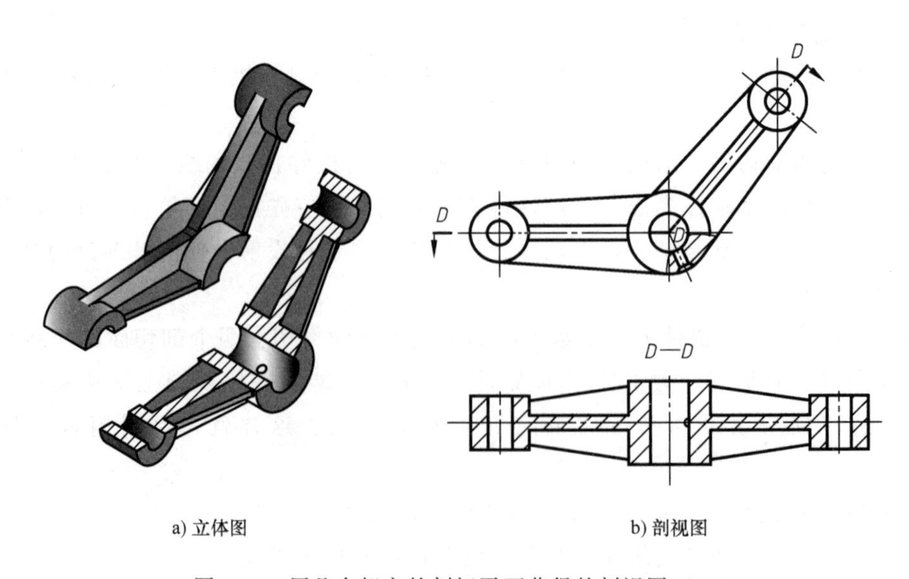

a) 立体图 b) 剖视图

图 6-22 用几个相交的剖切平面获得的剖视图（一）

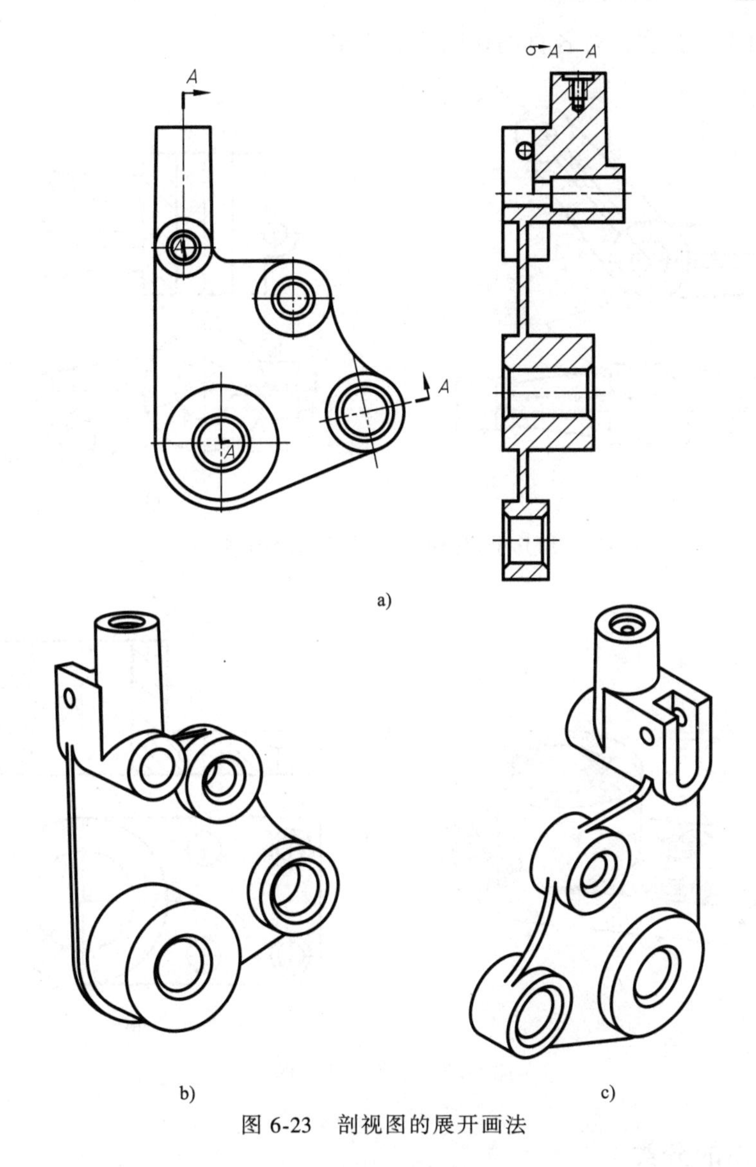

图 6-23　剖视图的展开画法

1）剖视图必须进行标注。用剖切符号标注剖切平面的位置和投射方向，并在剖视图的上方标注出剖视图的名称。

2）位于剖切平面后面的结构应按原来的位置进行绘制，即保持投影对应，如图 6-24a 中的小孔。

3）圆柱与圆柱之间的连接板是肋板，按照国家标准的规定，机件上的肋板如按纵向剖切，这些结构按不剖绘制，用粗实线绘制相邻结构的轮廓线，横向剖切则需要画剖面线，如图 6-24a 所示。

4）当对称中心不在剖切面上的部分经剖切后产生不完整要素时，这部分结构按不剖绘制，如图 6-24b 所示。

4. 剖切面种类的综合应用

对于内部结构比较复杂的机件，可采用组合的方式剖切机件，如图 6-25 所示。这样绘制的剖视图必须进行标注。画图时需要注意几个平行的剖切平面剖切和几个相交的剖切面剖切获得的剖视图需要分别符合各自剖切画法的规定。

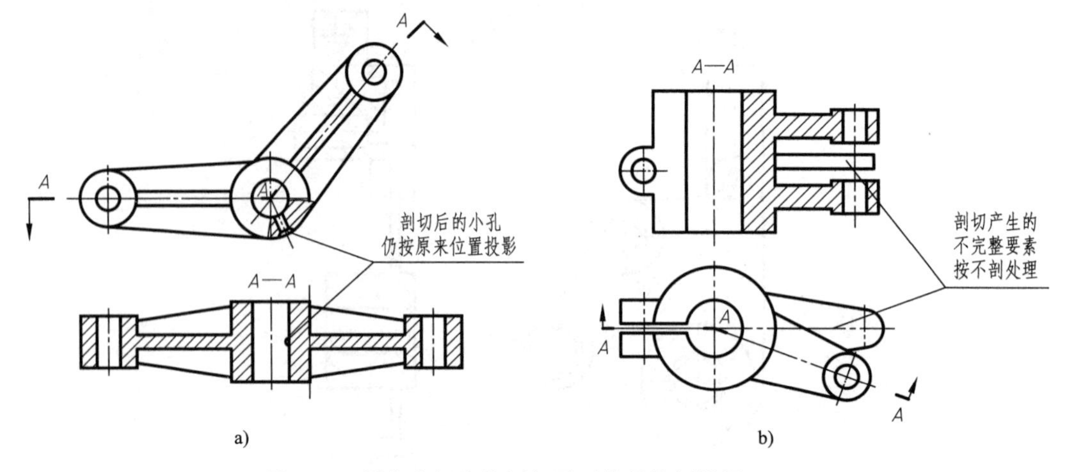

图 6-24　用几个相交的剖切平面获得的剖视图（二）

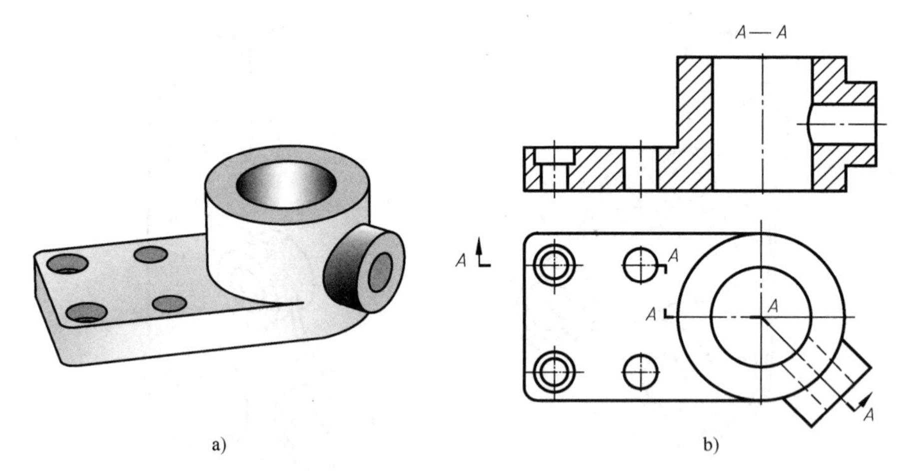

图 6-25　组合剖切剖视图

6.2.3　剖视图的分类

根据剖切面剖开机件的范围不同，剖视图可分为全剖视图、半剖视图和局部剖视图三种。三种剖视图均可采用单一剖切面、几个平行的剖切面、几个相交的剖切面等剖切方法。

1. 全剖视图

用剖切面完全地剖开机件所得到的视图，称为全剖视图，简称全剖。

全剖视图主要用于表达机件的内部结构。全剖视图剖切时可以用一个剖切面剖开机件得到，也可以用几个剖切面剖开机件得到。

图 6-18b 是用一个与基本投影面平行的剖切平面剖切机件得到的全剖视图；图 6-19b 是用与基本投影面不平行的斜剖切平面剖切机件得到的全剖视图；图 6-20b 是用两个互相平行的剖切平面剖切得到的全剖视图；图 6-22d 是用两个相交的剖切平面剖切得到的全剖视图。

图 6-26 所示是一个单一剖切面剖切机件得到的全剖视图，在该机件的剖切中，涉及肋

板的剖切。按照国家标准的规定：机件上的肋板、轮辐及薄壁，如按纵向剖切，这些结构按不剖绘制，即剖面区域上不画剖面线，但需要用相邻结构的轮廓线（粗实线）将这些结构与相邻结构分开。如按横向剖切，这些结构按剖切绘制，即剖面区域上要画剖面线。

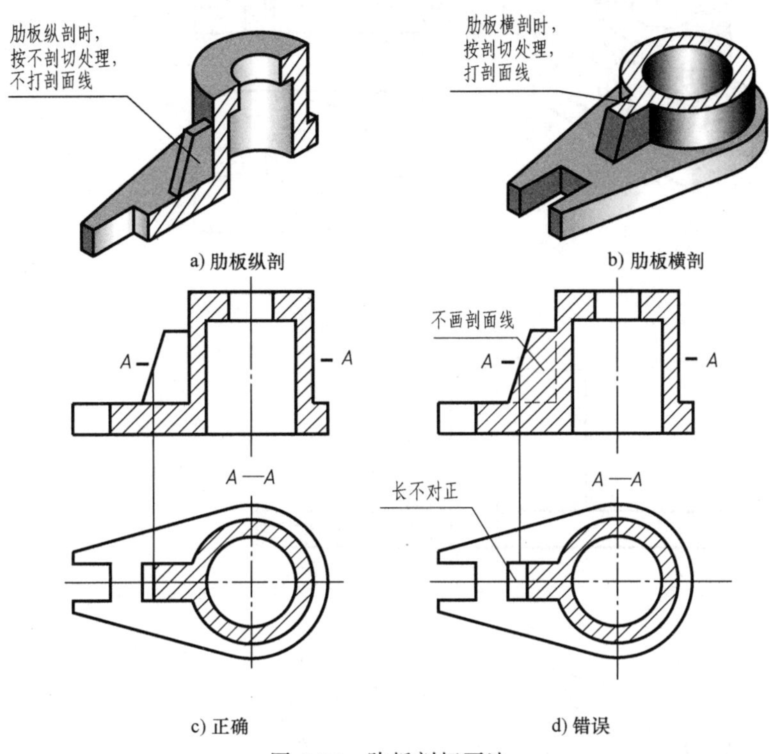

图 6-26　肋板剖切画法

2. 半剖视图

当机件具有对称平面时，在垂直于对称平面的投影面上投影所得到的图形，可以对称中心线为界，一半画成剖视，一半画成视图，这种组合的图形称为半剖视图，简称半剖。

半剖视图主要用于内部结构和外部形状都需要表达且机件对称的情况。

如图 6-27a 所示的机件，在主视图上内外形状都需要表达。如果采用全剖视图，则机件的外形被剖切掉了；如果采用视图，则不能表达机件的内部形状。但这个机件左右对称，因此可以对称中心线为界，左边画成视图，右边画成剖视，两者组合成一个半剖的主视图。这样，在同一个视图上就可以把该机件的内外形状都表达清楚。同样道理，俯视图也可以画成半剖视图。如图 6-27b 所示。

画半剖视图时应注意以下事项：

1）半个视图和半个剖视图之间是以点画线为分界线，不是粗实线，如图 6-27b 所示。

2）由于机件对称，其内部结构已经在剖视图中表达清楚，所以在表达外形的视图中表示内部结构的虚线省略不画，如图 6-27b 所示。

3）当机件的形状接近对称，且不对称部分已有其他视图表达清楚时，也可以画成半剖视图，如图 6-28 所示。

4）在半剖视图中标注尺寸时，尺寸线略超过对称中心线，且仅在尺寸线的一端画出箭头，如图 6-29 所示。

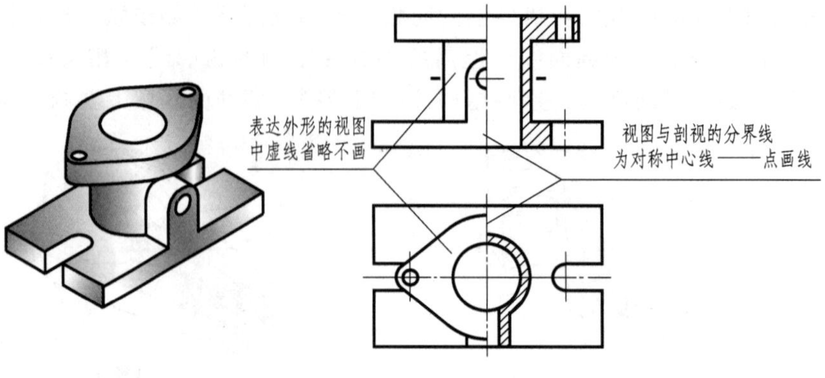

表达外形的视图中虚线省略不画

视图与剖视的分界线为对称中心线——点画线

a)　　b)

图 6-27　半剖视图

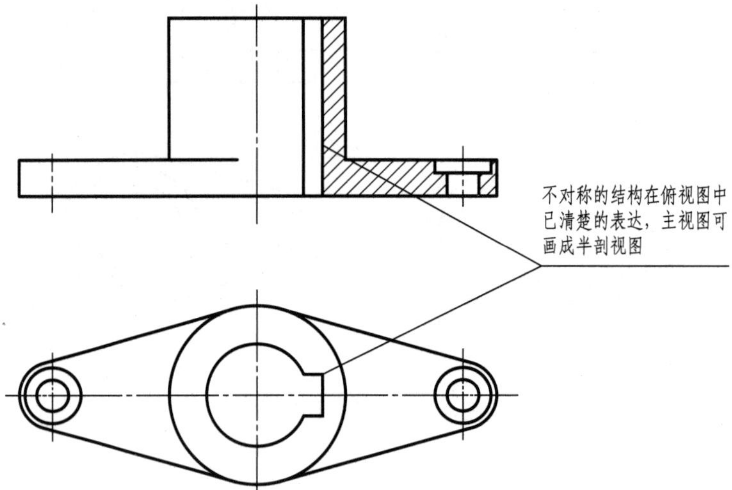

不对称的结构在俯视图中已清楚的表达，主视图可画成半剖视图

图 6-28　基本对称机件的半剖视图

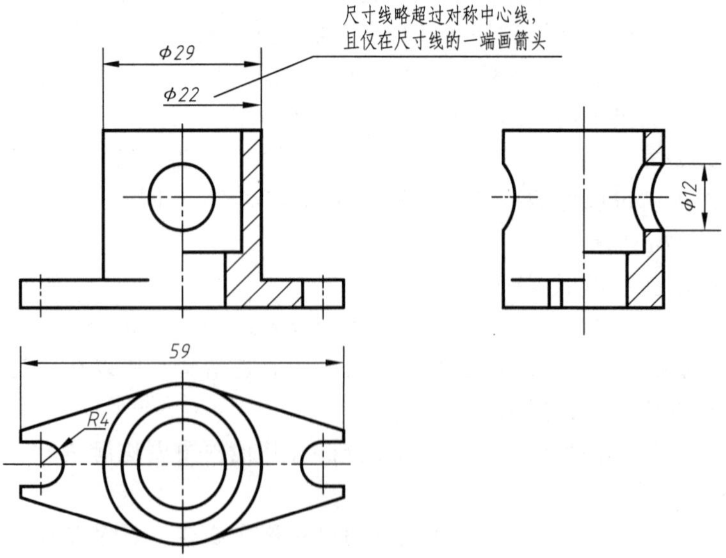

尺寸线略超过对称中心线，且仅在尺寸线的一端画箭头

φ29

φ22

φ12

59

R4

图 6-29　半剖视图的尺寸标注

3. 局部剖视图

用剖切平面局部地剖开机件所得到的剖视图称为局部剖视图，简称局部剖。如图 6-30 所示。

局部剖视图主要用于内部结构和外部形状都需要表达、机件又不对称的情况。

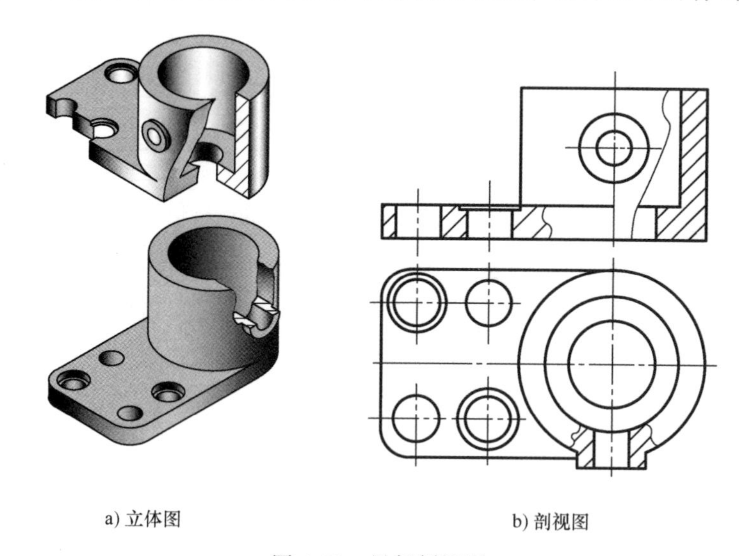

a) 立体图　　b) 剖视图

图 6-30　局部剖视图

画局部剖视图时应注意：

1）局部剖视图一般用波浪线将未剖开的视图部分与局部剖部分分开。波浪线可以看作是机件断裂处的轮廓线。因此，波浪线不能超出机件的轮廓线，若遇槽、孔等空腔时波浪线不能穿过中空处，也不能与其他图线重合，必须单独画出。正确画法如图 6-31、图 6-32 所示。

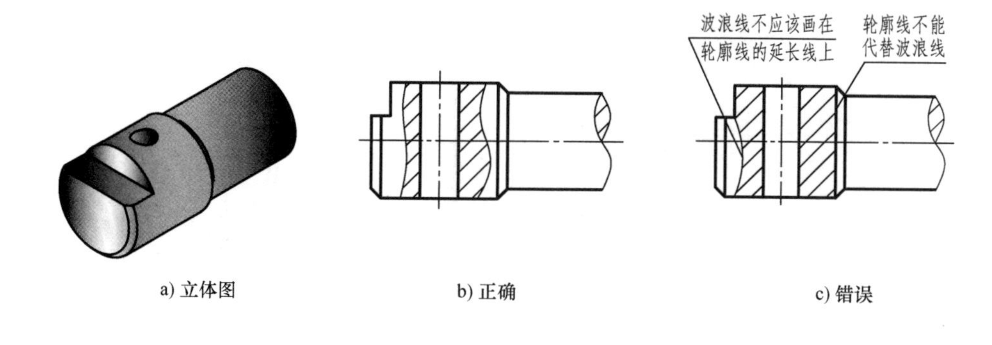

a) 立体图　　b) 正确　　c) 错误

图 6-31　局部剖视图中波浪线的画法（一）

2）当被剖结构为回转体时，允许将该回转体的轴线作为局部剖视与视图的分界线，如图 6-33 所示主视图右端的圆筒结构用轴线作为局部剖视与视图的分界线。

3）剖切位置明显的局部剖视图一般情况省略标注。

4）若对称中心线与图中的粗实线重合，这样的机件不宜采用半剖，宜采用局部剖视图。如图 6-34 所示。

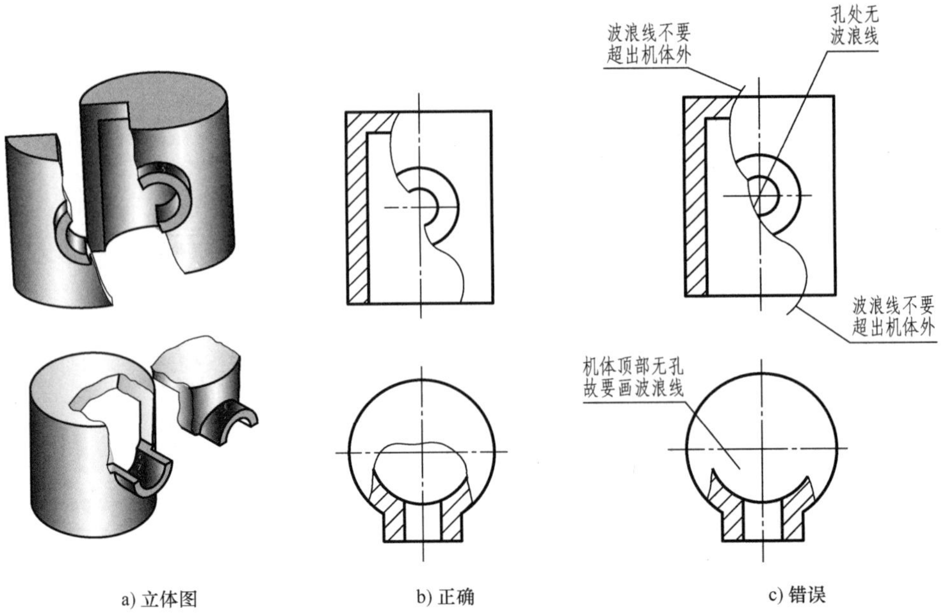

波浪线不要超出机体外

孔处无波浪线

波浪线不要超出机体外

机体顶部无孔故要画波浪线

a) 立体图　　b) 正确　　c) 错误

图 6-32　局部剖视图中波浪线的画法（二）

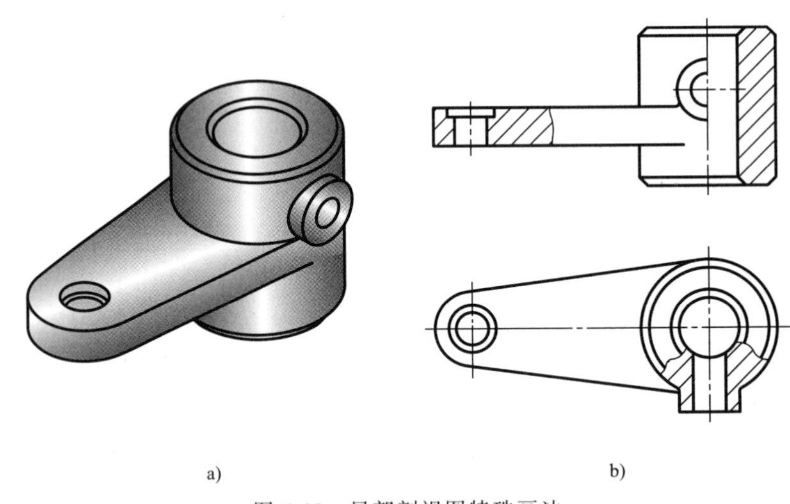

a)　　b)

图 6-33　局部剖视图特殊画法

6.2.4　剖切位置与剖视图的标注

为了便于看图，剖视图一般应标注。但在某些情况下，可以省略标注。

剖视图的标注要点如下：

1）一般应在剖视图的上方用大写的拉丁字母标注出视图的名称“×—×”，在相应的视图上用剖切符号表示剖切位置（用短粗线表示）和投影方向（用箭头表示），并在剖切符号

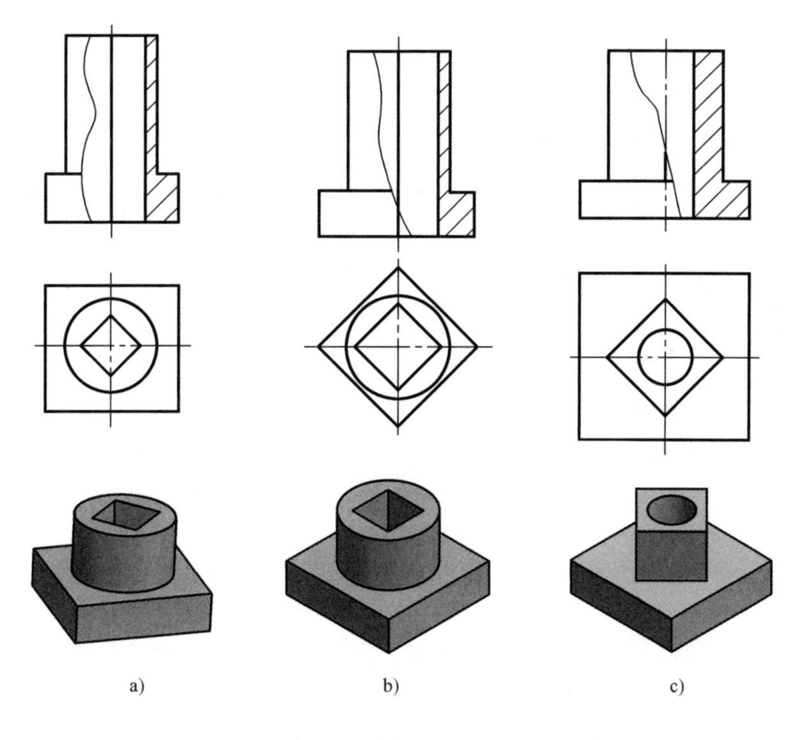

a)　　b)　　c)

图 6-34　采用局部剖视图表达的对称零件

旁标注与剖视图名称相同的大写拉丁字母“×”，如图 6-35a 所示。

2）剖切符号、剖切线和字母的组合标注如图 6-35b 所示。剖切符号之间的剖切线可省略不画，如图 6-35c 所示。

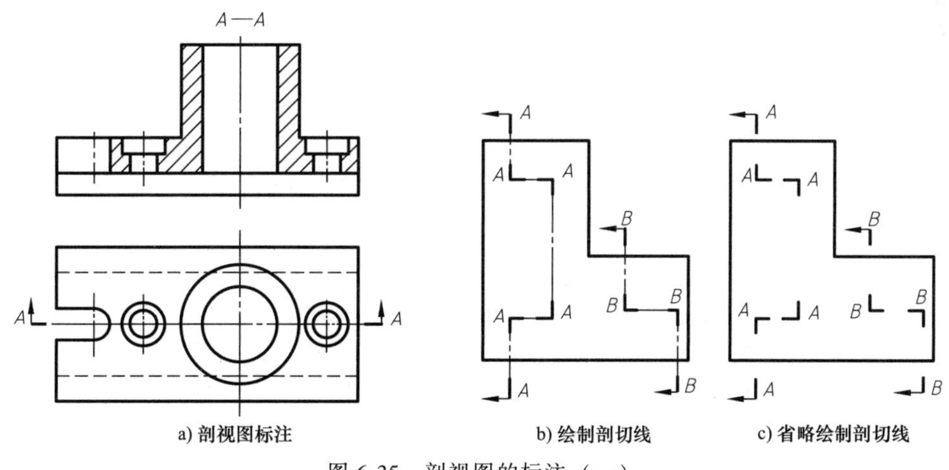

a) 剖视图标注　　b) 绘制剖切线　　c) 省略绘制剖切线

图 6-35　剖视图的标注（一）

3）当剖视图按投影关系配置，且中间没有其他图形隔开时，可省略箭头，如图 6-36a 所示。

当单一剖切面通过机件的对称面或基本对称面剖切，且剖视图按投影关系配置，中间没有其他图形隔开时，不必标注，如图 6-36b 所示。

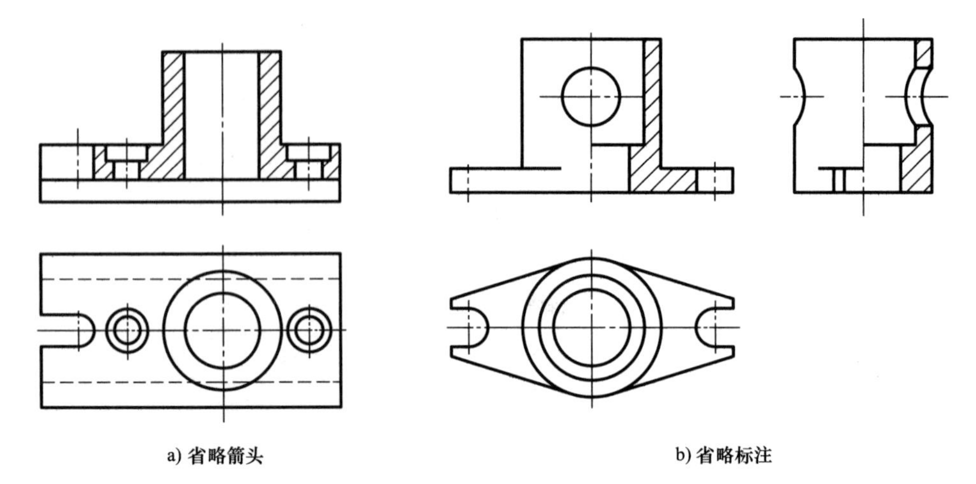

a) 省略箭头　　b) 省略标注

图 6-36　剖视图的标注（二）

4）当局部剖视图位置明显时，不必标注，如图 6-30b 所示。

采用几个平行的剖切面、几个相交的剖切面剖切时，剖切符号的转折处应标注相同的字母，当转折处的地方有限，又不致引起误解时，允许省略字母，如图 6-22b 所示。

6.3　断面图

6.3.1　断面图的概念

假想用剖切平面将机件的某处切断，仅画出断面的图形，称为断面图，简称断面。如图 6-37 所示。

断面图主要用来表达机件上的肋板、轮辐、键槽、小孔、型材等的断面形状。

断面图与剖视图的区别在于：断面图仅画出断面的形状，而剖视图除画出断面的投影外，还要画出剖切平面后面的结构投影。

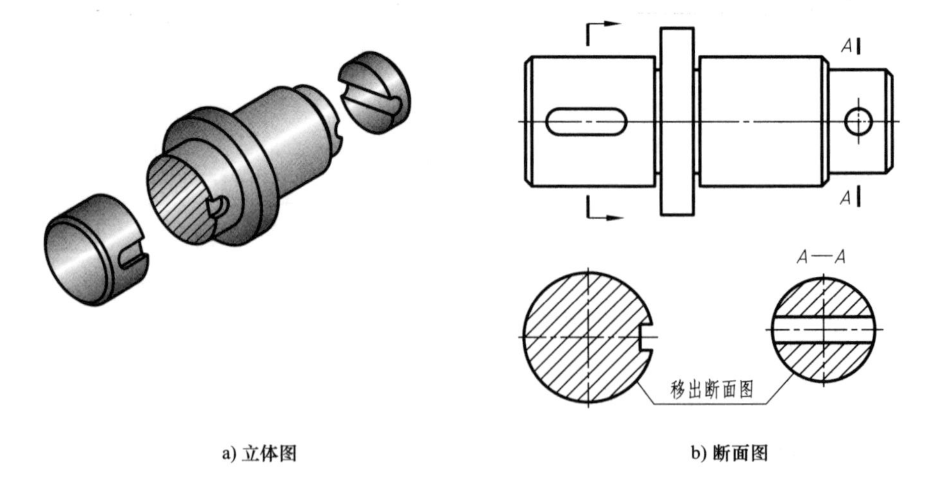

a) 立体图　　b) 断面图

图 6-37　断面图

6.3.2 断面图的分类

根据断面图在图中配置的位置不同，可将断面图分为移出断面和重合断面两种。

画在视图外面的断面称为移出断面。移出断面的轮廓线用粗实线绘制。如图 6-37b 所示。

画在视图内部的断面称为重合断面。重合断面的轮廓线用细实线绘制。如图 6-38 所示。

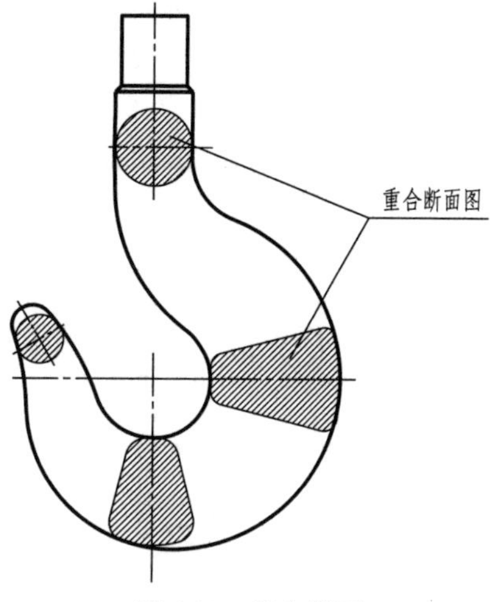

图 6-38 重合断面

1. 移出断面

画移出断面图时应注意：

1）为了看图方便，移出断面应尽量配置在剖切符号的延长线上，如图 6-39a、b 所示。

2）移出断面图也可以配置在其他适当的位置，此时须标注，如图 6-37b、图 6-39c 所示。

3）移出断面图的图形对称时也可画在视图的中断处，如图 6-40a 所示。

4）当剖切平面通过由回转面形成的孔和凹坑的轴线时，断面图中的这些结构按剖视绘制，如图 6-40b、c 所示。

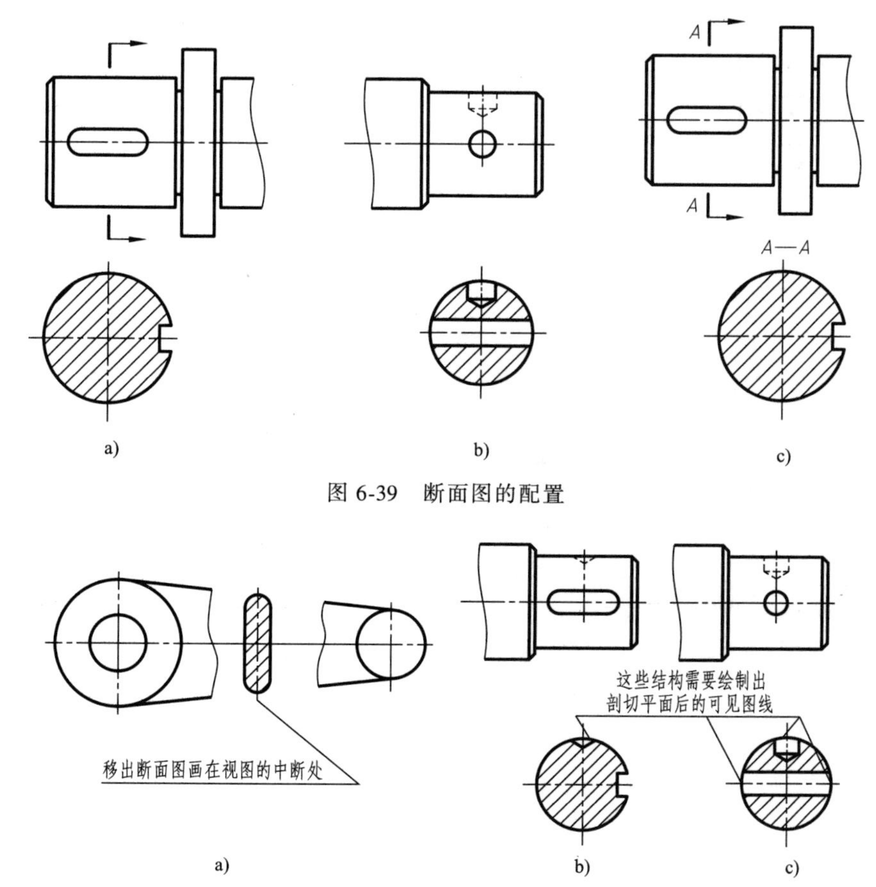

图 6-39 断面图的配置

图 6-40 断面图（一）

5）当剖切平面通过非圆孔，会导致出现完全分离的两个剖面时，则这些结构应按剖视图绘制。在不致引起误解时，允许将图形旋转摆正，在视图上方标注出旋转符号。如图 6-41a 所示。

6）由两个或多个相交的剖切平面剖开机件得出的移出断面，中间一般用波浪线断开，如图 6-41b 所示。

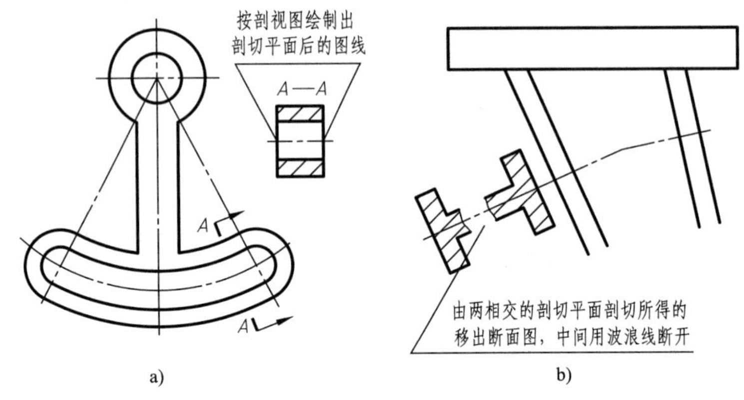

图 6-41　断面图（二）

7）为便于看图，逐次剖切的多个断面图可按图 6-42 的形式配置。

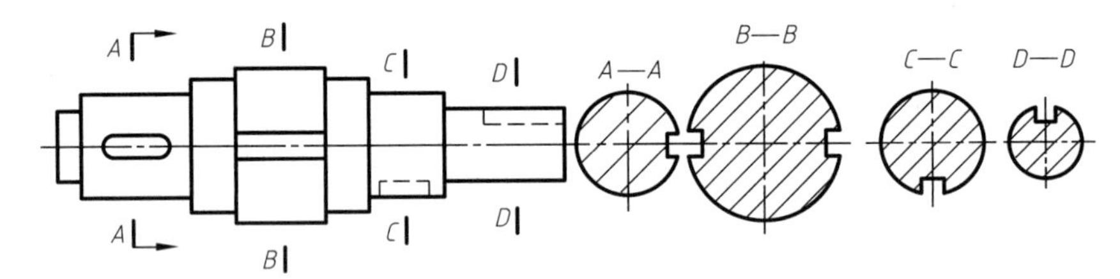

a)

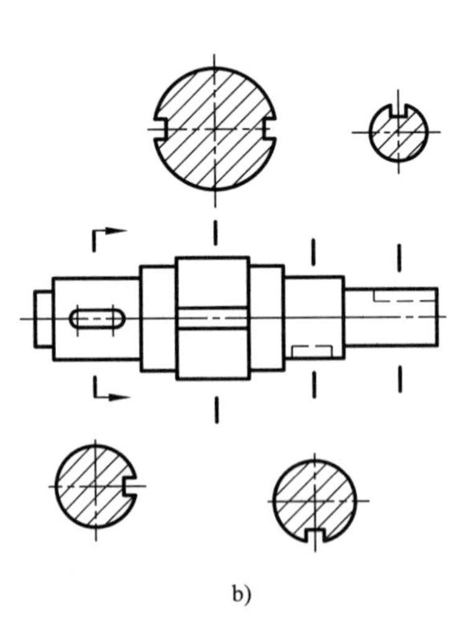

b)

图 6-42　断面图（三）

2. 重合断面

重合断面的图形应画在视图之内，为避免与视图中的图线混淆，重合断面的轮廓线规定用细实线画出。如图 6-38 所示。

当视图中的轮廓线与重合断面图的轮廓线重叠时，如图 6-43a 所示，视图中的轮廓线仍应完整画出，不能间断，如图 6-43b 所示。

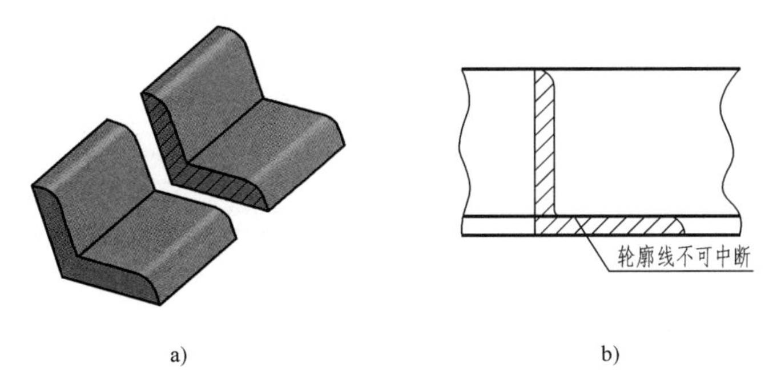

a)　　b)

图 6-43　重合断面图

6.3.3　断面图的标注

断面图一般情况下也要标注，标注的要点如下：

1）移出断面图一般应用大写的拉丁字母标注断面图的名称 “×—×”，在相应的视图上用剖切符号表示剖切位置和投影方向，并注上相同的字母，如图 6-39c 所示。

2）配置在剖切符号延长线上的不对称移出断面，要画出剖切符号和箭头，可以省略字母，如图 6-39a 所示。

3）按投影关系，配置的不对称移出断面图，可省略箭头，如图 6-42a 中的 *A—A* 断面图。

4）不配置在剖切符号延长线上的对称移出断面，可省略箭头，如图 6-42a 所示 *B—B*、*C—C*、*D—D* 移出断面图。

5）配置在剖切线上的对称移出断面，不必标字母和剖切符号，如图 6-40c 所示。

6）不对称的重合断面，可以省略标注，如图 6-43b 所示。

7）对称的重合断面及配置在视图中断处的对称移出断面，不必标注，如图 6-38 和图 6-40a 所示。

6.4　规定画法和简化画法

为便于绘图和看图，在保证不致引起误解的前提下，可采用国家标准规定的简化画法和其他的规定画法。

6.4.1　局部放大图

将机件的部分结构，用大于原图形所采用的比例画出的图形，称为局部放大图。

局部放大图主要用于表达机件上一些细小的结构，可以使细小结构表达清晰，同时又便于标注尺寸，如图 6-44 所示。局部放大图应尽量配置在被放大部位的附近。

1. 表达方法

局部放大图的表达方法不受原图表达方法的限制，局部放大图可画成视图、剖视图、断面图，它与被放大部分的表达方式无关。如图 6-44b 所示，主视图中需放大的局部采用视图表达，而局部放大图则采用的是剖视图的表达方式。

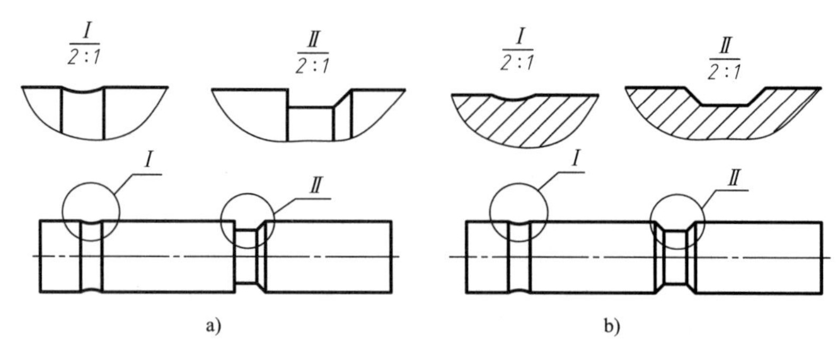

图 6-44　局部放大图

2. 局部放大图所采用的比例

局部放大图上标注的比例仍然是图形与其实物相应要素的线性尺寸之比，与原图所采用的比例无关。例如，图 6-45a 中原图比例采用 1：1 比例绘制，则按 2：1 的比例绘制的局部放大图比原图约大 2 倍；图 6-45b 中原图采用 1：2 比例绘制，则按 2：1 的比例绘制的局部放大图比原图放大 4 倍。

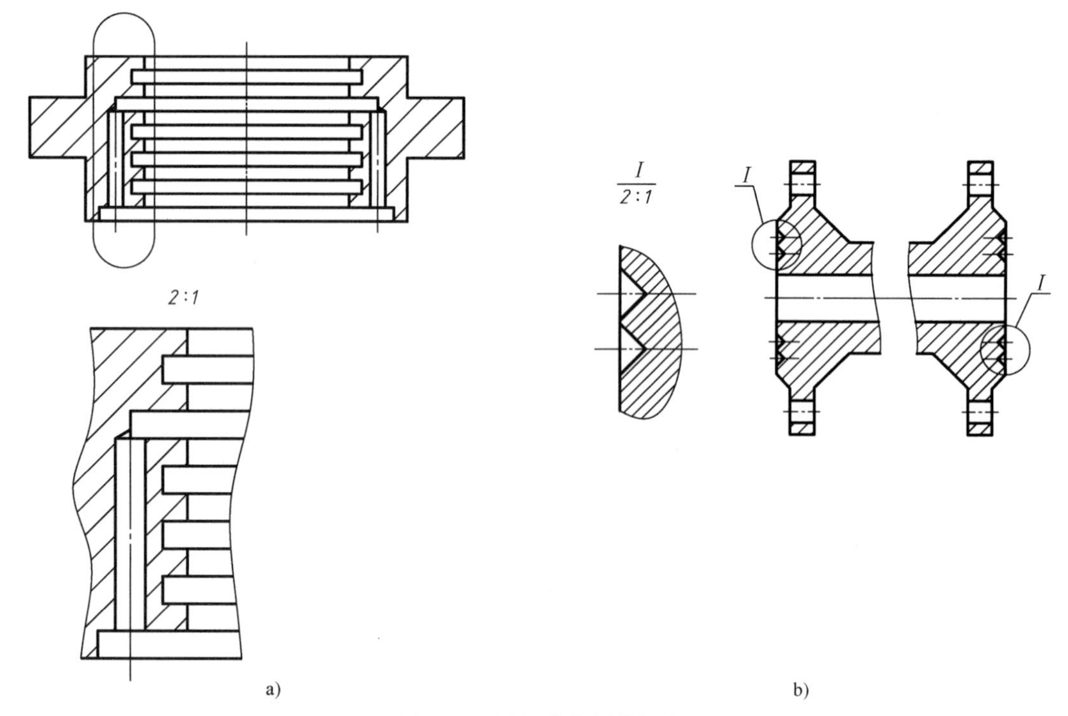

图 6-45　局部放大图的标注

3. 局部放大图的标注

应用细实线圆或长圆圈出被放大的部位，当同一机件上有几个被放大部位时，要用罗马数字依次标明被放大的部位，并在局部放大图的上方标注出相应的罗马数字和采用的比例，如图 6-44a 所示。当机件上被放大的部位仅有一个时，不需编号，只需要在局部放大图的上方注明所采用的比例即可，如图 6-45a 所示。

同一机件上不同部位的局部放大图，当图形相同或对称时，只需画出一个，如图6-45b所示。

6.4.2 常用的规定画法和简化画法

1. 机件的肋、轮辐及薄壁

对于机件的肋、轮辐及薄壁等，如按纵向剖切（即剖切平面通过它们厚度的对称面），这些结构均不画剖面符号，而用粗实线将它与其邻接部分分开，如图6-46左视图所示。但当剖切平面按横向剖切时，则仍应画出剖面符号，如图6-46俯视图所示。

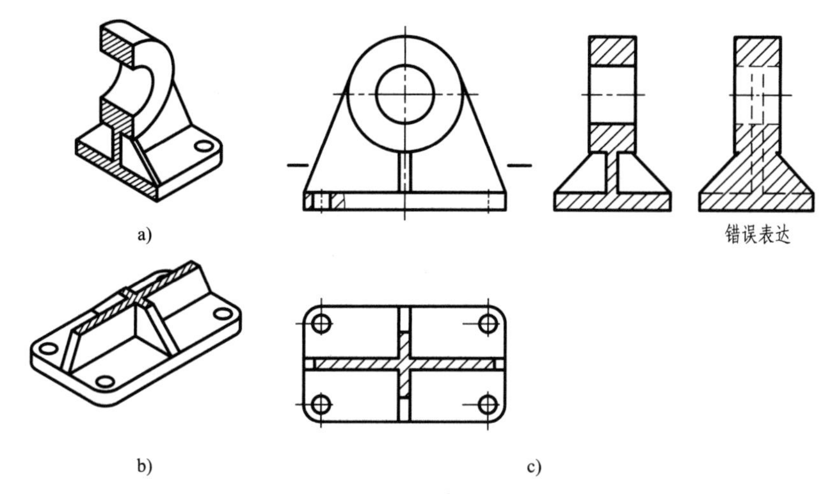

图6-46 剖视图上肋板的简化画法

当机件回转体上均匀分布的肋、轮辐、孔等结构不处于剖切平面上时，可假设将这些结构旋转到剖切平面上画出，如图6-47a、b所示，不需任何标注。

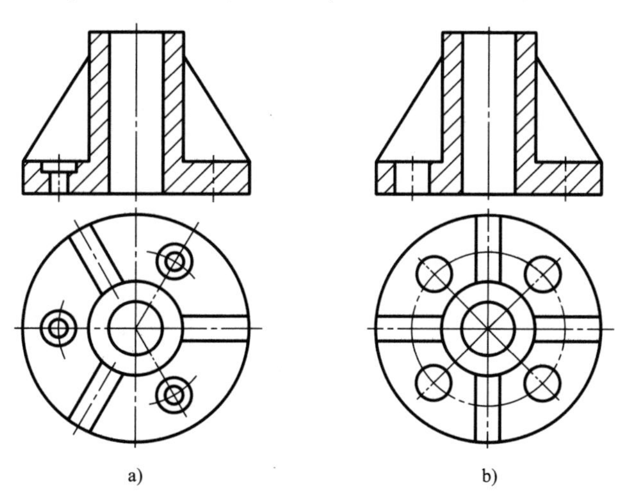

图6-47 简化画法

2. 重复结构要素的简化画法

1）当机件具有若干个相同结构（如孔、槽等）并按一定规律分布时，可以只画出其中一个或几个完整的结构，并反映其分布情况，在图中则必须注明该结构的数量和类型，如图6-48所示。

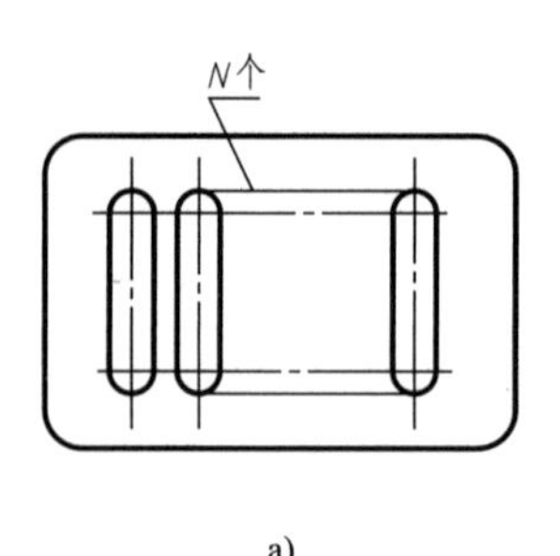

a)

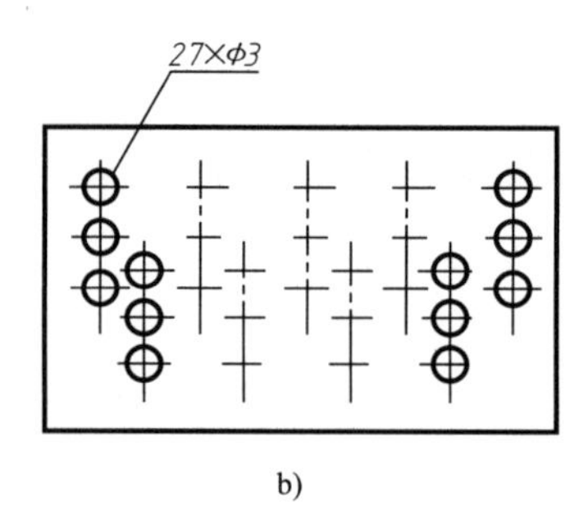

b)

图 6-48　重复结构的简化画法（一）

2）对称的重复结构用细点画线表示各对称结构要素的位置，如图 6-49a 所示。不对称的重复结构则用相连的细实线代替，如图 6-49b 所示。

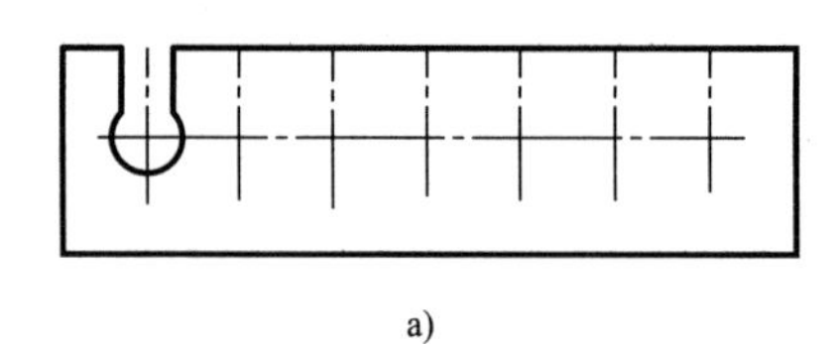

a)

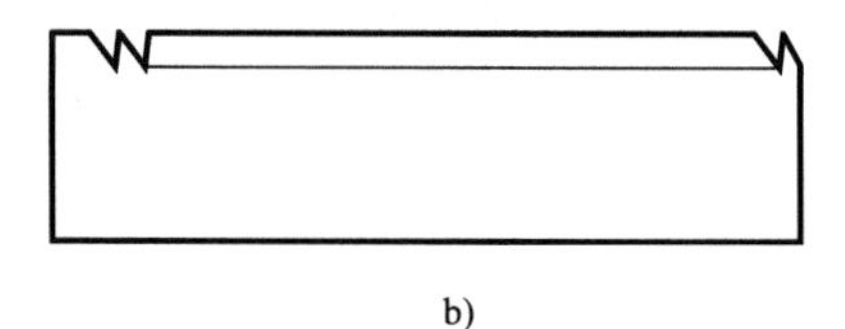

b)

图 6-49　重复结构的简化画法（二）

3. 按圆周分布的孔的简化画法

圆柱形法兰均匀分布的孔，可按图 6-50 所示的方法表示。孔的分布图由机件外向该法兰断面方向进行投射而得。

4. 对称机件的简化画法

不致引起误解时，对称机件的视图可只画一半或四分之一，并在对称中心线两端、轮廓线外侧画两条与对称中心线垂直的平行细实线短线。基本对称的机件可按照对称机件的方式绘制，但应对其中不对称的部分加以说明，如图 6-51 所示。

5. 网状结构的画法

滚花、槽沟等网状结构应用粗实线完全或部分表示出来，如图 6-52 所示。

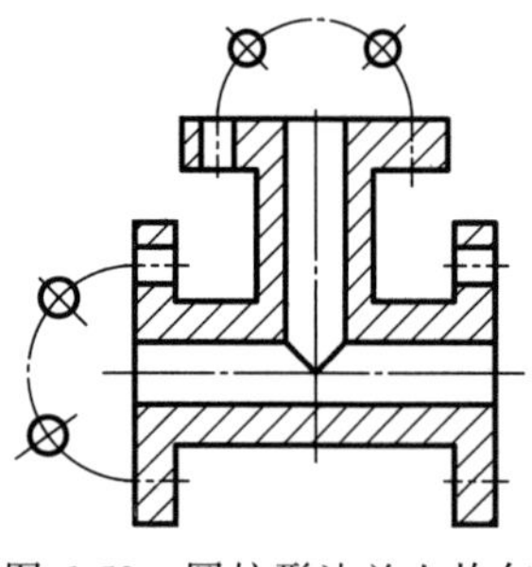

图 6-50　圆柱形法兰上均匀分布的孔的简化画法

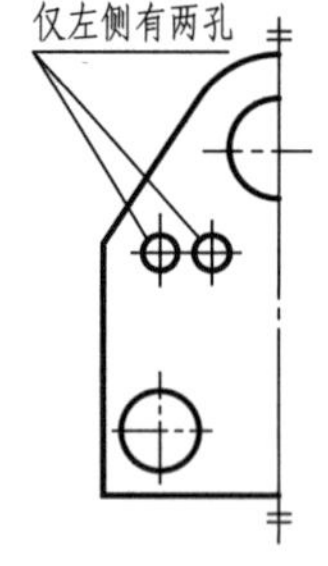

图 6-51　基本对称结构的简化画法

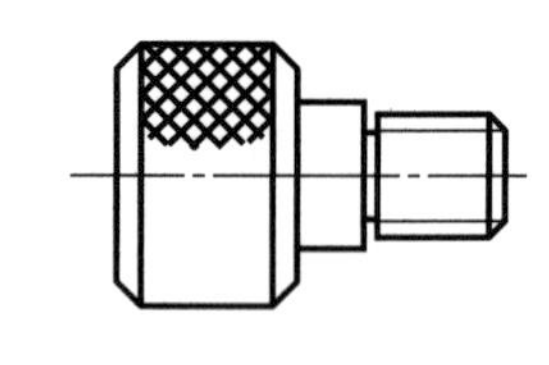

图 6-52　网状结构的画法

6. 断裂画法

较长的机件（轴、杆、型材、连杆等）沿长度方向的形状一致（如图 6-53a 所示）或按一定规律变化时（如图 6-53b 所示），可断开绘制，其断裂边界用波浪线绘制，但必须按原来的实际长度标注尺寸。

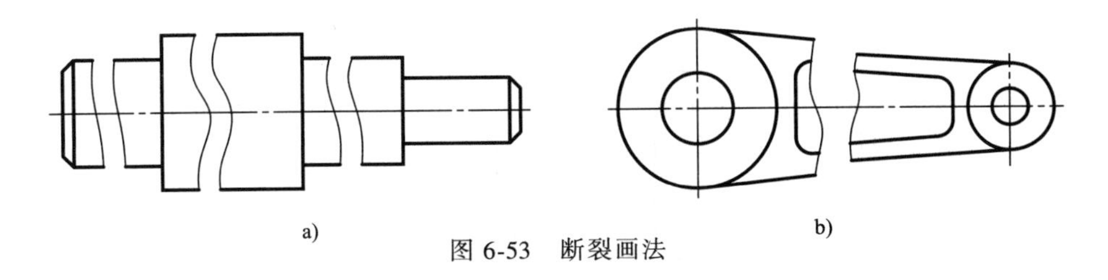

图 6-53　断裂画法

6.5　机件上的螺纹结构的表达方法

螺纹是机件上的一种常见结构，可用于各种机械连接、传递运动和动力。用于连接零件的螺纹称为连接螺纹，如螺栓、螺母上的螺纹；用于传递动力和改变运动的螺纹称为传动螺纹，如机床的传动丝杠上的螺纹。国家标准对螺纹的画法进行了规定，而不按其真实投影绘制。

螺纹是指在圆柱或圆锥表面上，沿螺旋线所形成的，具有规定牙型的连续凸起和沟槽。在回转体外表面上形成的螺纹，称为外螺纹；在回转体内表面上形成的螺纹，称为内螺纹。内外螺纹成对使用。

车削加工是常用的螺纹加工方法，图 6-54 所示为车削加工外螺纹和内螺纹的示意图。对于直径较小的螺纹孔，车削加工不方便，应先用钻头加工出光孔，再用丝锥攻丝，加工出内螺纹，如图 6-55 所示。

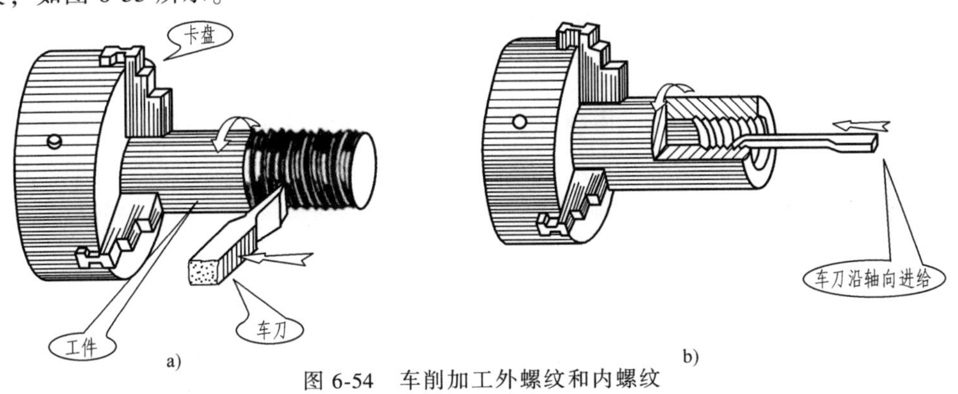

图 6-54　车削加工外螺纹和内螺纹

6.5.1　螺纹的要素

螺纹的结构和尺寸是由牙型、大径和小径、螺距和导程、线数、旋向等要素确定。国家标准规定的螺纹要素如下：

1. 牙型

在通过螺纹轴线的剖面上螺纹的轮廓形状，称为螺纹牙型。有三角形、梯形、锯齿形和矩形等，如图 6-56 所示。不同的牙型有不同的用途，如三角形螺纹一般用来连接，矩形螺纹用来传动等。

2. 直径

螺纹直径包括大径（d,D）、小径（d_1，D_1）、中径（d_2，D_2），外螺纹直径用小写字母表示，内螺纹直径用大写字母表示。

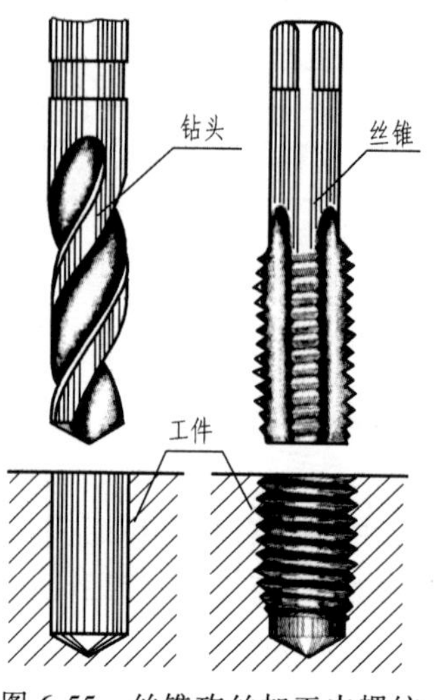

图 6-55 丝锥攻丝加工内螺纹

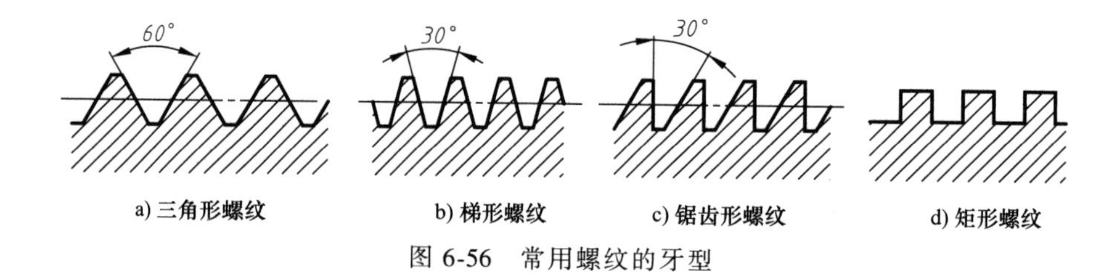

图 6-56 常用螺纹的牙型

螺纹大径指与外螺纹的牙顶或内螺纹的牙底相重合的假想圆柱面的直径。螺纹大径是代表螺纹尺寸的直径，是螺纹的公称直径。螺纹小径指与外螺纹的牙底或内螺纹的牙顶相重合的假想圆柱面的直径。螺纹中径是指母线通过牙型上凸起和沟槽宽度相等处的一个假想圆柱面的直径，如图 6-57 所示。

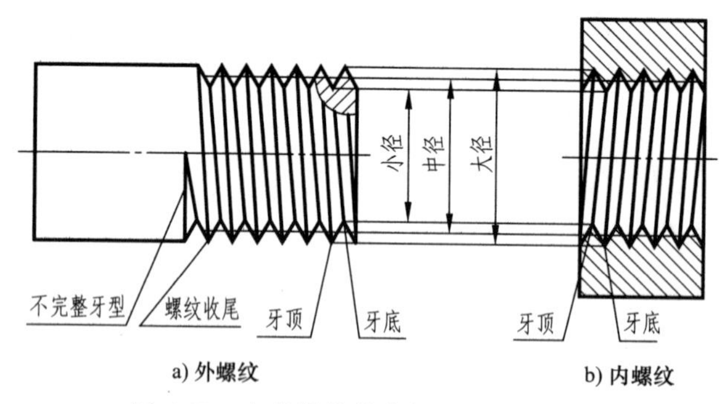

图 6-57 内外螺纹的大径、小径和中径

3. 线数

螺纹线数用 n 表示，有单线和多线之分：沿着一条螺旋线形成的螺纹称为单线螺纹；沿着两条或两条以上，在轴向等距分布的螺旋线形成的螺纹称为多线螺纹，如图 6-58 所示。

4. 螺距和导程

螺纹中径线上相邻两牙对应点之间的轴向距离称为螺距，用 P 表示。同一条螺旋线上相邻两牙在中径线上对应点之间的轴向距离称为导程，用 P_h 表示（图 6-58）。螺距 P 和导程 P_h 之间的关系：$P_h = n \cdot P$，其中 n 为螺纹线数。

5. 旋向

在操作时顺时针旋转能够拧紧的螺纹称为右旋螺纹，反之称为左旋螺纹。如图 6-59 所示。

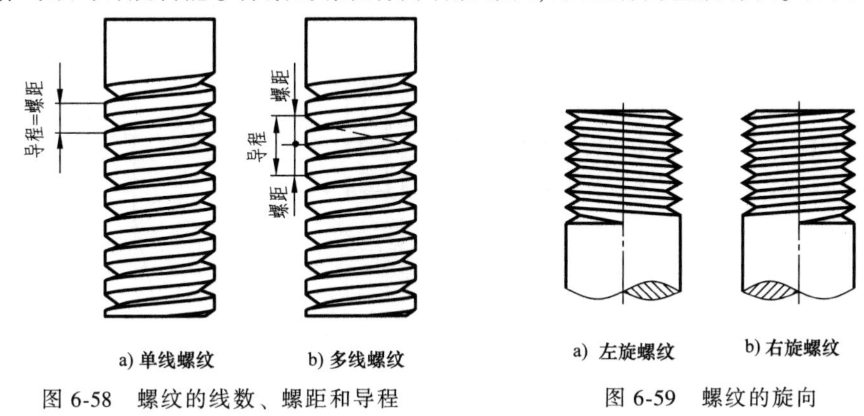

图 6-58 螺纹的线数、螺距和导程　　图 6-59 螺纹的旋向

只有上述五个要素都完全一致的内、外螺纹才能旋合到一起。为了便于设计和加工，国家标准对螺纹诸多要素中的牙型、大径和螺距都做了规定，凡是这三要素都符合国标的称为标准螺纹；而牙型符合国标、大径和螺距不符合国标的称为特殊螺纹；牙型不符合国标的称为非标准螺纹。

6.5.2 螺纹的规定画法

螺纹的真实投影很复杂，为了作图方便，国家标准（GB/T 4459.1—1995）规定螺纹在工程图样中采用规定画法。

1. 外螺纹的规定画法

不论螺纹牙型如何，外螺纹的大径用粗实线绘制，小径用细实线绘制，螺纹终止线用粗实线绘制，国家标准中规定了不同规格螺纹的螺纹大小径数值，但在画图时通常将小径画成大径的 0.85 倍。若螺杆存在倒角，在非圆的投影视图上，要画出螺杆的倒角或圆角的投影，将细实线要画入倒角或圆角内；在投影为圆的视图上，小径用细实线画 3/4 圈圆（不画的 1/4 圈位置任意），倒角的投影省略不画，如图 6-60 所示。

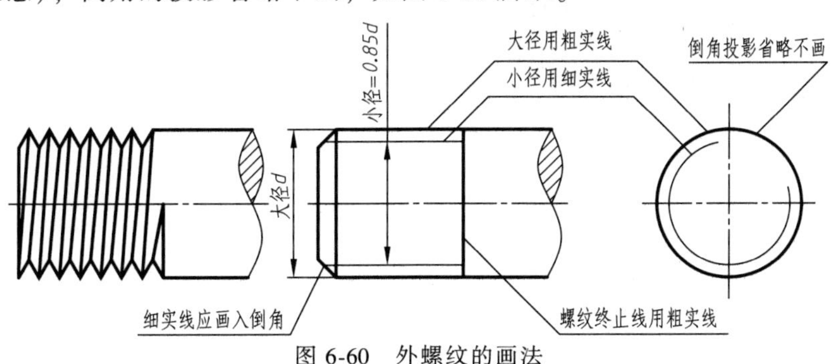

图 6-60 外螺纹的画法

2. 内螺纹的规定画法

不论螺纹牙型如何，内螺纹沿轴线剖开时，大径用细实线绘制，小径用粗实线绘制，螺

纹终止线用粗实线绘制。投影为非圆的视图中，倒角的投影要画出，剖面线要画入到表示小径的粗实线处；螺纹孔为盲孔时，钻孔末端有一个角度为120°的锥坑。在投影为圆的视图中，表示大径的细实线画3/4圈圆，倒角的投影省略不画，如图6-61所示。

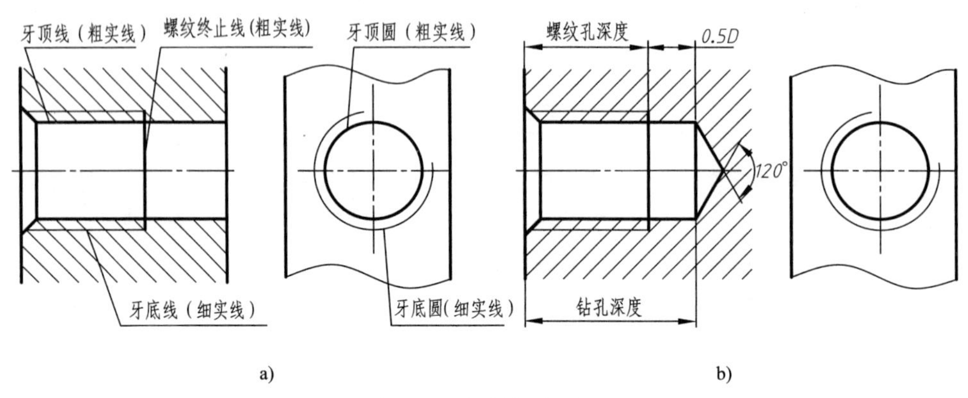

图6-61　内螺纹的画法

3. 螺纹连接的规定画法

内外螺纹的所有要素都一致时可以旋合到一起。在剖视图中表示螺纹旋合时，旋合部分按外螺纹画，其余的部分按各自的画法绘制。外螺纹的大径（粗实线）应与内螺纹的大径（细实线）对齐，外螺纹的小径（细实线）应与内螺纹的小径（粗实线）对齐，外螺纹的旋入端距离内螺纹的底端保留约0.5倍螺纹大径的距离，如图6-62所示。

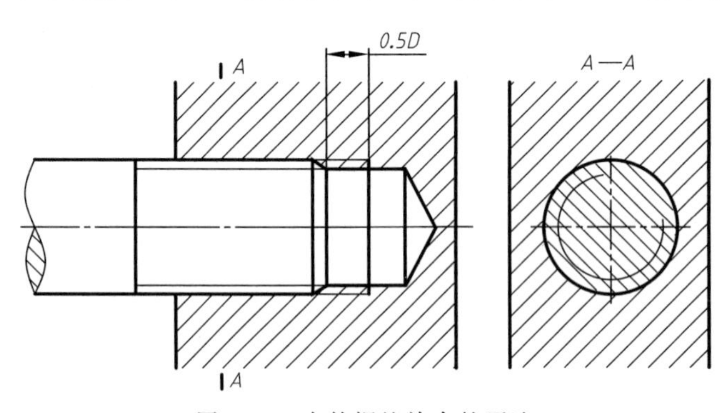

图6-62　内外螺纹旋合的画法

6.5.3　常用螺纹的种类和标注

1. 常用螺纹的分类

螺纹按牙型分为普通螺纹、梯形螺纹和锯齿形螺纹等；螺纹按用途分为连接螺纹和传动螺纹，前者起连接作用，后者用于传递力和运动。常用螺纹分类如图6-63所示。

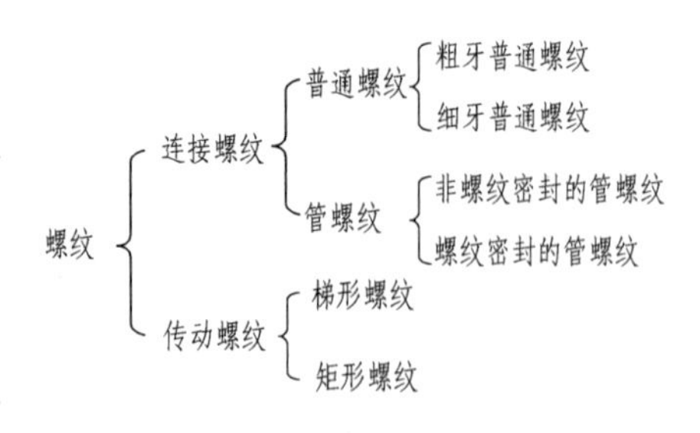

图6-63　常用螺纹的分类

2. 常用螺纹的标注

在螺纹的规定画法中，只能反映螺纹的大径和小径，并不能反映出螺纹的牙型、螺距、线数、旋向等要素，因此，需要通过螺纹标记反映。不同类型的螺纹有不同的规定代号，常用标准螺纹的规定代号列于表 6-3 中。

表 6-3 常用标准螺纹规定代号

螺纹类别	规定代号	国家标准
普通螺纹	M	GB/T 197—2018
梯形螺纹	Tr	GB/T 5796.1—2005
锯齿形螺纹	B	GB/T 13576.4—2008
55°非密封管螺纹	G	GB/T 7307—2001

螺纹的标记内容及格式如下：

(1) 普通螺纹的规定标注　普通螺纹的牙型为三角形，其螺纹代号为 M，完整标记格式是：

螺纹特征代号尺寸代号-螺纹公差带代号-螺纹旋合长度代号-旋向代号

其中尺寸代号为：公称直径×P_h（导程）P（螺距）。普通螺纹标注示例见表 6-4。

标记格式的说明：

1）若为单线螺纹，尺寸代号为“公称直径×P（螺距）”；若是粗牙螺纹，不必标注螺距。

2）螺纹公差带代号包括螺纹中径和顶径的公差带代号，当中径和顶径的公差带代号相同时，只需写一次。

3）螺纹旋合长度分为长、中、短三个等级，分别用字母 L、N、S 表示，当螺纹旋合长度为中等级时，不必注写。

4）左旋螺纹的旋向代号为 LH，右旋螺纹不必注写旋向代号。

表 6-4 普通螺纹标注示例

标记示例	标注示例	标记说明
M10-7H-L	M10−7H−L	普通粗牙内螺纹，单线、螺纹大径为 10，中、顶径公差带代号同为 7H，旋合长度为长，右旋
M10×1.25-6g	M10×1.25	普通细牙外螺纹，单线、螺纹大径为 10，螺距为 1.25，中、顶径公差带代号同为 6g，旋合长度为中，右旋
M16×Ph3P1.5-5g6g-S-LH	M16×Ph3P1.5−5g6g−S−LH	普通细牙外螺纹，双线、螺纹大径为 16，导程 3，螺距 1.5，中、顶径公差带代号分别为 5g 和 6g，旋合长度为短，左旋

(2) 梯形螺纹和锯齿形螺纹的规定标注　梯形螺纹和锯齿形螺纹的完整标记格式是：

螺纹特征代号　尺寸代号-旋向-螺纹公差带代号-螺纹旋合长度代号

其中尺寸代号为：公称直径×导程（P 螺距），旋向代号、螺纹公差带代号和旋合长度代号的注写与普通螺纹相同。见表 6-5。

表 6-5　梯形螺纹和锯齿形螺纹标注示例

标记示例	标注示例	标记说明
Tr40×14(P7) LH	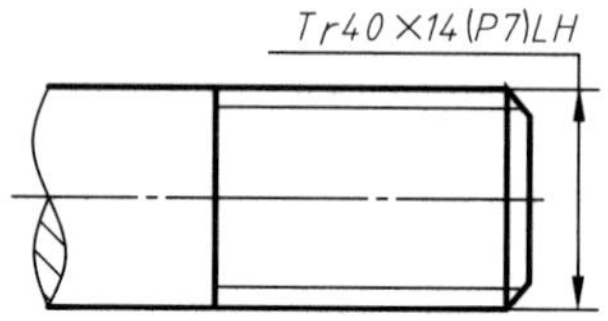 Tr40×14(P7)LH	梯形外螺纹，公称直径为 40，导程 14，螺距 7，双线，旋合长度为中，左旋
B40×7	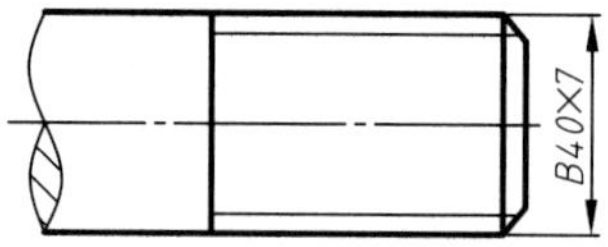 B40×7	锯齿形外螺纹，公称直径为 40，螺距为 7，单线，旋合长度为中，右旋

(3) 管螺纹的规定标注　非螺纹密封管螺纹的规定标记包括螺纹代号和尺寸代号两项，外管螺纹加注公差等级代号。管螺纹的尺寸代号是一个无单位的数字，其数值大小与管螺纹的孔径有关。GB/T 7307—2001 中列出了 55°非密封管螺纹的尺寸代号与螺纹尺寸之间的关系。管螺纹的标注采用引出线标注法，引出线一端指向螺纹大径，见表 6-6。

表 6-6　55°非密封管螺纹标注示例

标记示例	标注示例	标记说明
G 3/4A	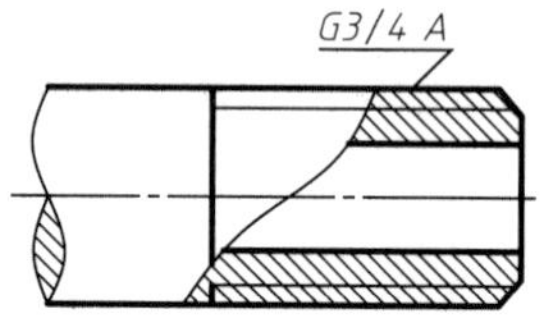 G3/4 A	55°非密封管螺纹，尺寸代号为 3/4，公差等级为 A 级

6.6　机件表达综合举例

前面介绍了视图、剖视图、断面图以及其他画法等各种表达方法。由于机件的形状是错综复杂、多种多样的，因此，在实际应用中，要将一个机件表达清楚，需要根据机件的具体结构形状和特点，综合分析，灵活运用，选择恰当的表达方法。

表达方法的选用原则是：在正确、完整、清晰地表达机件各部分结构形状的前提下，力求图形数量少、绘图简单、看图方便。

同一个机件，可以有几种表达方案，要做到恰当地利用前面所学的各种表达方法，将机件正确清晰地表达出来，只有通过多练和多画才能达到。

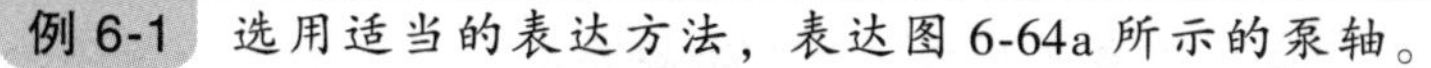

例 6-1 选用适当的表达方法，表达图 6-64a 所示的泵轴。

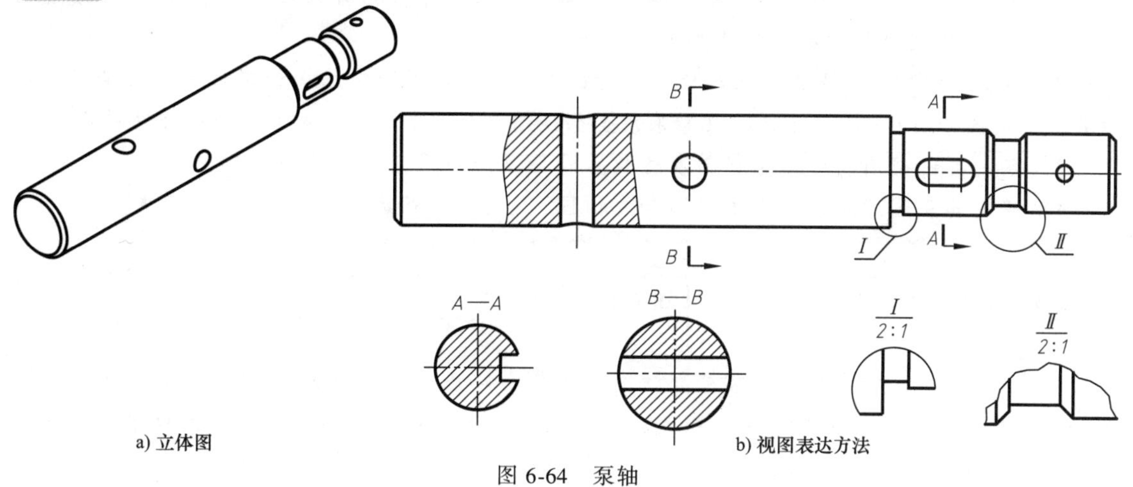

a) 立体图 b) 视图表达方法

图 6-64 泵轴

表达方案：

1）形体分析。由图 6-64a 可见，泵轴是由多段不同直径同轴回转体组成，轴上有倒角、键槽、孔等结构。

2）选择主视图。泵轴主要在车床或磨床上进行加工。安放位置通常选择加工位置，将轴线水平放置，以垂直轴线的方向作为主视图的投射方向，反映轴向的结构形状，如图 6-64a 所示。为将轴中的通孔大小和形状表达清楚，主视图采用局部剖。

3）确定其他视图。选择两个移出断面图表达轴上右侧键槽的断面形状和轴中间通孔的形状，再用两个局部放大图表达两个退刀槽的形状。

4）确定其表达方法为局部剖视主视图，*A—A*、*B—B* 移出断面图，Ⅰ、Ⅱ两处移出断面图如图 6-64b 所示。

例 6-2 选用适当的表达方法，表达图 6-65a 所示的端盖。

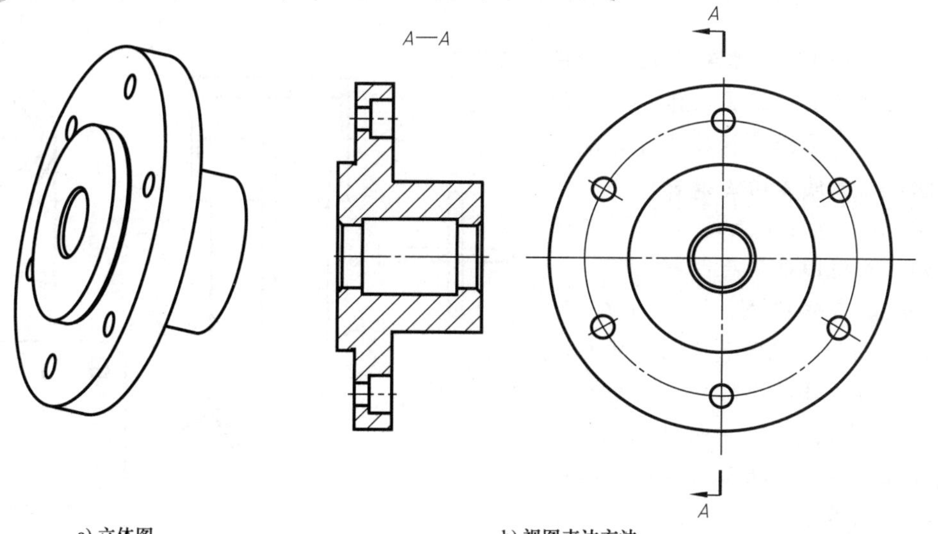

a) 立体图 b) 视图表达方法

图 6-65 端盖

表达方案：

1）形体分析。由图 6-65a 可见，端盖是扁平盘状，外形轮廓为圆形，主要部分为同轴回转体组成，中间有阶梯孔，四周均布 6 个安装孔。

2）选择主视图。端盖主要在车床上进行加工。安放位置通常选择加工位置，将轴线水平放置，主视图如图 6-65b 所示。主视图采用全剖视图，目的在于表达端盖轴向内部阶梯孔。

3）确定其他视图。选择左视图表达端盖外形及沿圆周分布的孔。

4）确定其表达方法为全剖主视图和左视图，如图 6-65b 所示。

例 6-3 选用适当的表达方法，表达图 6-66 所示的支架。

表达方案：

1）形体分析。首先采用形体分析法分析支架由哪几个部分组成。由图 6-67 所示，支架是一个不规则的零件，由三个部分组成：主体为空心圆柱体，下面是底板；圆柱体与底板之间由十字肋板相连。

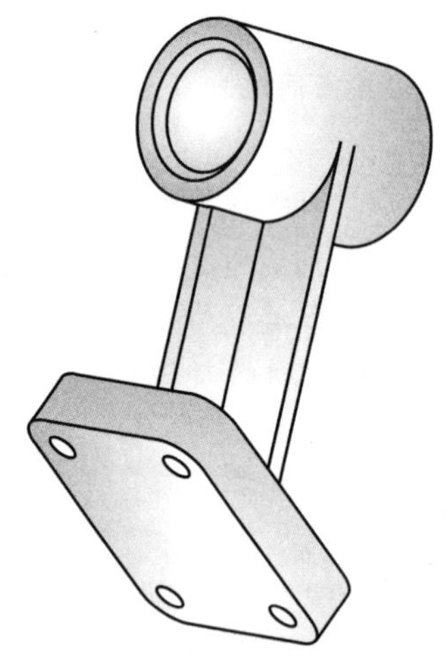

图 6-66 支架零件立体图

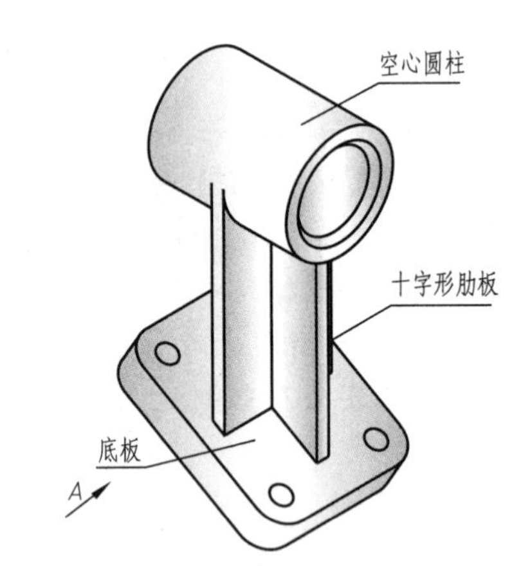

图 6-67 支架零件的组成及主视图投射方向

2）选择主视图。支架安放位置通常选择其安装位置，将其主体结构圆柱体的轴线水平。选择最能反映各组成部分之间相对位置的方向为投射方向，如图 6-67 所示。为清楚表达圆柱体内部孔的结构，主视图采用局部剖。

3）确定其他视图。如图 6-68 所示，选择 *B* 向局部视图表达圆柱体与肋板之间的连接关系，同时可避免绘制底板倾斜状态投影；选择 *A* 向斜视图表达倾斜的底板的真实形状及底板上通孔的分布情况；选择移出断面图表达肋板十字肋板横断面的真实形状。

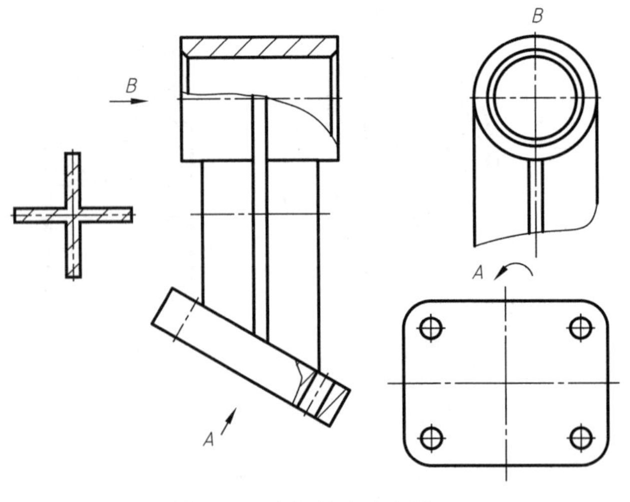

图 6-68 支架的表达方法

4）确定其表达方法为局部剖视的主视图、A向斜视图、B向局部视图、移出断面图，如图6-68所示。

例6-4 选用适当的表达方法，表达图6-69所示的箱体。

表达方案：

1）形体分析，首先采用形体分析法分析箱体由哪几个部分组成。如图6-69所示，箱体前后对称，由四个部分组成：主体为一包容蜗轮蜗杆的空腔，空腔的前后为支撑蜗轮轴的圆筒，其内壁有凸缘；左边为一凸台，上面有孔；底部为底板，底板上有孔；主体上面有一圆柱形凸台。

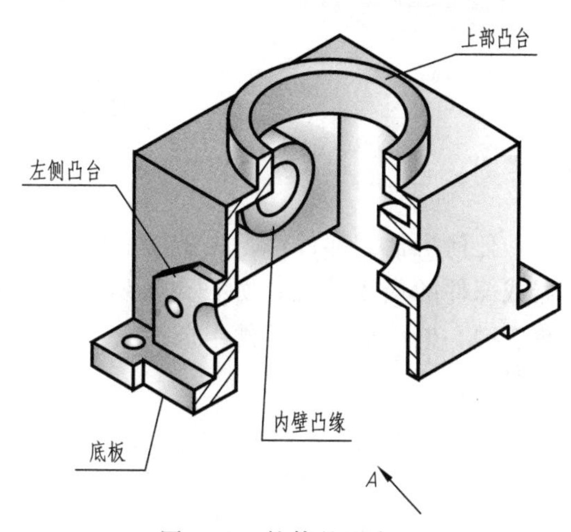

图6-69 箱体的组成

2）选择主视图。箱体按工作位置放置。主视图的投射方向如图6-69所示的A向。为清楚表达空腔前后内壁凸缘的结构，以及空腔与左边凸台上的孔的相互位置关系，主视图采用全剖。

3）确定其他视图。选择俯视图主要表达箱体的外形、底板的形状以及地板上四个安装孔的位置，同时为了表达左边凸台上三个孔的结构以及孔与空腔的相互位置关系，俯视图采用局部剖。

由于箱体前后对称，左视图采取半剖，这样既表达了箱体的外形，又表达了箱体前后方向的蜗杆孔的结构及其与空腔的相对位置关系。此外，在没有剖切的半个左视图中，采用局部剖的形式表达底板的通孔。

4）确定其表达方案为全剖主视图、局部剖俯视图、包含局部剖的半剖左视图，如图6-70所示。

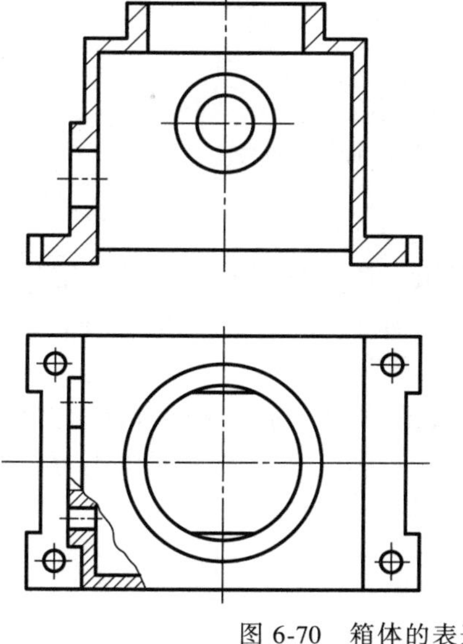
图6-70 箱体的表达方案

第7章

零 件 图

任何机器或部件都是由若干零件按一定的装配关系、技术要求装配而成，零件是组成机器或部件的最小单元。如图7-1所示为齿轮泵的零件组成，它由泵体、泵盖、齿轮轴、带轮、键、销、螺栓等零件组成。

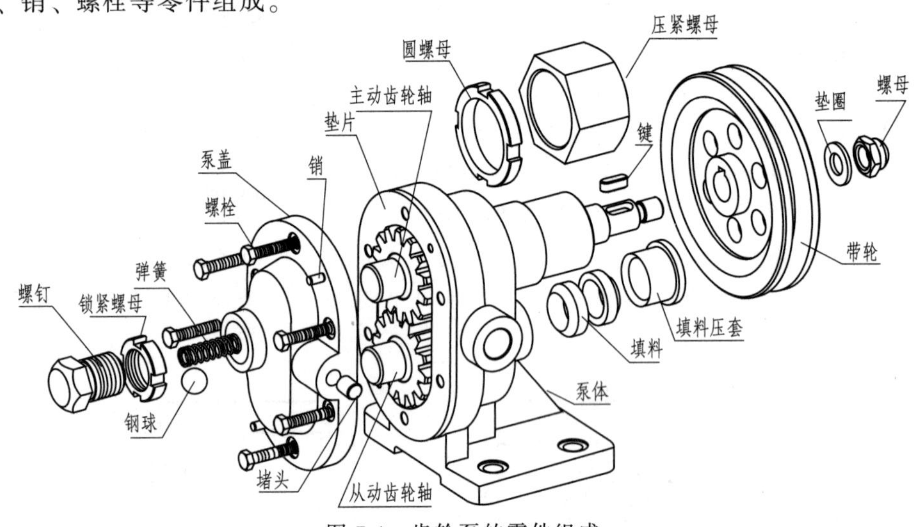

图7-1　齿轮泵的零件组成

零件分为以下三种类型：

（1）标准件　在机器、部件中大量使用，在零件间起着连接、定位、支撑、密封等作用，它是结构、尺寸和加工要求、画法等均标准化、系列化的零件，如图7-1中螺栓、螺母、垫圈、键、销。

（2）常用件　它是部分结构尺寸和参数标准化、系列化的零件，如图7-1中的齿轮轴。

（3）一般零件　通常可分为轴套类、盘盖类、叉架类、壳体类等，这类零件必须画出零件图，以供加工制造，如图7-1中泵体、泵盖、钢球等。

7.1　零件图的作用和内容

零件图是表达单个零件形状、大小和特征的工程图样，也是在制造和检验机器零件时所用的工程图样，又称零件工作图。图 7-2 所示为泵盖零件图。在生产过程中，根据零件图样及其技术要求进行生产准备、加工制造及检验，它是指导零件生产的重要技术文件。

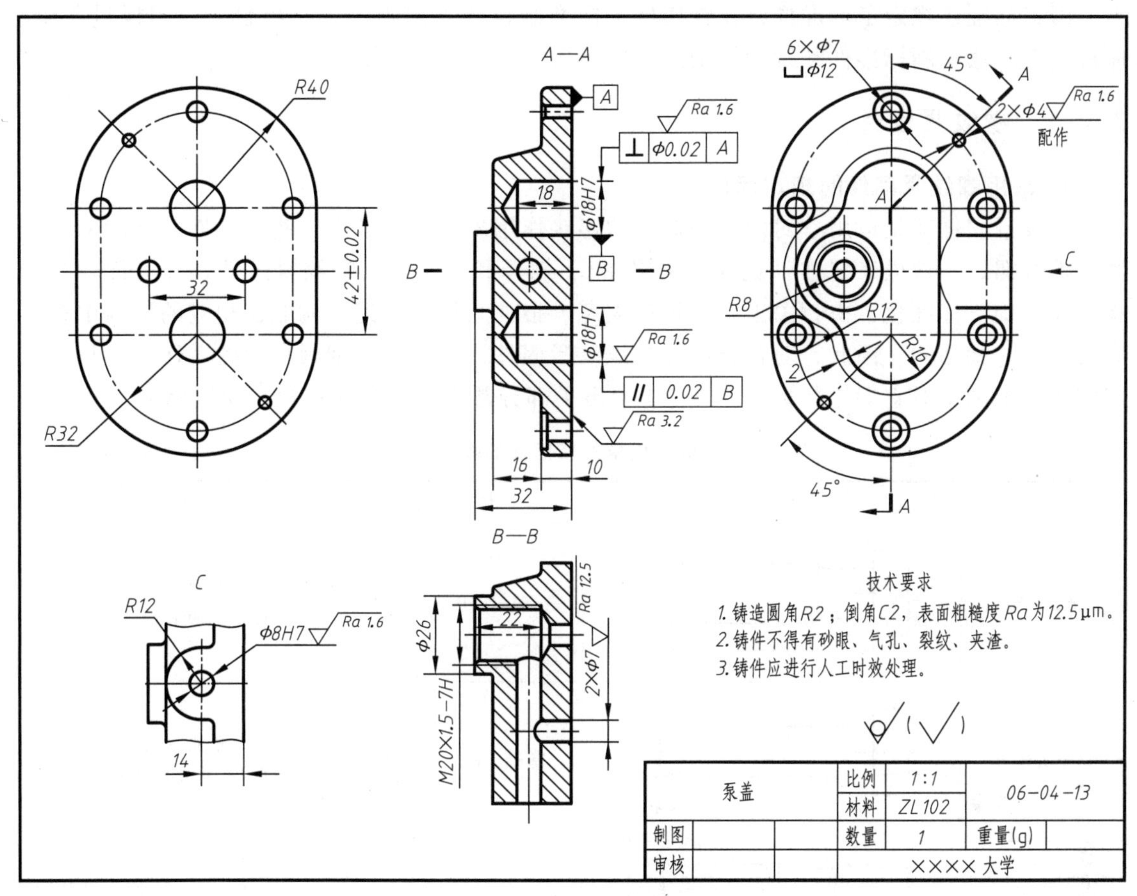

图 7-2　泵盖零件图

一张完整的零件图应包括下列内容：

(1) 一组视图　用恰当的视图、剖视图、断面图等，完整、清晰地表达零件的内外结构形状。

(2) 完整的尺寸　零件制造和检验所需的全部尺寸。所标尺寸必须正确、完整、清晰、合理。

(3) 技术要求　零件制造和检验应达到的技术指标。除用文字在图纸空白处写出技术要求外，还有用符号表示的技术要求，如表面结构、极限与配合、几何公差等。

(4) 标题栏　图纸右下角的标题栏中填写零件的名称、材料、数量、图号、比例以及设计人、审批人的签名等。

7.2　常用标准件和常用件的规定画法

在机器或部件的装配和安装过程中，广泛使用螺纹紧固件或其他连接件进行连接或固定。同时，在机械的传动、支撑等方面，也广泛使用齿轮、轴承等机器零件。为了减轻设计负担，提高产品质量和生产效率，便于专业化大批量生产，国家标准对这些适用面广、需求量大的标准件和常用件的结构、尺寸和成品质量都做了明确的规定。

国家标准还规定了标准件以及常用件中标准结构要素的画法。在绘制工程图样过程中，应按规定画法绘制标准件和常用件中的标准结构要素。

7.2.1 螺纹紧固件

1. 常用螺纹紧固件的规定标记

螺纹紧固件就是运用一对内、外螺纹的连接作用来连接和紧固一些零部件。常用的螺纹紧固件有螺钉、螺栓、螺柱（也称双头螺柱）、螺母和垫圈等。螺纹紧固件是标准件，其结构、尺寸均已标准化，由相关工厂大批量生产。根据其规定标记，就能在相应的标准中查到有关的尺寸和结构。因此，对符合国标的螺纹紧固件，不需要详细画它们的零件图，只需按规定在装配图中对它们进行标记。表 7-1 列出了部分常用螺纹紧固件及其规定标记。

表 7-1 部分常用螺纹紧固件的规定标记示例 （单位：mm）

名称	螺纹紧固件	规定标记示例	标记说明
开槽盘头螺钉	M5 25	螺钉 GB/T 67 M5×25	开槽盘头螺钉，公称直径为 5，有效长度为 25
六角头螺栓	M16 70	螺栓 GB/T 5782 M16×70	六角头螺栓，公称直径为 16，有效长度为 70
双头螺柱	M12 50	螺柱 GB/T 898 M12×50	双头螺柱，公称直径为 12，有效长度为 50
六角螺母	M16	螺母 GB/T 6170 M16	六角螺母，螺纹规格为 16
平垫圈		垫圈 GB/T 97.1 16—A140	平垫圈，公称尺寸为 16，性能等级为 A140
弹簧垫圈		垫圈 GB/T 93 16	弹性垫圈，公称尺寸为 16

2. 部分螺纹紧固件的比例画法

螺纹紧固件可以根据其标记查国标得到其详细的尺寸，再绘制其投影视图，也可以按各部分尺寸与螺纹大径 d 的比例关系画出。如图 7-3 所示是六角螺母、六角头螺栓、双头螺柱和平垫圈的比例画法。

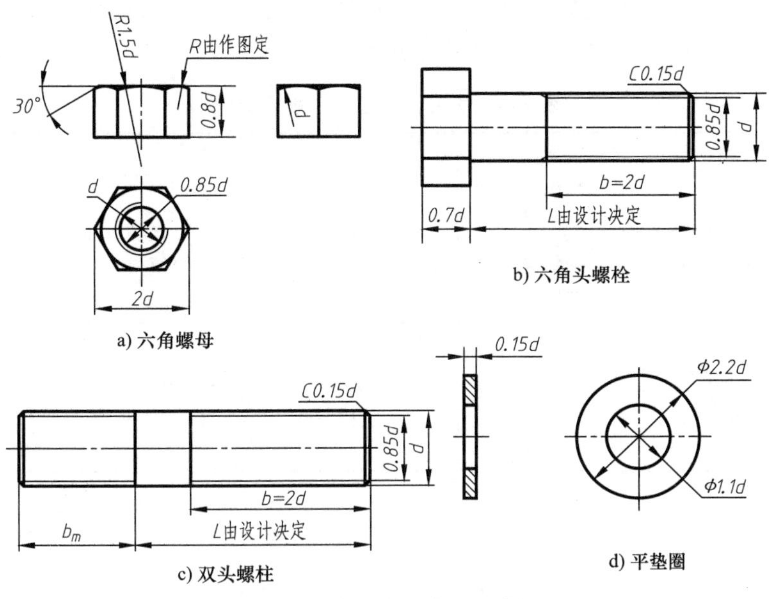

a) 六角螺母　b) 六角头螺栓　c) 双头螺柱　d) 平垫圈

图 7-3　常用螺纹紧固件的比例画法

7.2.2　键和销

键通常用来连接轴和装在轴上的传动零件（如齿轮、带轮等），传递转矩。常用的键有普通平键、半圆键和钩头楔键。键的结构和尺寸已标准化，是标准件。常用键的画法及规定标记见表 7-2。

普通平键的型式有 A 型（圆头）、B 型（方头）和 C 型（单圆头）。在标记时，A 型平键省略 A 字，而 B 型或 C 型应写出 B 或 C 字。平键和钩头楔键的长度 L，应根据轮毂长度和受力大小选取标准中相应的系列值。在轴和轮毂上的键槽尺寸可从键的标准中查到。

表 7-2　常用键的画法及规定标记

名称	实　体　图	画　　法	规 定 标 记
普通平键		h　L　b	GB/T 1096 键 $b \times h \times L$
半圆键		d　b　h	GB/T 1099 键 $b \times h \times d$
钩头楔键		L　h　b	GB/T 1565 键 $b \times L$

销常用于零件之间的连接和定位。按销的形状不同，常用的有圆柱销、圆锥销和开口销等。销是标准件，常用销的型式和规定标记见表 7-3。

表 7-3　常用销的型式和规定标记　（单位：mm）

名称	型　　式	规定标记	说　　明
圆柱销		销 GB/T 119.1 8m6×30	圆柱销，国家标准号 GB/T 119.1，公称直径 $d=8$，公差为 m6，长度 $L=30$
圆锥销		销 GB/T 117 10×60	圆锥销，国家标准号 GB/T 117，公称直径 $d=10$，长度 $L=60$

7.2.3　齿轮

齿轮是广泛应用于机器或部件的传动零件，用于传递动力，改变转速和方向。齿轮的种类繁多，常用的有：

（1）圆柱齿轮　用于传递两平行轴间的动力和转速，如图 7-4a 所示；

（2）锥齿轮　用于传递两相交轴间的动力和转速，如图 7-4b 所示；

（3）蜗轮蜗杆　用于传递两交叉轴间的动力和转速，如图 7-4c 所示。

a) 直齿圆柱齿轮　　b) 锥齿轮　　c) 蜗轮蜗杆

图 7-4　常见的齿轮传动

轮齿是齿轮的主要结构，齿廓曲线主要有渐开线、摆线和圆弧等，最常用的是渐开线齿廓。齿轮的参数中只有模数和压力角标准化了，因此，齿轮属于常用件。齿轮有圆柱齿轮、锥齿轮、蜗轮蜗杆等类型，本节主要介绍圆柱齿轮的基本知识及其规定画法。

1. 圆柱齿轮的几何要素及其尺寸关系

圆柱齿轮的几何要素如图 7-5 所示，包括：

（1）分度圆　通过轮齿上齿厚等于齿槽宽处的圆，其直径用 d 表示。分度圆是设计齿轮时计算各部分尺寸的基准圆，是加工齿轮的分齿圆。

（2）节圆　两齿轮啮合时，啮合点的轨迹圆，其直径用 d' 表示。当两齿轮为标准啮合时，节圆等于其分度圆。

(3) 齿顶圆和齿顶高　通过轮齿顶部的圆称为齿顶圆，其直径用 d_a 表示；齿顶圆与分度圆之间的径向距离称为齿顶高，用 h_a 表示。

(4) 齿根圆和齿根高　通过轮齿根部的圆称为齿根圆，其直径用 d_f 表示；齿根圆与分度圆之间的径向距离称为齿根高，用 h_f 表示。

(5) 齿距　分度圆周上相邻两齿间对应点之间的弧长（槽宽 e+齿厚 s），用 p 表示。

(6) 模数　模数是设计和加工齿轮的一个重要参数。用 z 表示齿轮的齿数，则分度圆周长 $=\pi d=zp$，即分度圆直径 $d=zp/\pi$，设 $m=p/\pi$，则 m 就是齿轮的模数，最终有 $d=mz$。由于模数与齿距成正比，齿距又与齿厚成正比，因此，齿轮的模数增大，齿厚也增大，其承载能力也随之增强。

为了便于齿轮的设计和加工，已经将齿轮的模数标准化，模数的标准值见表 7-4。

表 7-4　渐开线齿轮标准模数系列（摘自 GB/T 1357—2008）　（单位：mm）

第一系列	1,1.25,1.5,2,2.5,3,4,5,6,8,10,12,16,20,25,32,40,50
第二系列	1.75,2.25,2.75,3.5,4.5,5.5,(6.5),7,9,11,14,18,22,28,36,45

(7) 压力角　一对啮合齿轮的轮齿齿廓在接触点处的公法线与两节圆的公切线之间的夹角称为压力角，用 α 表示。我国标准齿轮的压力角为 20°。

(8) 中心距　一对啮合的圆柱齿轮轴线之间的距离，用 a 表示。

只有模数和压力角都相同的齿轮才能正确啮合。

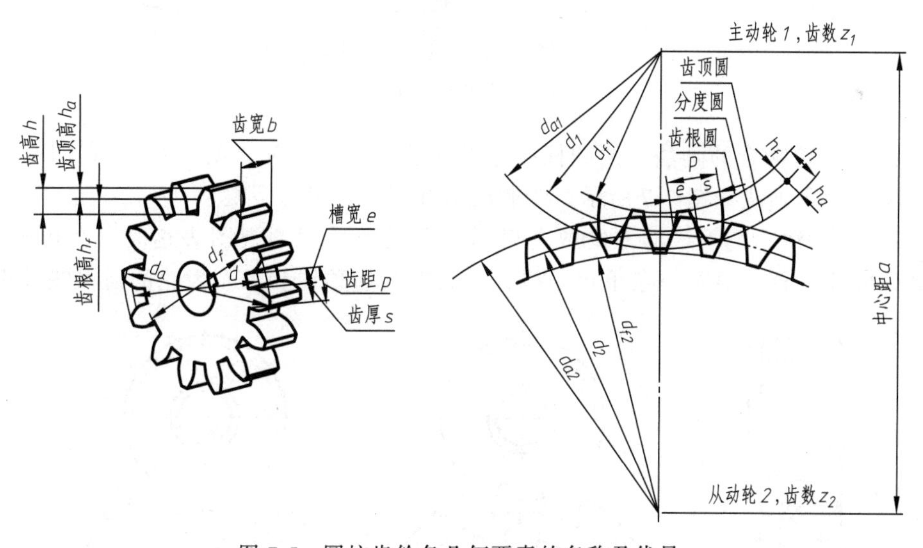

图 7-5　圆柱齿轮各几何要素的名称及代号

圆柱齿轮的基本参数是模数和齿数。设计齿轮时，先要确定模数 m 和齿数 z，其他各部分尺寸都与模数和齿数有关。表 7-5 是标准直齿圆柱齿轮各部分尺寸的计算公式。

2. 圆柱齿轮的规定画法

(1) 单个圆柱齿轮的画法　齿轮的轮齿部分按国家标准规定画法绘制，其他部分按投影规律绘制。

表 7-5　标准直齿圆柱齿轮各部分尺寸计算公式

各部分名称	代号	计 算 公 式	各部分名称	代号	计 算 公 式
分度圆直径	d	$d=mz$	齿根圆直径	d_f	$d_f=m(z-2.5)$
齿顶高	h_a	$h_a=m$	齿距	p	$p=\pi m$
齿根高	h_f	$h_f=1.25m$	中心距	a	$a=m(z_1+z_2)/2$
齿顶圆直径	d_a	$d_a=m(z+2)$			

轮齿部分规定画法：齿顶圆和齿顶线用粗实线绘制；分度圆和分度线用细单点画线绘制；在剖视图中齿根线用粗实线绘制，不剖的视图中齿根圆和齿根线用细实线绘制或省略。单个圆柱齿轮的画法如图 7-6 所示。

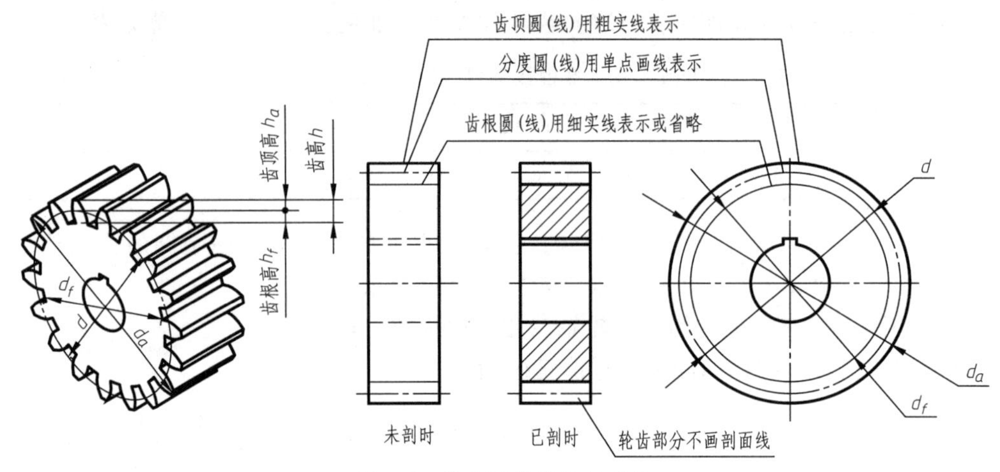

图 7-6　单个圆柱齿轮的画法

（2）圆柱齿轮啮合的画法　两圆柱齿轮以标准位置啮合时（图 7-4a），它们的分度圆相切。圆柱齿轮啮合画法如图 7-7 所示。绘制时应注意以下几个问题：

1）以齿轮轴线为侧垂线的方位做主视图。主视图采用剖视图表达时，在齿轮啮合区，两齿轮的分度线重合，只画一条单点画线；一齿轮的齿顶线和另一齿轮的齿根线没重合，要

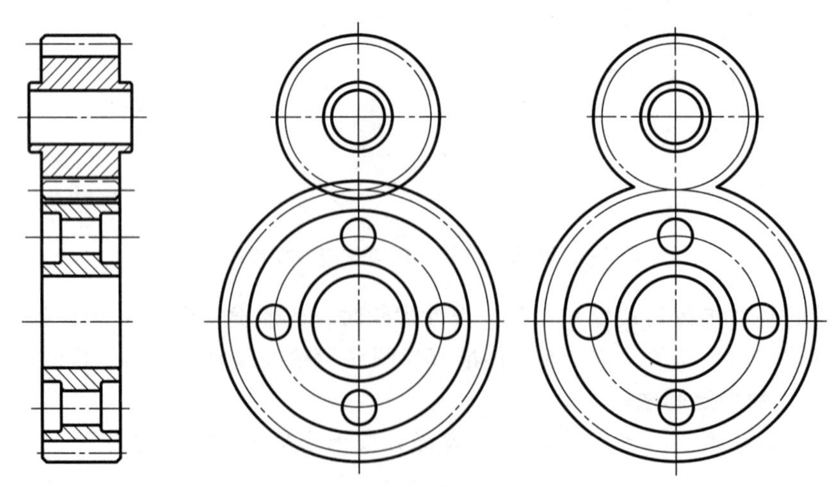

图 7-7　圆柱齿轮啮合画法

分别用粗实线画出，从动齿轮被遮挡部分要用细虚线画出，其余部分按各自齿轮画法画出即可，如图 7-8 所示。

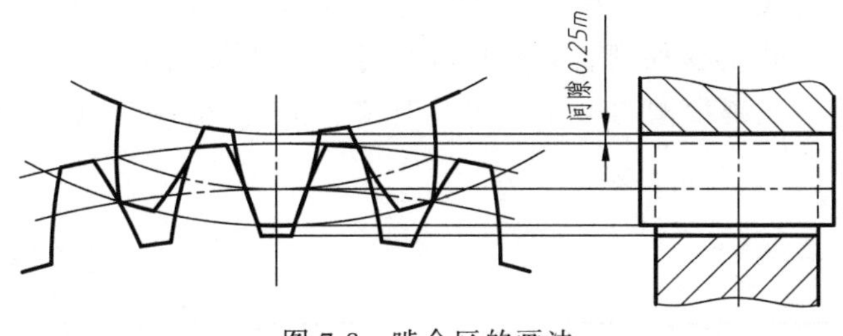

图 7-8　啮合区的画法

2）如主视图画外形视图，啮合区的齿顶线和齿根线不画，则只需在分度圆处用粗实线画出节线。

3）在左视图中，两分度圆相切；齿根圆用细实线表示或省略不画；齿顶圆用粗实线表示，在啮合区，齿顶圆的圆弧段可以省略不画，如图 7-7 所示。

7.3　零件的工艺结构

零件的结构形状在满足功能设计要求的同时零件的结构形状在满足设计要求的同时，还要满足制造、加工装配工艺要求，这需要设计的零件具有良好的工艺性。零件的常见工艺结构有铸造工艺结构和一般机械加工工艺结构。

7.3.1　机械加工工艺结构

1. 倒角和倒圆

为了便于装配及去除零件的毛刺和锐边，常在轴、孔的端部加工出倒角。常见倒角为 45°，也有 30°或 60°的倒角。为避免阶梯轴轴肩的根部因应力集中而容易断裂，常在轴肩根部加工成圆角过渡，称为倒圆。倒角和倒圆的尺寸标注方法分别如图 7-9 和图 7-10 所示，倒角和倒圆的大小可根据轴（孔）直径查阅机械零件设计相关手册。

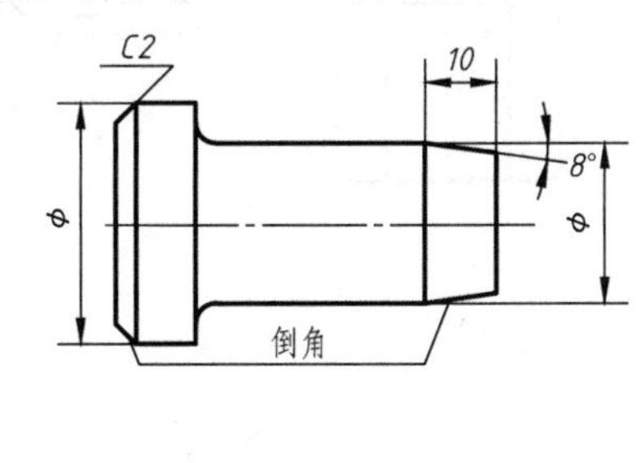

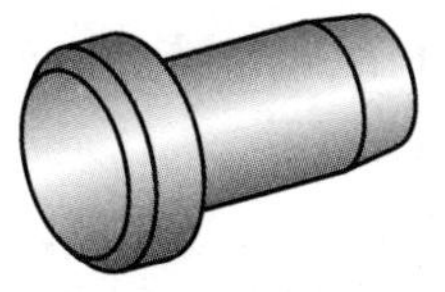

图 7-9　倒角

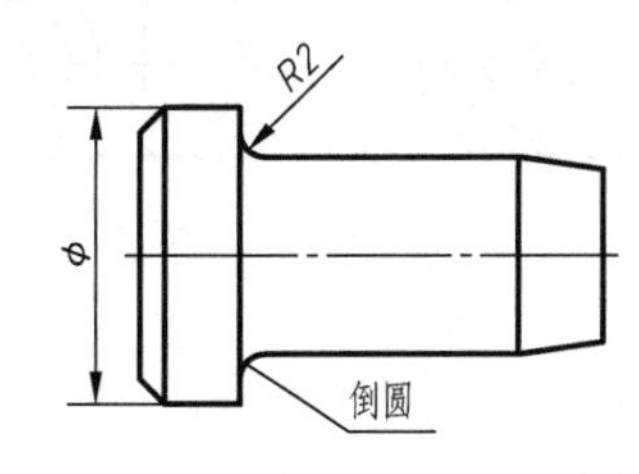

图 7-10　倒圆

2. 退刀槽和砂轮越程槽

在车削螺纹时，为了保证在末端加工出完整的螺纹，同时便于退出刀具，常在零件的待加工表面的末端车出螺纹退刀槽。在磨削加工时，为了使砂轮能稍微超过磨削部位，常在被加工部位的终端加工出砂轮越程槽。其结构和尺寸可根据轴（孔）直径查阅机械零件设计相关手册。退刀槽和砂轮越程槽的尺寸标注一般按“槽宽×槽深”或“槽宽×直径”的形式标注，如图 7-11 所示。

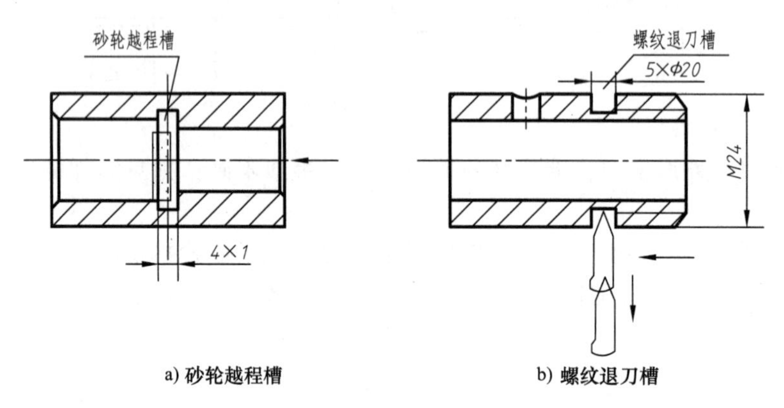

图 7-11　砂轮越程槽和螺纹退刀槽工艺结构

3. 凸台与凹坑

零件上与其他零件接触的表面，一般都要经过机械加工，为保证零件表面接触良好和减少加工面积，可在接触处做出凸台或锪平成凹坑，如图 7-12 所示。

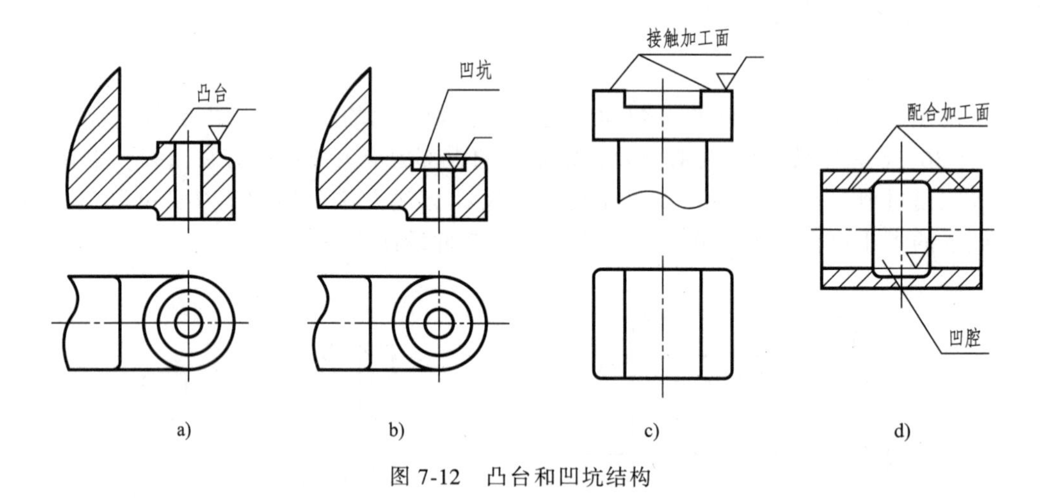

图 7-12　凸台和凹坑结构

4. 钻孔结构

钻孔时，要求钻头尽量垂直于孔的端面，以保证钻孔准确和避免钻头折断，对斜孔、曲面上的孔，应先制成与钻头垂直的凸台或凹坑，如图 7-13 所示。

由于钻头头部角度为 118°，因此钻削加工的盲孔底部有一个锥角，为了方便作图，将锥角画成 120°。钻孔深度指的是圆柱部分的深度 h，不包括锥角如图 7-14a 所示；阶梯孔的过渡处也存在 120°锥角的圆台，其圆台孔深也不包括锥角，如图 7-14b 所示。

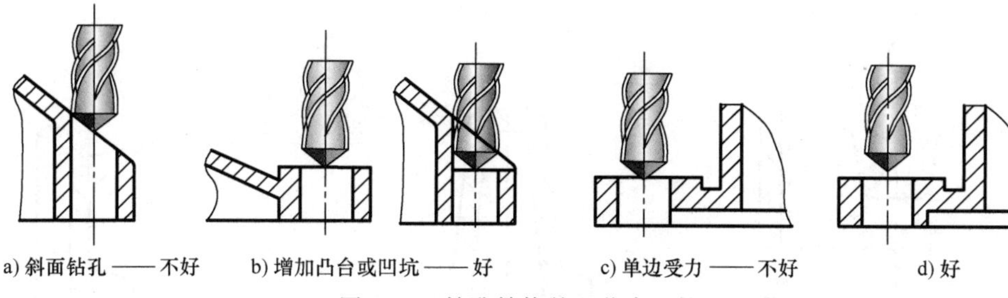

图 7-13　钻孔结构的工艺合理性

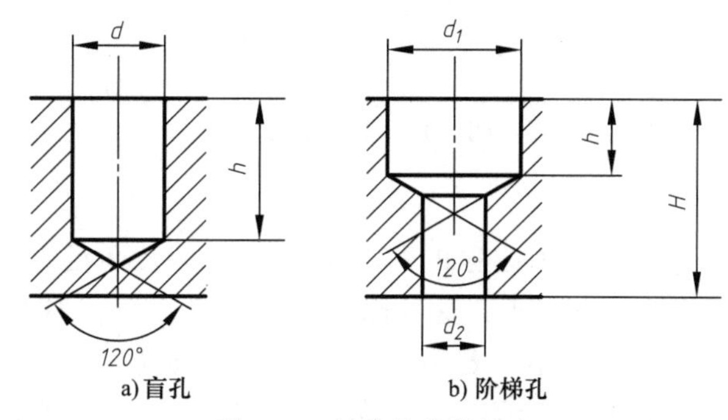

图 7-14　钻孔结构的锥角

7.3.2　铸造工艺结构

在铸造零件时，一般先用木材或其他容易加工制作的材料制成模样，将模样放置于型砂中，当型砂压紧后，取出模样，再在型腔内浇入铁液或钢液，待冷却后取出铸件毛坯。铸造过程如图 7-15 所示，主要包括以下步骤：

1）做模样、泥芯箱；

2）制成型箱和泥芯；

3）放入泥芯，合箱；

4）将熔化的金属液体倒入空腔内；

5）清砂并切除铸件上的冒口和冒口处的金属块；

6）进行机械加工。

1. 起模斜度

在铸件造型时为了便于拔出模样，在模样的内、外壁沿起模方向做成 1∶20~1∶10 的斜度，称为起模斜度。在画零件图时，起模斜度可不画出、不标注，必要时在技术要求中用文字加以

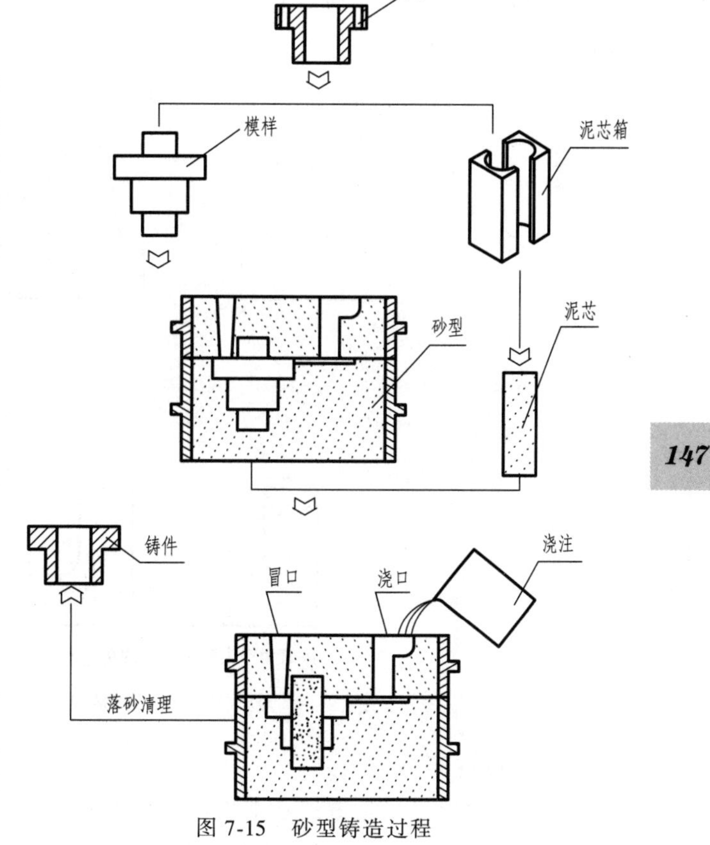

图 7-15　砂型铸造过程

说明，如图 7-16 所示。

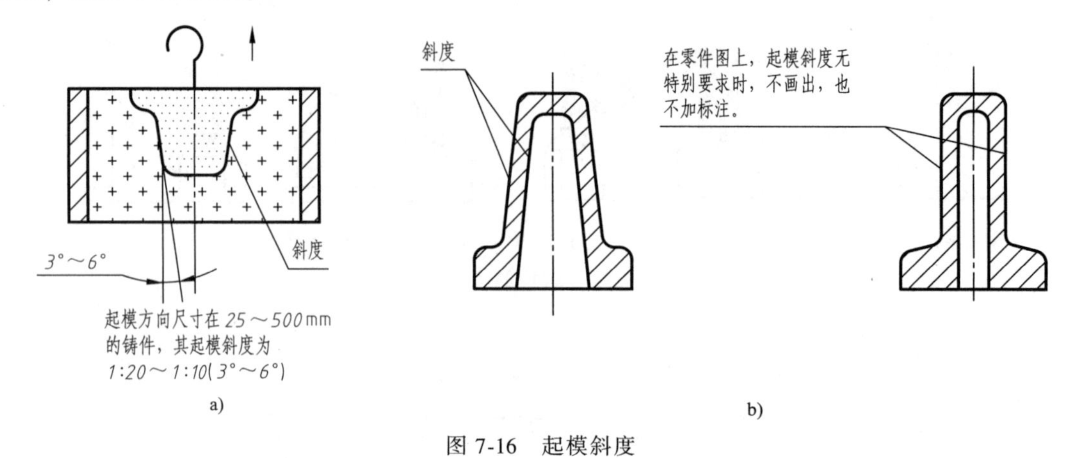

图 7-16　起模斜度

2. 铸造圆角

为了便于铸件造型时起模，并且防止铁液浇注时冲坏转角处、冷却时产生缩孔和裂纹，设计时将铸件的转角处制成圆角，这种圆角称为铸造圆角，如图 7-17a 所示。画图时应注意毛坯面的转角处都应有圆角；若为加工面，由于圆角被加工掉了，因此要画成尖角，如图 7-17b 所示。如图 7-18 所示，由于铸造圆角设计不当会造成裂纹和缩孔等情况，设计时应加以注意。铸造圆角在图中一般应该画出，圆角半径一般取壁厚的 0.2～0.4 倍，同一铸件圆角半径大小应尽量相同或接近。铸造圆角可以不标注尺寸，而在技术要求中加以说明。

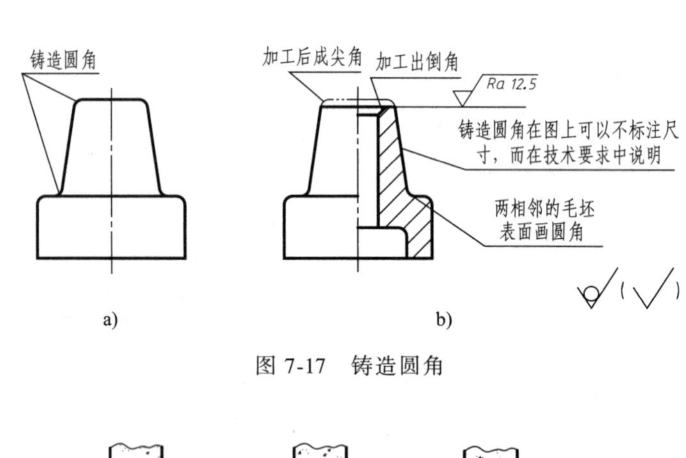

图 7-17　铸造圆角

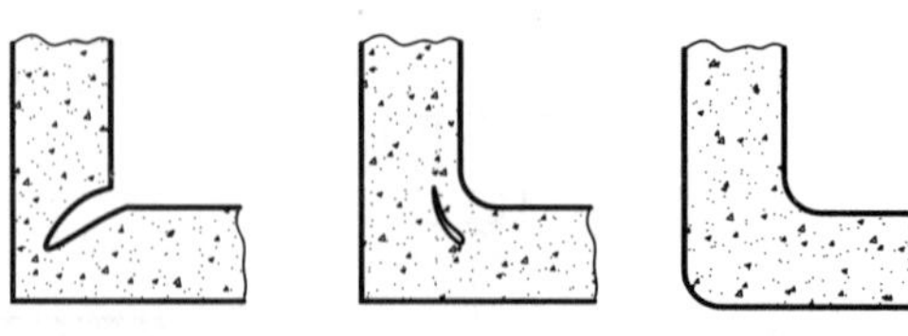

a) 直角产生裂纹　b) 圆角过小产生缩孔　c) 合适圆角正确

图 7-18　铸造圆角合理与缺陷

3. 铸件壁厚

铸件的壁厚要尽量做到基本均匀。如果壁厚不均匀，就会使金属液冷却速度不同，导致铸件内部产生缩孔和裂纹。在壁厚不同的地方可逐渐过渡，如图7-19所示。

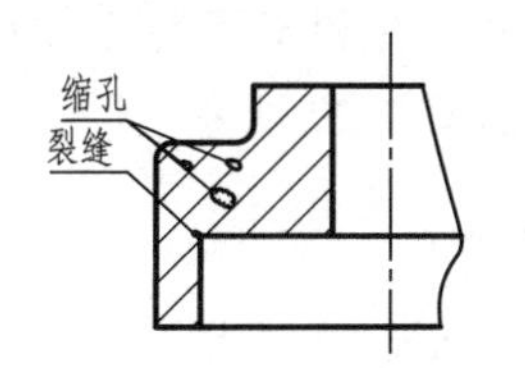

a) 壁厚不均匀产生裂缝或缩孔

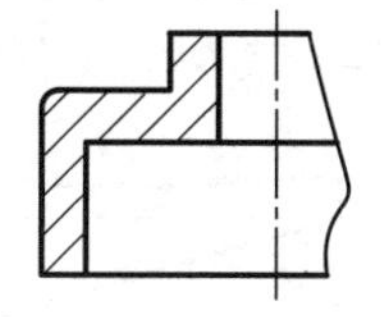

b) 壁厚均匀合理

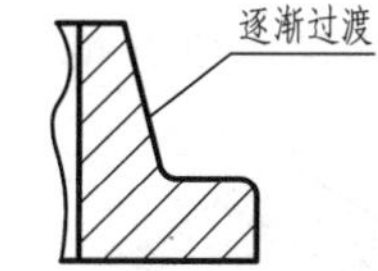

c) 逐渐过渡才合理

图7-19 铸件壁厚

7.4 零件图的视图选择和尺寸标注

7.4.1 零件图的视图选择原则

绘制零件图应完整清晰地表达零件的内、外形结构。这就必须了解零件的用途及主要加工方法，对零件的结构特点进行分析，综合运用前面所学的知识，才能合理地确定视图表达方案。对于较复杂的零件，可拟定几种不同的表达方案进行对比，最后确定合理的表达方案。

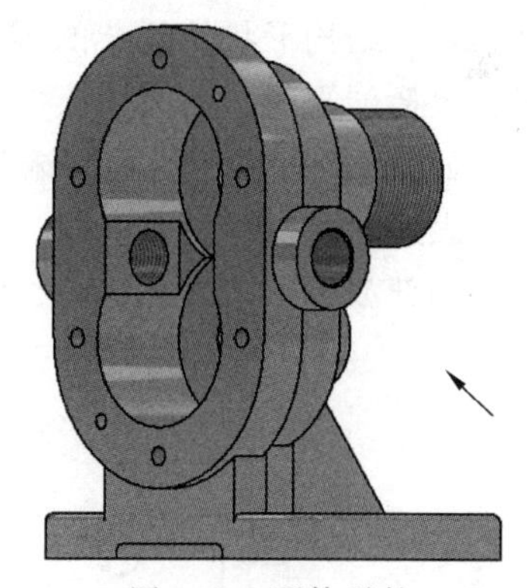

图7-20 泵体零件

1. 主视图的选择

主视图是一组视图的核心，在表达零件结构形状、画图和看图中起主导作用，因此应把选择主视图放在首位，选择时应考虑以下几个方面：

（1）投射方向　应以清楚地反映零件的结构形状特征和反映各组成部分相对位置关系的方向作为主视图的投射方向，如图7-20泵体箭头方向。

（2）加工位置原则　为便于工人生产，主视图所表示的零件位置应和零件在主要工序中的装夹位置保持一致。如轴套类零件一般情况下以横向放置，如图7-21所示。

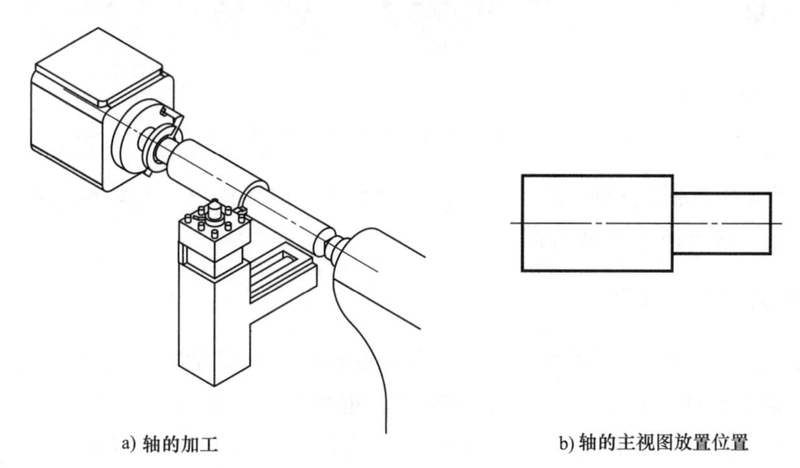

a) 轴的加工　　b) 轴的主视图放置位置

图7-21 轴的加工与轴的主视图放置位置

（3）工作位置原则　当零件在加工过程中的放置位置不断变化，而在装配时工作位置相对固定时，主视图的表达应尽量与零件的工作位置一致，有利于了解零件在机器部件中的工作情况。这类零件主要有箱体类零件、叉架类零件，如图 7-22 所示。

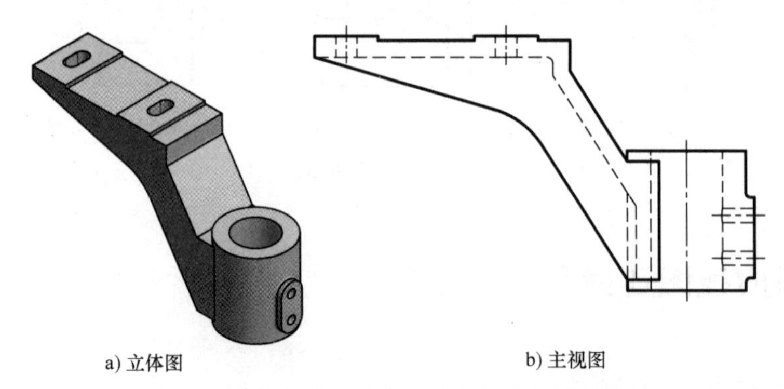

a) 立体图　　b) 主视图

图 7-22　托架的工作位置及主视图的放置位置

2. 选择其他视图

对于结构形状较复杂的零件，主视图还不能完全地反映其结构形状，必须选择其他视图，包括剖视图、断面图、局部放大图和简化画法等各种表达方法。

如图 7-23a 所示的轴承端盖，其主视图为全剖视图，四周均匀分部的螺纹孔采用简化画法来表达，可以省去左视图。图 7-23b 所示的轴，除主视图外，又采用了断面图、局部剖视图和局部放大图来表达销孔、键槽和退刀槽等局部结构。

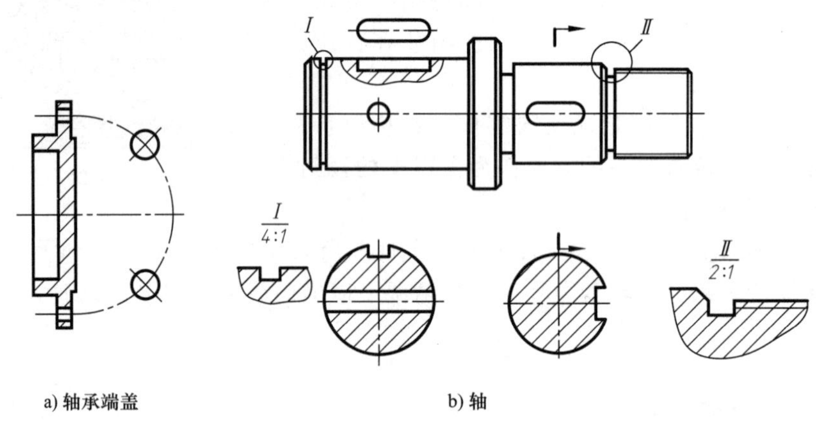

a) 轴承端盖　　b) 轴

图 7-23　零件主视图和其他视图的选择

总之，选择其他视图的原则是：在完整、清晰地表达零件内、外结构形状的前提下，尽量减少图形个数，以方便画图和看图。

7.4.2　零件图的尺寸标注

在零件图中，除了用一组视图表达零件内外形结构，还必须标注完整的尺寸，用来表达零件的大小。零件图的尺寸是加工和检验零件的重要依据。标注零件图的尺寸，除满足正确、完整、清晰的要求外，还必须使标注的尺寸合理，符合设计、加工、检验和装配的要求。以下介绍一些合理标注尺寸的基本知识。

1. 合理选择尺寸基准

尺寸基准是确定零件上尺寸位置的几何元素，是测量或标注尺寸的起点。通常将零件上的一些重要的面（主要加工面、两零件的结合面、对称面）和线（轴、孔的轴线，对称中心线等）作为尺寸基准。根据基准在生产过程中的作用不同，一般将基准分为设计基准和工艺基准。

设计基准是零件的主要基准，是根据零件的结构和设计要求而选定的基准，如轴、盘类零件的轴线。

工艺基准是根据零件的加工要求和测量要求而选定的基准。

在标注尺寸时，设计基准与工艺基准应尽量统一，以减少加工误差，提高加工质量，如图7-24所示。两者不能统一时，要按设计要求标注尺寸。在满足设计要求的前提下，力求满足工艺要求。

零件的长、宽、高三个方向上都各有一个主要基准，还可以有辅助基准，如图7-25所示。主要基准和辅助基准之间必须有尺寸联系，如图7-25中的尺寸130、45。

基准选定后，主要尺寸应从主要基准出发进行标注。

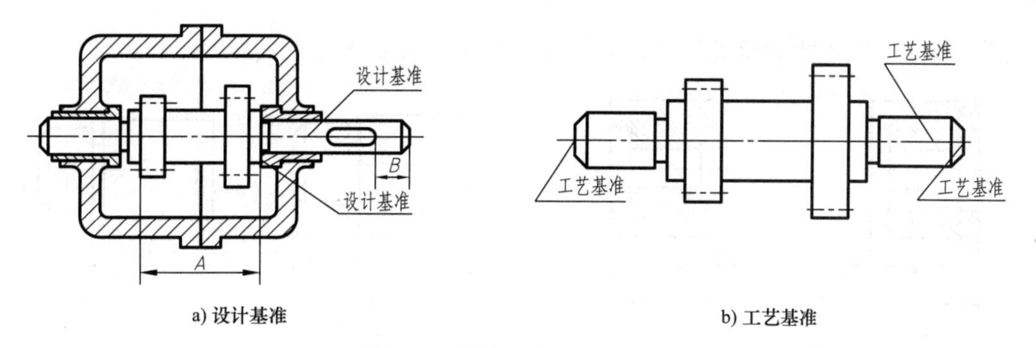

a) 设计基准　　b) 工艺基准

图7-24　设计基准和工艺基准

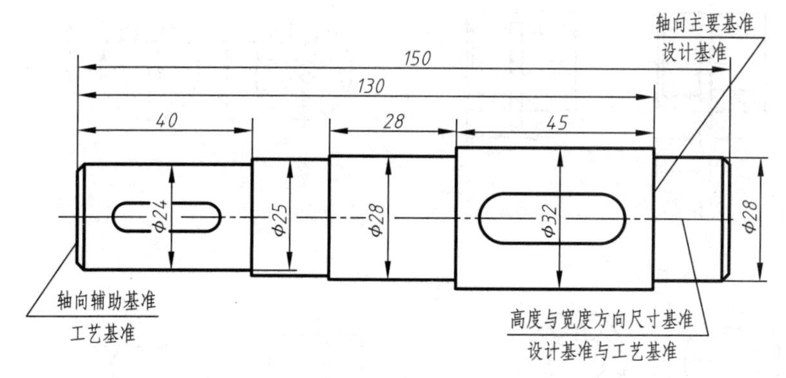

图7-25　主要基准和辅助基准

2. 合理标注尺寸应注意的要点

（1）零件的重要尺寸必须从尺寸基准直接注出　加工好的零件尺寸存在误差。为使零件的重要尺寸不受其他尺寸的影响，应在零件图中把重要尺寸从尺寸基准直接注出，如反映零件所属机器部件规格性能尺寸、有装配要求的装配尺寸等，如图 7-2 泵盖的中心距 42。

（2）避免注成封闭尺寸链　如图 7-26a 所示，尺寸是同一方向串联并头尾相接组成封闭的图形，称为封闭尺寸链。若尺寸 a 比较重要，则尺寸 a 将受到尺寸 b、c 的影响而难于保证，所以不能注成封闭尺寸链。若注成图 7-26b 的形式，不标注不重要的尺寸 c，尺寸 a 就不受其他尺寸的影响，尺寸 a 和 b 的误差都可积累到不重要的尺寸 c 上。

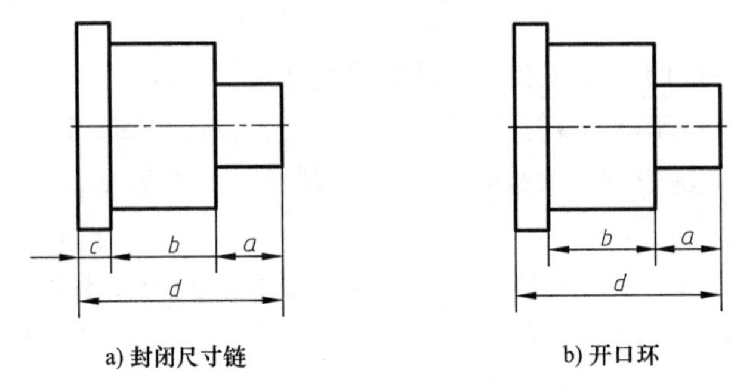

a) 封闭尺寸链　　b) 开口环

图 7-26　尺寸不要注成封闭尺寸链

（3）标注尺寸要便于加工和测量　如图 7-27 为标注合理与不合理的一些示例。

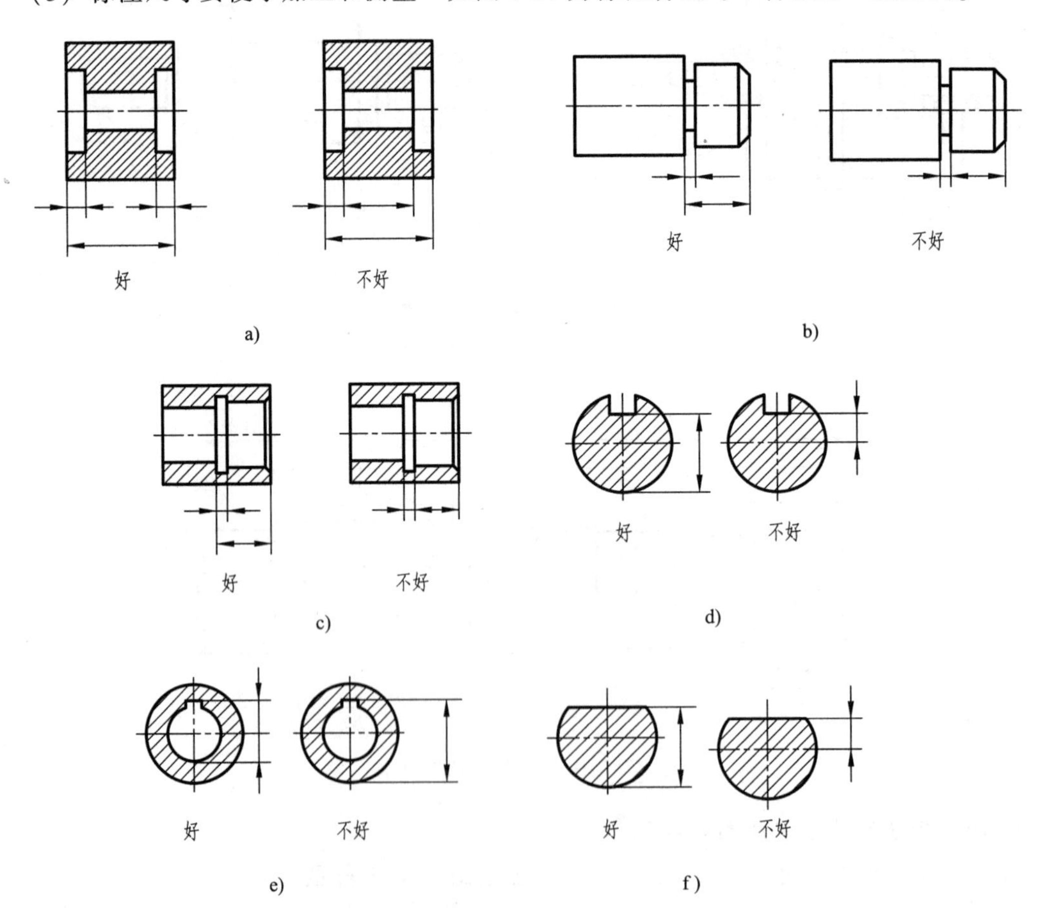

a)　b)　c)　d)　e)　f)

图 7-27　标注尺寸应便于加工和测量

3. **零件上常见孔的尺寸标注**（表 7-6）

表 7-6　零件上常见孔的尺寸标注示例

结构类型	标注方法		
	旁　注　法		普 通 注 法
光孔	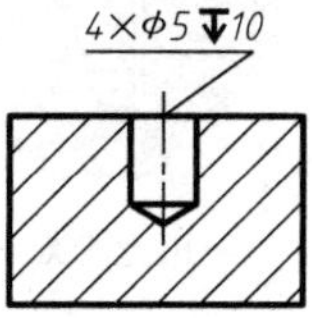 4×Φ5↧10	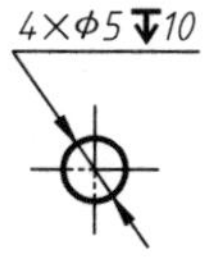 4×Φ5↧10	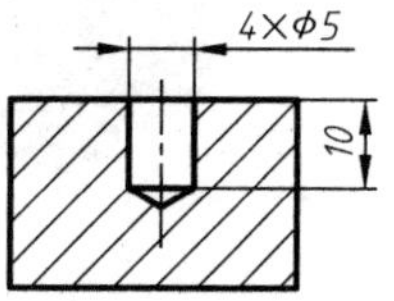 4×Φ5 10
螺纹孔	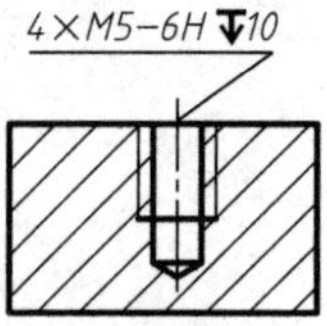 4×M5–6H↧10	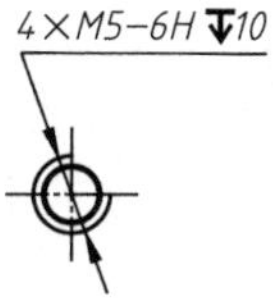 4×M5–6H↧10	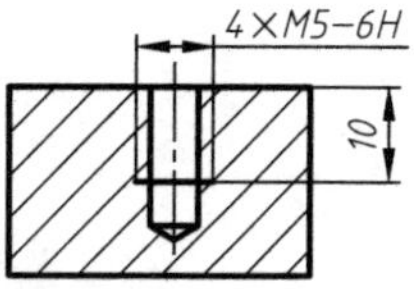 4×M5–6H 10
柱形沉孔	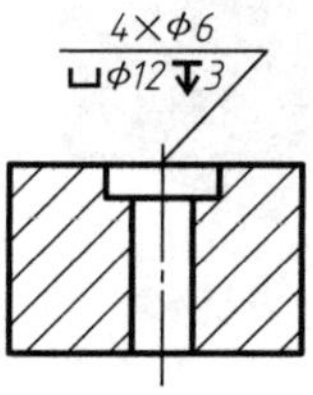 4×Φ6 ⌴Φ12↧3	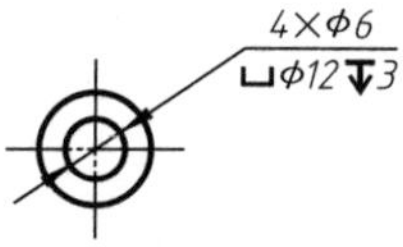 4×Φ6 ⌴Φ12↧3	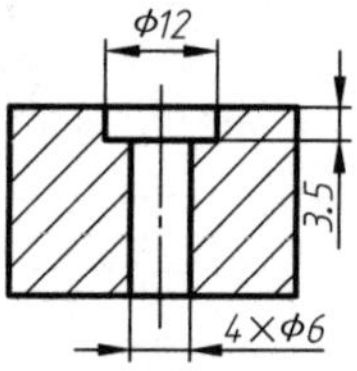 Φ12 3.5 4×Φ6
锥形沉孔	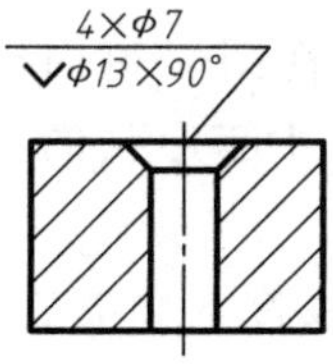 4×Φ7 ⌵Φ13×90°	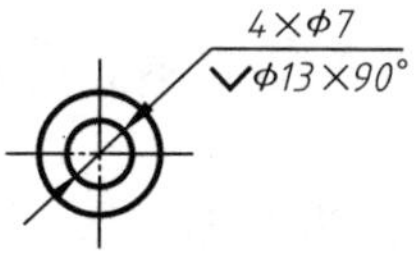 4×Φ7 ⌵Φ13×90°	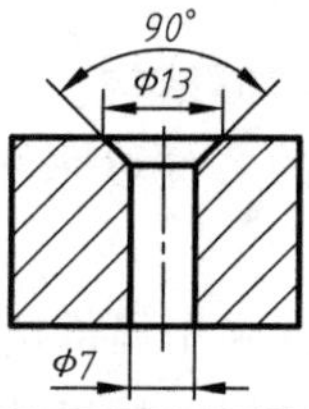 90° Φ13 Φ7
锪平沉孔	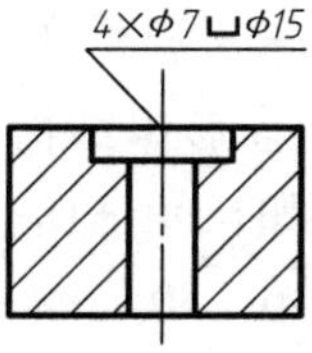 4×Φ7⌴Φ15	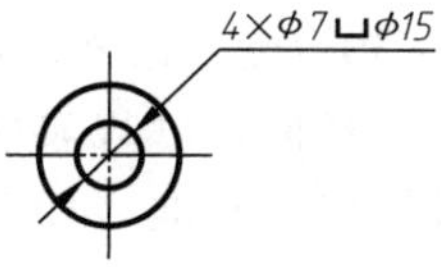 4×Φ7⌴Φ15	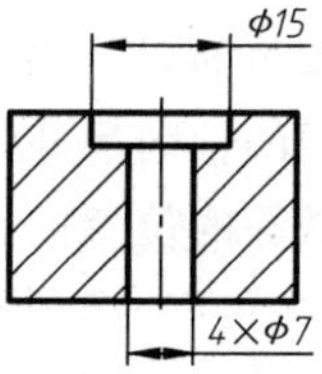 Φ15 4×Φ7

7.4.3　典型零件的零件图分析

一般零件按其结构形状不同，大致可分为四类：轴套类零件、盘盖类零件、叉架类零件和箱体类零件，如图 7-28 所示。

1. **轴套类零件**

轴套类零件是机器中常见的一类零件，一般用于传递动力或支撑其他零件。这类零件的主体是同轴回转体，在零件上有键槽、销孔、退刀槽等结构，主要在车床上加工。以图 7-29 所示的齿轮泵的主动齿轮轴的零件图为例进行分析。

（1）视图表达　轴套类零件一般只画一个基本视图，即主视图，将其轴线水平放置，投射方向垂直于其轴线。再采用适当的断面图、局部视图、局部放大图表达轴上的键槽、

a) 轴套类

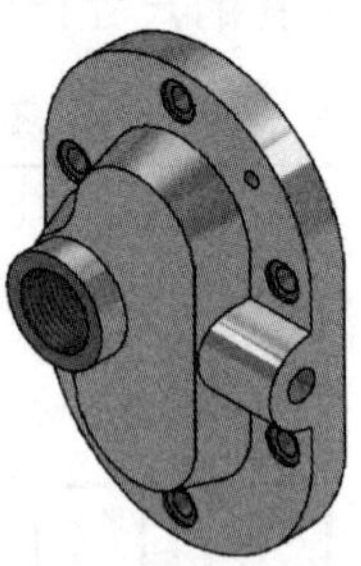

b) 盘盖类

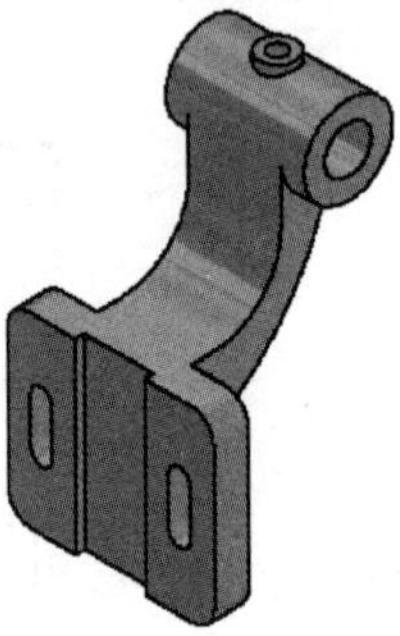

c) 叉架类

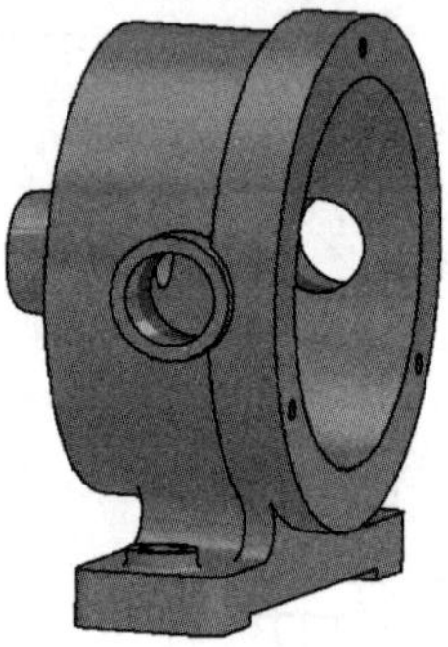

d) 箱体类

图 7-28 四类典型零件

孔、退刀槽等结构。实心轴一般不剖切。套类零件则需要用剖视图表达内部结构，外部形状简单的零件可采用全剖，若外部形状复杂、需要兼顾表达外部形状的话，则采用半剖或局部剖。

该零件采用局部剖主视图表达左边齿轮部分结构及右边键槽长度；局部放大图表达退刀槽的详细结构；移出断面图表达键槽深度及宽度。具体结构见图 7-28a。

(2) 尺寸标注 轴套类零件需要标注表示直径大小的径向尺寸（如尺寸 $\phi18$、$\phi48$ 等）和各段长度的轴向尺寸（如尺寸 16，30 等）。此外还要确定轴上各形体结构，如键槽、销孔、退刀槽等的位置的轴向定位尺寸。径向尺寸以轴线为基准（如尺寸 $\phi18$、$\phi48$ 等），轴向尺寸根据零件的作用及装配要求以轴肩为基准（如左端的尺寸 16，30）。

为使尺寸标注清晰，零件上的标准结构应考虑方便加工和测量，同时也要按相关国家标准的规范标注尺寸，如键槽、退刀槽的尺寸。

2. 盘盖类零件

轮盘盘盖类零件的形状一般是扁平状的，其主要部分为同轴回转体，零件上常有轴孔、均布的孔、槽，均布的轮辐等结构。以齿轮泵的泵盖为例进行说明，如图 7-2 所示。

(1) 视图表达 此类零件主要在车床上加工，故其主视图也按车床加工位置，将轴线水平放置，并用剖视的方法，以表达其轴向内部结构。此外，这类零件上常分布孔、槽，因此，还需采用左视图或右视图表达这些结构的分布情况和盘盖形状。

泵盖零件图中除了全剖主视图外，还采用了左视图和右视图表达盖的形状及盖上分布孔的情况，全剖俯视图表达了泵盖泄压部分的结构，此外用局部视图表达泵盖右边凸台形状。具体结构见图 7-28b。

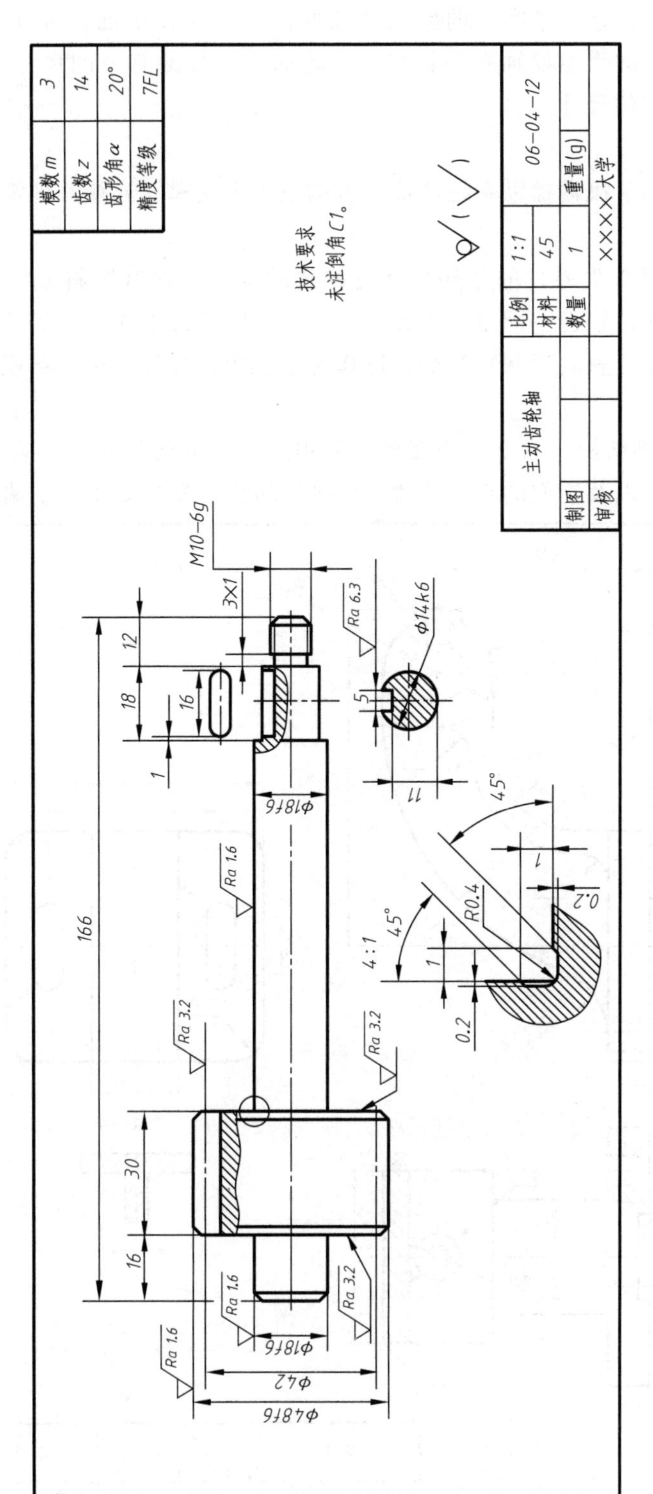

图 7-29　主动齿轮轴的零件图

（2）尺寸标注 图 7-2 中长度方向的尺寸基准选用主视图最右端端面，标注泵盖厚度尺寸 32、轴孔深度尺寸 18 等，宽度方向的尺寸基准为前后对称平面，标注右视图中的尺寸 32，高度方向的尺寸基准为主要轴孔的轴线，以此标注与装配有关的尺寸 42，零件上均布孔分别注出其定形和定位尺寸。

3. 叉架类零件

叉架类零件主要用于机器操纵系统的拨叉机构或用来支撑、连接其他零件，这类零件的毛坯多为铸件和锻件。

（1）视图表达 叉架类零件的结构形状有的比较复杂，常有倾斜或弯曲的结构，加工位置比较多，有时工作位置也不固定，因此，视图选择除考虑工作位置摆放外，还需考虑画图简便。一般选择最能反映其形状特征的视图作为主视图，并且要用局部视图、移出断面图等表达零件的细部结构。

如图 7-30 所示的脚踏板，除了主视图外，采用局部剖的俯视图，来表达安装板的安装孔结构和安装孔的宽度以及它们的相对位置。*B* 向局部视图表达安装板左端面的形状。用移

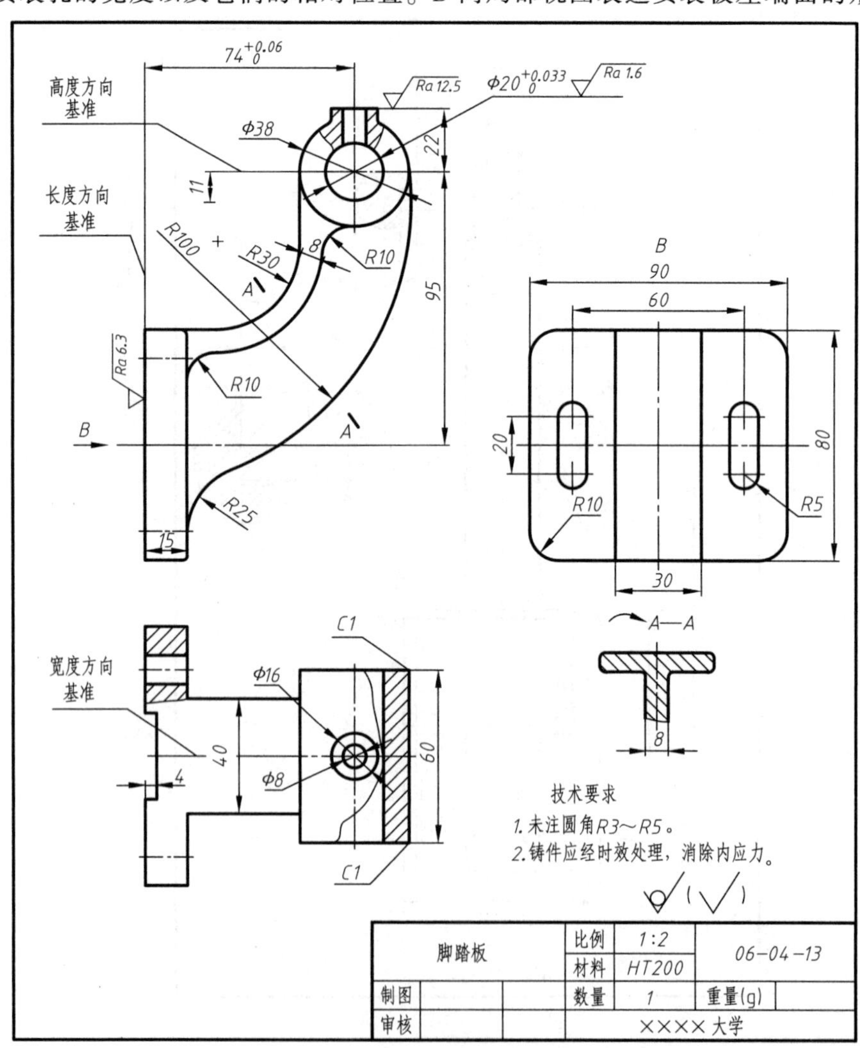

图 7-30 脚踏板零件图

出断面图表达肋板的断面形状。具体结构见图7-28c。

（2）尺寸标注　在标注尺寸时，叉架类零件常选用轴线、安装面或零件的对称面这些重要的线、面作为尺寸基准。长、宽、高三个方向的尺寸基准如图7-30所示，从长度方向基准出发标注尺寸74，从高度方向基准出发标注尺寸95、22等，从宽度方向基准标注尺寸30、60、90等。

4. 箱体类零件

这类零件包括箱体、壳体、阀体、泵体等，常有内腔、轴承孔、凸台、安装孔等结构，主要起支撑和包容作用，结构形状复杂，加工位置多变。以图7-31所示的泵体零件图进行分析。

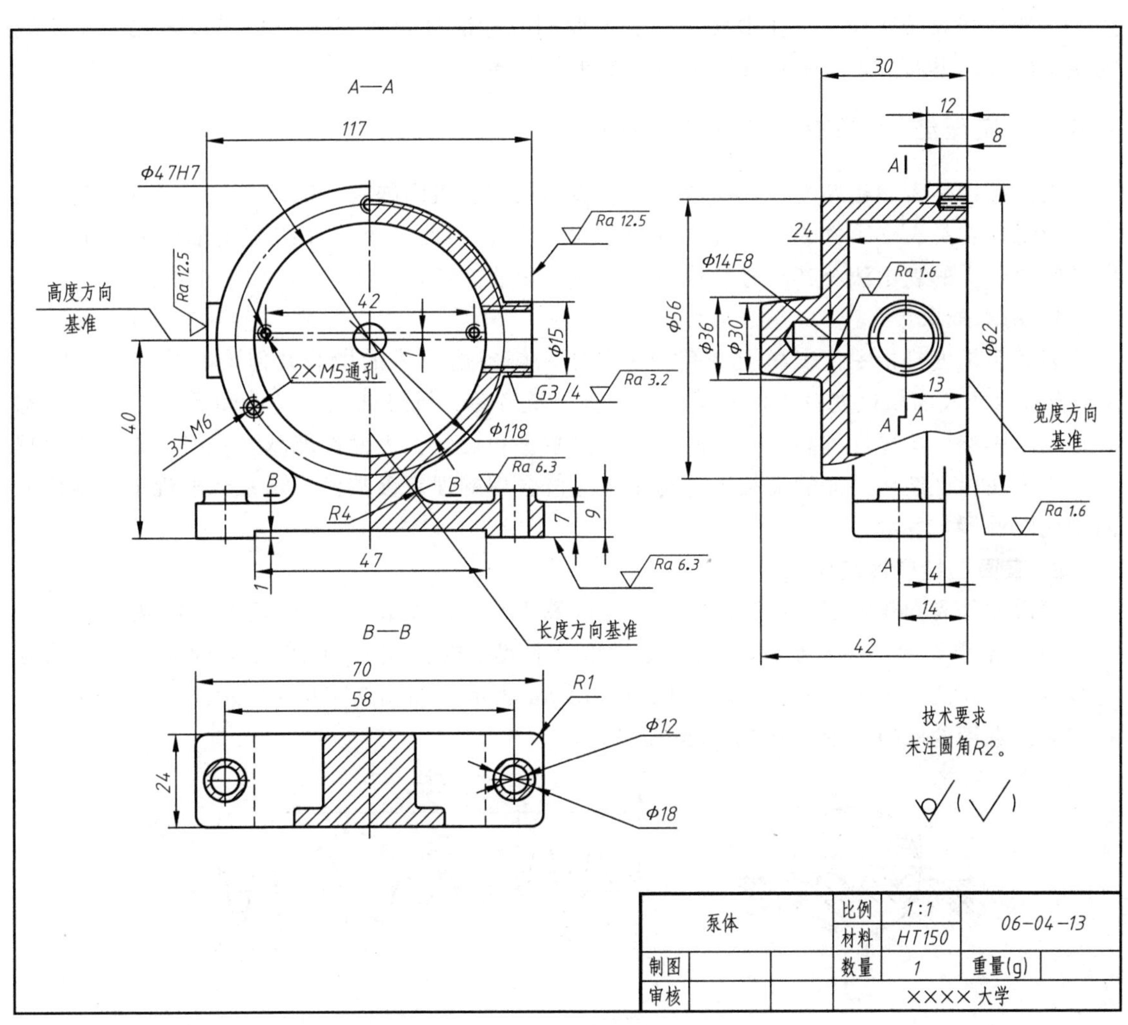

图7-31　泵体零件图

（1）视图表达　一般以工作位置摆放零件。在主视图选择时主要考虑形状特征，再根据零件具体结构的复杂程度，选择其他视图。一般需要三个或三个以上基本视图，然后结合剖视图、断面图、局部视图等多种表达方法，把零件的内、外结构表达清楚。具体结构见图7-28d。

（2）尺寸标注　这类零件的尺寸基准常选用轴线、重要安装面、接触面和箱体的对称面等，对于箱体上需要切削加工的部分，尽可能按加工和检验要求来标注尺寸。长、宽、高三个方向的尺寸基准如图 7-31 所示，高度方向标注尺寸 40、ϕ47H7 等；宽度方向标注尺寸 24、30、42 等；长度方向标注尺寸 47、58、70 等。

7.5　零件图的技术要求

在零件图中，除视图和尺寸外，技术要求也是一项重要内容，它主要反映对零件的技术性能和质量的要求，零件图上的技术要求一般包括零件的表面结构、极限与配合、几何公差、热处理和表面处理等。技术要求一般按照国家标准规定的代（符）号或者用文字正确的注写出来，下面分别介绍零件图上技术要求的具体内容。

7.5.1　表面结构（GB/T 131—2006）

表面结构是表面粗糙度、表面波纹度、表面纹理、表面缺陷、表面几何形状的总称。其中表面粗糙度是表征零件表面质量的主要技术指标，因此这里仅介绍应用最广的表面粗糙度，在图样上的表示法及其符号、代号的标注与识读方法。

1. 基本概念

表面粗糙度是指零件表面上具有较小间距的峰谷所形成的微观几何形状特征。如图 7-32a 为所示。表面粗糙度对零件的摩擦，磨损，抗疲劳，抗腐蚀以及零件间的配合性能等都有很大的影响。粗糙度越高，零件的表面性能越差；反之，表面性能越好，但加工成本也越高。为了在保证使用功能的前提下，选用较经济合理的评定参数值。国家标准规定了零件表面粗糙度的评定参数。

2. 表面粗糙度评定参数

评定零件表面粗糙度的参数主要有：轮廓算术平均偏差 *Ra* 和轮廓最大高度 *Rz*。

（1）轮廓算术平均偏差 *Ra*　在一定的取样长度 l 内，$Z(x)$ 纵坐标方向轮廓线上的点与基准线之间的距离绝对值的算术平均值，用 *Ra* 表示，如图 7-32b 为所示。其值越大表面越粗糙，常用的取值范围为 0.25～25μm。

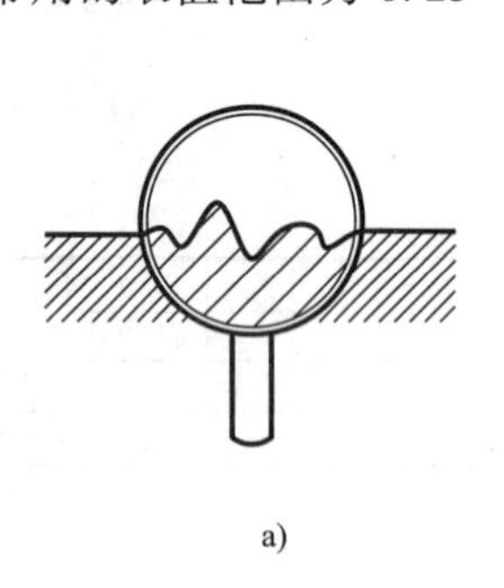

a)

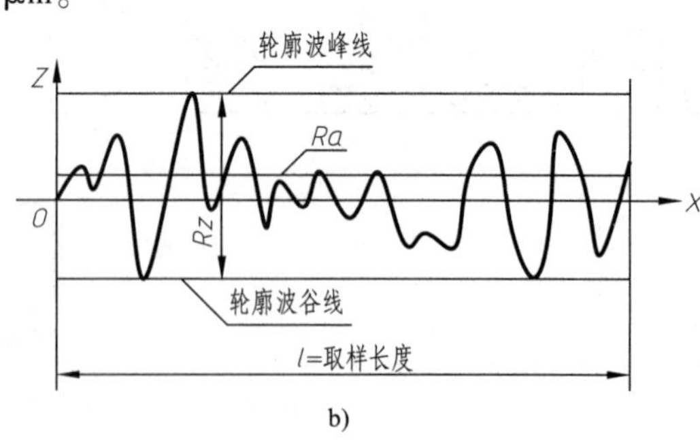

b)

图 7-32　表面粗糙度

（2）轮廓最大高度 *Rz*　*Rz* 是在取样长度内，轮廓封顶线和轮廓谷底线之间的距离，如图 7-32b 所示。在评定参数中，优先采用轮廓算术平均偏差 *Ra*。常用的 *Ra* 第一系列的取值见表 7-7。

表 7-7　*Ra* 的数值系列　　　　(单位：μm)

系列	数　　值								
第一系列	0.012	0.025	0.05	0.1	0.2	0.4	0.8	1.6	3.2
	6.3	12.5	25	50	100	—	—	—	—
第二系列	0.008	0.010	0.016	0.200	0.032	0.040	0.063	0.080	0.125
	0.160	0.25	0.32	0.50	0.63	1.00	1.25	2.0	2.5

3. 表面粗糙度符号、代号及画法

(1) 表面粗糙度的符号及其含义（见表 7-8）。

表 7-8　表面粗糙度符号及含义

符号名称	符号	含　　义
基本图形符号		表示未指定工艺方法的表面。如果不加注粗糙度参数值或者有关说明时，只能用于简化代号的标注。没有补充说明时不能单独使用
扩展图形符号		表示表面是用去除材料的方法获得的，例如：车、铣、刨、磨、抛光、腐蚀、电火花加工、气割等
		表示表面是用不去除材料的方法获得的，例如：铸、锻、冲压变形、热轧、冷轧、粉末冶金等，或者用于保持上道工序形成的表面
完整图形符号		用来标注有关参数和补充信息，在横线的上、下可标注有关参数和说明
相同要求符号		表示视图上封闭轮廓的各表面具有相同的表面粗糙度要求

(2) 表面粗糙度的图形符号画法　表面粗糙度符号的画法如图 7-33 所示。符号中的线段数字等的尺寸随着所绘图中的轮廓线宽的变化而变化，见表 7-9。

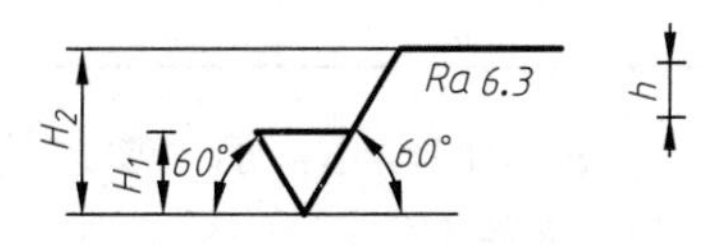

图 7-33　表面粗糙度符号的画法

表 7-9　表面粗糙度的尺寸　　　　(单位：mm)

数字与字母的高度 h	2.5	3.5	5	7	10	14	20
符号线宽与数字及字母线宽度	0.25	0.35	0.5	0.7	1	1.4	2
高度 H_1	3.5	5	7	10	14	20	28
高度 H_2(最小值)	7	10.5	15	21	30	42	60

注：H_2 和图形符号长边的横线的长度取决于标注的内容。

(3) 表面粗糙度图形符号的组成　表面粗糙度的符号、其代表的内容及标注位置如图 7-34 所示。在表面粗糙度基本符号的周围，标注表面粗糙度的参数值、单一要求及补充要求。其代号的含义如下：

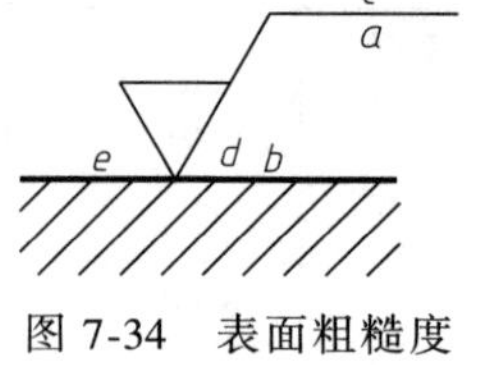

图 7-34　表面粗糙度图形符号的组成

a：注写结构参数代号、极限值、取样长度等。

b：注写第二个及更多的结构参数代号、极限值、取样长度等要求，图形符号应在垂直方向上扩大，以空出足够的空间。

c：注写加工方法、表面处理、涂层或其他工艺要求，如车、磨、镀等。

d：注写加工的纹理和方向符号。

e：注写加工余量，单位为 mm。

表 7-10 列出了表面粗糙度幅度参数轮廓算术平均偏差 *Ra* 值和轮廓最大高度 *Rz* 值标注示例，单位为 μm。图 7-35 为表面粗糙度各个符号参数应用举例。

表 7-10　表面粗糙度代号标注示例及含义　　（单位：μm）

代号(GB/T 131—2006)	含　义
Ra 6.3	用任何方法获得的表面，轮廓算术平均偏差 *Ra* 值为 6.3
Ra 6.3	用去除材料的方法获得的表面，轮廓算术平均偏差 *Ra* 值为 6.3
Ra 6.3	用不去除材料的方法获得的表面，轮廓算术平均偏差 *Ra* 值为 6.3
Ra max1.6	用去除材料的方法获得的表面，轮廓算术平均偏差 *Ra* 的最大值为 1.6
U Ra 6.3 L Ra 1.6	用去除材料的方法获得的表面，轮廓算术平均偏差 *Ra* 的上限值为 3.2，下限值为 1.6
Rz 3.2	用去除材料的方法获得的表面，轮廓最大高度 *Rz* 值为 3.2

图 7-35a：加工要求为铣削的注法；图 7-35b：加工要求为磨削，右下角的“⊥”符号表示加工纹理与标注代号的视图的投影面垂直；图 7-35c：加工要求为磨削，左下角的“3”表示加工余量为 3mm；图 7-35d：右下角的“=”符号表示加工纹理与标注代号的视图的投影面平行；图 7-35e：右下角的“X”符号表示加工纹理呈两斜向交叉且与视图所在的投影面相交；图 7-35f：右下角的“M”符号表示表面纹理，纹理呈多方向。

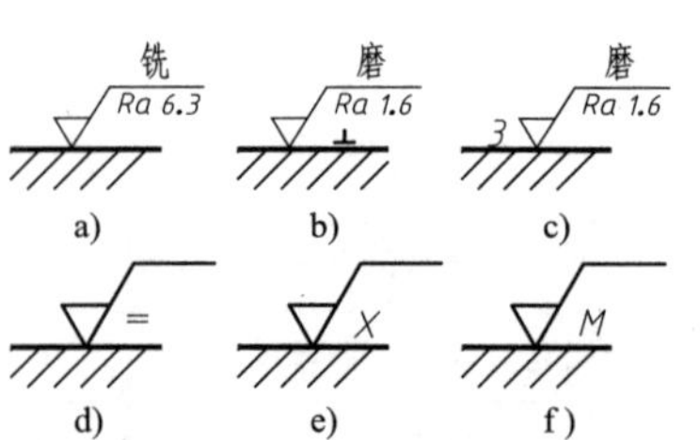

图 7-35　表面粗糙度各个符号参数应用举例

4. 表面粗糙度在图样上的标注示例

表面粗糙度在图样上的标注方法，见表 7-11。

表 7-11　表面粗糙度在图样上的标注示例

图　　例	说　　明
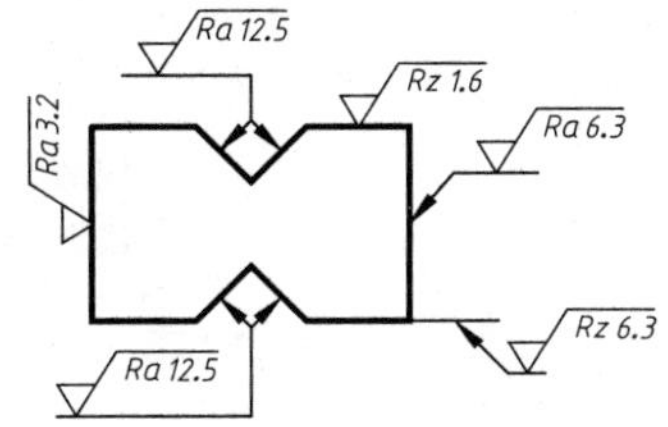 Ra 12.5　Rz 1.6　Ra 3.2　Ra 6.3　Rz 6.3　Ra 12.5	表面粗糙度在同一个图样内，同一个表面一般只标注一次，其注写和读取方向与尺寸的方向一致（朝上或者朝左），符号应该从材料外指向材料表面并接触。其可以标注在可见轮廓线、尺寸线、尺寸界限、特征线或者它们的延长线上
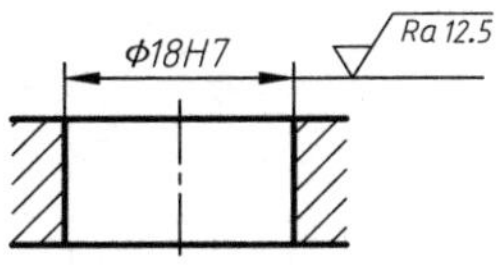 Φ18H7　Ra 12.5	表面粗糙度代号可以标注在尺寸线上
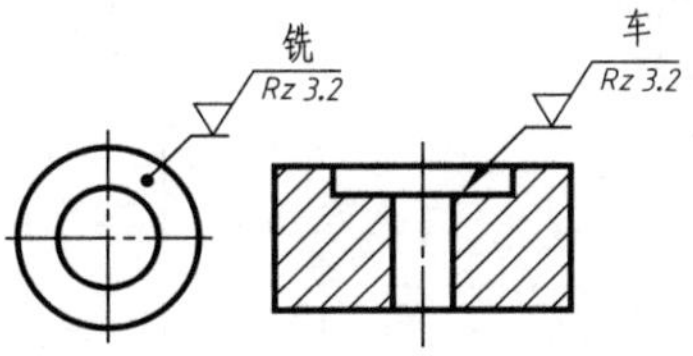 铣　Rz 3.2　车　Rz 3.2	表面粗糙度符号可以用带黑点或者箭头的指引线引出标注
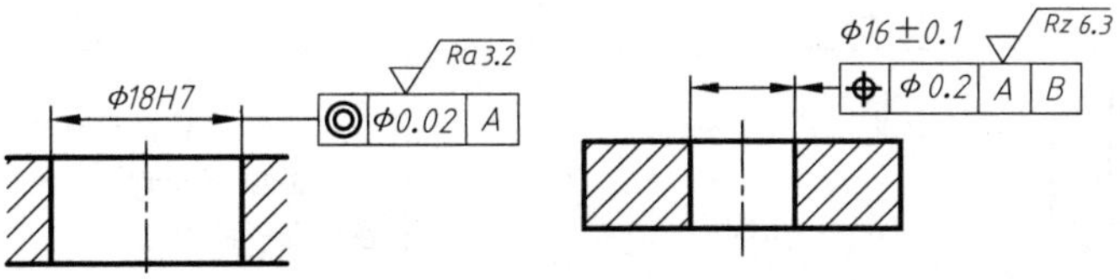 Φ18H7　Ra 3.2　◎ Φ0.02 A　Φ16±0.1　Rz 6.3　⌖ Φ 0.2 A B	表面粗糙度符号可以标注在几何公差框格的上方
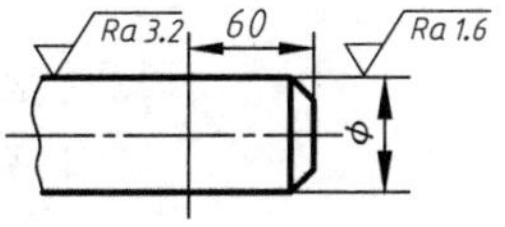 Ra 3.2　60　Ra 1.6　Φ	如果同一个表面上有不同的表面粗糙度要求时，应用细实线画出其分界线，并标注出相应的表面粗糙度代号和尺寸
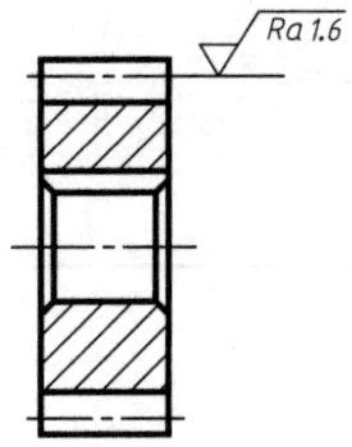 Ra 1.6	齿轮工作表面没有画出齿形时，表面粗糙度注在分度线延长线上
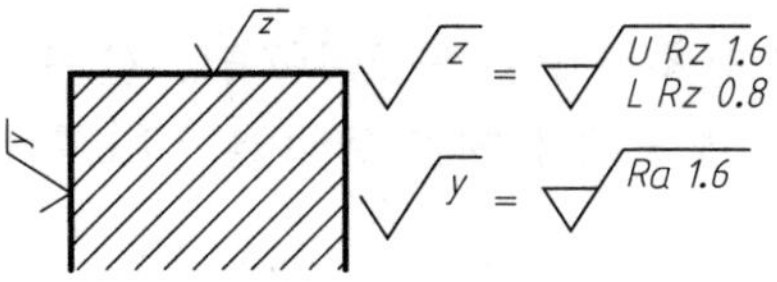 z　y　z = U Rz 1.6 L Rz 0.8　y = Ra 1.6	当多个表面具有相同的表面粗糙度要求或者图纸空间有限时，可以采用简化标注。并以等式的形式在图形或者标题栏附近，将相同表面粗糙度要求进行简化标注

（续）

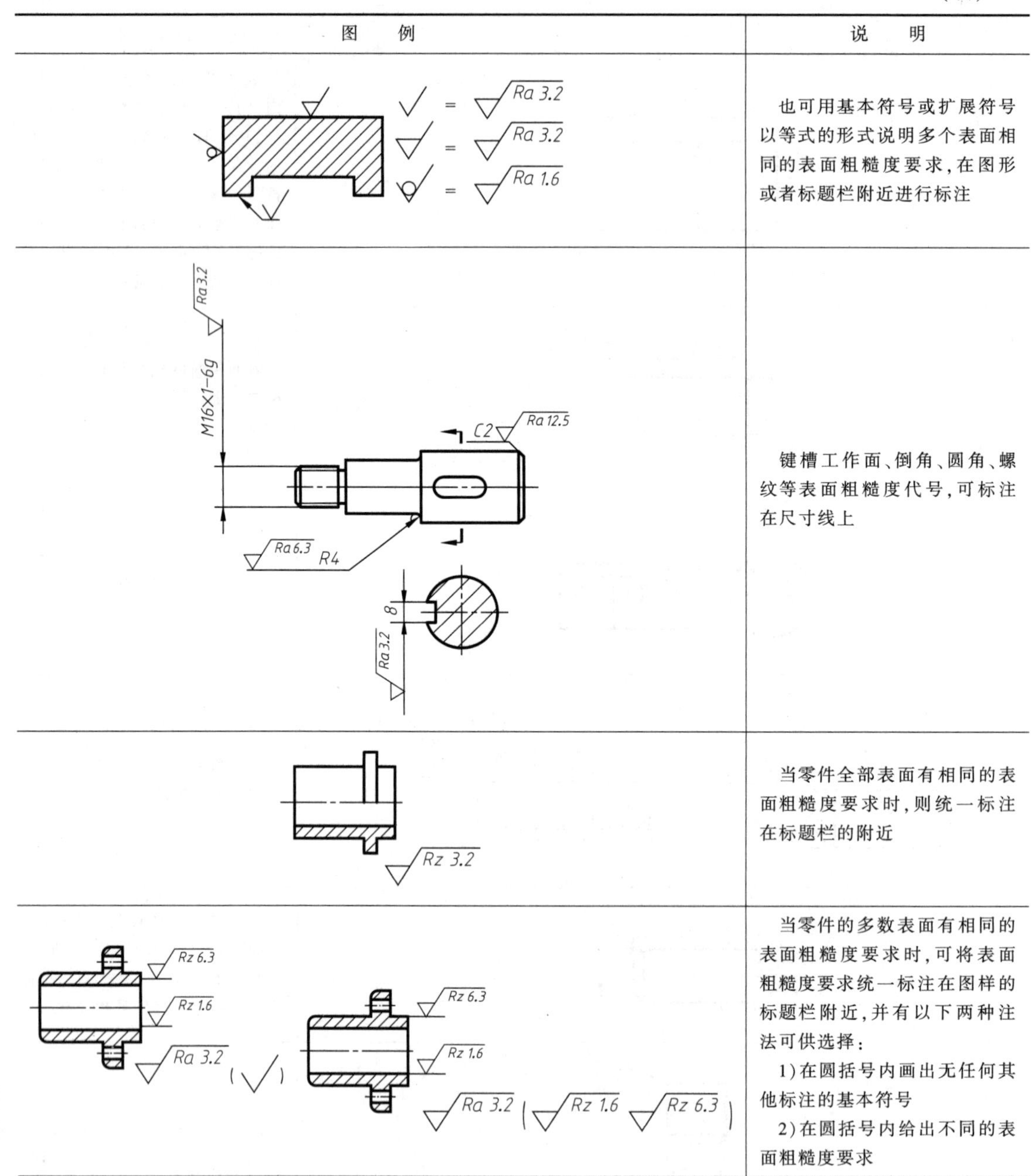

图　例	说　明
	也可用基本符号或扩展符号以等式的形式说明多个表面相同的表面粗糙度要求，在图形或者标题栏附近进行标注
	键槽工作面、倒角、圆角、螺纹等表面粗糙度代号，可标注在尺寸线上
	当零件全部表面有相同的表面粗糙度要求时，则统一标注在标题栏的附近
	当零件的多数表面有相同的表面粗糙度要求时，可将表面粗糙度要求统一标注在图样的标题栏附近，并有以下两种注法可供选择： 1）在圆括号内画出无任何其他标注的基本符号 2）在圆括号内给出不同的表面粗糙度要求

7.5.2 极限与配合（GB/T 1800.1—2009）

1. 互换性概念

在大批量生产中，从规格大小相同的机器零件中，不经过修配，任意选取一个零件就能够装配到其他零件或者部件上去，并能达到规定要求的使用性能（如零件配合的松紧程度等），即零件具有互换性。

在制造零件的过程中，由于机床振动、刀具磨损等各种原因，零件的尺寸不可能做到绝对准确，因此在保证零件的互换性的前提下，允许零件的尺寸有一定的误差。图样上常注有尺寸公差、几何公差等技术要求。极限与配合，是零件图和装配图中的一项重要技术要求，也是检验产品质量的技术指标。

2. 极限与配合的基本概念

在满足互换性的条件下，零件尺寸的允许变动量叫尺寸公差，简称公差。

下面以图 7-36 为例介绍有关极限与配合的相关术语。

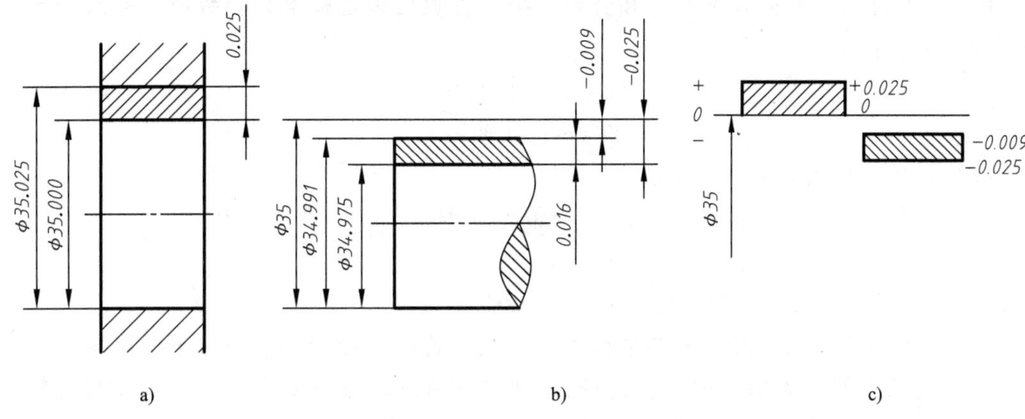

图 7-36　尺寸公差及公差带图

(1) 公称尺寸　图样设计给定的理想形状要素尺寸，如图 7-36 中的 $\phi35$。

(2) 实际尺寸　实际测量所获得的尺寸。

(3) 极限尺寸　允许零件尺寸变化的两个极限值。分为上极限尺寸和下极限尺寸。

上极限尺寸：极限尺寸中最大的一个，如图 7-36a 中孔的 $\phi35.025$，图 7-36b 中轴的 $\phi34.991$。

下极限尺寸：极限尺寸中最小的一个，如图 7-36a 中孔的 $\phi35.000$，图 7-36b 中轴的 $\phi34.975$。

(4) 尺寸偏差　某一尺寸减其基本尺寸所得的代数差，简称偏差。

上极限偏差（ES 或者 es）：上极限尺寸减去公称尺寸所得的代数差。如图 7-36a 中孔的上极限偏差（ES）为：$35.025-35=0.025$，图 7-36b 中轴的上极限偏差（es）为：$34.991-35=-0.009$。

下极限偏差（EI 或者 ei）：下极限尺寸减去公称尺寸所得的代数差。如图 7-36a 中孔的下极限偏差（EI）为：$35.000-35=0$，图 7-36b 中轴的下极限偏差（ei）为：$34.975-35=-0.025$。

(5) 尺寸公差　允许尺寸的变动量。简称公差。

$$公差=上极限尺寸-下极限尺寸=上极限偏差-下极限偏差$$

如图 7-36a 中的尺寸公差为：$0.025-0=0.025$，图 7-36b 中轴的尺寸公差为：$-0.009-(-0.025)=0.016$。

(6) 公差带　由上极限偏差与下极限偏差或上极限尺寸与下极限尺寸所确定的两条直线所限定的一个区域。是表示公差大小和相对零线位置的一个区域。

(7) 公差带图　用适当的比例画成的表示公称尺寸、上下极限偏差和公差之间的关系的图形，如图 7-36c 所示。

（8）零线　在公差带图中，表示公称尺寸的一条直线。它是确定偏差位置的一条基准直线，即为零偏差线，零线上方为正偏差，零线下方为负偏差。

（9）公差等级　公差等级为确定尺寸精度的等级，有 IT01，IT0，IT1，IT2，IT3，… IT18 共分为 20 级。在公称尺寸相同的情况下，公差等级数值越小，即精度越高；公差等级数值越大，即精度越低。

（10）标准公差　根据公称尺寸和公差等级，查表可确定标准公差数值，标准公差决定了公差带的大小：

$$IT = ES - EI（孔用）$$

$$IT = es - ei（轴用）$$

标准公差数值见附表 G-1（摘录）。

（11）偏差类型　国家标准规定了 28 个偏差的类型，其代号分别为：

轴：a，b，c，…，x，y，z，za，zb，zc

孔：A，B，C，…，X，Y，Z，ZA，ZB，ZC

（12）基本偏差　用以确定公差带相对于零线位置的上极限偏差或者下极限偏差。一般指靠近零线的那个偏差为基本偏差。大写的字母为孔的基本偏差代号，小写的字母为轴的基本偏差代号。如图 7-37 所示为孔和轴的基本偏差系列示意图。根据图 7-37、表 7-12 和表 7-13 可知，在公称尺寸一定的情况下，不论是轴或者孔的公差带中，靠近零线的一个偏差即为基本偏差，即公差带中封口的一端，它的值是国家标准给定的，可通过查表 7-12 或

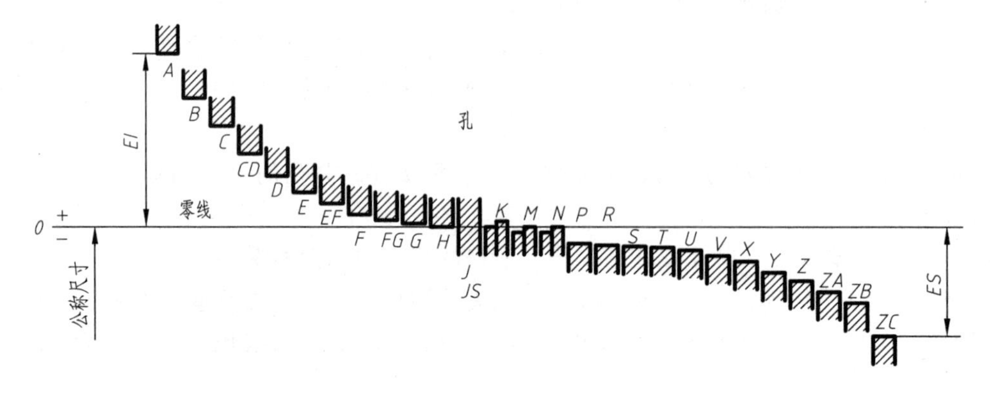

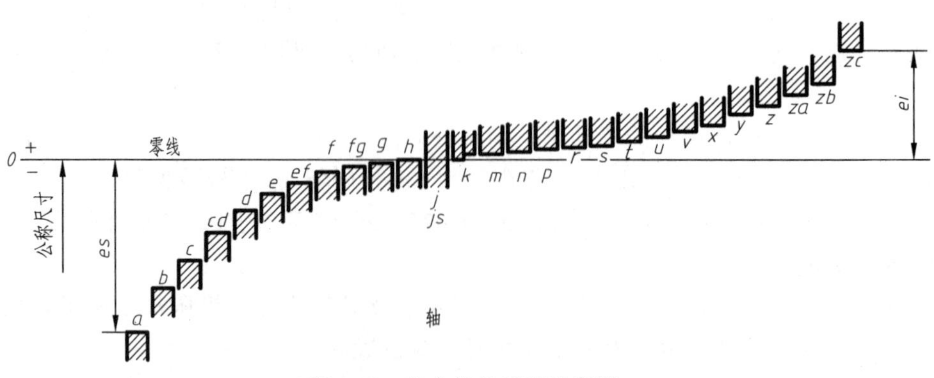

图 7-37　基本偏差系列示意图

表 7-13 确定。而不封口的一端不确定的那个偏差则由标准公差等级确定，通过查附表 G-1 标准公差数值表来确定。

表 7-12　轴的基本偏差表（部分）

公称尺寸/mm		上极限偏差(es)/μm							下极限偏差(ei)/μm						
大于	至	d	e	ef	f	fg	g	h	n	p	r	s	t	u	v
0	3	-20	-14	-10	-6	-4	-2	0	+4	+6	+10	+14	—	+18	—
3	6	-30	-20	-14	-10	-6	-4	0	+8	+12	+15	+19	—	+23	—
6	10	-40	-25	-18	-13	-8	-5	0	+10	+15	+19	+23	—	+28	—
10	14	-50	-32	—	-16	—	-6	0	+12	+18	+23	+28	—	+33	—
14	18														+39
18	24	-65	-40	—	-20	—	-7	0	+15	+22	+28	+35	—	+41	+47
24	30												+41	+48	+55
30	40	-80	-50	—	-25	—	-9	0	+17	+26	+34	+43	+48	+60	+68
40	50												+54	+70	+81
50	65	-100	-60	—	-30	—	-10	0	+20	+32	+41	+58	+66	+87	+102
65	80										+43	+59	+75	+102	+120
80	100	-120	-72	—	-36	—	-12	0	+23	+37	+51	+71	+91	+124	+146
100	120										+54	+79	+104	+144	+172
120	140	-145	-85	—	-43	—	-14	0	+27	+43	+63	+92	+122	+170	+202

表 7-13　孔的基本偏差表（部分）　　（单位：μm）

公称尺寸/mm		下极限偏差(EI)/μm							上极限偏差(ES)/μm						
大于	至	D	E	EF	F	FG	G	H	P	R	S	T	U	V	X
0	3	+20	+14	+10	+6	+4	+2	0	-6	-10	-14	—	-18	—	-20
3	6	+30	+20	+14	+10	+6	+4	0	-12	-15	-19	—	-23	—	-28
6	10	+40	+25	+18	+13	+8	+5	0	-15	-19	-23	—	-28	—	-34
10	14	+50	+32	—	+16	—	+6	0	-18	-23	-28	—	-33	—	-40
14	18													-39	-45
18	24	+65	+40	—	+20	—	+7	0	-22	-28	-35	—	-41	-47	-54
24	30											-41	-48	-55	-64
30	40	+80	+50	—	+25	—	+9	0	-26	-34	-43	-48	-60	-68	-80
40	50											-54	-70	-81	-97
50	65	+100	+60	—	+30	—	+10	0	-32	-41	-58	-66	-87	-102	-122
65	80									-43	-59	-75	-102	-120	-146
80	100	+120	+72	—	+36	—	+12	0	-37	-54	-71	-91	-124	-146	-178
100	120									-54	-79	-104	-144	-172	-210
120	140	+145	+85		+43		+14	0	-43	-63	-92	-122	-170	-202	-248

轴或孔的公差数值都可以由标准公差和基本偏差计算得出。

例 7-1 求 ϕ40H7 的上、下极限偏差。

解：由附表 G-1 可知，当公称尺寸为 40mm、标准公差等级为 IT7 时，查得标准公差数值 IT=25μm；因基本偏差代号 H 大写，表明是孔；由表 7-13 可知，当公称尺寸为 40mm、基本偏差为 H 类时，其偏差为下极限偏差，其数值为 0，即 EI=0；由于标准公差=上极限偏差-下极限偏差，IT=ES-EI（孔），即 25=ES-0，可求得 ES=25μm。由此可得 ϕ40H7 的上极限偏差 ES 为 25μm，下极限偏差 EI 为 0。标记为：$\phi 40^{+0.025}_{0}$

例 7-2 求 ϕ40g7 的上、下极限偏差。

解：由附表 G-1 可知，当公称尺寸为 40mm、标准公差等级为 IT7 时，查得标准公差数值 IT=25μm；因基本偏差代号 g 小写，表明是轴；由表 7-12 可知，当公称尺寸为 40mm、基本偏差为 g 类时，其偏差为上极限偏差，其数值为-9，即 es=-9μm；由于 标准公差=上极限偏差-下极限偏差，IT=es-ei（轴），即 25=-9-ei，可求得 ei=-34μm。由此可得 ϕ40g7 的上极限偏差 es 为-9μm，下极限偏差 ei 为-34μm。标记为：$\phi 40^{-0.009}_{-0.034}$。

3. 配合与配合制

公称尺寸相同的轴和孔相互结合时的公差带之间的关系称为配合，配合反映了轴和孔结合的松紧程度。

1）间隙配合：具有间隙（包括最小间隙为 0）的配合。如图 7-38a 所示，孔的公差带在轴的公差带之上。

2）过盈配合：具有过盈（包括最小过盈为 0）的配合。如图 7-38b 所示，轴的公差带在孔的公差带之上。

3）过渡配合：可能具有间隙或过盈的配合。如图 7-38c 所示，轴孔的公差带部分重叠。

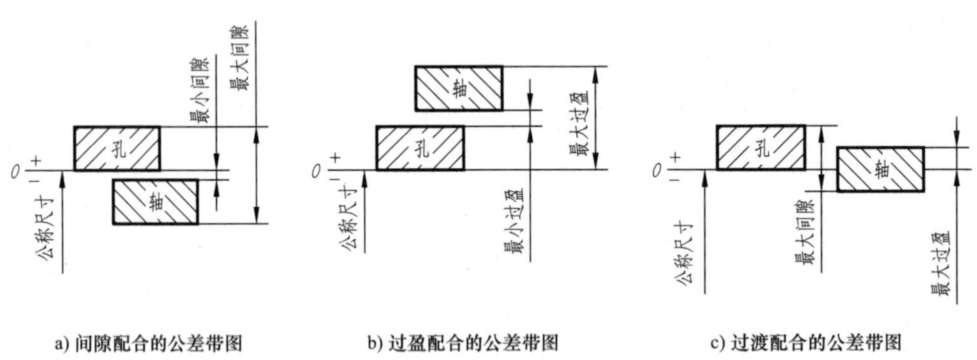

a) 间隙配合的公差带图　b) 过盈配合的公差带图　c) 过渡配合的公差带图

图 7-38　配合类型

4）配合制。将公称尺寸相同的轴和孔的公差带组合起来，可以组成各种不同的配合。国家标准规定了两种基准制：基孔制配合和基轴制配合。

基孔制配合：基本偏差一定的孔的公差带与不同基本偏差的轴的公差带形成的各种配合，如图 7-39a 所示。此时，基准孔的下极限偏差 EI 为 0，其基本偏差代号为 H。

基轴制配合：基本偏差一定的轴的公差带与不同基本偏差的孔的公差带形成的各种配

合，如图 7-39b 所示。此时，基准轴的上极限偏差 es 为 0，其基本偏差代号为 h。

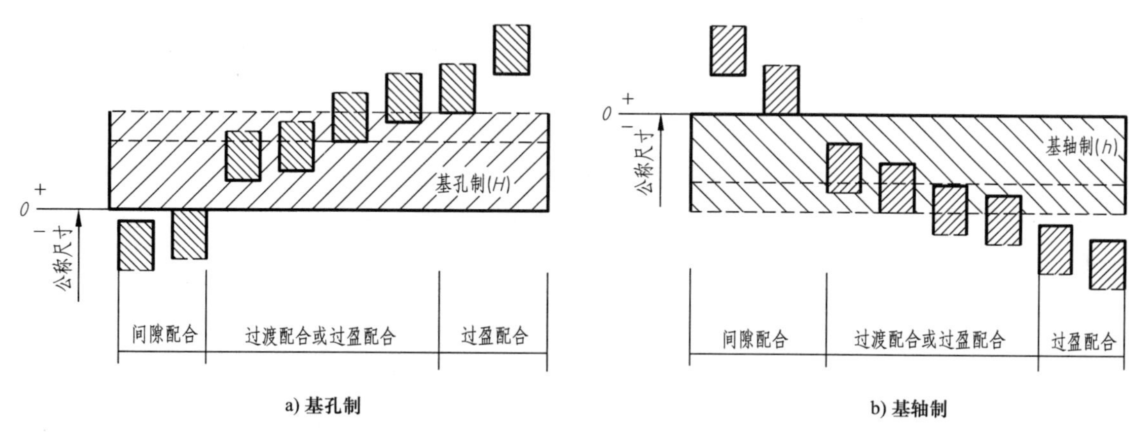

a) 基孔制　　b) 基轴制

图 7-39　基孔制和基轴制

5）优先和常用配合：国家标准根据机械工业产品生产及使用的需要，将孔、轴公差带分为优先、常用和一般用途公差带。在设计制造零件时，尽量选用优先和常用配合，见表 7-14 为基孔制的优先和常用配合表，表 7-15 为基轴制的优先和常用配合。

表 7-14　基孔制的优先和常用配合

基准孔	轴																				
	a	b	c	d	e	f	g	h	js	k	m	n	p	r	s	t	u	v	x	y	z
	间隙配合								过渡配合			过盈配合									
H6						H6/f5	H6/g5	H6/h5	H6/js5	H6/k5	H6/m5	H6/n5	H6/p5	H6/r5	H6/s5	H6/t5					
H7						H7/f6	◤H7/g6	◤H7/h6	H7/js6	◤H7/k6	H7/m6	◤H7/n6	◤H7/p6	H7/r6	◤H7/s6	H7/t6	◤H7/u6	H7/v6	H7/x6	H7/y6	H7/z6
H8					H8/e7	◤H8/f7	H8/g7	◤H8/h7	H8/js7	H8/k7	H8/m7	H8/n7	H8/p7	H8/r7	H8/s7	H8/t7	H8/u7				
				H8/d8	H8/e8	H8/f8		H8/h8													
H9			H9/c9	◤H9/d9	H9/e9	H9/f9		◤H9/h9													
H10			H10/c10	H10/d10				H10/h10													
H11	H11/a11	H11/b11	◤H11/c11	H11/d11				◤H11/h11													
H12		H12/b12						H12/h12						标注◤的配合为优先配合，其中常用配合 59 种，优先配合 13 种。							

表 7-15 基轴制的优先和常用配合

基准轴	孔																				
	A	B	C	D	E	F	G	H	JS	K	M	N	P	R	S	T	U	V	X	Y	Z
	间隙配合								过渡配合			过盈配合									
h5						$\frac{F6}{h5}$	$\frac{G6}{h5}$	$\frac{H6}{h5}$	$\frac{JS6}{h5}$	$\frac{K6}{h5}$	$\frac{M6}{h5}$	$\frac{N6}{h5}$	$\frac{P6}{h5}$	$\frac{R6}{h5}$	$\frac{S6}{h5}$	$\frac{T6}{h5}$					
h6						$\frac{F7}{h6}$	◤$\frac{G7}{h6}$	◤$\frac{H7}{h6}$	$\frac{JS7}{h6}$	◤$\frac{K7}{h6}$	$\frac{M7}{h6}$	◤$\frac{N7}{h6}$	◤$\frac{P7}{h6}$	$\frac{R7}{h6}$	◤$\frac{S7}{h6}$	$\frac{T7}{h6}$	◤$\frac{U7}{h6}$				
h7					$\frac{E8}{h7}$	◤$\frac{F8}{h7}$		◤$\frac{H8}{h7}$	$\frac{JS8}{h7}$	$\frac{K8}{h7}$	$\frac{M8}{h7}$	$\frac{N8}{h7}$									
h8				$\frac{D8}{h8}$	$\frac{E8}{h8}$	$\frac{F8}{H8}$		$\frac{H8}{h8}$													
h9				◤$\frac{D9}{h9}$	$\frac{E9}{h9}$	$\frac{F9}{h9}$		◤$\frac{H9}{h9}$													
h10				$\frac{D10}{h10}$				$\frac{H10}{h10}$													
h11	$\frac{A11}{h11}$	$\frac{B11}{h11}$	◤$\frac{C11}{h11}$	$\frac{D11}{h11}$				◤$\frac{H11}{h11}$													
h12		$\frac{B12}{h12}$						$\frac{H12}{h12}$		标注◤的配合为优先配合，其中常用配合 47 种，优先配合 13 种。											

4. 尺寸公差在图样中的标注

零件图中的标注方法：零件图中的公差标注方法主要有三种，如图 7-40 所示。

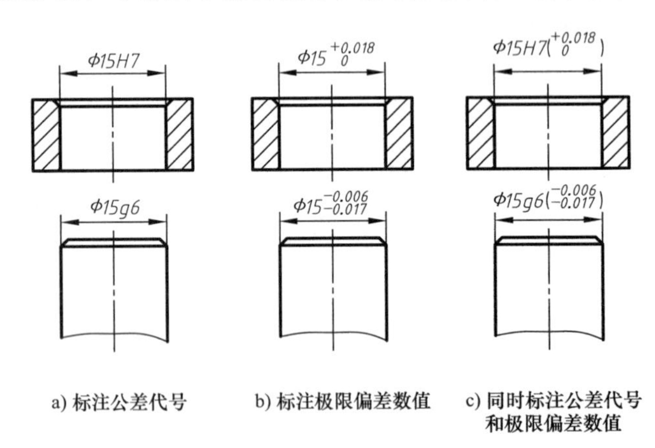

a) 标注公差代号　b) 标注极限偏差数值　c) 同时标注公差代号和极限偏差数值

图 7-40　尺寸公差在零件图中的标注形式

图 7-40a 为标注公差代号的形式，一般大批量的生产采用这种形式；图 7-40b 为少量或者单件生产时采用的形式。以上三种形式可根据具体需要选择，但在同一图样中一般采用一种标注形式。

装配图中的标注方法：装配图中的公差配合标注方法主要有两种，如图 7-41 所示。

公差配合在装配图中的标注形式为：

$$\text{公称尺寸}\ \frac{\text{孔的公差带代号}}{\text{轴的公差带代号}}$$

或者，公称尺寸 孔的公差带代号/轴的公差带代号

配合的代号由两个相互配合的孔和轴的公差带代号所组成，在公称尺寸的右边用分数的形式或者“/”的形式标注出来。如果采用分式的形式，则分子是孔的公差带代号，分母为轴的公差带代号。

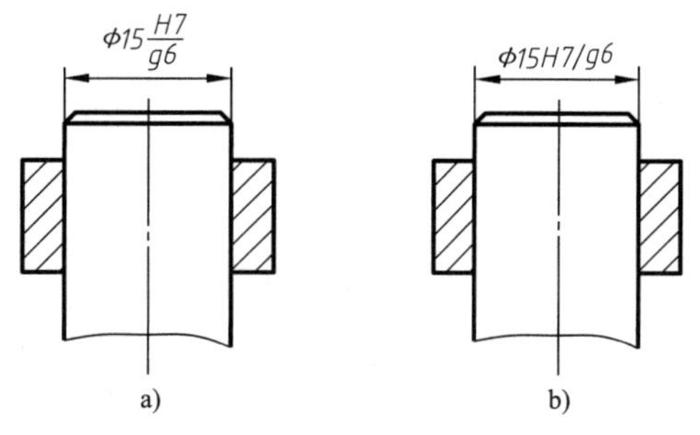

图 7-41　公差配合在装配图中的标注形式

7.5.3　几何公差（GB/T 1182—2008）

在零件的制造加工过程中，除了前面讲到的尺寸公差以外，还会出现零件的实际几何要素对理想几何要素的偏离情况。其所允许的最大变动量，被称为几何公差。几何公差包括形状、方向、位置和跳动公差。

如图 7-42a 所示，完整的几何公差标注应包括几何特征符号、公差框格和指引线、公差数值及基准代号。

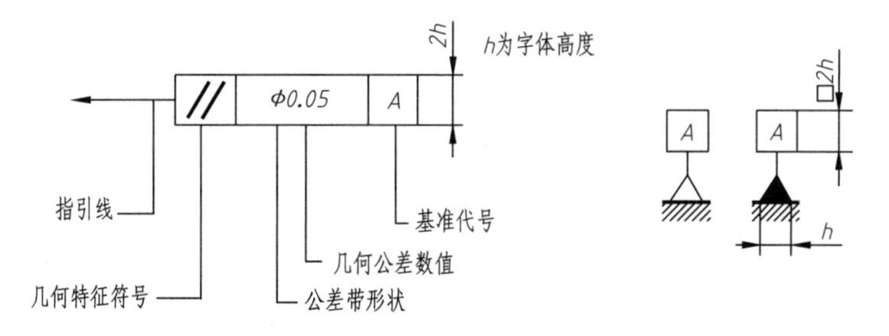

a) 公差框格　　　b) 基准符号

图 7-42　公差框格和基准符号的画法

几何公差的类型、特征、符号见表 7-16。

表 7-16　几何公差的类型、特征和符号（GB/T 1182—2008）

公差类型	几何特征	符号	有无基准
形状公差	直线度	—	无
	平面度	▱	
	圆度	○	
	圆柱度	⌭	
	线轮廓度	⌒	
	面轮廓度	⌓	

（续）

公差类型	几何特征	符号	有无基准
方向公差	平行度	∥	有
	垂直度	⊥	
	倾斜度	∠	
	线轮廓度	⌒	
	面轮廓度	⌓	
位置公差	位置度	⌖	有
	同心度(用于中心点)	◎	
	同轴度(用于轴线)	◎	
	对称度	⌯	
	线轮廓度	⌒	
	面轮廓度	⌓	
跳动公差	圆跳动	↗	有
	全跳动	⌰	

用带箭头的指引线将被测要素与框格相连，指引线可以与框格的任意一端相连，箭头指向被测要素。基准用大写字母标注在基准方格内，用细实线与一个深黑色或者空白的三角形相连。基准符号的书写要求如图 7-42b 所示。

当被测要素为轮廓线或者表面时，将公差框格指引线的箭头指向被测要素的轮廓线或者其延长线上（必须与尺寸线错开）如图 7-43 所示。

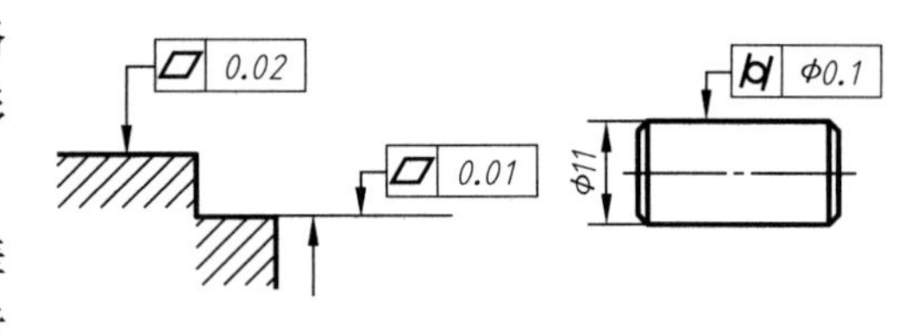

a) 指引线箭头指向轮廓线或者延长线　　b) 指引线指向轮廓并与尺寸线错开

图 7-43　几何公差的标注方法（一）

当被测要素为轴线、中心平面或带尺寸的要素时，则指引线的箭头应与相应的尺寸线对齐，基准符号也应与尺寸线对齐，如图 7-44a 所示。公差基准符号也可以指向被测要素的表面或者延长线上，如图 7-44b 所示。

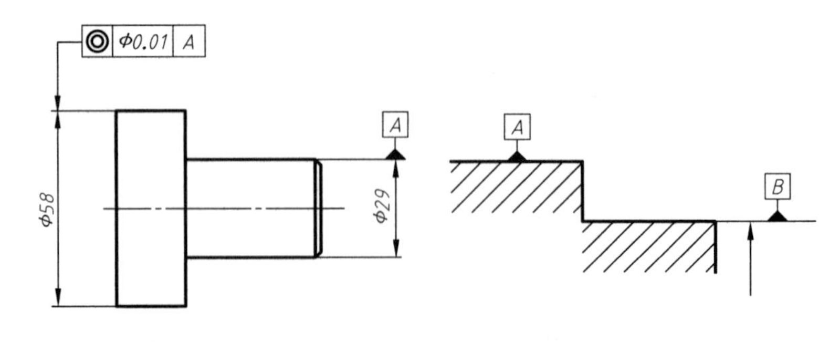

a) 基准要素为轴线时，框格指引线与基准符号都与尺寸线对齐　　b) 基准要素为面时，基准符号放置在轮廓线或者延长线上，且与尺寸线错开

图 7-44　几何公差的标注方法（二）

如图 7-45 所示为一个轴套类零件的几何公差标注及标注说明（图中的文字解释不属于该图内容）。

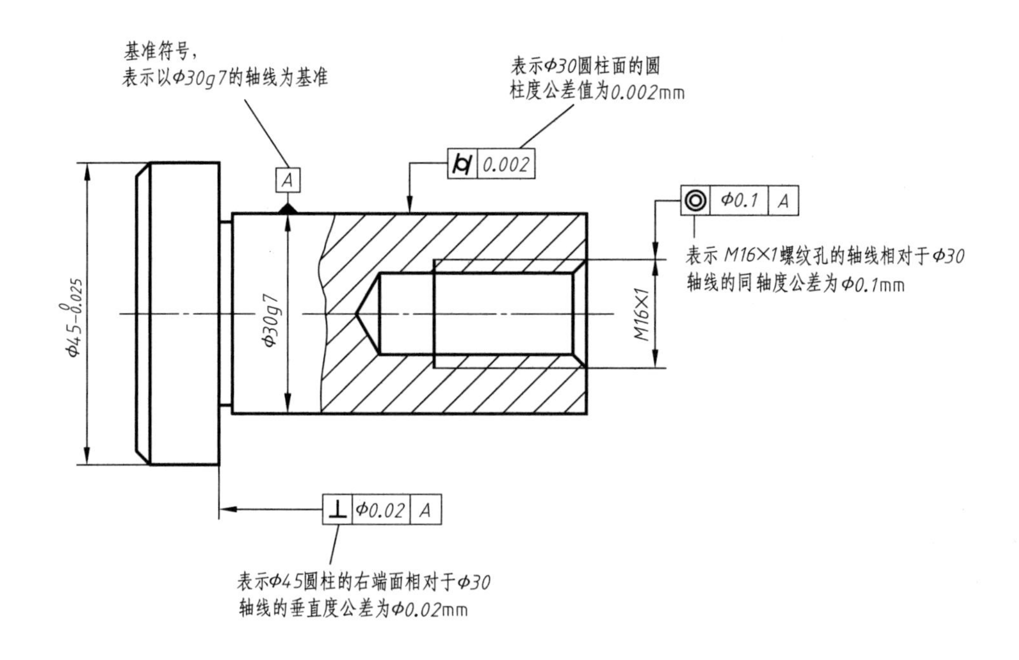

图 7-45　几何公差的标注示例

7.6　读零件图

零件图是生产中指导制造和检验该零件的主要图样，它不仅应将零件的材料、内外结构、形状和大小表达清楚，而且要对零件的加工、检验、测量提供必要的技术要求。设计零件时，经常需要参考同类机器零件的图样，制造零件时需要通过读图想象出零件的结构形状，了解各部分尺寸及技术要求等，按设计要求加工出合格产品。因此从事各种专业的技术人员，必须具备读识零件图的能力。

7.6.1　零件图阅读的方法和步骤

1. 概括了解

根据零件图的标题栏了解零件的名称、材料、绘图比例，并结合装配图或其他设计资料，了解零件的功用及与其他零件的关系。

2. 分析视图，构思零件形状

构思零件的内外形状结构是读零件图的重点。

分析零件图采用的表达方法，从主视图入手，确定各视图之间的关系，结合相关视图、剖视、局部视图、断面图，向视图，斜视图以及断面图等表达方法，找出有关部分的图形，以形体分析法为主，结合线面分析法，得出其空间形状，然后综合各部分形状及它们之间的相对位置关系，构思出整个零件的形状。

3. 分析尺寸和技术要求

确定各方向的尺寸基准，了解哪些是重要的设计尺寸，找出零件各部分的定形尺寸和定位尺寸和零件的总体尺寸，明确哪些是主要尺寸和主要加工面，从而决定适当的加工方案。了解装配表面的尺寸公差、各表面的表面结构要求，理解文字说明中对制造、检验等方面的技术要求。

4. 综合分析

将零件的结构形状、尺寸标注以及技术要求的内容综合起来分析，对零件形成比较全面完整的认识。

7.6.2 零件图阅读举例

例 7-3 阅读图 7-46 所示的零件图。

读图：

1）概括了解。如图所示，由标题栏可知，该零件为底座，属于箱体类零件，材料为 HT150，绘图比例为 1 : 2。

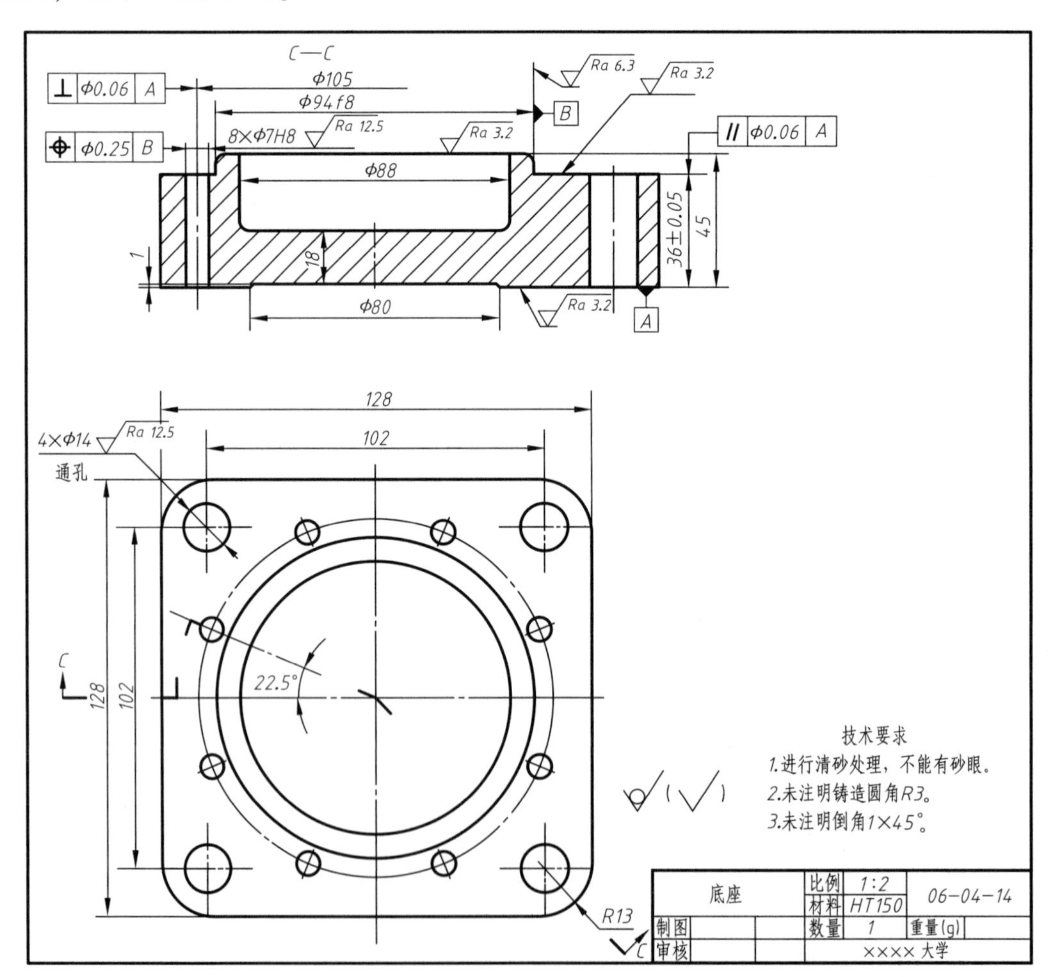

图 7-46 底座零件图

2）分析视图，构思零件形状。零件图采用了全剖主视图和俯视图表达。全剖主视图表达底座上部的盲孔和底座下表面凹坑深度的情况，同时表达了八个圆周均布孔的深度。圆周均布孔采用的规定画法，旋转到剖切平面处表达。俯视图表达了零件的外形结构和底板上四个安装通孔以及8个圆周均布孔的位置，由 $\phi88$ 可知凹坑形状为圆形。

3）分析尺寸和技术要求。长度方向尺寸基准是通过底座内腔轴线的侧平面，宽度方向的尺寸基准是通过底座内腔轴线的正平面，高度方向的尺寸基准是底座的下底面。底座的长宽高分别为128，128，45；底板上4个均布的安装孔大小为 $\phi14$ 通孔；沿直径为105的圆周均布了8个大小为 $\phi7$ 的孔；底座正中的凹坑直径为 $\phi88$，距底面凹坑距离为18。

从表面粗糙度标注看出，8个圆周分布的孔及4个安装孔的表面粗糙度 Ra 数值为12.5μm，底座上端面、下底面、凸台端面及凸台圆柱表面粗糙度 Ra 数值为3.2μm，其余为铸造表面。

零件只有三处具有尺寸公差要求，即 $\phi94f8$、36 ± 0.05 和 $8\times\phi7H8$。几何公差有：$\phi105$ 轴线的垂直度公差，$\phi36$ 凸缘上、下表面的平行度公差，$8\times\phi7$ 的位置度公差要求。这是底座与其他零件相配合的地方，是零件的核心结构。

零件材料为铸铝HT150，应保证铸造时不产生裂缝和变形。在标题栏旁边还有用文字注写的技术要求。

4）综合分析。由以上分析，可知零件形状如图7-47所示。

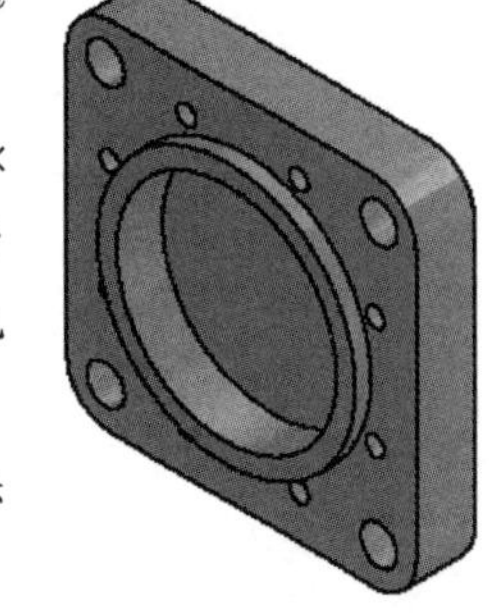

图7-47　底座立体图

例7-4　阅读图7-48所示的零件图。

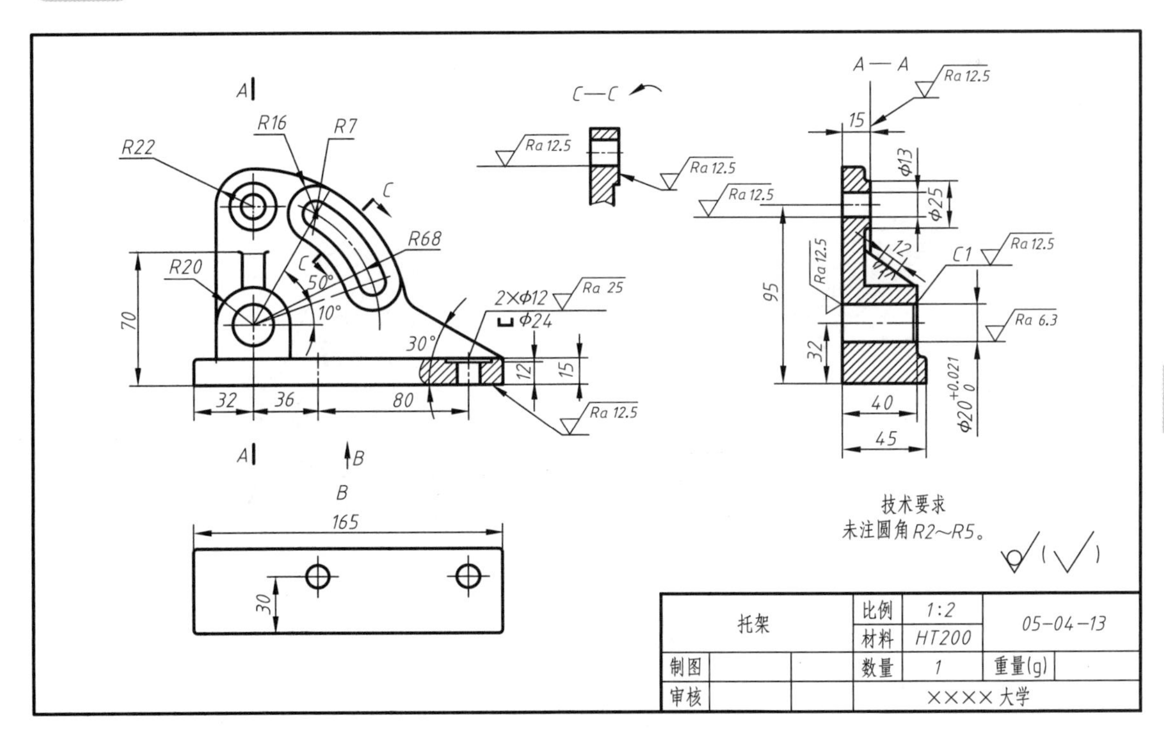

图7-48　托架零件图

读图：

1）概括了解。如图所示，由标题栏可知，该零件为托架，属于叉架类零件，材料为HT200，绘图比例为 1∶2。

2）分析视图，构思零件形状。局部剖主视图表达了弧形竖板、安装板、轴承座孔和肋板等结构的相互关系及形状，*A—A* 全剖左视图表达弧形竖板厚度及上面安装孔、轴承孔及肋板等结构，*B* 向局部视图表示安装板的形状和两个安装孔的位置，*C—C* 移出断面图表示竖板上圆弧通孔，重合断面图表示肋的端面形状和尺寸。

3）分析尺寸和技术要求。长度方向的尺寸基准是 $\phi20$ 轴承座孔的轴线宽度方向的尺寸基准是零件的后表面，高度方向尺寸基准是托架的下底面。底板的长宽高分别为 165、45、15。轴承孔的形状尺寸是 $\phi20$，高度定位尺寸是 32。竖板上面安装孔的直径为 $\phi13$，高度为 95。尺寸公差有一个，轴承座孔 $\phi20^{+0.021}_{0}$，无几何公差要求，$\phi20$ 的轴承孔表面粗糙度值为 6.3μm，底板安装孔锪平沉孔的表面粗糙度值为 25μm，其余加工面的表面粗糙度 *Ra* 值为 12.5μm，其余未标注表面结构要求的表面为铸造表面。

4）综合分析。将零件的结构形状、尺寸标注以及技术要求的内容综合起来分析，对零件形成比较全面完整的认识，如图 7-49 所示。

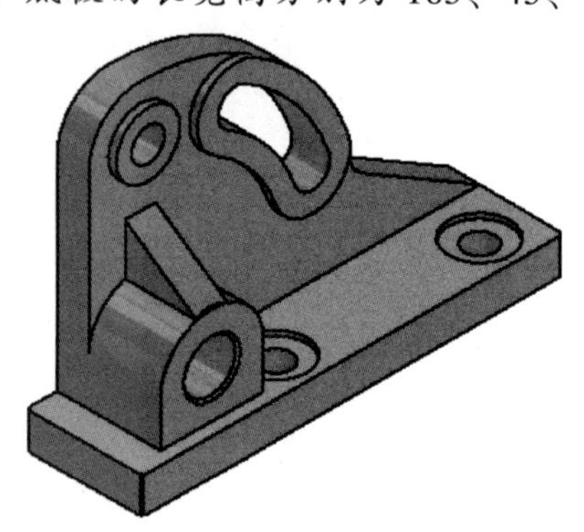

图 7-49　托架立体图

7.7　绘制零件图

本节介绍绘制零件图的步骤，以图 7-50 所示的支架为例。

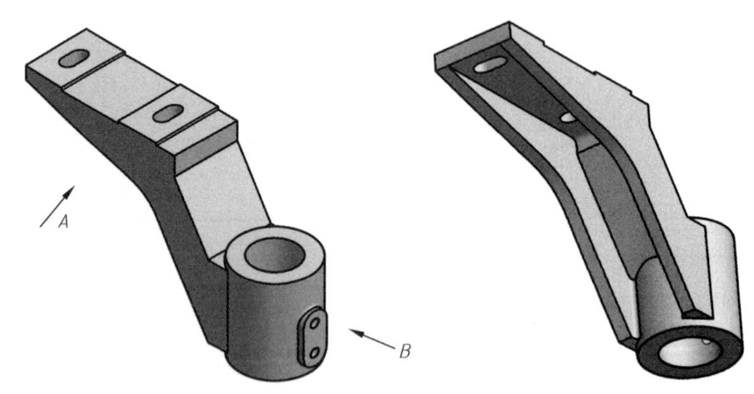

图 7-50　支架零件的立体图

1. 画图前准备

了解零件的名称、用途、结构、特点、材料及相应的加工方法；分析零件的结构、形状，弄清各部分的功用和要求；进行加工工艺分析，确定尺寸、基准、视图形式及表达方案。

2. 作图步骤

（1）确定图幅大小　根据视图数量和大小，选择适当的绘图比例，优先选择 1∶1，此处选择 1∶2。

（2）确定表达方案　根据零件的结构特点确定表达方案。

这个零件属于叉架类零件，以安装位置和最能反映零件形状特征方向作为主视图方向，如图 7-50 所示 *A* 向。为表达内部结构，主视图采用局部剖，再用俯视图表达支架左上部的安装板形状及与相邻结构的相对位置，*B* 向局部视图反映支架右边圆柱上凸台的形状，用移出断面图表达右边圆柱与上面顶板之间连接筋板的断面形状。

3. 布置视图

根据各视图的轮廓尺寸，画出确定各视图位置的基线，并在视图之间留下标注尺寸的位置。如图 7-51 所示。

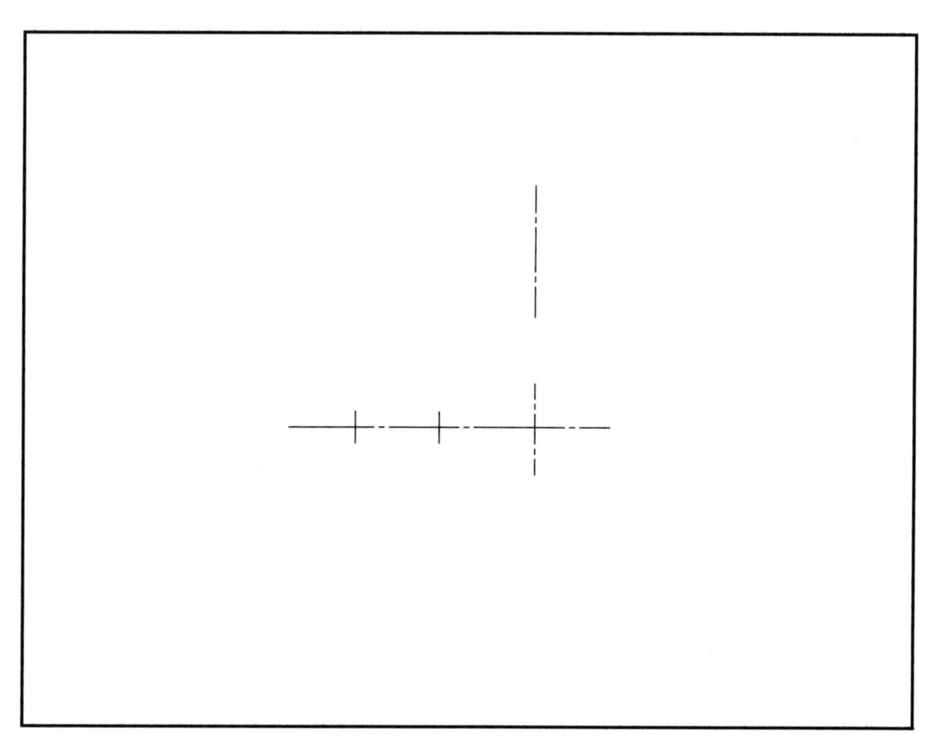

图 7-51　画出确定各视图位置的基线

4. 画底稿

先用细实线逐个画出各视图。画图基本过程可以概括为：先定位置，后定形状；先画主体，后画次要形体，先画主要轮廓，后画细节。如图 7-52 所示。

5. 校核无误，画剖面线（如图 7-53 所示）

6. 标注尺寸，标注表面结构要求和几何公差等技术要求，填写标题栏

底端面为高度方向的尺寸基准，前后对称面为宽度方向尺寸基准，$\phi 34$ 的孔轴线为长度方向尺寸基准，根据使用功用和配合要求标注表面结构、尺寸公差和几何公差，最后将零件名称、比例、材料等填入标题栏。完成图纸。如图 7-54 所示。

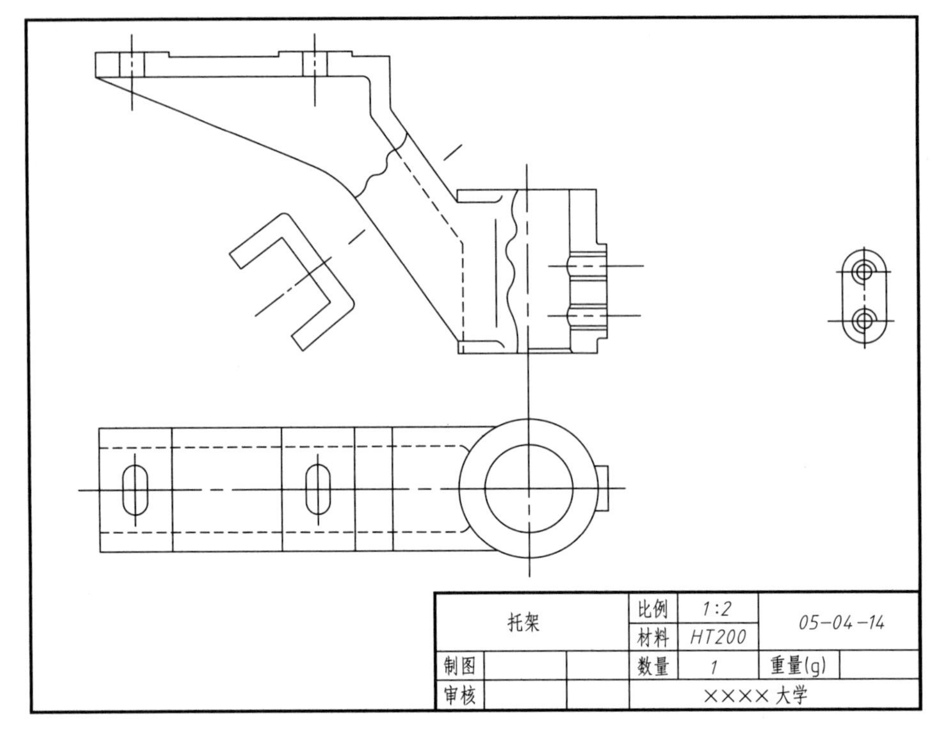

图 7-52　画底稿

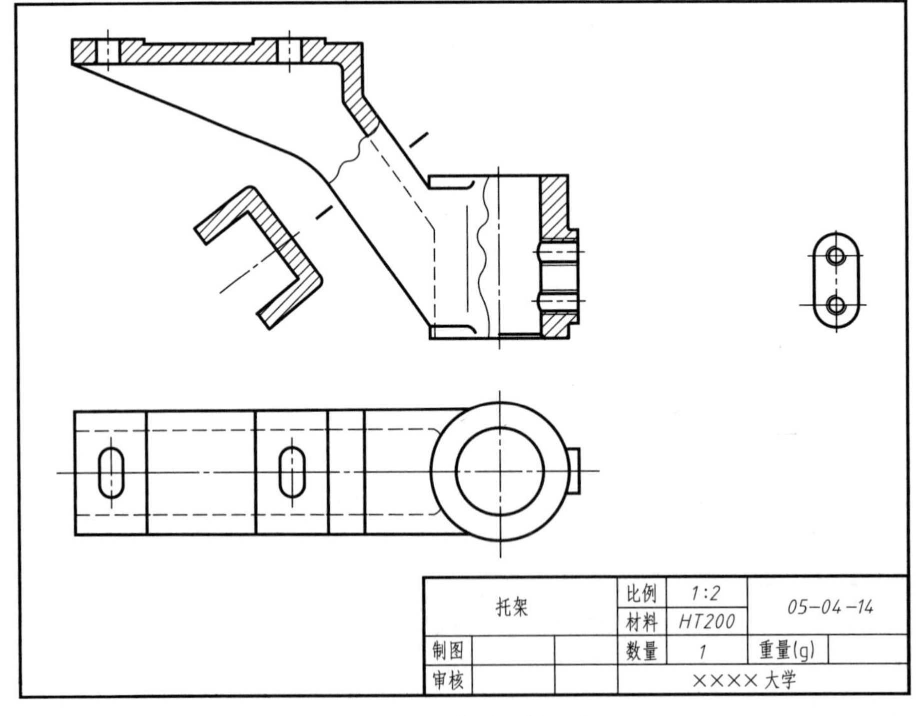

图 7-53　校核后画剖面线

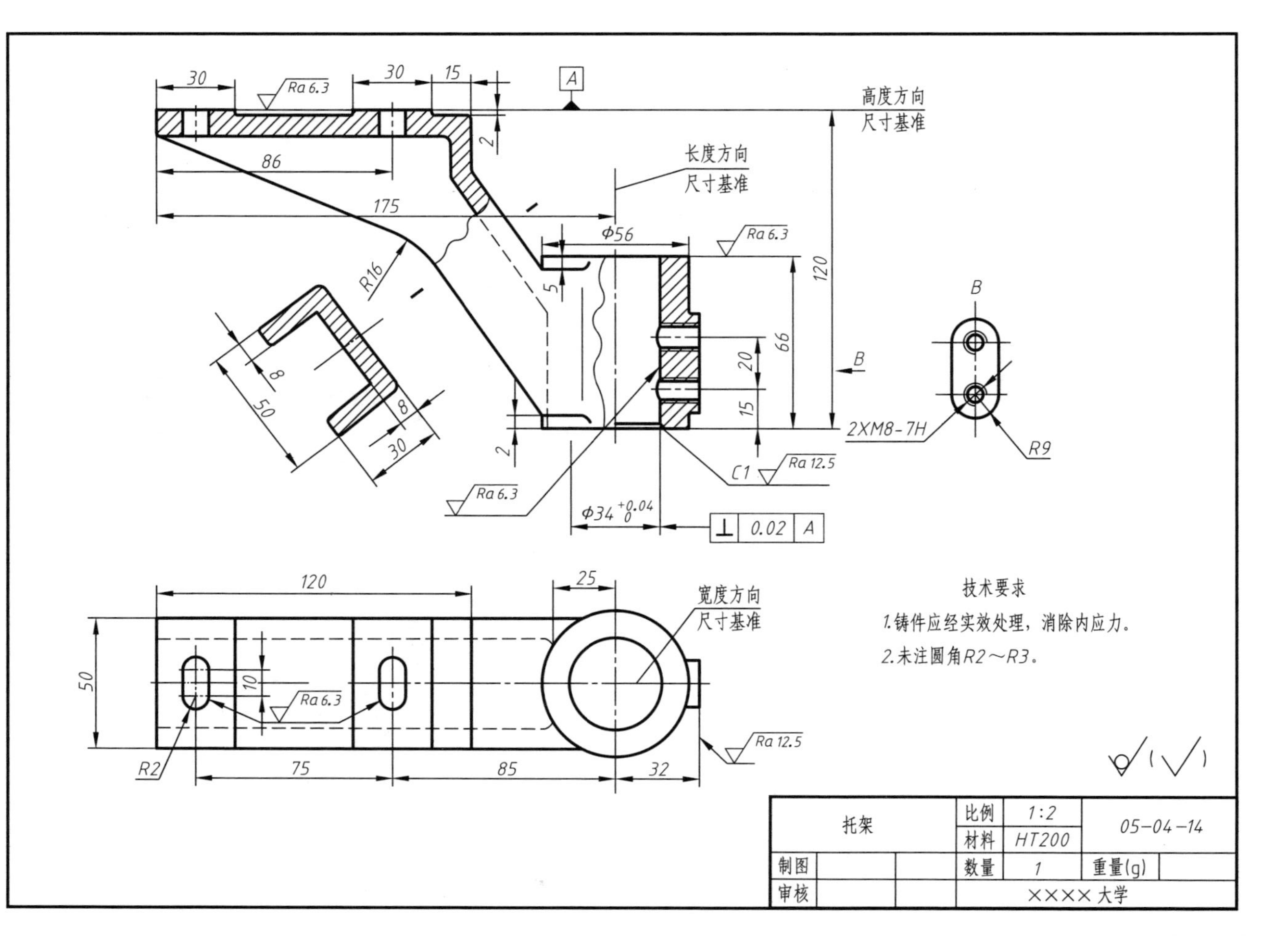

图 7-54 标注尺寸、技术要求、完成零件图

第8章

装　配　图

用来表达机器或部件的图样称为装配图。通过装配图可以了解机器或部件的主要结构形状、装配关系、工作原理和技术要求等，它是对机器或部件进行设计、安装、检测、使用、维修等工作的重要技术文件。

在设计机器或部件时，一般要画出装配图，然后根据装配图拆画零件图，再根据零件图加工各个零件，装配时，则根据装配图组装成机器或部件。如图 8-1 所示为一水龙头，它的作用是用来控制水流的大小。如图 8-2 所示是它的装配图。

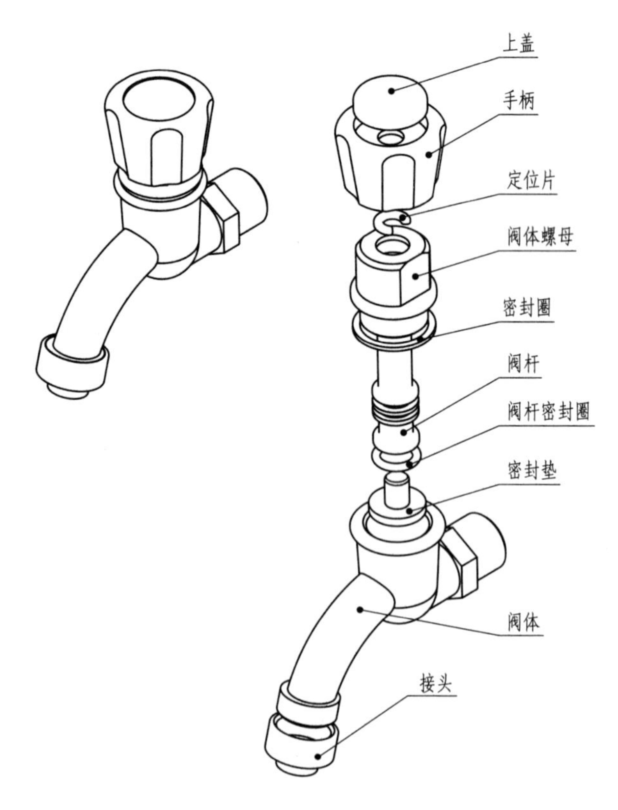

图 8-1　水龙头

8.1 装配图的内容

根据装配图的作用，由图8-2所示的水龙头装配图可以看出，一幅完整的装配图应包括以下内容：

（1）一组图形 用各种常用的表达方法和特殊画法，选用一组恰当的图形表达出机器或部件的各零件主要结构形状，零件间的装配、连接关系等。

（2）必要的尺寸 装配图中的尺寸包括机器或部件的规格（性能）尺寸、装配尺寸、安装尺寸、总体尺寸等。

（3）技术要求 用文字或符号说明机器或部件的性能、装配、安装、检验、调试和使用等方面的要求。

（4）零件序号、明细栏和标题栏 在装配图中将不同的零件按一定的格式编号，并在明细栏中依次填写零件的序号、代号、名称、数量、材料、重量、标准规格和标准代号等。标题栏的内容包括机器或部件的名称、代号、比例、主要责任人等。

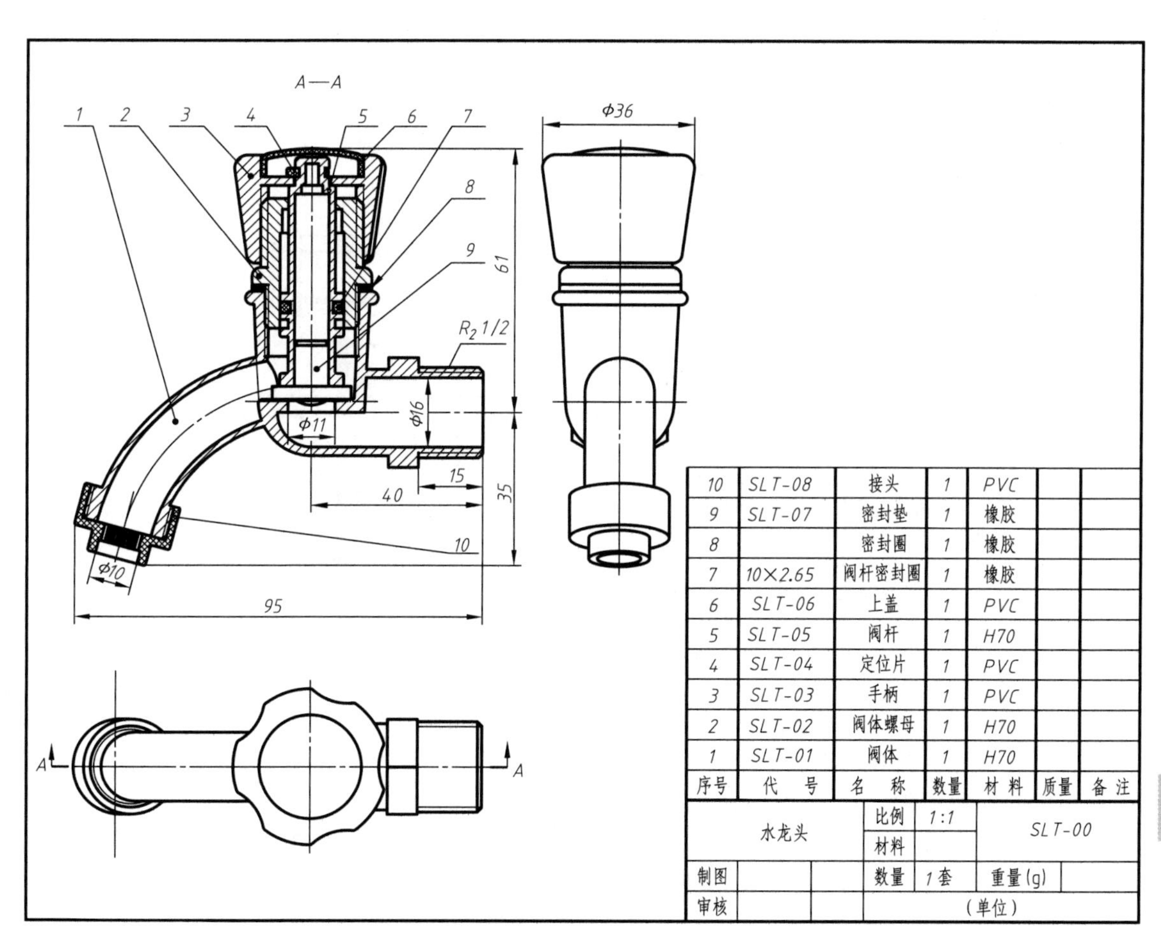

10	SLT-08	接头	1	PVC		
9	SLT-07	密封垫	1	橡胶		
8		密封圈	1	橡胶		
7	10×2.65	阀杆密封圈	1	橡胶		
6	SLT-06	上盖	1	PVC		
5	SLT-05	阀杆	1	H70		
4	SLT-04	定位片	1	PVC		
3	SLT-03	手柄	1	PVC		
2	SLT-02	阀体螺母	1	H70		
1	SLT-01	阀体	1	H70		
序号	代 号	名 称	数量	材 料	质量	备 注
水龙头		比例	1:1	SLT-00		
		材料				
制图		数量	1套	重量(g)		
审核		(单位)				

图8-2 水龙头装配图

8.2 装配图的表达方法

前面所述的表达零件的各种视图表达方法同样适用于表达机器或部件。但是，由于表达的对象和目的不同，因此，与零件图比较，装配图还有如下的一些特殊画法。

8.2.1 规定画法

1）两零件的接触表面画一条线，不接触表面画两条线。如图 8-2 所示。

2）两零件邻接时，不同零件的剖面线方向相反，或者方向一致但间隔不等。如图 8-2 所示。

3）对于螺纹紧固件等标准件以及轴、连杆、球、键、销等实心零件，若剖切平面沿纵向剖切并通过其对称平面，则这些零件均按不剖绘制，如图 8-2 中的主视图所示 9 号零件。必要时，可采用局部剖视。

8.2.2 特殊画法

（1）拆卸画法　在装配图中，如果想要表达部件的内部结构或装配关系被一个或几个零件遮住，而这些零件在其他视图已经表达清楚，则可以假想将这些零件拆去，这种方法称为拆卸画法。拆卸画法一般要标注“拆去××”等。

（2）沿结合面剖切画法　为了表达内部结构，可采用沿两零件结合面作剖切的画法。如图 8-3 所示的 *A—A* 剖视图就是沿泵体和泵盖的结合面剖切后画出的。

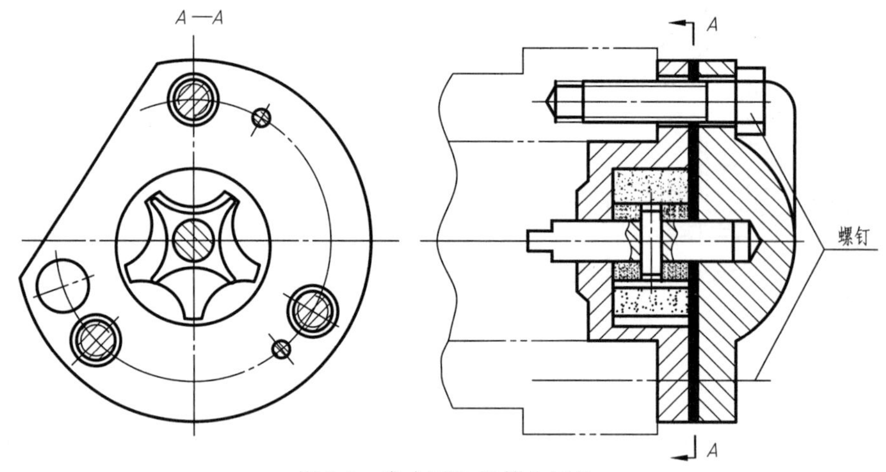

图 8-3　夸大画法和简化画法

（3）假想画法　在装配图中，如果要表达运动零件的极限位置与运动范围，可用双点画线画出其在极限位置的外形轮廓，如图 8-3 所示。另外，若要表达与其他机器或部件中相关零部件的安装连接关系，可采用双点画线画出其轮廓，如图 8-4 所示。

（4）夸大化法　对于细小结构与薄片零件、微小间隙等，当很难以实际尺寸画出时，允许不按比例而采用夸大画法。如图 8-3 所示的垫片，采用了夸大画法。

（5）简化画法　在装配图中，零件的工艺结构如小圆角、倒角、退刀槽等可不画出。对于若干相同的零件，如螺栓连接等，可详细地画出一组或几组，其余的只需用点画线表示其位置。如图 8-3 中的螺钉采用了这种简化画法。

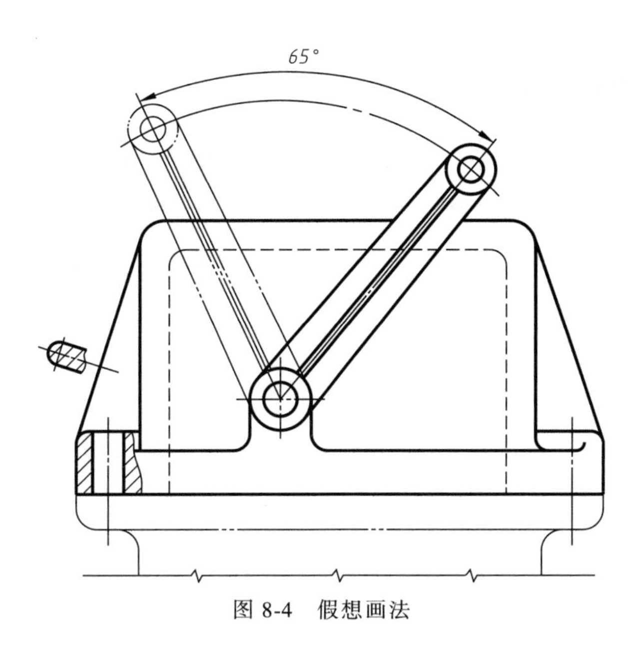

图 8-4　假想画法

8.3　装配图的尺寸标注

装配图中只需标注机器或部件的一些必要尺寸，以说明机器或部件的性能（规格）、工作原理、装配关系和安装要求。一般情况下，装配图中要标注的尺寸有下列几类：

（1）性能（规格）尺寸　表示机器或部件的性能（规格）的尺寸，它在设计时就已经确定，是设计、了解和选用机器或部件的依据。如图 8-2 中的尺寸 ϕ10，ϕ16。

（2）装配尺寸　表示有关零件间装配关系的尺寸。

（3）安装尺寸　机器或部件安装时所需要的尺寸，如图 8-2 中的尺寸 40、35。

（4）外形尺寸　表示机器或部件总长、总宽和总高尺寸，它是进行包装、运输和安装的依据。如图 8-2 中的外形尺寸：95、ϕ36，装配体的总高由尺寸 35 和 61 加和得到。

（5）其他重要的尺寸　设计时已确定、而未被包括在上述几类尺寸中的一些重要尺寸。如运动零件的极限尺寸、主体零件的重要尺寸等，如图 8-4 中的尺寸 65°。

8.4　装配图的零件序号和明细栏

为了便于读图、图样管理以及有利于生产的准备工作，必须对机器或部件中的所有零件编号，并在标题栏上方填写序号相对应的明细栏。

8.4.1　零件序号的编写

机器或部件中相同的零件（指形状、尺寸、材料相同）只编写一个序号，编写序号的一般方法如下：

1）序号由圆点、指引线、水平线（或圆）及数字组成，如图 8-5a 所示。指引线和水平线均为细实线，数字写在水平线上方（或小圆内），数字的高度比尺寸数字大一号或两号。

指引线应指在零件的轮廓线内，并在起始处画一圆点，如果遇到很薄的零件或涂黑的剖面时，用箭头代替圆点并指向轮廓线，如图 8-5b 所示。

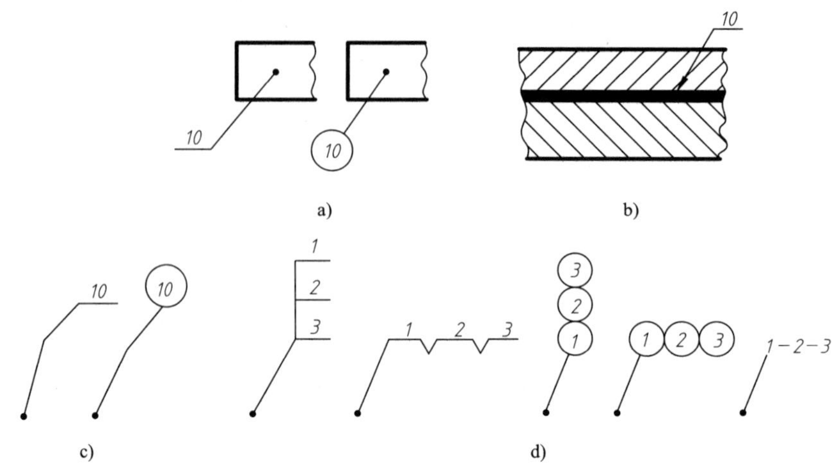

图 8-5 零件序号的编写

2）指引线应分布均匀，不宜相交。当穿过剖面线的区域时，应避免与剖面线方向相同，必要时可再曲折一次，如图 8-5c 所示。

3）对于一组紧固件（如螺纹连接件）及装配关系清楚的组件，可采用公共的指引线，如图 8-5d 所示。

4）零件序号应按顺时针或逆时针并沿水平或垂直方向整齐排列，如图 8-2 所示。

8.4.2 明细栏的编制

明细栏画在标题栏的上方，零件的序号由下而上填写，如位置不够，可将其分段并移到标题栏的左边。在特殊的情况下，标题栏可另外单独写在一张图纸上。如图 8-6 所示为国家标准规定的明细栏格式。

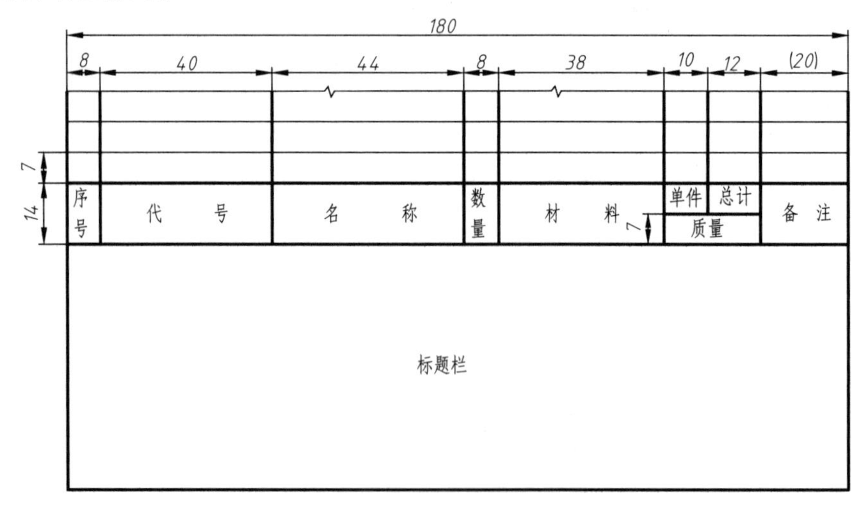

图 8-6 明细栏的格式

8.5 一些常用连接的装配画法

在各种机器设备上，不同零件连接在一起，大量使用螺纹紧固件、键、销等标准件进行连接。下面介绍国标中对它们的规定画法和标注。

8.5.1 螺纹紧固件的装配画法

1. 螺栓连接的装配画法

螺栓用来连接不太厚且都能钻成通孔的零件。被连接的两块板上钻有直径比螺栓公称直径略大的通孔（孔径约为 1.1d，不是螺纹孔），将螺栓伸进这两孔中，为了方便安装一般以螺栓的头部抵住被连接板的下端面，然后在螺栓上部套上垫圈，以增加支持面积和防止损伤零件表面，最后用螺母拧紧。如图 8-7 所示是螺栓连接的装配图。画螺栓连接装配图时应注意以下几点：

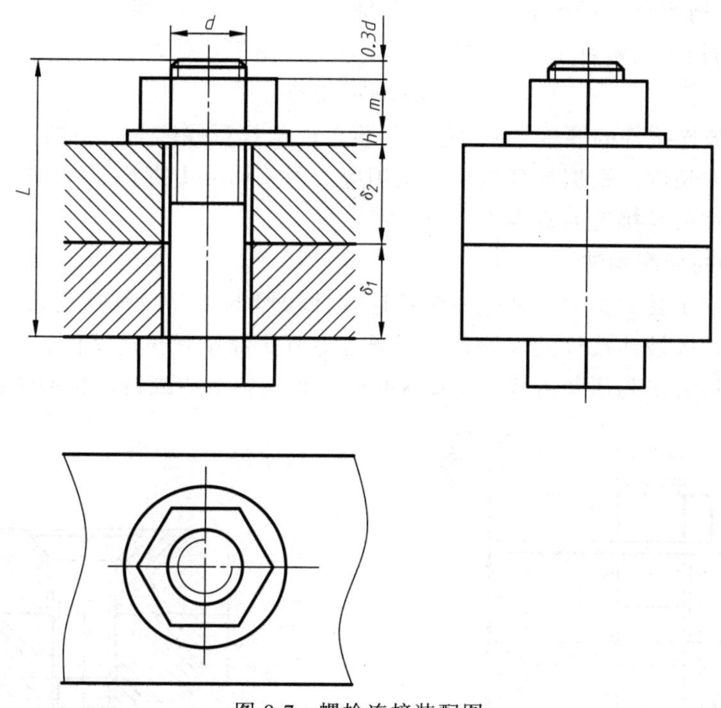

图 8-7 螺栓连接装配图

1）被连接件的通孔大于螺杆直径，安装时孔内壁和螺杆都不接触，应分别画出各自的轮廓线。

2）螺栓上的螺纹终止线应低于被连接件顶面轮廓，高于两被连接件接触面位置。

3）螺栓的有效长度 L 应先根据下式估算：

$$L=\delta_1+\delta_2+h+m+0.3d$$

其中 δ_1 和 δ_2 是两个被连接件的厚度，h 为垫圈厚度，m 为螺母厚度允许值的最大值，0.3d 是螺栓末端伸出螺母的长度。根据计算结果，从相应的国家标准中查找螺栓有效长度系列值，从中选取一个与估算值最接近的标准长度值。

2. 双头螺柱连接的装配画法

当两个被连接件有一个较厚或不宜做成通孔，且受力较大、需要经常拆卸时，采用双头螺柱连接。在较薄的被连接件上钻略大于螺柱的通孔（孔径约为 $1.1d$），在较厚的被连接件上加工螺纹孔。将螺柱的一端旋入较厚的被连接件的螺纹孔中，称为旋入端；另一端穿过较薄零件的通孔，套上垫圈，再用螺母拧紧，称为紧固端。如图 8-8 所示是双头螺柱连接的装配图，绘制该装配图时应注意以下几点：

1）双头螺柱旋入端的长度 b_m 与有螺纹孔的被连接件的材料有关。按国标规定，被连接件为钢和青铜时，$b_m = d$（GB/T 897—1988）；被连接件为铸铁时，$b_m = 1.25d$（GB/T 898—1988）；被连接件为钢和青铜时，$b_m = 1.5d$（GB/T 899—1988）；被连接件为铝时，$b_m = 2d$（GB/T 900—1988）。

2）双头螺柱旋入端应完全拧入被连接件的螺纹孔中，画图时，旋入端的螺纹终止线应与两个被连接件的接触面平齐。

3）双头螺柱伸出端的螺纹终止线应低于较薄连接件的顶面轮廓。

4）螺柱与较薄零件上的孔有间隙，应分别画出各自的轮廓线。

5）伸出端的长度为螺柱的有效长度 L，L 应先根据下式估算：

$$L=\delta+h+m+0.3d$$

其中 δ 是较薄的被连接件的厚度，h 为垫圈厚度，m 为螺母厚度允许值的最大值，$0.3d$ 是螺柱末端伸出螺母的长度。根据计算结果，从相应的国家标准中查找螺柱有效长度系列值，从中选取一个与估算值最接近的标准长度值。

3. 螺钉连接的装配画法

螺钉连接多用于受力不大，其中一个被连接件较厚的情况。螺钉连接不用垫圈和螺母，直接将螺钉拧入较厚被连接件的螺纹孔中，通过螺钉头部压紧被连接件。根据螺钉头部的形状不同，螺钉连接有多种压紧方式。如图 8-9 所示是一字沉头螺钉连接的装配图。画图时应

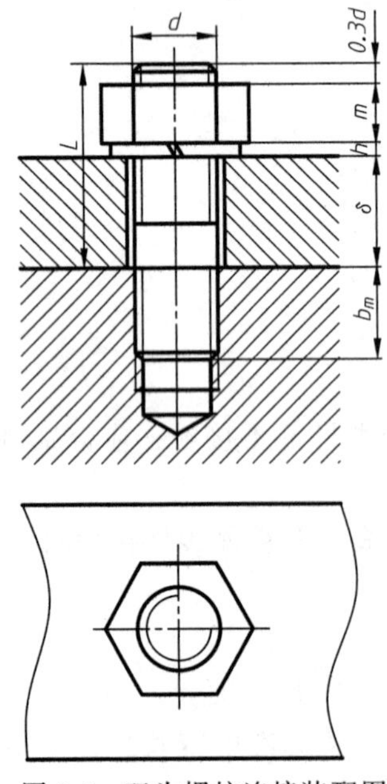

图 8-8 双头螺柱连接装配图

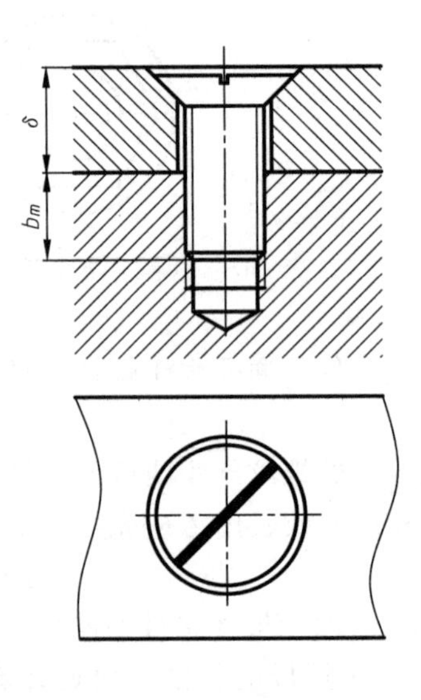

图 8-9 螺钉连接装配图

注意以下几点：

1）为使螺钉连接牢固，螺钉的螺纹终止线应高于两被连接件的接触面轮廓线，螺钉螺杆端部与螺纹孔的螺纹终止线应留有 0.5d 的间隙。

2）螺钉头部的一字或十字槽的投影常涂黑表示，在俯视图中，这些槽应画成与中心线成 45°。

3）螺钉的有效长度 L 应按下式估算：

$$L=\delta+b_{m}$$

其中 δ 为较薄零件的厚度；b_{m} 为螺钉旋入较厚零件螺纹孔的深度，b_{m} 值的选取与被连接件的材料有关。根据估算的结果，从相应的国家标准中查找螺钉有效长度 L 系列值，从中选取一个最接近估算值的标准长度值。

8.5.2 键连接的装配画法

键连接主要用于轴和轴上传动零件的连接，起连接和传递力矩的作用。以普通平键连接为例，说明键连接画法。在轴（图 8-10a）和齿轮（图 8-10b）上分别制出一个键槽，装配时将键（图 8-10c）放入轴上的键槽内，然后将轮上的键槽对准键套入即可。

普通平键和半圆键的连接原理类似，两侧面为工作平面，装配时，键的两侧面与键槽的侧面接触，工作时靠键的侧面传递转矩。绘制键连接装配图时，键与键槽侧面之间无间隙，画一条线；键的底面与轴上键槽底面无间隙，画一条线；键的顶面是非工作表面，与轮毂键槽的顶面不接触，应画出间隙，如图 8-10d 所示。

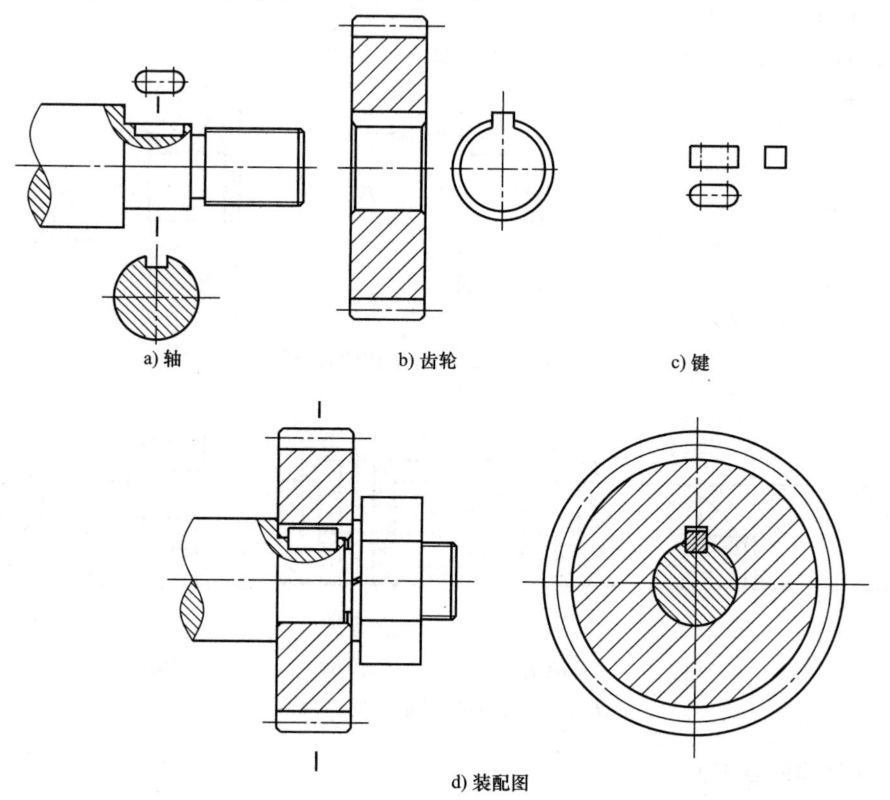

图 8-10　键连接装配图

8.5.3　销连接的装配画法

销连接常用于零件之间的连接和定位。圆柱销和圆锥销的装配图画法如图 8-11 所示。

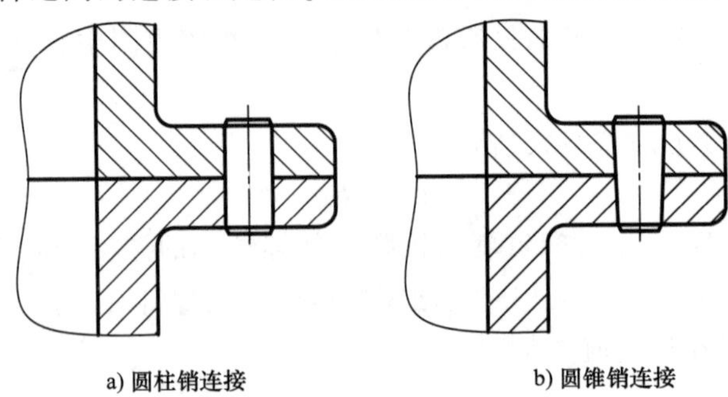

图 8-11　销的装配图画法

8.6　装配结构的合理性

为了保证机器或部件的性能，或方便加工制造和装拆，在设计过程中必须考虑装配结构的合理性。

1. 配合面与接触面结构的合理性

1）当轴与孔配合，且轴肩与孔断面接触时，为保证有良好的接触精度，应将孔加工成倒角或在轴肩部切槽，如图 8-12 所示。

2）同一方向上的接触面只允许有一对，如图 8-13 所示。

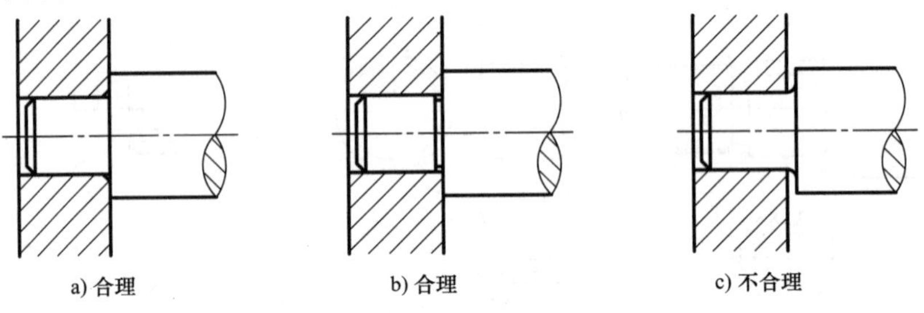

图 8-12　孔、轴配合结构的合理性

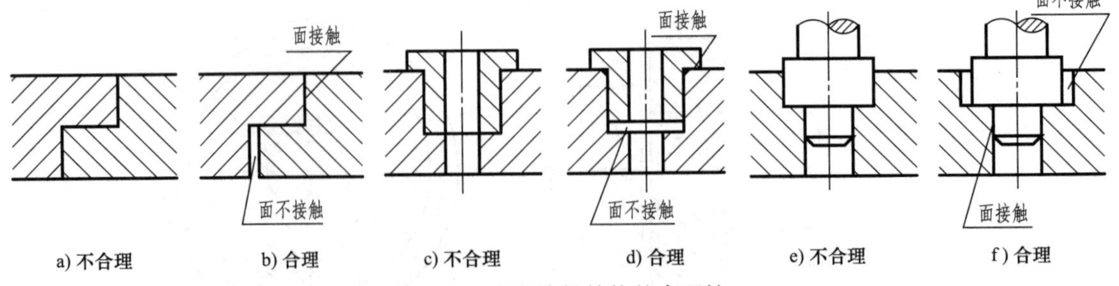

图 8-13　表面接触结构的合理性

2. 防松结构的合理性

机器或部件在工作时，由于受到冲击或振动，一些连接件（如螺纹连接件）可能发生松动，有时甚至产生严重事故，因此，在某些结构中需要采用防松结构。如图8-14所示为常见的防松结构。

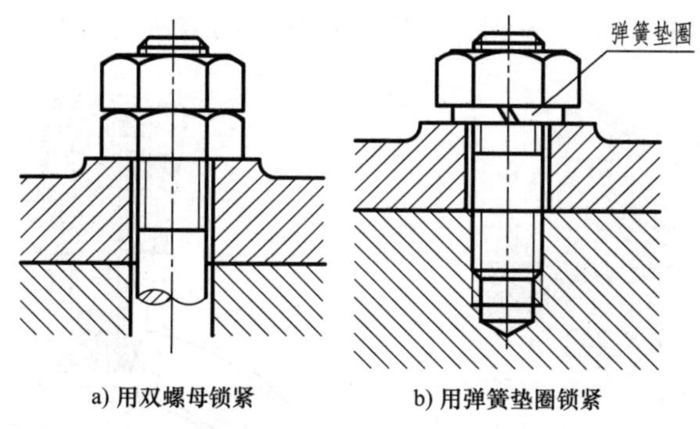

图8-14 常见的防松结构

3. 有利于装拆的合理结构

1）对于采用销连接的结构，为了装拆方便，尽可能将销孔加工成通孔，如图8-15所示。

2）对于螺纹连接装置，必须留出装拆螺纹连接件时所需的足够工作空间，如图8-16所示。

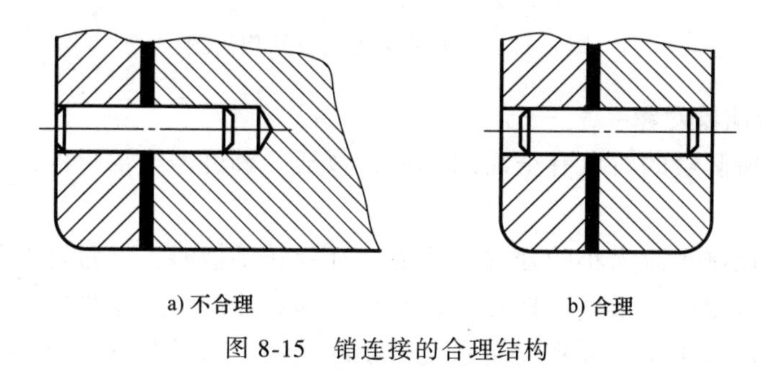

图8-15 销连接的合理结构

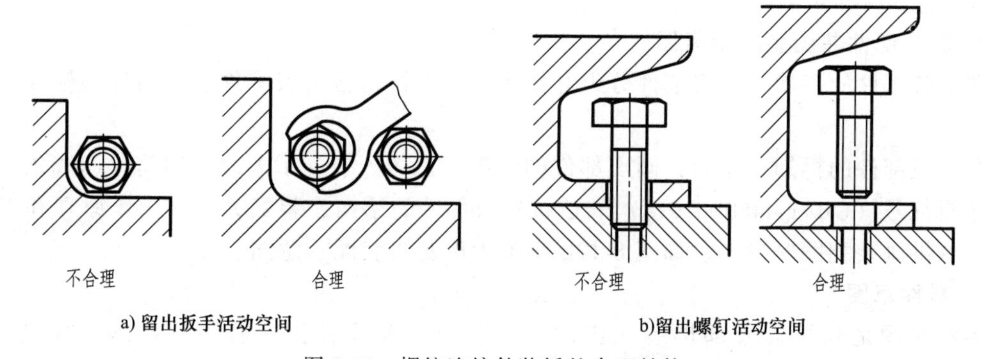

图8-16 螺纹连接件装拆的合理结构

8.7 部件测绘与装配图的画法

8.7.1 部件测绘的方法与步骤

当需要对现有的机器或部件进行维护、技术改造时，往往要测绘有关机器的部分或整体，这个过程称为部件测绘。一般情况下，部件的测绘有下列几个步骤：①了解、分析测绘对象；②拆卸部件并画装配示意图；③画零件草图；④绘制零件图和装配图。

下面以图 8-17 所示的水龙头为例，说明部件测绘的方法与步骤。

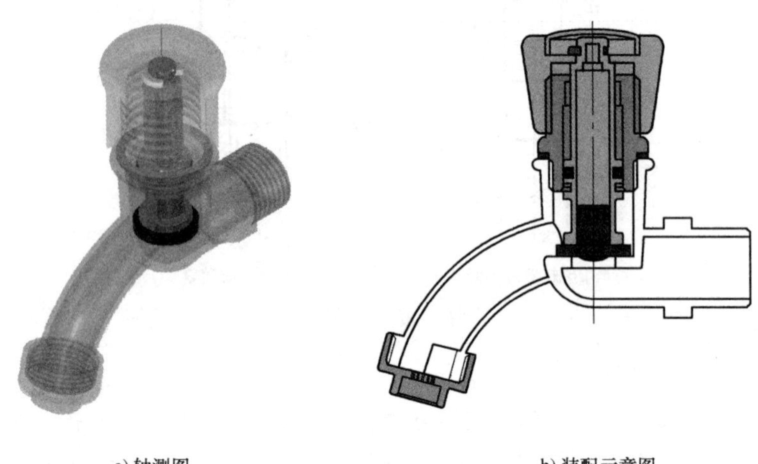

a) 轴测图　　b) 装配示意图

图 8-17　水龙头装配体及结构简图

1. 了解、分析测绘对象

测绘时，应对所测绘的对象有全面的了解，包括了解机器或部件的用途、工作原理及装配关系等。

水龙头是用来控制水流大小的开关。当逆时针旋转手柄时，通过与阀体螺母的螺纹连接向上升起手柄，通过定位片带动阀杆提起密封垫，起到控制水流增大的作用；当顺时针旋转手柄时，上述零件动作相反，起到控制水流减小的作用。为了防漏的目的，在阀杆、阀体螺母上分别加了一个密封圈。

2. 拆卸部件并画装配示意图

在了解部件的基础上，将部件分组并依次拆卸，同时按一般零件、常用件和标准件进行分类。

在完成部件的拆卸工作后，画出部件的装配示意图。装配示意图是用简单的线条和机构运动简图符号（GB/T 4460—2013）表达机器或部件的结构、装配关系、工作原理和串动路线等，可供画装配图时参考。如图 8-17b 所示为水龙头装配示意图。

3. 零件草图

零件草图是画机器或部件装配图的主要依据，与零件图一样，其内容一定要齐全。除了标准件外，其余的零件都要画出零件图。绘制零件图草图的方法与步骤在第 7 章零件图部分已经做了详细的论述，这里不再重复。图 8-18～图 8～25 为水龙头的各个零件的零件图（零件草图的内容基本相同，只是绘图的方法和表达的细节略有简化，这里不再重复画出）。

4. 绘制零件图和装配图

根据所绘的零件草图绘制成零件工作图，并根据装配示意图画出装配图。在画装配图过程中，如果发现有问题的零件草图则必须返回去做出修改，并画出相应的零件工作图。

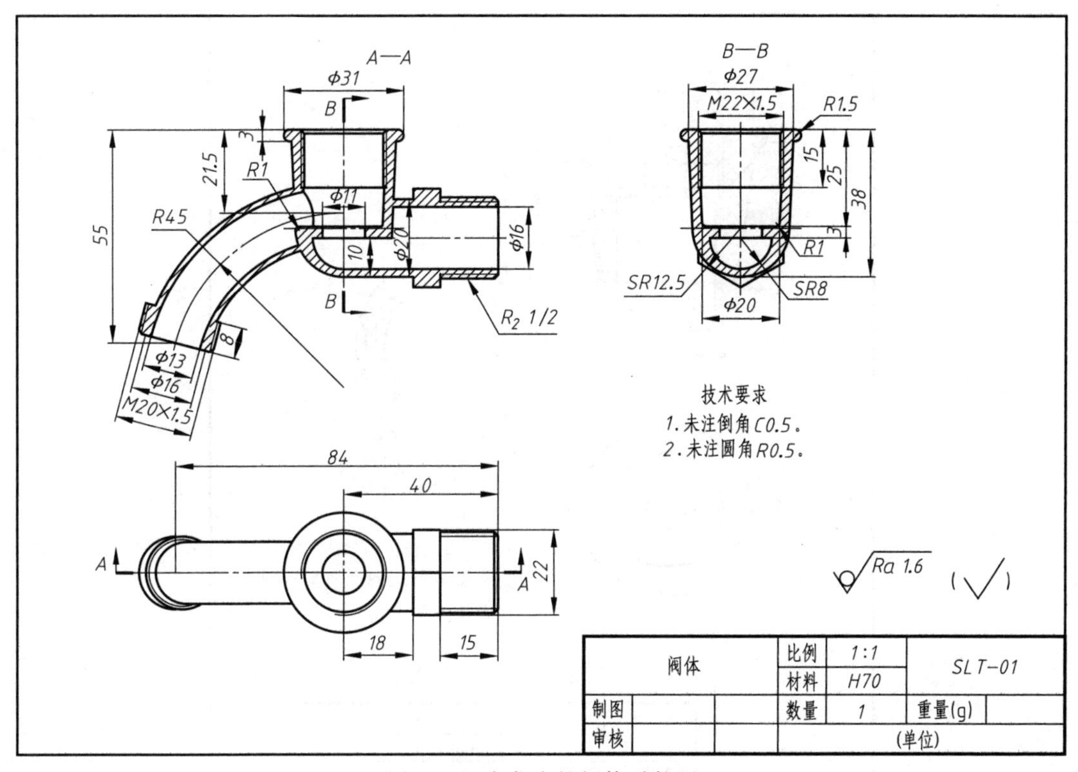

图 8-18　水龙头的阀体零件图

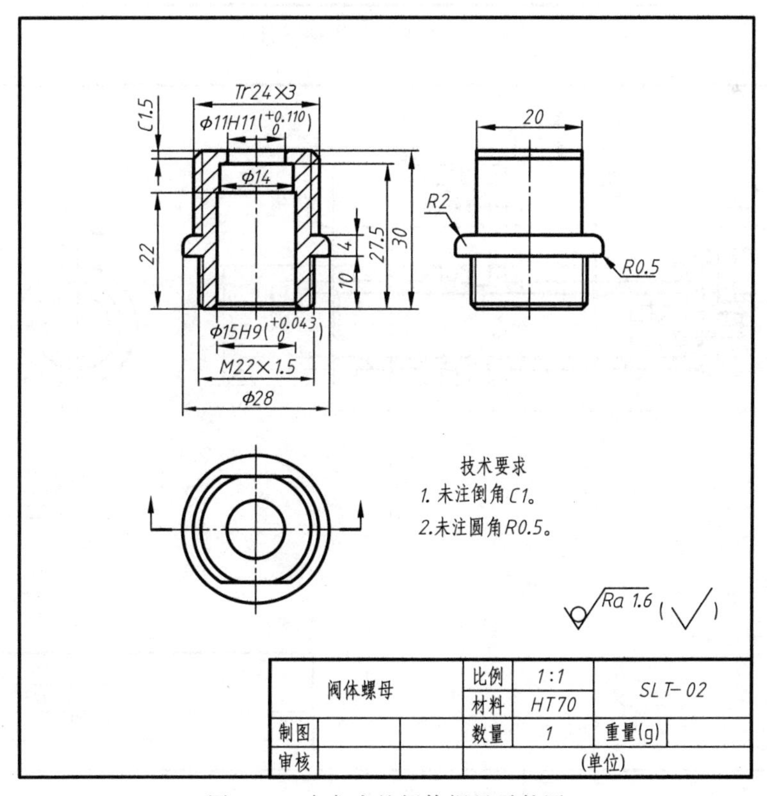

图 8-19　水龙头的阀体螺母零件图

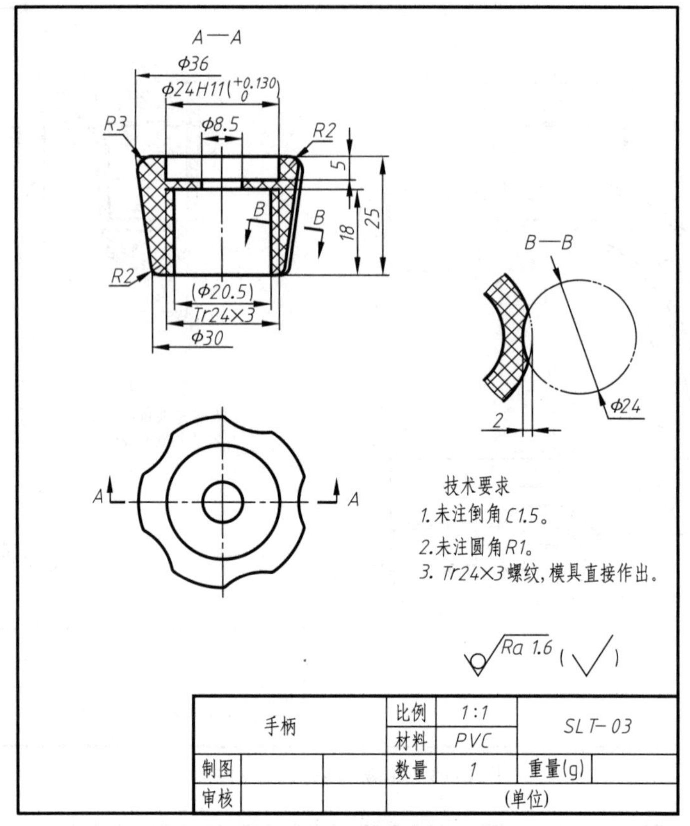

图 8-20　水龙头的手柄零件图

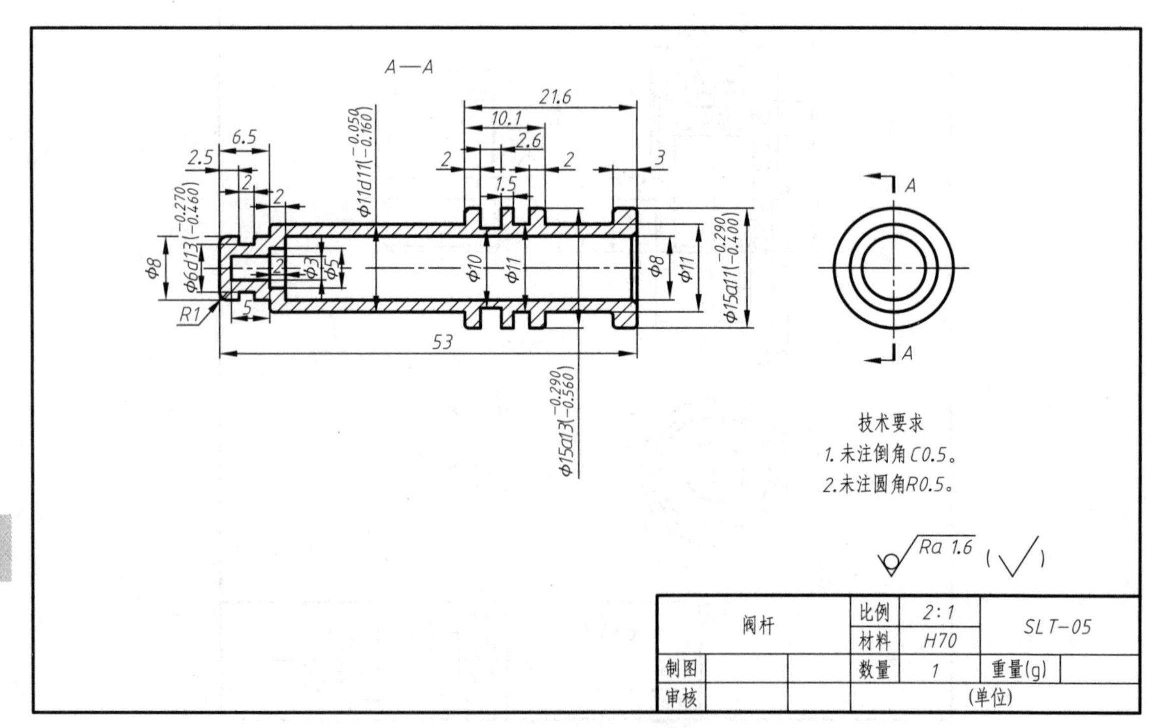

图 8-21　水龙头的阀杆零件图

Φ12
R1
90°
R1
Φ6
2
技术要求
未注圆角R0.5。
Ra 1.6 (√)

定位片	比例	4:1	SLT-04
	材料	PVC	
制图	数量	1	重量(g)
审核	(单位)		

图 8-22 水龙头的定位片零件图

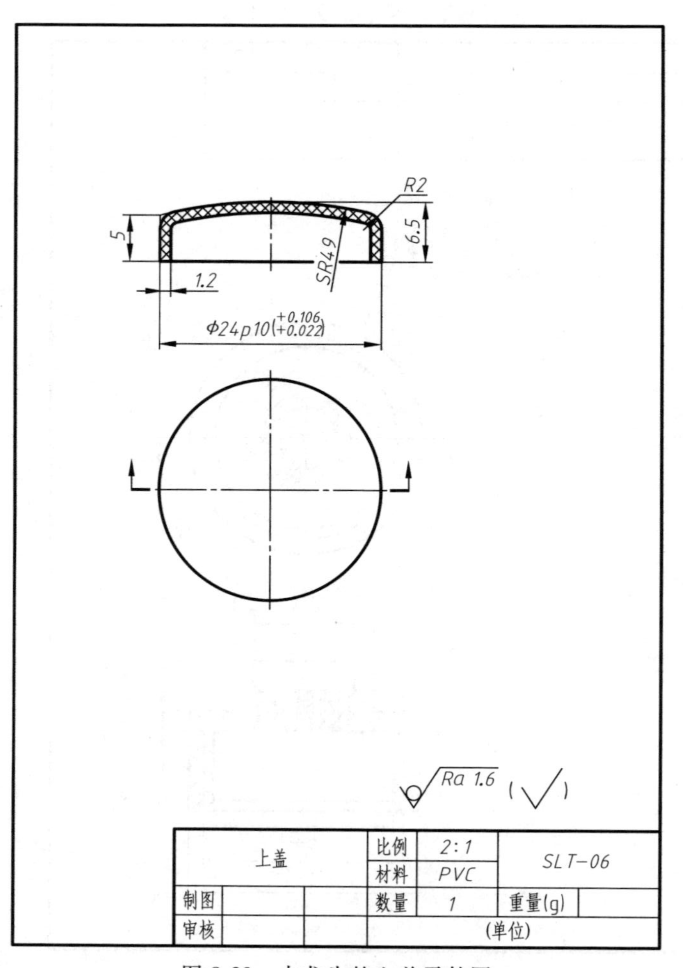

图 8-23 水龙头的上盖零件图

技术要求

1.未注倒角C0.5。

2.硬度:40~45HSD。

Ra 1.6

密封垫		比例	2:1	SLT-07	
		材料	橡胶		
制图		数量	1	重量(g)	
审核		(单位)			

图 8-24 水龙头的密封垫零件图

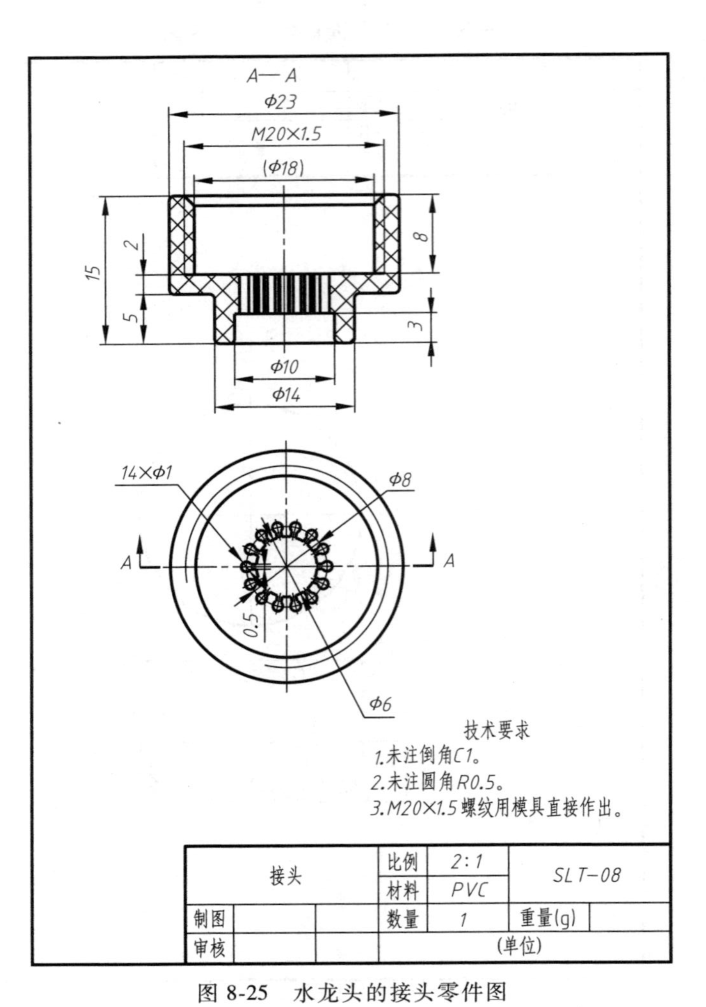

技术要求

1.未注倒角C1。

2.未注圆角R0.5。

3.M20×1.5螺纹用模具直接作出。

接头		比例	2:1	SLT-08	
		材料	PVC		
制图		数量	1	重量(g)	
审核		(单位)			

图 8-25 水龙头的接头零件图

8.7.2 装配图的画法与步骤

现仍以图8-17所示的水龙头为例，说明装配图的画法与步骤。

1. 确定表达方案

与画零件图一样，画装配图时，首先要确定表达方案，主要考虑如何更好地表达机器或部件的装配关系、工作原理（即运动传递路线）和主要零件的结构形状。表达方案包括主视图的选择、视图数量的确定和表达方法。

选择主视图时，为了有利于设计和指导装配，应使部件的安装位置与工作位置一致。一般情况下，机器或部件都存在一些装配干线，为了清楚地表达其装配关系，通常剖切平面通过装配干线的轴线。如图8-26~图8-28所示。

2. 确定比例和图幅

根据部件或机器的大小，拟采用的视图数量，加上预留的零件序号、标题栏和明细栏、尺寸标注、技术要求等所需的区域等，定出比例和图幅。

3. 画出主视图的主要基准线

视图的主要基准线包括装配干线、对称中心线和作图基线（一些零件的基面或端面）。

4. 画出主要零件的轮廓

画图时，一般从主视图画起，几个视图配合进行；但也可以先从其他视图画起，再画主视图。

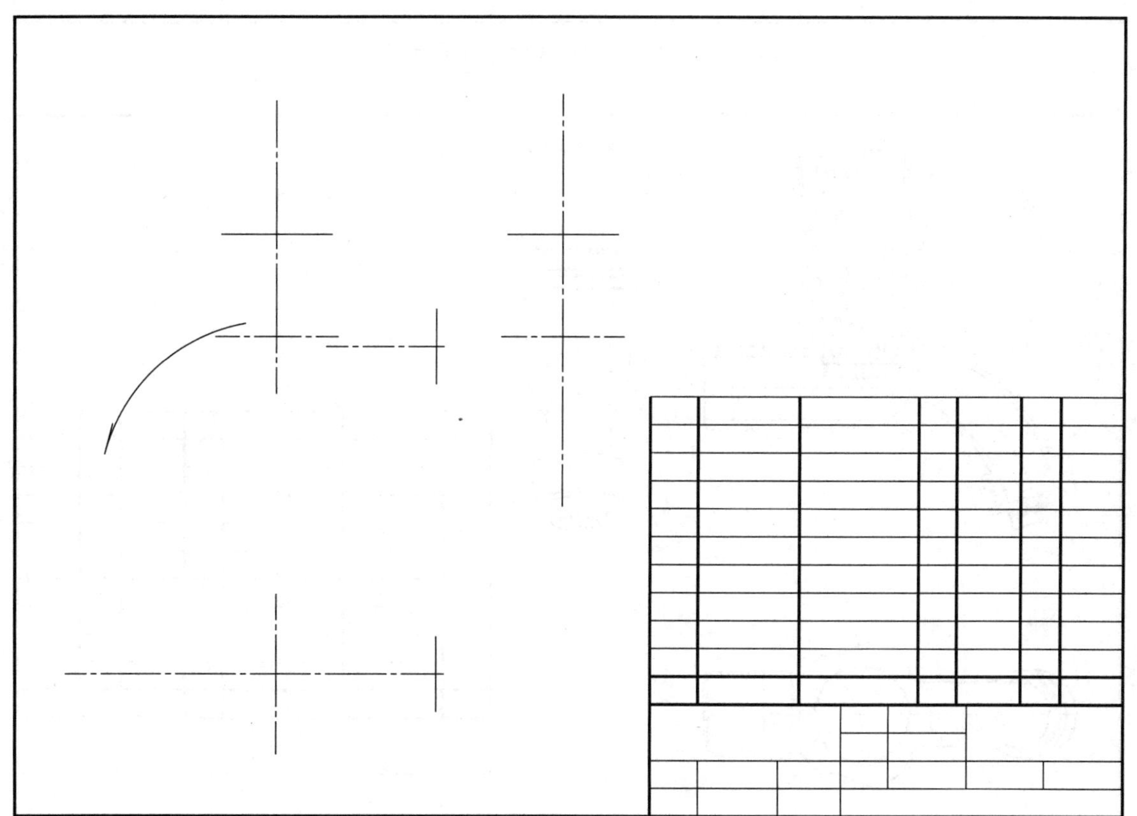

图8-26 水龙头的装配图画法与步骤（一）

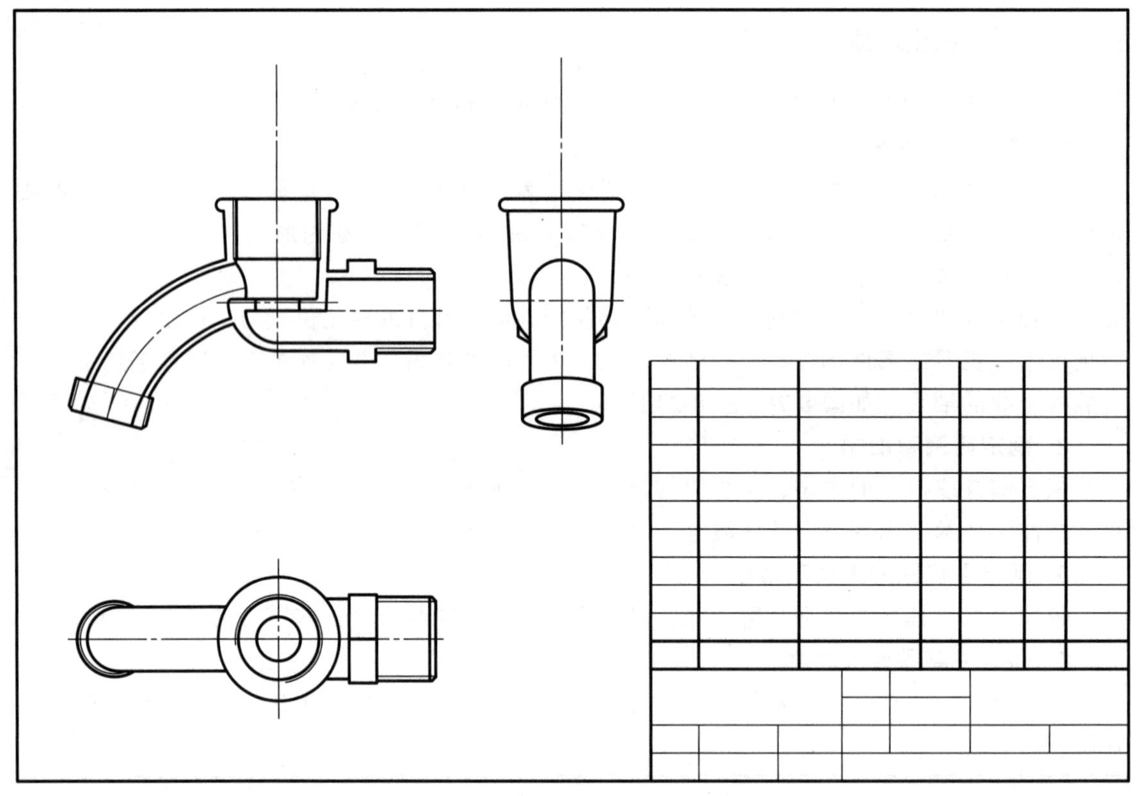

图 8-27 水龙头的装配图画法与步骤（二）

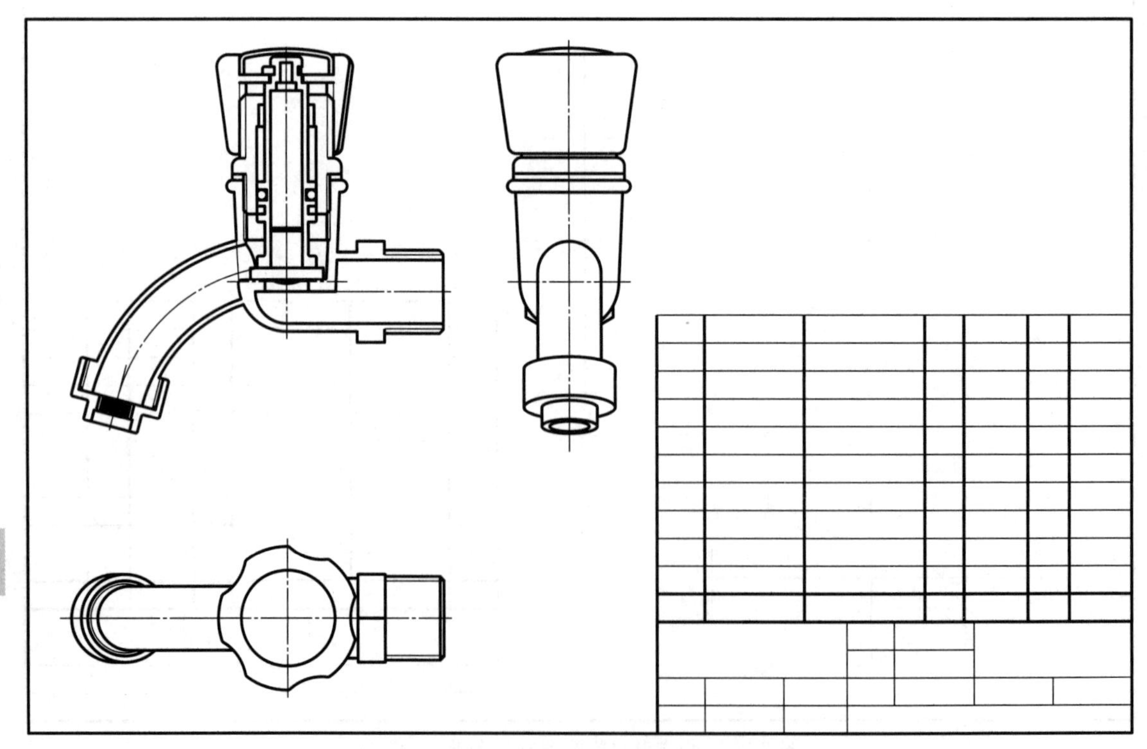

图 8-28 水龙头的装配图画法与步骤（三）

5. 画其他零件

具体画每个零件图时，一般沿着装配干线从内到外依次画出，也可以从外向内画，当完成装配干线的零件后，再将其他装配结构一一画出。

6. 完成装配图

底稿打完后，要进行检查、描深并标注尺寸，最后编写零件、部件序号以及填写明细栏、标题栏和技术要求等。最后完成装配图如图 8-2 所示。

8.8 读装配图和由装配图拆画零件图

在机器的设计、生产、使用、维护以及技术交流，都要遇到读装配图的问题。例如在设计过程中，要按照装配图的要求来设计零件和绘制零件图；在安装机器时，要按照装配图来装配零件或部件，并进行安装；在技术交流中，要参阅装配图来了解零件、部件的结构和位置；在使用和维护过程中，要参阅装配图来了解机器的工作原理，掌握正确的操作和维护方法。因此，读懂装配图是工程技术人员必备的基本技能之一。

8.8.1 读装配图的基本要求

读装配图的基本要求：

1）了解机器或部件的名称、用途、性能和工作原理。

2）弄清机器或部件的结构、各零件的相互位置、运动传递路线、装配连接关系以及它们的拆装顺序和方法。

3）看懂各零件的主要结构形状，找到机器或部件的密封措施。

要达到上述要求，除了制图知识外，还应具备一定的专业知识和生产实际经验。

8.8.2 读装配图的方法和步骤

下面以图 8-29 所示的球阀装配图为例说明读装配图的方法。

1. 了解部件的名称、用途、性能和工作原理

（1）部件的名称、用途、各个零件数量及类型　通过看标题栏、明细栏，结合生产实际知识和产品说明书及其他有关资料等可知：球阀是阀的一种，它是安装在管道系统中的一个部件，用于开启和关闭管路，并能调节管路中流体的流量。该球阀管道直径为 ϕ25mm，适用于通常条件下的水、蒸汽或石油产品的管路上。它是由阀盖 1、密封垫 2、密封圈 3、阀体 4、阀杆 5、压盖 6、上填料 7、下填料 8、挡圈 9、阀芯 10、扳手 11 等零件装配起来的。

（2）工作原理　球阀的工作原理是：当球阀处于所示的位置时，阀门为全开的状态，管道畅通，管路内流体的流量最大；当扳手 11 按顺时针方向旋转时，阀门逐渐关闭时，流量逐渐减少，当旋转到 90°时（俯视图中双点画线所示的位置），阀芯便将通孔全部挡住，阀门全部关闭，管道断流。以上运动由扳手—阀杆—阀芯实现。球阀的轴测分解图（爆炸图）如图 8-30 所示。

2. 分析视图

通过对装配图中各视图表达内容、表达方法的分析，了解各视图的表达重点和各视图的关系。

技术要求

1. 检验合格的零件清洗干净。
2. 组装好的球阀加压 1MPa，保压24小时，压力下降 5%。
3. 球阀检验符合 GB/T 15185—2016（法兰连接铁制和铜制球阀）的要求。

序号	代号	名称	数量	材料	质量	备注
11	QF1-08	扳手	1	HT200		
10	QF1-07	阀芯	1	HT200		
9	QF1-06	挡圈	1	Q235		
8		下填料	1	聚四氟乙烯		
7		上填料	1	聚四氟乙烯		
6	QF1-05	压盖	1	45		
5	QF1-04	阀杆	1	45		
4	QF1-03	阀体	1	HT200		
3	QF1-02	密封圈	2	聚四氟乙烯		
2		密封垫	1			
1	QF1-01	阀盖	1	HT200		

球阀		比例	1:1	QF-00
		材料		
制图		数量		重量(g)
审核				(单位)

图 8-29　球阀装配图

球阀装配图中共有三个视图：

主视图采用全剖视图，表达了主要装配干线的装配关系，即阀体、阀芯和阀盖等水平装配轴线和扳手、阀杆、阀芯等铅垂装配轴线上各零件间的装配关系，同时也表达了部件的外形。

左视图为外形视图，主要表达了阀盖的外形以及扳手与阀体上定位凸块的关系。

俯视图主要表达外形。扳手的运动有一定的范围，俯视图中画出了它的一个极限位置，另一个极限位置用双点画线画出。

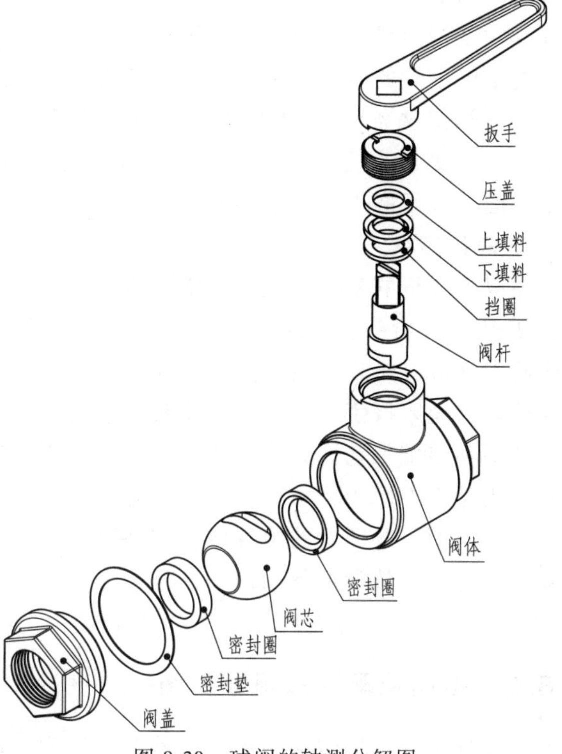

图 8-30　球阀的轴测分解图

3. 分析尺寸

认真分析装配图上所注的尺寸，这对弄清部件的规格、零件间的配合性质以及外形大小等均有重要的作用。例如 $\phi 25$ 是球阀的通孔直径，属于规格尺寸；$\phi 20H9/d9$、$\phi 35H8/k7$、12H9/d9 是配合尺寸；Rc1、45 是安装尺寸；90、103、$\phi 64$ 是外形尺寸。

4. 分析零件的作用、形状以及零件间的装配关系

根据部件的工作原理，了解每个零件的作用，进而分析出它们的结构形状是读装配图很重要的一步。一台机器或部件由标准件、常用件和一般零件组成。标准件和常用件的结构简单、作用单一，一般容易看懂；但一般零件有简有繁，它们的作用各不相同。看图时先看标准件和结构形状简单的零件（如回转轴、传动件等），后看结构复杂的零件。这样先易后难地进行看图，既可加快分析速度，还为看懂形状复杂的零件提供方便。

零件的结构形状主要是由零件的作用、与其他零件的关系以及加工的工艺要求等因素决定的。分析一些形状比较复杂的一般零件，关键是要能够从装配图上将零件的投影轮廓从各视图中分离出来。为了做到这一点，可将下列几个方面联系起来进行：

1）看零件的序号和明细栏，根据零件序号，从装配图中找到该零件的所在部位。如阀体，由明细栏中找到序号 1，再从装配图中找到序号 1 所指的零件位置。

2）利用各视图间的投影关系（长对正、高平齐、宽相等），根据“同一零件的剖面线方向和间隔在各视图中都相同”的规定，确定零件在各视图中的轮廓范围，并可大致了解到构成该零件的几个简单形体。

3）根据视图中与之相关的配合零件的形状、尺寸符号，确定零件的相关结构形状。例如，阀体与阀杆的配合尺寸 $\phi 20H9/d9$ 可确定阀体该部分为圆孔。

4）根据视图中截交线和相贯线的投影形状，确定零件某些结构的形状。

5）利用配对连接结构相同或类似的特点，确定配对连接零件的相关部分形状。

6）利用投影分析，根据线、面和体的投影特点，确定装配图中某一零件被其他零件遮挡部分的结构形状，将所缺的投影补画出来。

要了解零件的装配关系，通常可以从反映装配轴线的那个视图入手。例如，在主视图中，通过阀杆这条装配轴线可以看出：扳手与阀杆通过方头相连接，压盖与阀体是通过M27×1.5的螺纹来连接的。填料与阀杆是通过圆柱面接触的。阀杆下部的圆柱上，铣出了两个平面，以便嵌入阀芯顶端的槽内。另一条装配轴线也作类似的分析。

5. 总结归纳

在以上分析的基础上，进一步分析部件内各零件的传动方式、装拆顺序和安装方法。例如，如图8-30所示，球阀的装配顺序是：先在水平装配轴线上装入右边的密封圈、阀芯、左边的密封圈、垫片，装上阀盖；在垂直装配轴线上装入阀杆、挡圈、下填料、上填料，用压盖压紧，装入扳手。同时，还要对技术要求、全部尺寸进行研究，进一步了解机器部件的设计意图和装配工艺性，分析各部分结构是否能完成预定的功用，工作是否可靠，装拆、操作和使用是否方便等。

对机器中一些巧妙的装置或者有缺陷的地方进行深入研究，以便加深对机器的认识，积累知识。另外，就学习制图而言，还要注意学习该装配图在视图表达和尺寸标注方法上的特点。

8.8.3 根据装配图拆画零件图

在设计中，根据装配图拆画零件图的过程，简称拆图。由装配图拆画零件图是设计工作中重要的一个环节，应该在读懂装配图的基础上进行。

关于零件图的内容和要求，见“第7章零件图”所述，下面只着重介绍拆图时应注意的一些问题。

1. 关于零件的分类

零件可分为如下几类：

（1）标准件　标准件属于外购件，一般不需画零件图，只需按照标准件的规定标记代号列出标准件的汇总表即可。

（2）借用零件　借用零件是指借用其他定型产品的零件。对这些零件，可利用已有的图样，而不必另行画图。

（3）一般零件　这类零件是绘图的重点。对这类零件要根据装配图中确定的形状、大小和相关的技术要求来画图。

2. 关于零件的视图表达方案

装配图主要表达零件的相互位置、装配关系等，不一定符合表达零件的要求。因此，拆图时零件的视图表达方案必须结合该零件的类别、形状特征、工作位置或加工位置等来统一考虑，不能简单地照搬装配图中的方案。这一点在第7章零件图的绘制中已经详细表述。在多数情况下，壳体、箱座类零件主视图所选的位置可以与装配图一致，这样便于装配机器时对照。例如，球阀的阀体零件主视图的选择就是与球阀装配图一致。对于轴套类零件，一般按加工位置选取主视图，如球阀的阀杆等。

装配图中并不一定能把每个零件的结构形状全部表达清楚，因此，在拆图时还需根据零件的装配关系和加工工艺上的要求（如铸件壁厚要均匀等）进行再设计。此外，装配图上未画出的工艺结构，如圆角、倒角、退刀槽等，在零件图上都必须详细画出。这些工艺结构的参数必须符合国家标准的有关规定。

3. 有关零件图上的尺寸

零件图上的尺寸应按“正确、完整、清晰、合理”的要求来标注。拆图时，零件图上的尺寸可由下面几方面的依据来确定：

1）装配图上标注的尺寸，是设计和加工中必须保证的重要尺寸，可从装配图上直接移注到零件图上（包括装配图上标注的尺寸和明细栏中填写的尺寸）。例如阀体零件图中（如图 8-31 所示），其尺寸 M27×1.5、24、ϕ25、ϕ20H9、Rc1、ϕ35H8 等都是直接从装配图上直接移注下来的。

2）查标准手册确定的尺寸。对于零件上的标准结构，例如螺栓通孔直径、螺纹孔深度、倒角、退刀槽、键槽等尺寸，都应查阅有关的机械设计手册来确定。

3）需经计算确定的尺寸。例如齿轮的分度圆、齿顶圆直径等，要根据装配图所给的齿数、模数，经过计算，然后标注在零件图上。

4）相邻零件的相关尺寸。相邻零件接触面的相关尺寸及连接件的定位尺寸要一致。

5）装配图上未标注的尺寸。当零件的尺寸在装配图上没有标注出时，则要根据部件的性能和使用要求确定。一般都可以从装配图上按比例直接量取，并将量的数值取整。

还应注意：应根据零件的设计和加工要求选择尺寸基准，将尺寸注得正确、完整、清晰并合理。

4. 关于零件图上的技术要求

零件表面的粗糙度等级及其他技术要求，都应根据零件的作用和装配要求来确定。配合面与接触面，有相对运动和密封、耐蚀、美观等要求的，其表面粗糙度数值应较小；自由表面的粗糙度数值一般较大。

技术要求在零件图中占有重要地位，它直接影响零件的加工质量。但是，要正确制定技术要求，涉及许多专业知识，本书不作进一步深入介绍。目前采取的办法是查阅有关的机械设计手册，或参考同类型产品的图纸来加以比较而确定。

最后，必须检查该拆画的零件图是否已经画全，同时还要对所拆画的图样进行仔细校核。校核内容主要为：每张零件图的视图、尺寸、表面粗糙度和其他技术要求是否完整、合理；有装配关系的尺寸是否与装配图上相同，零件的名称、材料、数量、图号等是否与明细表一致等。

图 8-31～图 8-37 是拆画部件“球阀”的一些零件图。

8.8.4 装配图拆画零件图举例

下面分析单向阀的工作原理，并以拆画单向阀为例说明拆画零件图应注意的问题。

单向阀装配图如图 8-38 所示。

1. 单向阀视图分析

单向阀装配图采用了两个基本视图。主视图为了表达单向阀的形状和装配线，采用了全剖视；左视图用基本视图表达外形。

2. 单向阀工作原理

从主视图和标题栏、明细栏综合分析可知，当气压（液压）压力大于一定值时，由 ϕ5

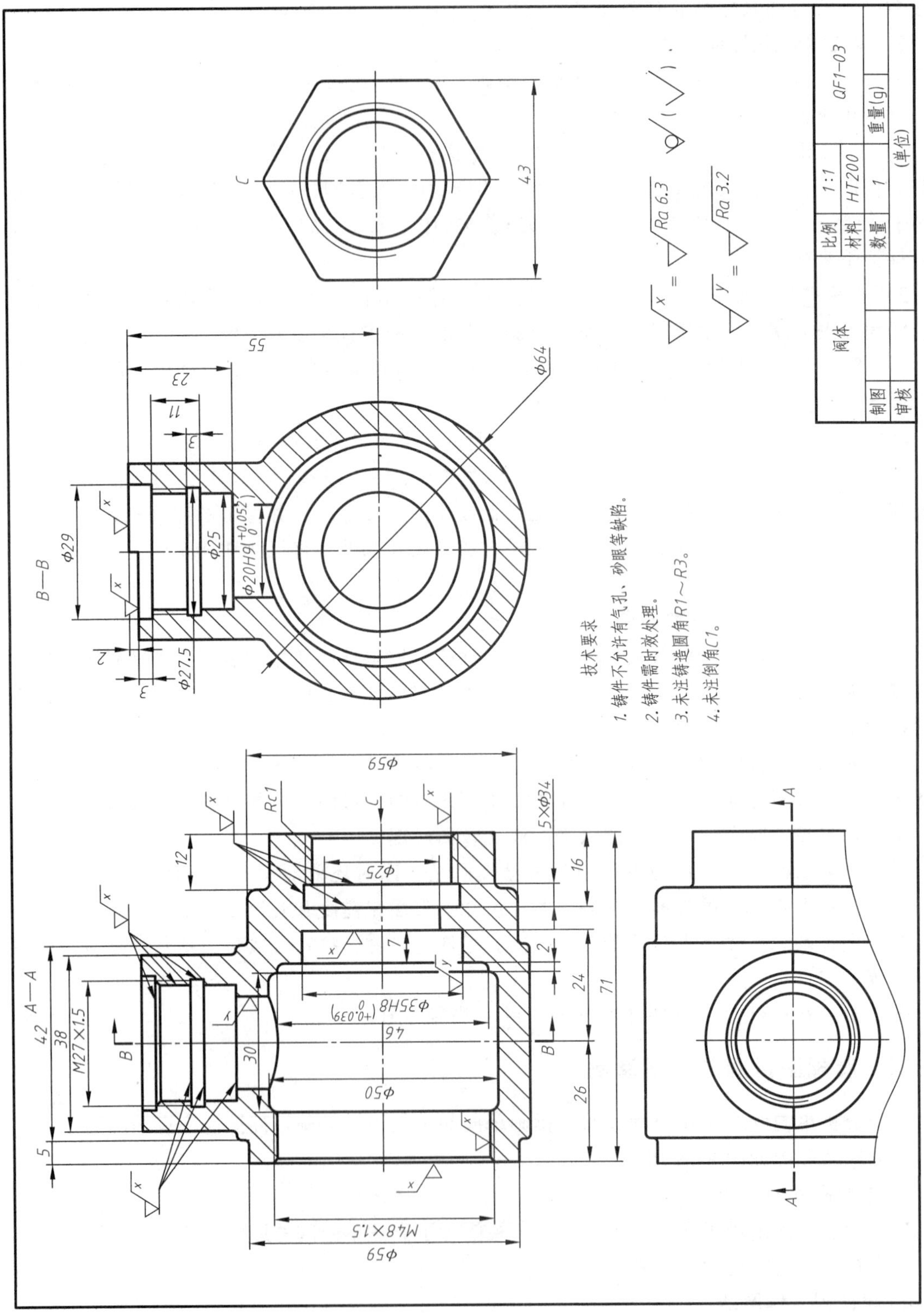

技术要求

1. 铸件不允许有气孔、砂眼等缺陷。
2. 铸件需时效处理。
3. 未注铸造圆角R1～R3。
4. 未注倒角C1。

$\sqrt{x}$ = $\sqrt{Ra\ 6.3}$ 　 $\sqrt{}$ ($\sqrt{}$).

$\sqrt{y}$ = $\sqrt{Ra\ 3.2}$

阀体			比例	1:1	QF1-03	
			材料	HT200		
制图			数量	1	重量(g)	
审核			(单位)			

图 8-31　部件球阀的阀体零件图

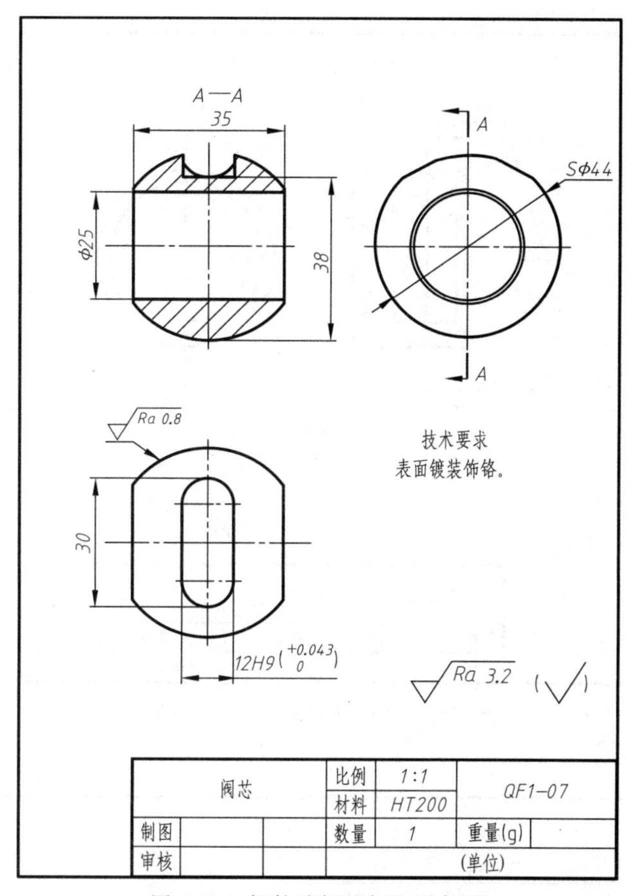

图 8-32　部件球阀的阀芯零件图

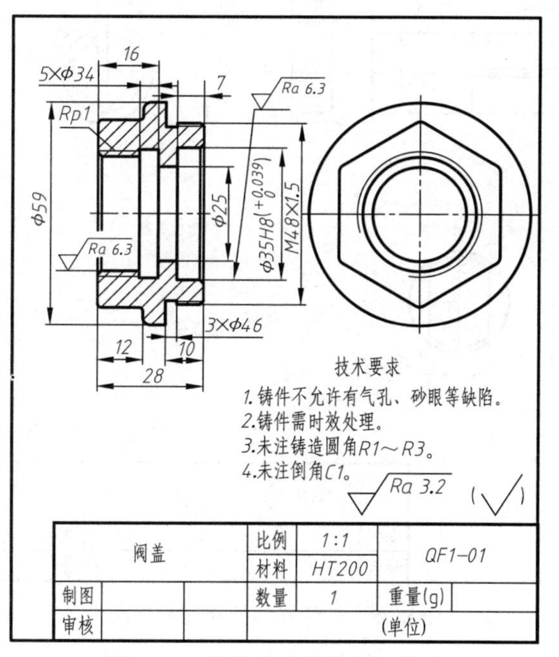

图 8-33　部件球阀的阀盖零件图

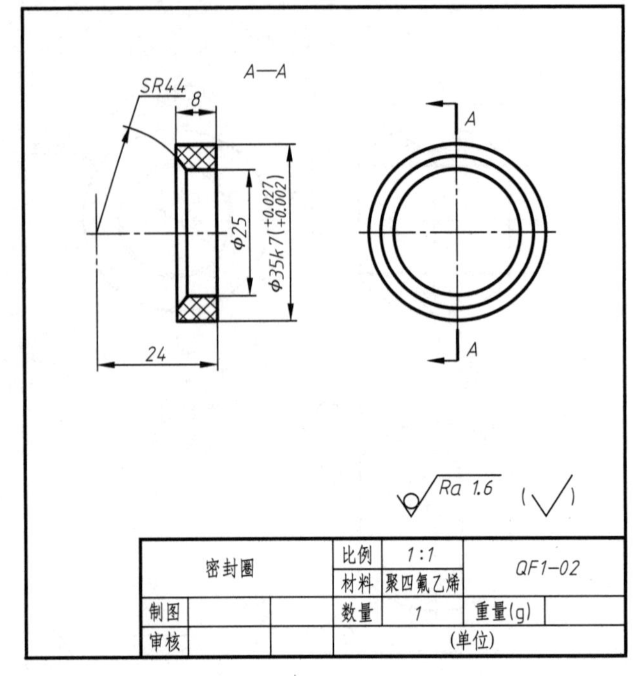

图 8-34　部件球阀的密封圈零件图

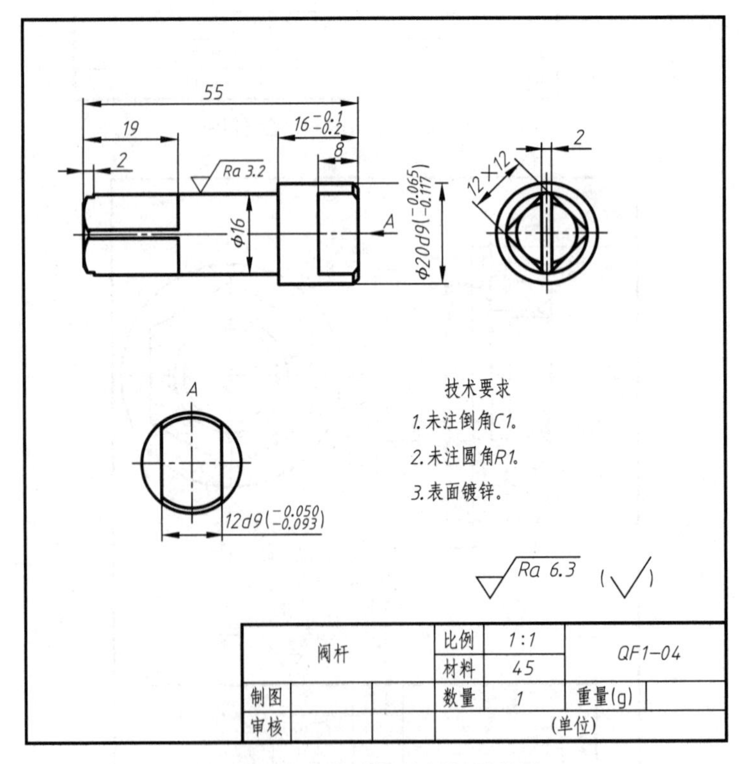

图 8-35　部件球阀的阀杆零件图

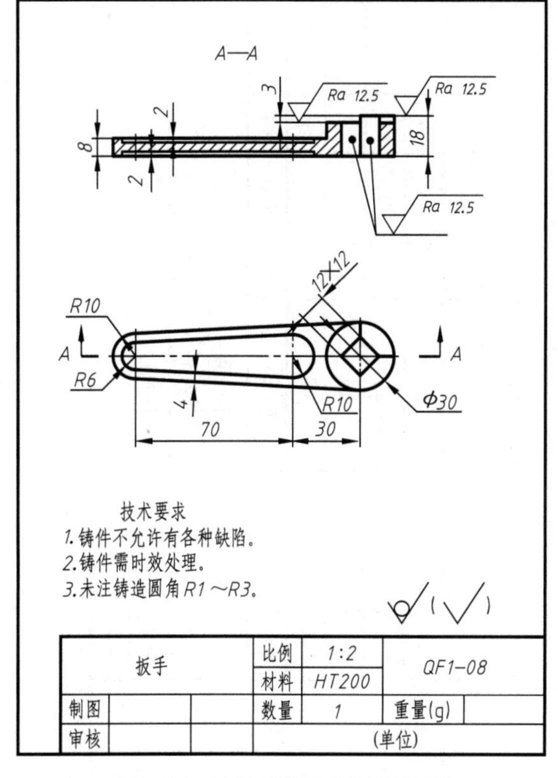

图 8-36　部件球阀的扳手零件图

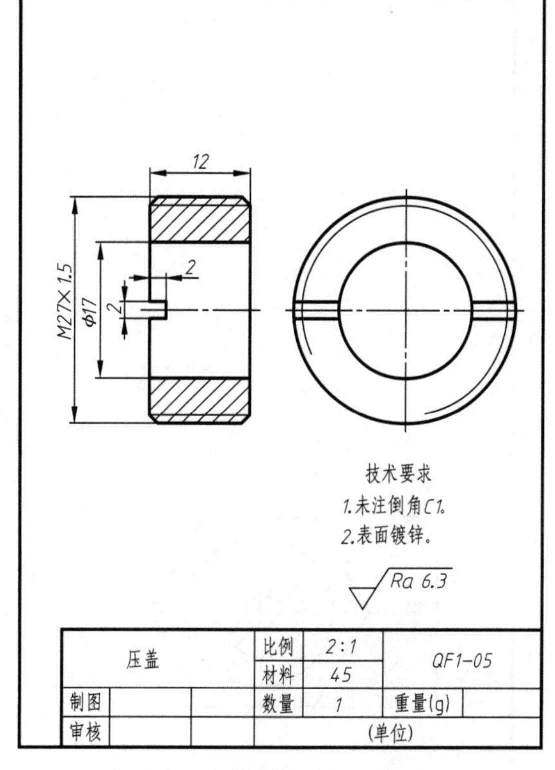

图 8-37　部件球阀的压盖零件图

圆柱孔洞进入的气体（液压油）向左压缩调压弹簧 4 顶开球体 2，通过阀体 1 的空腔，再经过调节螺钉的内孔，从左边流出。当气压（液压）小于该确定值时，调压弹簧 4 回弹将球体 2 向右推，堵住小孔，单向阀关闭。

3. 拆画零件图

绘制零件图的方法步骤，在零件图一章已经讨论了，此处以拆画单向阀阀体 1 为例，说明拆画零件图应注意的一些问题。

（1）确定零件的表达方案　根据零件序号 1 和剖面符号，以及投影关系，在装配图上各视图中找出阀体 1 的投影，确定阀体的形状结构。根据零件的特点，阀体的主视图采用装配图中的主视图方向。

按表达完整清晰的要求，除主视图外，还选择了左视图。主视图采用了全剖视图。

（2）尺寸标注　按装配图上已给出的尺寸标注在零件图对应结构上；其他尺寸直接从装配图上量取标注。

（3）表面粗糙度　单向阀阀体各加工面的粗糙度的选定，根据各个表面的作用、配合关系从有关表面粗糙度的资料中选取。

（4）技术要求　根据单向阀的工作要求，分析阀体加工工艺要求，标注出单向阀阀体的技术要求。

如图 8-39 所示为单向阀阀体的零件工作图，单向阀的其他零件的零件工作图如图 8-40～图 8-42 所示。

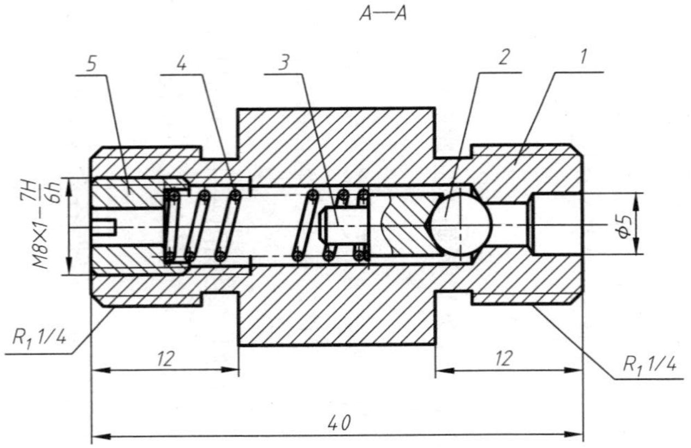

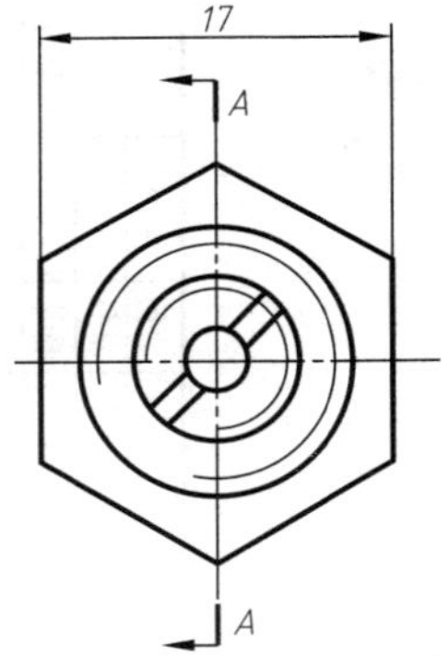

A—A

技术要求

1. 零件去毛刺倒锐角。
2. 安装前，将加工合格的零件清洗干净。
3. 气密实验必须是用纯净的氮气。
4. 气密试验达到规定的要求。
5. 检验合格的单向阀装在真空袋中密封。

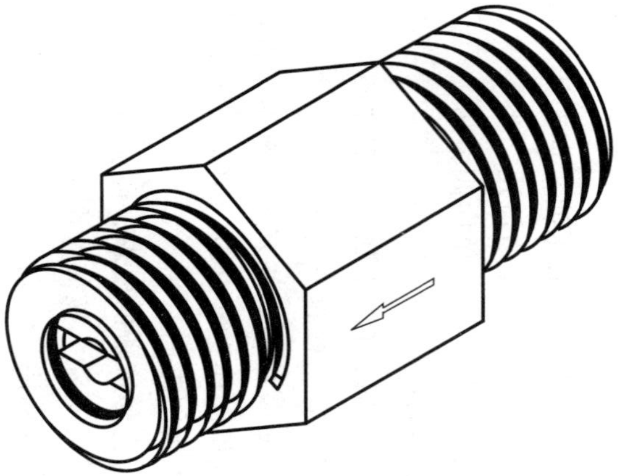

5	DXF-04	调压螺钉	1	H62	1	
4	DXF-03	调压弹簧	1	65Mn	1	
3	DXF-02	弹簧支架	1	H62	1	
2		球体	1	GCr15	1	
1	DXF-01	阀体	1	H62	1	
序号	代号	名称	数量	材料	重量	备注

单向阀		比例	2:1	DXF-00	
		材料			
制图		数量		重量(g)	
审核		(单位)			

图 8-38　单向阀装配图

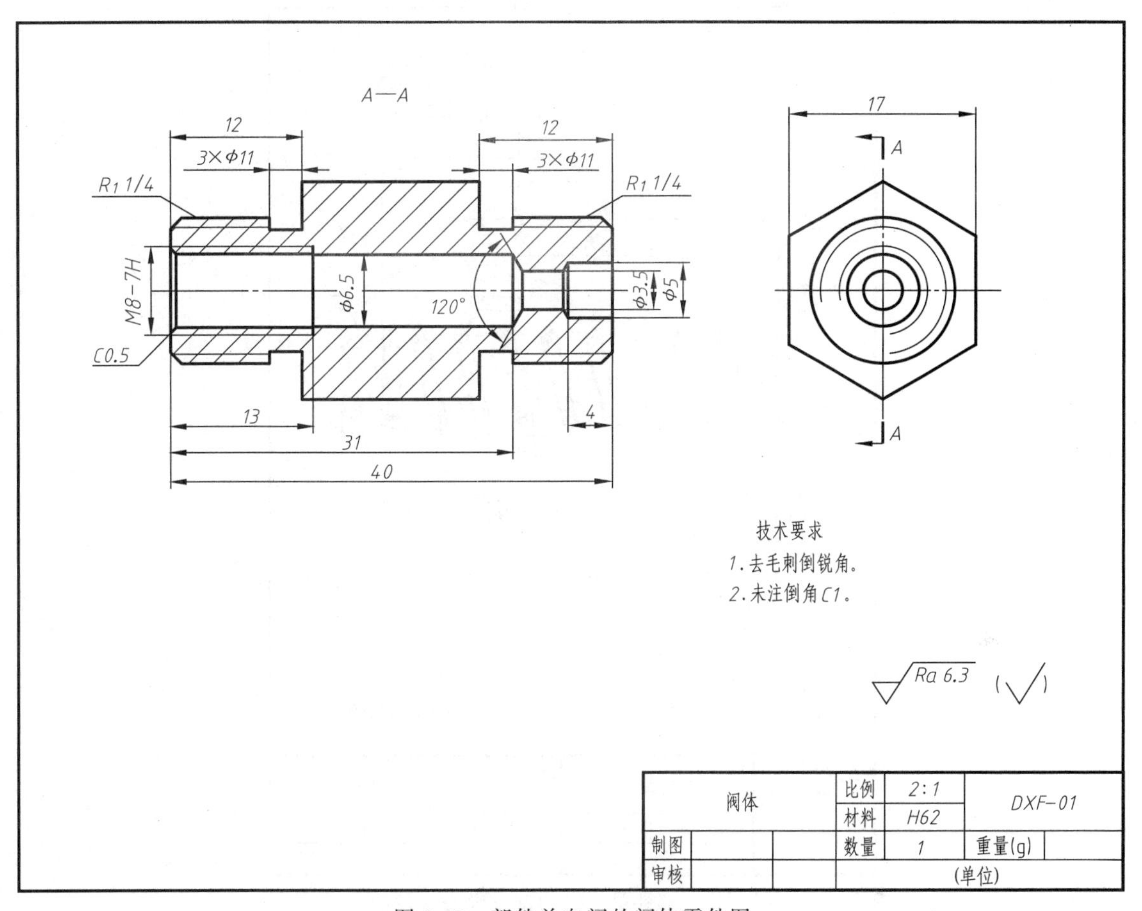

图 8-39　部件单向阀的阀体零件图

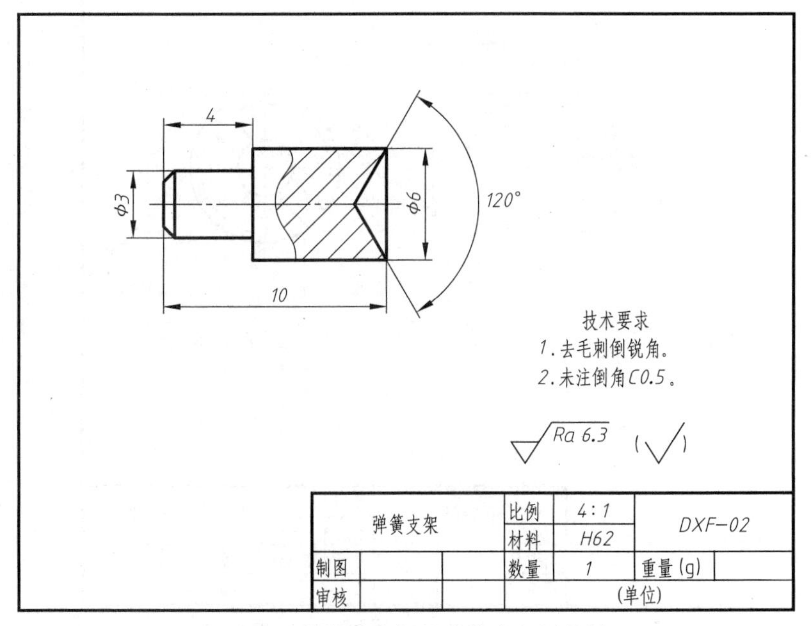

图 8-40　部件单向阀的弹簧支架零件图

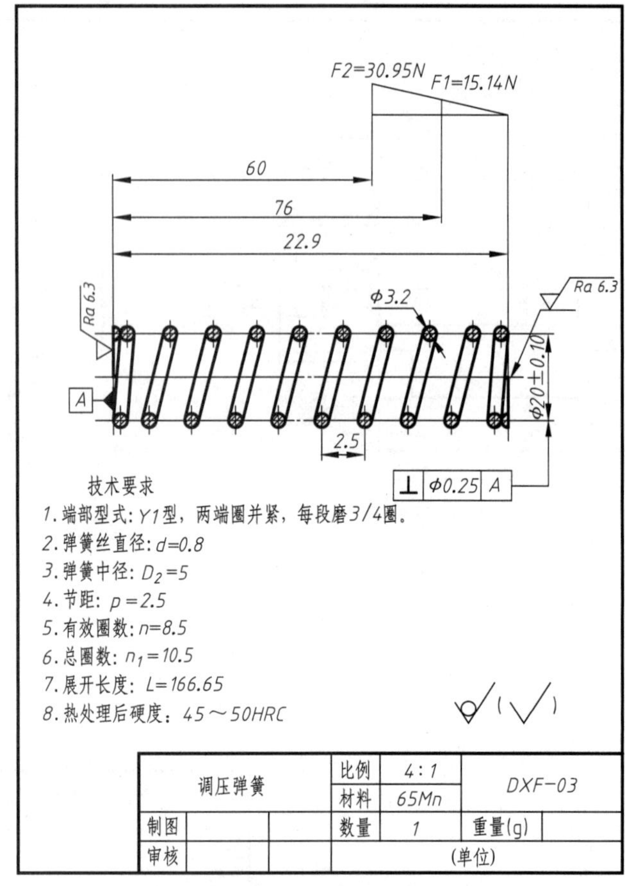

图 8-41　部件单向阀的调压弹簧零件图

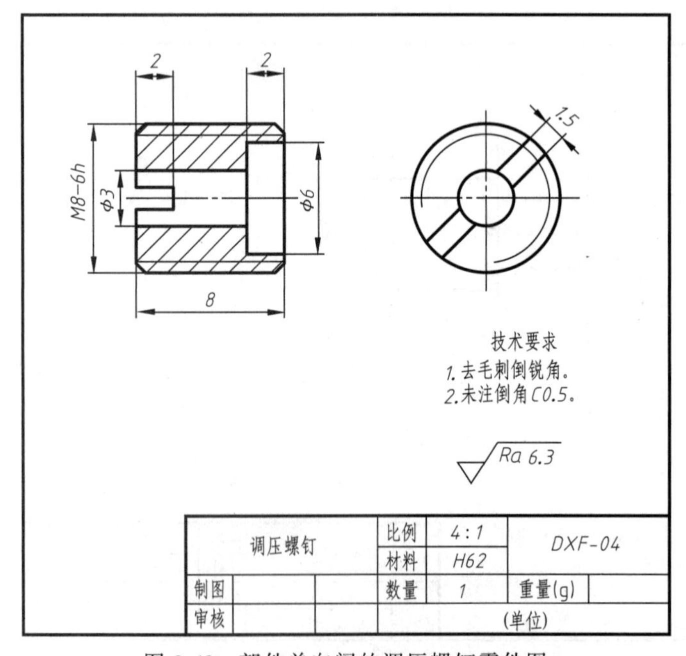

图 8-42　部件单向阀的调压螺钉零件图

附 录

附录A 螺 纹

附表 A-1 普通螺纹（摘自 GB/T 193—2003、GB/T 196—2003） （单位：mm）

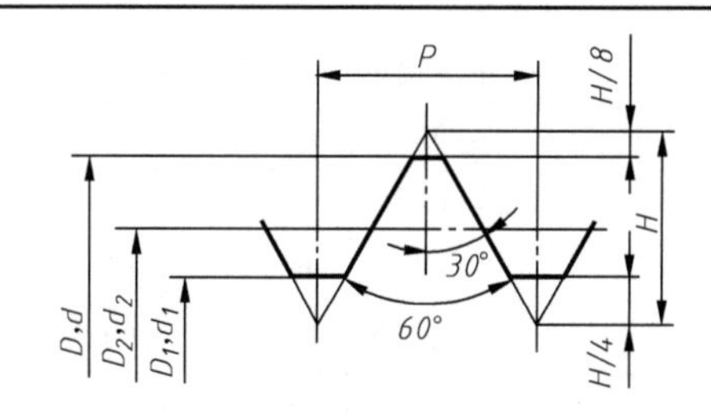

d—外螺纹大径

d_1—外螺纹小径

d_2—外螺纹中径

D—内螺纹大径

D_1—内螺纹小径

D_2—内螺纹中径

P—螺距

H—原始三角形高度

标记示例

右旋粗牙螺纹，公称直径 24mm，螺距 $P=3$mm，公差带代号 6g。其标记为：M24-6g

左旋细牙螺纹，公称直径 24mm，螺距 $P=2$mm，公差带代号 6H。其标记为：M24×1.5-6H-LH

公称直径 D、d		螺距 P		粗牙小径 D_1、d_1	公称直径 D、d		螺距 P		粗牙小径 D_1、d_1
第一系列	第二系列	粗牙	细牙		第一系列	第二系列	粗牙	细牙	
3		0.5	0.35	2.459		22	2.5	2,1.5,1	19.294
	3.5	0.6		2.850	24		3	2,1.5,1	20.752
4		0.7	0.5	3.242		27	3	2,1.5,1	23.752
	4.5	0.75		3.688					
5		0.8		4.134	30		3.5	(3),2,1.5,1	26.211
6		1	0.75	4.917		33	3.5	(3),2,1.5	29.211
8		1.25	1,0.75	6.647	36		4	3,2,1.5	31.670
10		1.5	1.25,1,0.75	8.376		39	4		34.670
12		1.75	1.5,1.25,1	10.106	42		4.5	(4),3,1.5	37.129
	14	2	1.5,(1.25),1	11.835		45	4.5		40.129
16		2	1.5,1	13.835	48		5		42.587
	18	2.5	2,1.5,1	15.294		52	5		46.587
20		2.5		17.294	56		5.5	4,3,2,1.5	50.046

注：1. 直径优先选用第一系列，括号内尺寸尽可能不用。

2. 公称直径 D、d 第三系列未列入。

附表 A-2　梯形螺纹

（摘自 GB/T 5796.2—2005、GB/T 5796.3—2005）　　　（单位：mm）

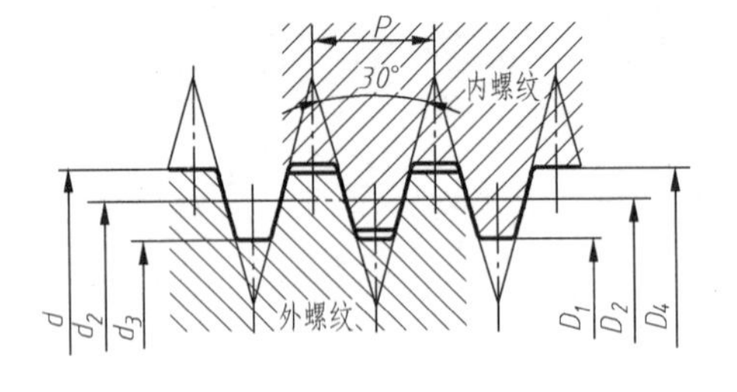

d—外螺纹大径
d_1—外螺纹小径
d_2—外螺纹中径
D—内螺纹大径
D_1—内螺纹小径
D_2—内螺纹中径
P—螺距

标记示例

单线梯形螺纹、公称直径 40mm、螺距 7、右旋、中径公差带代号 7e、中等旋合长度的外螺纹。

其标记为：Tr40×7-7e

双线梯形螺纹、公称直径 24mm、导程 6、螺距 3、左旋、中径公差带代号为 7H、长旋合长度的内螺纹。

其标记为：Tr24×6(P3)LH-7H-L

公差直径 d		螺距 P	中径 $d_2=D_2$	大径 D_4	小径	
第一系列	第二系列				d_3	D_1
8		1.5	7.25	8.30	6.20	6.50
	9	1.5	8.25	9.30	7.20	7.50
		2	8.00	9.50	6.50	7.00
10		1.5	9.25	10.30	8.20	8.50
		2	9.00	10.50	7.50	8.00
	11	2	10.00	11.50	8.50	9.00
		3	9.50	11.50	7.50	8.00
12		2	11.00	12.50	9.50	10.00
		3	10.50	12.50	8.50	9.00
	14	2	13.00	14.50	11.50	12.00
		3	12.50	14.50	10.50	11.00
16		2	15.00	16.50	13.50	14.00
		4	14.00	16.50	11.50	12.00
	18	2	17.00	18.50	15.50	16.00
		4	16.00	18.50	13.50	14.00
20		2	19.00	20.50	17.50	18.00
		4	18.00	20.50	15.50	16.00
	22	3	20.50	22.50	18.50	19.00
		5	19.50	22.50	16.50	17.00
		8	18.00	23.00	13.00	14.00

公差直径 d		螺距 P	中径 $d_2=D_2$	大径 D_4	小径	
第一系列	第二系列				d_3	D_1
24		3	22.50	24.50	20.50	21.00
		5	21.50	24.50	18.50	19.00
		8	20.00	25.00	15.00	16.00
	26	3	24.50	26.50	22.50	23.00
		5	23.50	26.50	20.50	21.00
		8	22.00	27.00	17.00	18.00
28		3	26.5	28.50	24.50	25.00
		5	25.50	28.50	22.50	23.00
		8	24.00	29.00	19.00	20.00
	30	3	28.50	30.50	26.50	27.00
		6	27.00	31.00	23.00	24.00
		10	25.00	31.00	19.00	20.00
32		3	30.50	32.50	28.50	29.00
		6	29.00	33.00	25.00	26.00
		10	27.00	33.00	21.00	22.00
	34	3	32.50	34.50	30.50	31.00
		6	31.00	35.00	27.00	28.00
		10	29.00	35.00	23.00	24.00
36		3	34.50	36.50	32.50	33.00
		6	33.00	37.00	29.00	30.00
		10	31.00	37.00	25.00	26.00

注：优先选用第一系列直径。

附表 A-3　55°非密封管螺纹（摘自 GB/T 7307—2001）　　（单位：mm）

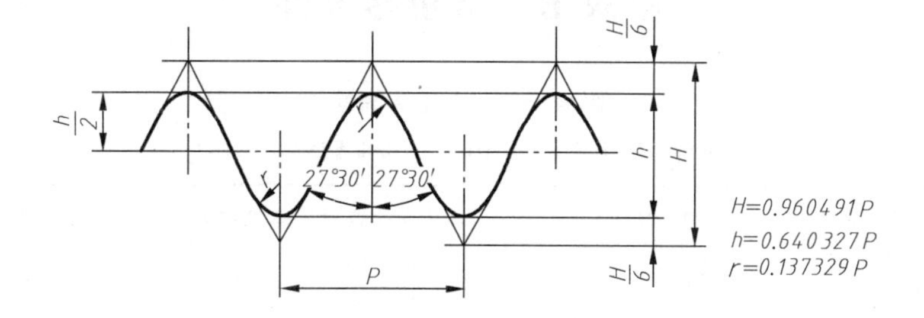

标记示例

尺寸代号为 1/2 的 A 级右旋外螺纹：G1/2A；
尺寸代号为 1/2 的 A 级左旋外螺纹：G1/2A-LH；
尺寸代号为 1/2 的 B 级左旋外螺纹：G1/2B-LH。
尺寸代号为 1/2 的右旋内螺纹：G1/2；
尺寸代号为 1/2 的左旋内螺纹：G1/2LH；

尺寸代号	每 25.4mm 内所含的牙数 n	螺距 P	牙高 h	公称直径或基准平面内的公称直径		
				大径 $d=D$	中径 $d_2=D_2$	小径 $d_1=D_1$
1/16	28	0.907	0.581	7.723	7.142	6.561
1/8	28	0.907	0.581	9.728	9.147	8.566
1/4	19	1.337	0.856	13.157	12.301	11.445
3/8	19	1.337	0.856	16.662	15.806	14.950
1/2	14	1.814	1.162	20.955	19.793	18.631
5/8	14	1.814	1.162	22.911	21.749	20.587
3/4	14	1.814	1.162	26.441	25.279	24.117
7/8	14	1.814	1.162	30.201	29.039	27.877
1	11	2.309	1.479	33.249	31.770	30.291
1⅛	11	2.309	1.479	37.897	36.418	34.939
1¼	11	2.309	1.479	41.910	40.431	38.952
1½	11	2.309	1.479	47.803	46.324	44.845
1¾	11	2.309	1.479	53.746	52.267	50.788
2	11	2.309	1.479	59.614	58.135	56.656
2¼	11	2.309	1.479	65.701	64.231	62.752
2½	11	2.309	1.479	75.184	73.705	72.226
2¾	11	2.309	1.479	81.534	80.055	78.576
3	11	2.309	1.479	87.884	86.405	84.926
4	11	2.309	1.479	113.030	111.551	110.072

附录 B　常用标准件

附表 B-1　六角头螺栓

（摘自 GB/T 5782—2016、GB/T 5783—2016）　　　　（单位：mm）

六角头螺栓—A 级和 B 级（GB/T 5782—2016）

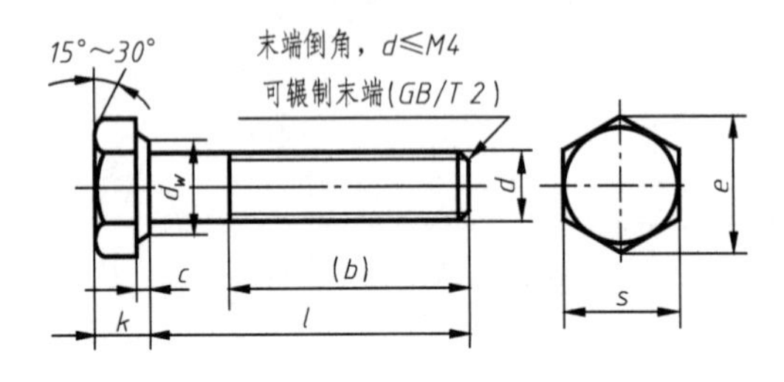

六角头螺栓—全螺纹—A 级和 B 级（GB/T 5783—2016）

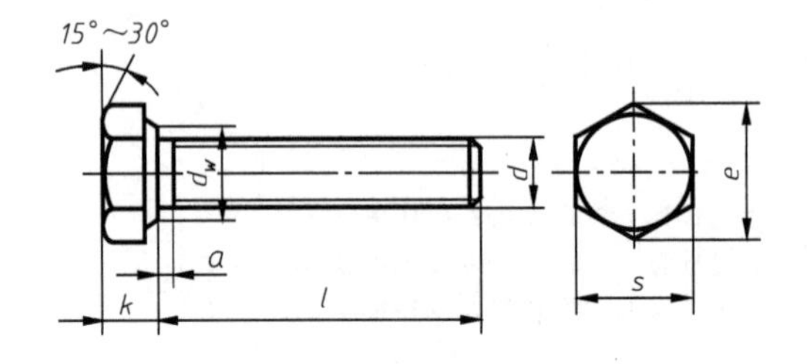

标记示例

螺纹规格 d=M12、公称长度 l=80mm、性能等级为 8.8 级、表面氧化、杆身半螺纹、A 级的六角头螺栓：

螺栓 GB/T 5782　M12×80

螺纹规格 d=M12、公称长度 l=80mm、性能等级为 8.8 级、表面氧化、全螺纹、A 级的六角头螺栓：

螺栓 GB/T 5783　M12×80

螺纹规格 d		M5	M6	M8	M10	M12	M16	M20	M24	M30	M36
k		3.5	4	5.3	6.4	7.5	10	12.5	15	18.7	22.5
s		8	10	13	16	18	24	30	36	46	55
c	max	0.5	0.5	0.6	0.6	0.6	0.8	0.8	0.8	0.8	0.8
	min	0.15	0.15	0.15	0.15	0.15	0.2	0.2	0.2	0.2	0.2
e_{min}	A 级	8.8	11.1	14.4	17.8	20.0	26.8	33.5	40.0	—	—
	B 级	8.6	10.9	14.2	17.6	19.9	26.2	33.0	39.6	50.9	60.8
d_{wmin}	A 级	4.57	5.88	6.88	8.88	11.63	14.63	16.63	22.49	28.19	33.61
	B 级	4.45	5.74	6.74	8.74	11.47	14.47	16.47	22	27.7	33.25
b 参考（A、B 级）	l≤125	16	18	22	26	30	38	46	54	66	78
	25<l≤200	22	24	28	32	36	44	52	60	72	84
	l≥200	35	37	41	45	49	57	65	73	85	97
a	max	2.3	3	4	4.5	5.3	6	7.5	9	10.5	12
	min	0.8	1	1.25	1.5	1.75	2	2.5	3	3.5	4
l 范围	GB/T 5782—2016	25~50	30~60	40~80	45~100	45~120	65~160	80~200	80~240	110~300	140~360
	GB/T 5783—2016	10~50	12~60	16~80	20~100	25~120	30~150	40~150	50~200	60~200	70~200
l 系列		10、12、16、20~70（5 递增）、80160（10 递增）、180~480（20 递增）									

注：

1. 标准规定螺栓的螺纹规格 d=M1.6~M64。
2. 产品等级　A 级用于 d≤24mm 和 l≤10d 或 l≤150mm；B 级用于 d>24mm 和 l>10d 或 l>150mm（按较小值，A 级比 B 级精确）。
3. A 级和 B 级　材料为钢的螺栓性能等级有 5.6、8.8、9.8、10.9，其中 8.8 级为常用。
4. 末端按 GB/T 5782—2016 规定。

附表 B-2 双头螺柱

（摘自 GB/T 897—1988、GB/T 898—1988、GB/T 899—1988、GB/T 900—1988）

（单位：mm）

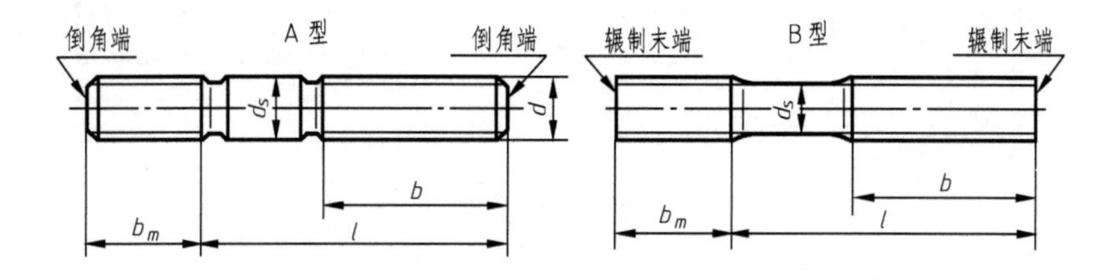

标记示例

两端均为粗牙普通螺纹，d=10mm，l=50mm，性能等级为 4.8 级、不经表面处理、B 型、$b_m=1d$ 的双头螺柱：

螺柱 GB/T 897 M10×50

螺纹规格 d	b_m				l/b
	GB/T 897—1988 $b_m=1d$	GB/T 898—1988 $b_m=1.25d$	GB/T 899—1988 $b_m=1.5d$	GB/T 900—1988 $b_m=2d$	
M4	—	—	6	8	(16～22)/8、(25～40)/14
M5	5	6	8	10	(16～22)/10、(25～50)/16
M6	6	8	10	12	(20～22)/10、(25～30)/14、(32～75)/18
M8	8	10	12	16	(20～22)/12、(25～30)/16、(32～90)/22
M10	10	12	15	20	(25～28)/14、(30～38)/16、(40～120)/26、130/32
M12	12	15	18	24	(25～30)/16、(32～40)/20、(45～120)/30、(130～180)/36
M16	16	20	24	32	(30～38)/20、(40～55)/30、(60～120)/38、(130～200)/44
M20	20	25	30	40	(35～40)/25、(45～65)/35、(70～120)/46、(130～200)/52
M24	24	30	36	48	(45～50)/30、(55～75)/45、(80～120)/54、(130～200)/60
M30	30	38	45	60	(60～65)/40、(70～90)/50、(95～120)/60、(130～200)/72、(210～250)/85
M36	36	45	54	72	(65～75)/45、(80～110)/60、120/78、(130～200)/84、(210～300)/97
l 系列	12、(14)、16、(18)、20、(22)、25、(28)、30、(32)、35、(38)、40、45、50、55、60、(65)、70、75、80、(85)、90、100～260(10 递增)、280、300				

注：1. 尽可能不采用括号内的长度系列。

2. $b_m=1d$，一般用于钢对钢；$b_m=(1.25～1.5)d$，一般用于钢对铸铁；$b_m=2d$，一般用于钢对铝合金。

3. 材料为钢的螺柱性能等级有 4.8、5.8、6.8、8.8、10.9、12.9 级，其中 4.8 级为常用，产品等级为 B 级。

附表 B-3 开槽圆柱头螺钉（摘自 GB/T 65—2016） （单位：mm）

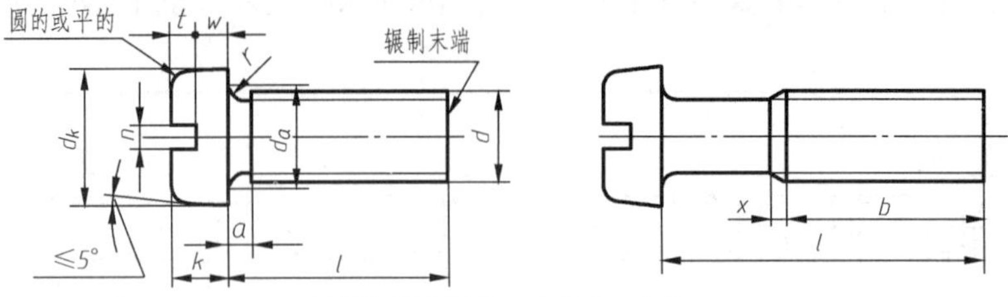

无螺纹部分杆径≈中径或=大径

标记示例

螺纹规格 d=5mm、公称长度 l=20mm、性能等级为 4.8 级、不经表面处理的 A 级开槽圆柱头螺钉：

螺钉 GB/T 65 M5×20

螺纹规格 d		M1.6	M2	M2.5	M3	(M3.5)	M4	M5	M6	M8	M10
P		0.35	0.4	0.45	0.5	0.6	0.7	0.8	1	1.25	1.5
a	max	0.7	0.8	0.9	1.0	1.2	1.4	1.6	2.0	2.5	3.0
b	min	25	25	25	25	38	38	38	38	38	38
d_a	max	2.0	2.6	3.1	3.6	4.1	4.7	5.7	6.8	9.2	11.2
d_k	公称=max	3.00	3.80	4.50	5.50	6.00	7.00	8.50	10.00	13.00	16.00
	min	2.86	3.62	4.32	5.32	5.82	6.78	8.28	9.78	12.73	15.73
k	公称=max	1.10	1.40	1.80	2.00	2.40	2.60	3.30	3.9	5.0	6.0
	min	0.96	1.26	1.66	1.86	2.26	2.46	3.12	3.6	4.7	5.7
n	公称	0.4	0.5	0.6	0.8	1	1.2	1.2	1.6	2	2.5
	max	0.60	0.70	0.80	1.00	1.20	1.51	1.51	1.91	2.31	2.81
	min	0.46	0.56	0.66	0.86	1.06	1.26	1.26	1.66	2.06	2.56
r	min	0.10	0.10	0.10	0.10	0.10	0.20	0.20	0.25	0.40	0.40
t	min	0.45	0.60	0.70	0.85	1.00	1.10	1.30	1.60	2.00	2.40
w	min	0.40	0.50	0.70	0.75	1.00	1.10	1.30	1.60	2.00	2.40
x	max	0.90	1.00	1.10	1.25	1.50	1.75	2.00	2.50	3.20	3.80
l(范围)		2~16	3~20	3~25	4~30	5~35	5~40	6~50	8~60	10~80	12~80
l(系列)		2,(2.5),3,4,5,6,8,10,12,(14),16,20,25,30,35,40,45,50,(55),60,(65),70,(75),80									

注：1. P 为螺距。

2. 尽可能不采用括号内的规格。

附表 B-4 开槽沉头螺钉（摘自 GB/T 68—2016）开槽半沉头螺钉（摘自 GB/T 69—2016）

（单位：mm）

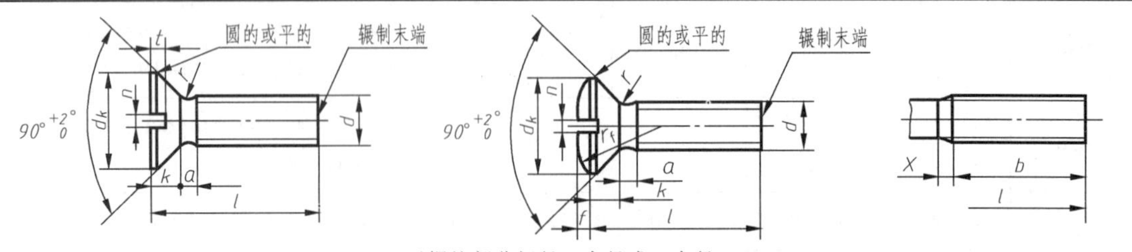

无螺纹部分杆径二中径或二大径

标记示例

螺纹规格 d=M5、公称长度 l=20mm、性能等级为 4.8 级、不经表面处理的 A 级开槽沉头螺钉：

螺钉 GB/T 68 M5×20

（续）

螺纹规格 d			M1.6	M2	M2.5	M3	M4	M5	M6	M8	M10
P			0.35	0.4	0.45	0.5	0.7	0.8	1	1.25	1.5
a	max		0.7	0.8	0.9	1	1.4	1.6	2	2.5	3
b	min		25				38				
d_k	理论值	max	3.6	4.4	5.5	6.3	9.4	10.4	12.6	17.3	20
	实际值	公称=max	3	3.8	4.7	5.5	8.4	9.3	11.3	15.8	18.3
		min	2.7	3.5	4.4	5.2	8.04	8.94	10.87	15.37	17.78
k	公称=max		1	1.2	1.5	1.65	2.7	2.7	3.3	4.65	5
n	公称		0.4	0.5	0.6	0.8	1.2	1.2	1.6	2	2.5
	min		0.46	0.56	0.66	0.86	1.26	1.26	1.66	2.06	2.56
	max		0.6	0.7	0.8	1	1.51	1.51	1.91	2.31	2.81
r	max		0.4	0.5	0.6	0.8	1	1.3	1.5	2	2.5
x	max		0.9	1	1.1	1.25	1.75	2	2.5	3.2	3.8
f	≈		0.4	0.5	0.6	0.7	1	1.2	1.4	2	2.3
r_f	≈		3	4	5	6	9.5	9.5	12	16.5	19.5
t	max	GB/T 68—2016	0.5	0.6	0.75	0.85	1.3	1.4	1.6	2.3	2.6
		GB/T 69—2016	0.8	1	1.2	1.45	1.9	2.4	2.8	3.7	4.4
	min	GB/T 68—2016	0.32	0.4	0.5	0.6	1	1.1	1.2	1.8	2
		GB/T 69—2016	0.64	0.8	1	1.2	1.6	2	2.4	3.2	3.8
l（范围）			2.5~16	3~20	4~25	5~30	6~40	8~50	8~60	10~80	12~80
l（系列）			2,2.5,3,4,5,6,8,10,12,(14),16,20,25,30,35,40,45,50,(55),60,(65),70,(75),80								

注：1. P 为螺距。

2. 公称长度 $l \leqslant 30$mm，而螺纹规格 d 在 M1.6~M3 的螺钉，应制出全螺纹；公称长度 $l \leqslant 45$mm，而螺纹规格 d 在 M4~M10 的螺钉也应制出全螺纹，$b=l-(k+a)$。

3. 尽可能不采用括号内的规格。

附表 B-5 开槽锥端紧定螺钉（摘自 GB/T 71—1985）开槽平端紧定螺钉（摘自 GB/T 73—2017）开槽长圆柱端紧定螺钉（摘自 GB/T 75—1985）

（单位：mm）

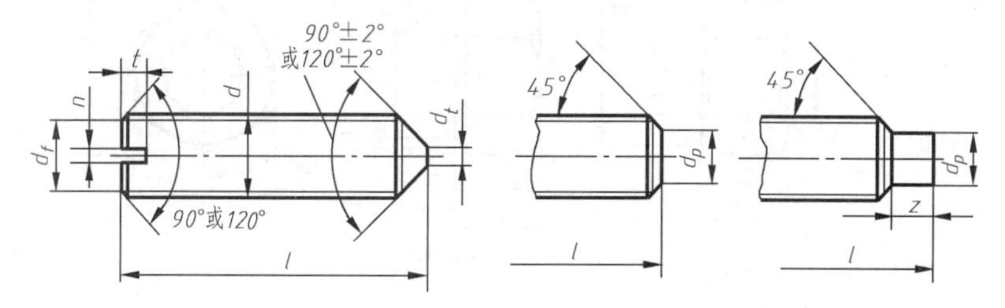

公称长度为短螺钉时，应制成 120°，不完整螺纹的长度 $u \leqslant 2P$

标记示例

螺纹规格 d=M5、公称长度 l=12mm、性能等级为 14H 级、表面氧化的开槽平端紧定螺钉：

螺钉 GB/T 73　M5×12

（续）

螺纹规格 d		M1.2	M1.6	M2	M2.5	M3	M4	M5	M6	M8	M10	M12
P		0.25	0.35	0.4	0.45	0.5	0.7	0.8	1	1.25	1.5	1.75
$d_f \approx$（GB/T 73—2017 为最大值）		螺纹小径										
d_t	min	—	—	—	—	—	—	—	—	—	—	—
	max	0.12	0.16	0.2	0.25	0.3	0.4	0.5	1.5	2	2.5	3
d_p	min	0.35	0.55	0.75	1.25	1.75	2.25	3.2	3.7	5.2	6.64	8.14
	max	0.6	0.8	1	1.5	2	2.5	3.5	4	5.5	7	8.5
n	公称	0.2	0.25	0.25	0.4	0.4	0.6	0.8	1	1.2	1.6	2
	min	0.26	0.31	0.31	0.46	0.46	0.66	0.86	1.06	1.26	1.66	2.06
	max	0.4	0.45	0.45	0.6	0.6	0.8	1	1.2	1.51	1.91	2.31
t	min	0.4	0.56	0.64	0.72	0.8	1.12	1.28	1.6	2	2.4	2.8
	max	0.52	0.74	0.84	0.95	1.05	1.42	1.63	2	2.5	3	3.6
z	min	—	0.8	1	1.2	1.5	2	2.5	3	4	5	6
	max	—	1.05	1.25	1.5	1.75	2.25	2.75	3.25	4.3	5.3	6.3
GB/T 71—1985	l(公称)	2~6	2~8	3~10	3~12	4~16	6~20	8~25	8~30	10~40	12~50	14~60
	l(短螺钉)	2	2~2.5	2~2.5	2~3	2~3	2~4	2~5	2~6	2~8	2~10	2~12
GB/T 73—2017	l(公称)	2~6	2~8	2~10	2.5~12	3~16	4~20	5~25	6~30	8~40	10~50	12~60
	l(短螺钉)	—	2	2~2.5	2~3	2~3	2~4	2~5	2~6	2~6	2~8	2~10
GB/T 75—1985	l(公称)	—	2.5~8	3~10	4~12	5~16	6~20	8~25	8~30	10~40	12~50	14~60
	l(短螺钉)	—	2~2.5	2~3	2~4	2~5	2~6	2~8	2~10	2~14	2~16	2~20
l（系列）		2,2.5,3,4,5,6,8,10,12,(14),16,20,25,30,35,40,45,50,(55),60										

注：1. 公称长度为商品规格尺寸。

2. 尽可能不采用括号内的规格，GB/T 73—2017 中，l（系列）中的数值 55 不加括号。

附表 B-6　1 型六角螺母—A 和 B 级（摘自 GB/T 6170—2015）　　（单位：mm）

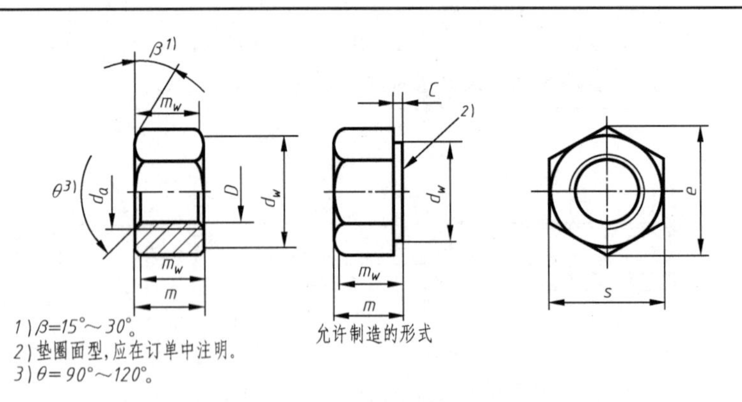

标记示例

螺纹规格 D=M16、性能等级为 10 级、不经表面处理、A 级的 1 型六角螺母：

螺母 GB/T 6170 M16

（续）

螺纹规格 D		M1.6	M2	M2.5	M3	M4	M5	M6	M8	M10	M12
P		0.35	0.4	0.45	0.5	0.7	0.8	1	1.25	1.5	1.75
c	max	0.20	0.20	0.30	0.40	0.40	0.50	0.50	0.60	0.60	0.60
	min	0.10	0.10	0.10	0.15	0.15	0.15	0.15	0.15	0.15	0.15
d_a	max	1.84	2.30	2.90	3.45	4.60	5.75	6.75	8.75	10.80	13.00
	min	1.60	2.00	2.50	3.00	4.00	5.00	6.00	8.00	10.00	12.00
d_w	min	2.40	3.10	4.10	4.60	5.90	6.90	8.90	11.60	14.60	16.60
e	min	3.41	4.32	5.45	6.01	7.66	8.79	11.05	14.38	17.77	20.03
m	max	1.30	1.60	2.00	2.40	3.20	4.70	5.20	6.80	8.40	10.80
	min	1.05	1.35	1.75	2.15	2.90	4.40	4.90	6.44	8.04	10.37
m_w	min	0.80	1.10	1.40	1.70	2.30	3.50	3.90	5.20	6.40	8.30
s	公称=max	3.20	4.00	5.00	5.50	7.00	8.00	10.00	13.00	16.00	18.00
	min	3.02	3.82	4.82	5.32	6.78	7.78	9.78	12.73	15.73	17.73

螺纹规格 D		M16	M20	M24	M30	M36	M42	M48	M56	M64
P		2	2.5	3	3.5	4	4.5	5	5.5	6
c	max	0.80	0.80	0.80	0.80	0.80	1.00	1.00	1.00	1.00
	min	0.20	0.20	0.20	0.20	0.20	0.30	0.30	0.30	0.30
d_a	max	17.30	21.60	25.90	32.40	38.90	45.40	51.80	60.50	69.10
	min	16.00	20.00	24.00	30.00	36.00	42.00	48.00	56.00	64.00
d_w	min	22.50	27.70	33.30	42.80	51.10	60.00	69.50	78.70	88.20
e	min	26.75	32.95	39.55	50.85	60.79	71.30	82.60	93.56	104.86
m	max	14.80	18.00	21.50	25.60	31.00	34.00	38.00	45.00	51.00
	min	14.10	16.90	20.20	24.30	29.40	32.40	36.40	43.40	49.10
m_w	min	11.30	13.50	16.20	19.40	23.50	25.90	29.10	34.70	39.30
s	公称=max	24.00	30.00	36.00	46.00	55.00	65.00	75.00	85.00	95.00
	min	23.67	29.16	35.00	45.00	53.80	63.10	73.10	82.80	92.80

注：P 为螺距。

附表 B-7 垫圈（摘自 GB/T 97.1—2002、GB/T 97.2—2002、GB/T 96.1—2002、GB/T 848—2002）（单位：mm）

平垫圈 A 级（GB/T 97.1—2002）平垫圈 倒角型 A 级（GB/T 97.2—2002）

大垫圈 A 级（GB/T 96.1—2002）小垫圈 A 级（GB/T 848—2002）

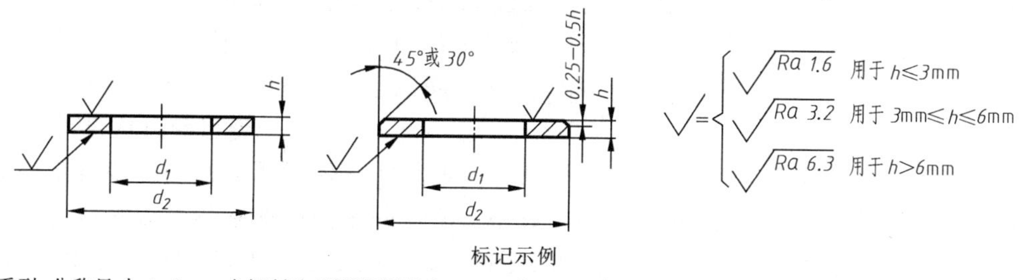

标记示例

标准系列、公称尺寸 d=8mm、由钢制造的硬度等级为 200HV 级、不经表面处理、产品等级为 A 级的平垫圈：

垫圈 GB/T 97.1 8

标准系列、公称尺寸 d=10mm 性能等级为 140HV 级、倒角型，不经表面处理、产品等级为 A 级的平垫圈：

垫圈 GB/T 97.2 10

（续）

公称直径 d（螺纹规格）		4	5	6	8	10	12	14	16	20	24	30	36
GB/T 97.1—2002（A级）	d_1	4.3	5.3	6.4	8.4	10.5	13	15	17	21	25	31	37
	d_2	9	10	12	16	20	24	28	30	37	44	56	66
	h	0.8	1	1.6	1.6	2	2.5	2.5	3	3	4	4	5
GB/T 97.2—2002（A级）	d_1	—	5.3	6.4	8.4	10.5	13	15	17	21	25	31	37
	d_2	—	10	12	16	20	24	28	30	37	44	56	66
	h	—	1	1.6	1.6	2	2.5	2.5	3	3	4	4	5
GB/T848—2002	d_1	4.3	5.3	6.4	8.4	10.5	13	15	17	21	25	31	37
	d_2	8	9	11	15	18	20	24	28	34	39	50	60
	h	0.5	1	1.6	1.6	1.6	2	2.5	2.5	3	4	4	5
GB/T96.1—2002	d_1	4.3	5.3	6.4	8.4	10.5	13	15	17	22	26	33	36
	d_2	12	15	18	24	30	37	44	50	60	72	92	110
	h	1	1.2	1.6	2	2.5	3	3	3	4	5	6	8

注：1. A级适用于精装配系列。

2. 材料为钢的垫圈，A级，机械性能等级有140HV、200HV、300HV。

附表 B-8 标准垫圈（摘自 GB/T 93—1987、GB/T 859—1987） （单位：mm）

标准弹簧垫圈（GB/T 93—1987）　　轻型标准弹簧垫圈（GB/T 859—1987）

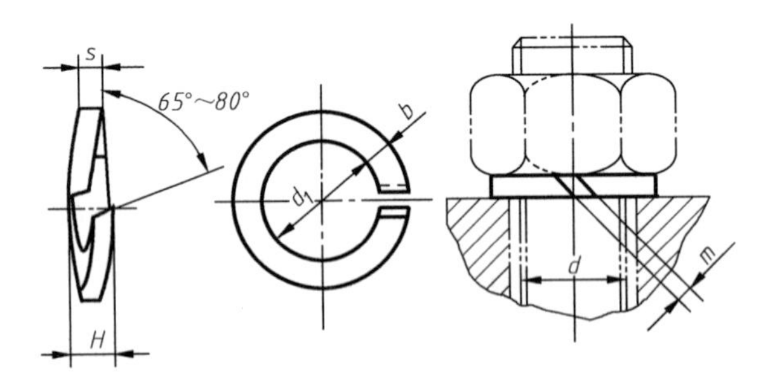

标记示例

标记示例：

公称直径16、材料为65Mn、表面氧化的标准弹簧垫圈：垫圈 GB/T 93 16

公称直径 d（螺纹规格）			4	5	6	8	10	12	16	20	24	30
d_1			4.1	5.1	6.1	8.1	10.2	12.2	16.2	20.2	30.5	30.5
GB/T 93—1987	s	公称	1.1	1.3	1.6	2.1	2.6	3.1	4.1	5	6	7.5
		min	1	1.2	1.5	2	2.45	2.95	3.9	4.8	5.8	7.2
		max	1.2	1.4	1.7	2.2	2.75	3.25	4.3	5.2	6.2	7.8
	b	公称	1.1	1.3	1.6	2.1	2.6	3.1	4.1	5	6	7.5
		min	1	1.2	1.5	2	2.45	2.95	3.9	4.8	5.8	7.2
		max	1.2	1.4	1.7	2.2	2.75	3.25	4.3	5.2	6.2	7.8
	H	min	2.2	2.6	3.2	4.2	5.2	6.2	8.2	10	12	15
		max	2.75	3.25	4	5.25	6.5	7.75	10.25	12.5	15	18.75
	m	max	0.55	0.65	0.8	1.05	1.3	1.55	2.05	2.5	3	3.75

（续）

公称直径 d（螺纹规格）			4	5	6	8	10	12	16	20	24	30
GB/T 859—1987	s	公称	0.8	1.1	1.3	1.6	2	2.5	3.2	4	5	6
		min	0.7	1	1.2	1.5	1.9	2.35	3	3.8	4.8	5.8
		max	0.9	1.2	1.4	1.7	2.1	2.65	3.4	4.2	5.2	6.2
	b	公称	1.2	1.5	2	2.5	3	3.5	4.5	5.5	7	9
		min	1.1	1.4	1.9	2.35	2.85	3.3	4.3	5.3	6.7	8.7
		max	1.3	1.6	2.1	2.65	3.15	3.7	4.7	5.7	7.3	9.3
	H	min	1.2	1.6	2.2	2.6	3.2	4	5	6.4	8	10
		max	1.5	2	2.75	3.25	4	5	6.25	8	10	12.5
	m	max	0.4	0.55	0.65	0.8	1	1.25	1.6	2	2.5	3

附录 C 平 键

附表 C-1 键和键槽的剖面尺寸（摘自 GB/T 1095—2003） （单位：mm）

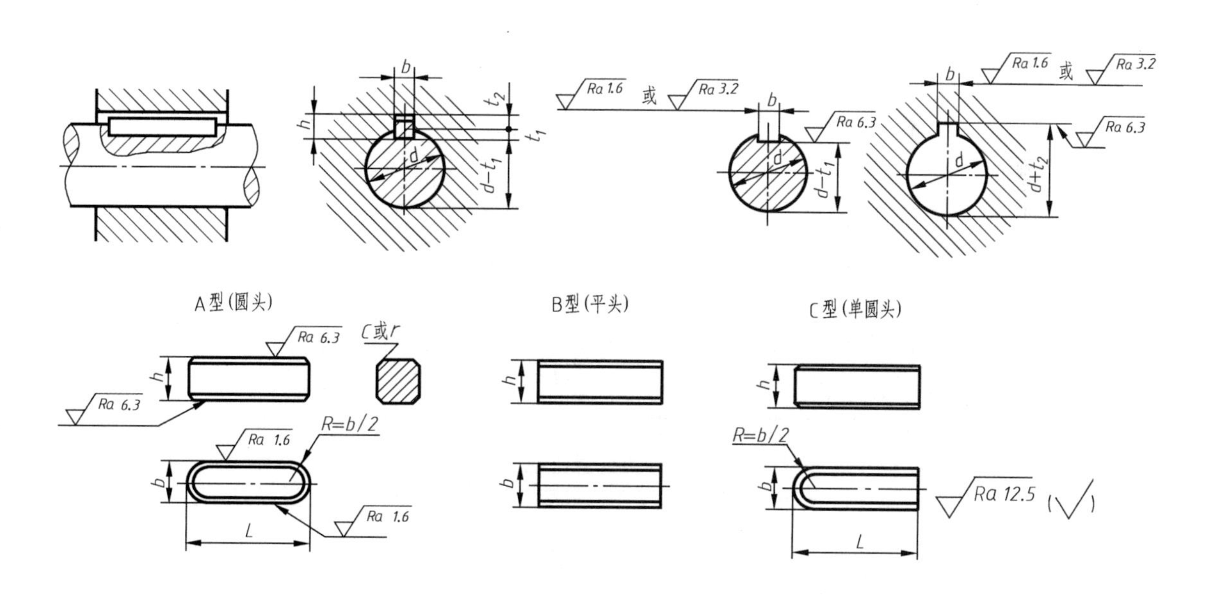

标记示例

$b=12$，$h=8$，$L=60$，圆头普通平键（A 型）：键 12×8×60

$b=12$，$h=8$，$L=60$，平头普通平键（B 型）：键 B12×8×60

$b=12$，$h=8$，$L=60$，单圆头普通平键（C 型）：键 C12×8×60

（续）

键尺寸 $b \times h$	键槽											
	宽度 b						深度				半径 r	
	基本尺寸	极限偏差					轴 t_1		毂 t_2			
		正常联结		紧密联结	松联结		基本尺寸	极限偏差	基本尺寸	极限偏差		
		轴 N9	毂 Js9	轴和毂 P9	轴 H9	毂 D10					min	max
2×2	2	-0.004 -0.029	±0.0125	-0.006 -0.031	+0.025 0	+0.060 +0.020	1.2	+0.1 0	1.0	+0.1 0	0.08	0.16
3×3	3						1.8		1.4			
4×4	4	0 -0.030	±0.015	-0.012 -0.042	+0.030 0	+0.078 +0.030	2.5		1.8			
5×5	5						3.0		2.3		0.16	0.25
6×6	6						3.5		2.8			
8×7	8	0 -0.036	±0.018	-0.015 -0.051	+0.036 0	+0.098 +0.040	4.0	+0.2 0	3.3	+0.2 0		
10×8	10						5.0		3.3		0.25	0.40
12×8	12	0 -0.043	±0.0215	-0.018 -0.061	+0.043 0	+0.120 +0.050	5.0		3.3			
14×9	14						5.5		3.8			
16×10	16						6.0		4.3			
18×11	18						7.0		4.4			
20×12	20	0 -0.052	±0.026	-0.022 -0.074	+0.052 0	+0.149 +0.065	7.5		4.9		0.40	0.60
22×14	22						9.0		5.4			
25×14	25						9.0		5.4			
28×16	28						10.0		6.4			
32×18	32	0 -0.062	±0.031	-0.026 -0.088	+0.062 0	+0.180 +0.080	11.0		7.4			
36×20	36						12.0	+0.3 0	8.4	+0.3 0	0.70	1.00
40×22	40						13.0		9.4			
45×25	45						15.0		10.4			
50×28	50						17.0		11.4			
56×32	56	0 -0.074	±0.037	-0.032 -0.106	+0.074 0	+0.220 +0.120	20.0		12.4		1.20	1.60
63×32	63						20.0		12.4			
70×36	70						22.0		14.4			
80×40	80						25.0		15.4		2.00	2.50
90×45	90	0 -0.087	±0.0435	-0.037 -0.124	+0.087 0	+0.260 +0.120	28.0		17.4			
100×50	100						31.0		19.5			

注：1. 在工作图中，轴槽深用（$d-t_1$）或 t_1 标注，轮毂槽深用（$d+t_2$）标注，这两组尺寸的偏差按相应的 t_1 和 t_2 的极限偏差选取。（$d-t_1$）的极限偏差值应取负号（-）。

2. 键的极限偏差宽（b）用 $h9$；高（h）用 $h11$；长（L）用 $h14$。平键的轴槽长度公差用 H14。

3. 长度（L）系列为：6、8、10、12、14、16、18、20、22、25、28、32、36、40、45、50、56、63、70、80、90、100、110、125、140、160、180、200、220、250、280、320、360、400、450、500。

附录D　销

附表 D-1　圆柱销（摘自 GB/T 119.1—2000、GB/T 119.2—2000）　（单位：mm）

圆柱销　不淬硬钢和奥氏体不锈钢(GB/T 119.1—2000)圆柱销　淬硬钢和马氏体不锈钢(GB/T 119.2—2000)

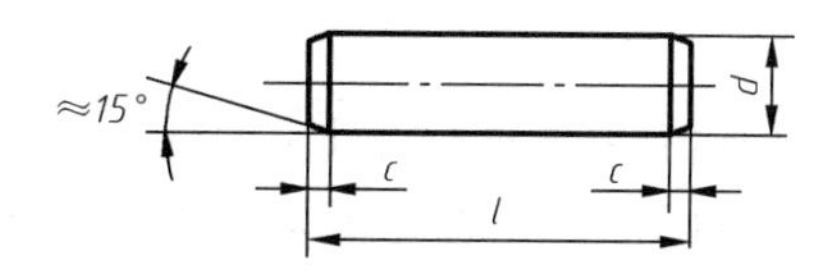

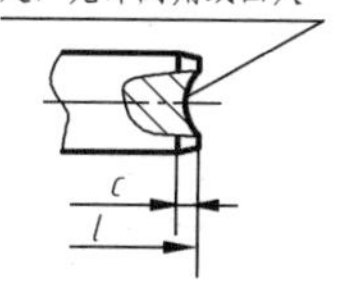

标记示例

公称直径 $d=8$、公差为 m6、公称长度 $l=30$、材料为钢、不经淬火、不经表面处理的圆柱销：

销　GB/T 119.1　8m6×30

公称直径 $d=6$、公差为 m6、公称长度 $l=30$、材料为钢、普通淬火(A 型)、表面氧化处理的圆柱销：

销　GB/T 119.2　6×30

$d_{公称}$		2	3	4	5	6	8	10
$c\approx$		0.35	0.5	0.63	0.80	1.20	1.60	2.00
l 范围	GB/T 119.1—2000	6~20	8~30	8~40	10~50	12~60	14~80	18~95
	GB/T 119.2—2000	6~20	8~30	10~40	12~50	14~60	18~80	22~100
$d_{公称}$		12	16	20	25	30	40	50
$c\approx$		2.50	3.00	3.50	4.00	5.00	6.30	8.00
l 范围	GB/T 119.1—2000	22~140	26~180	35~200	50~200	60~200	80~200	95~200
	GB/T 119.2—2000	26~100	40~100	50~100	—	—	—	—
l 系列		6~32(按 2 递增)、35~100(按 5 递增)、120~200(按 20 递增)						

注：1. GB/T 119.1—2000 规定圆柱销的公称直径 $d=0.6\sim50$mm，公称长度 $l=2\sim200$mm，公差有 m6 和 h8。
GB/T 119.2—2000 规定圆柱销的公称直径 $d=1\sim20$mm，公称长度 $l=3\sim200$mm，公差仅有 m6。
2. GB/T 119.1—2000 公差 m6：$Ra\leq0.8\mu m$，公差 h8：$Ra\leq1.6\mu m$。GB/T 119.2—2000 $Ra\leq0.8\mu m$。

附表 D-2　圆锥销（摘自 GB/T 117—2000）　（单位：mm）

A型(磨削)

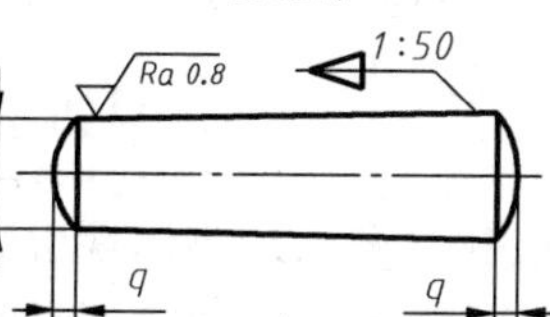

B型(切削或冷镦)

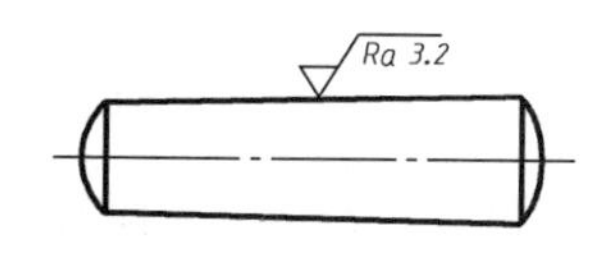

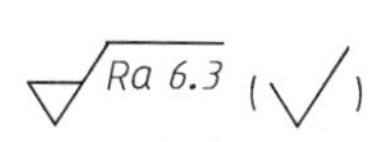

标记示例

公称直径 $d=10$，长度 $l=60$，材料为 35 钢，热处理硬度为 28~38HRC，表面氧化处理的 A 型圆锥销。

其标记为：销 GB/T 117　10×60

$d_{公称}$	0.6	0.8	1	1.2	1.5	2	2.5	3	4	5
$a\approx$	0.08	0.1	0.12	0.16	0.2	0.25	0.3	0.4	0.5	0.63
l 范围	4~8	5~12	6~16	6~20	8~24	10~35	10~35	12~45	14~55	18~60
$d_{公称}$	6	8	10	12	16	20	25	30	40	50
$a\approx$	0.8	1.0	1.2	1.6	2.0	2.5	3.0	4.0	5.0	6.3
l 范围	22~90	22~120	26~160	32~180	40~200	45~200	50~200	55~200	60~200	65~200
l 系列	2,3,4,5,6~32(按 2 递增)、35~100(按 5 递增)、120~200(按 20 递增)									

附录 E 滚动轴承

附表 E-1 深沟球轴承（摘自 GB/T 276—2016）

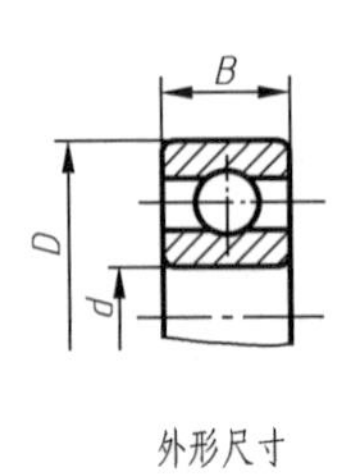

外形尺寸

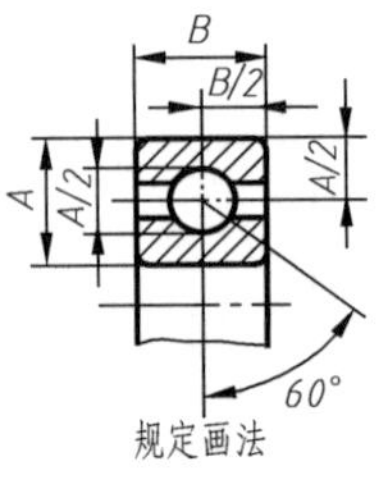

规定画法

标记示例：
滚动轴承 6012 GB/T 276—2016

轴承型号		外形尺寸/mm			轴承型号		外形尺寸/mm		
		d	D	B			d	D	B
(0)1 尺寸系列	6004	20	42	12	(0)3 尺寸系列	6304	20	52	15
	6005	25	47	12		6305	25	62	17
	6006	30	55	13		6306	30	72	19
	6007	35	62	14		6307	35	80	21
	6008	40	68	15		6308	40	90	23
	6009	45	75	16		6309	45	100	25
	6010	50	80	16		6310	50	110	27
	6011	55	90	18		6311	55	120	29
	6012	60	95	18		6312	60	130	31
	6013	65	100	18		6313	65	140	33
	6014	70	110	20		6314	70	150	35
	6015	75	115	20		6315	75	160	37
	6016	80	125	22		6316	80	170	39
	6017	85	130	22		6317	85	180	41
	6018	90	140	24		6318	90	190	43
	6019	95	145	24		6319	95	200	45
	6020	100	150	24		6320	100	215	47
(0)2 尺寸系列	6204	20	47	14	(0)4 尺寸系列	6404	20	72	19
	6205	25	52	15		6405	25	80	21
	6206	30	62	16		6406	30	90	23
	6207	35	72	17		6407	35	100	25
	6208	40	80	18		6408	40	110	27
	6209	45	85	19		6409	45	120	29
	6210	50	90	20		6410	50	130	31
	6211	55	100	21		6411	55	140	33
	6212	60	110	22		6412	60	150	35
	6213	65	120	23		6413	65	160	37
	6214	70	125	24		6414	70	180	42
	6215	75	130	25		6415	75	190	45
	6216	80	140	26		6416	80	200	48
	6217	85	150	28		6417	85	210	52
	6218	90	160	30		6418	90	225	54
	6219	95	170	32		6419	95	240	55
	6220	100	180	34		6420	100	250	58

附录 F　常用零件结构要素

附表 F-1　零件倒圆与倒角（摘自 GB/T 6403.4—2008）　　（单位：mm）

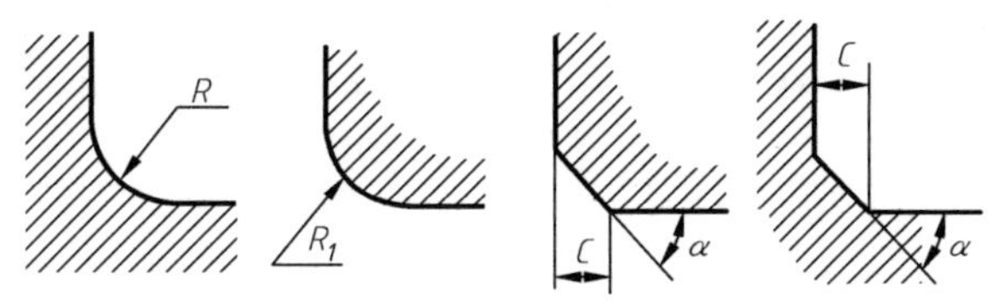

α 一般采用 45°，也可采用 30°或 60°

与直径 ϕ 相对应的倒角 C、倒圆 R 的推荐值

ϕ	≤3	>3~6	>6~10	>10~18	>18~30	>30~50	>50~80	>80~120	>120~180
C 或 R	0.2	0.4	0.6	0.8	1.0	1.6	2.0	2.5	3.0

内角倒角、外角倒圆时 C 的最大值 C_{max} 与 R_1 的关系

R_1	0.3	0.4	0.5	0.6	0.8	1.0	1.2	1.6	2.0	2.5	3.0	4.0
C_{max}	0.1	0.2	0.2	0.3	0.4	0.5	0.6	0.8	1.0	1.2	1.6	2.0

附表 F-2　砂轮越程槽（摘自 GB/T 6403.5—2008）　　（单位：mm）

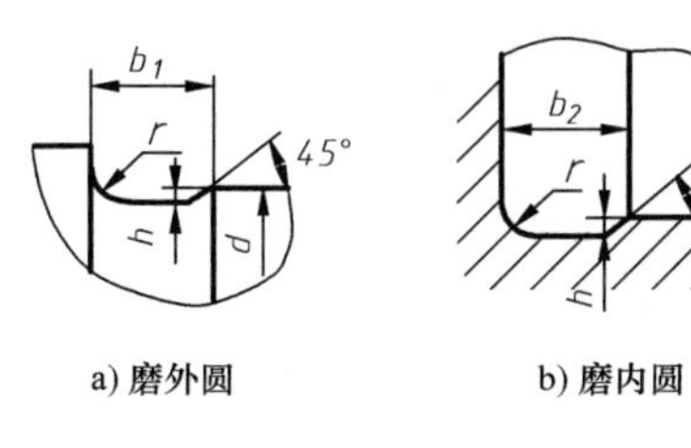

a) 磨外圆　　b) 磨内圆

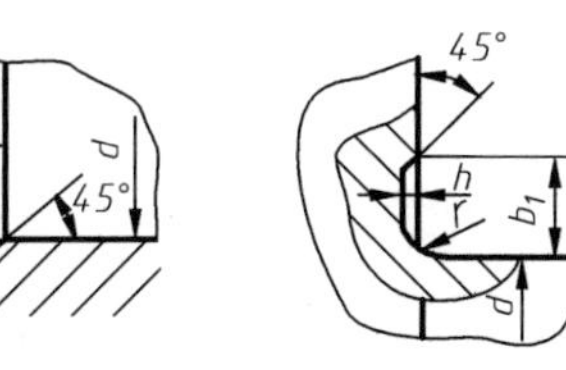

c) 磨外端面

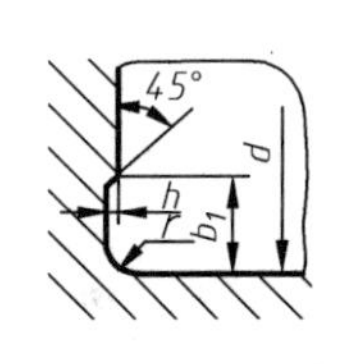

d) 磨内端面

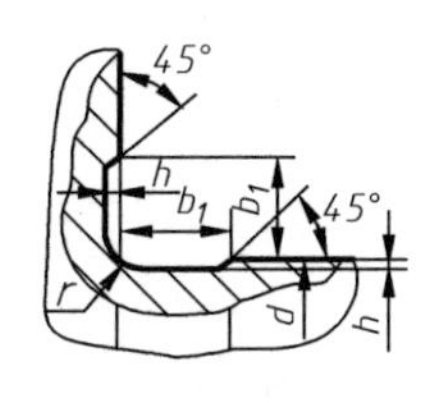

e) 磨外圆及端面

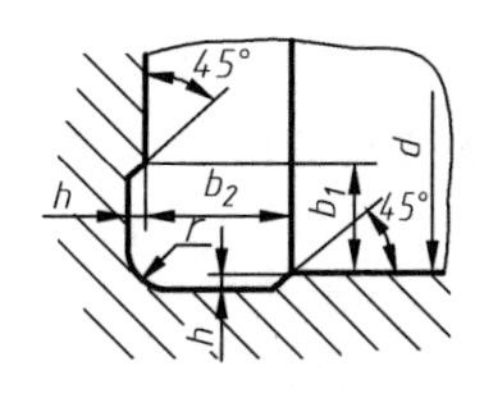

f) 磨内圆及端面

<table>
<tr><td>b_1</td><td>0.6</td><td>1.0</td><td>1.6</td><td>2.0</td><td>3.0</td><td>4.0</td><td>5.0</td><td>8.0</td><td>10</td></tr>
<tr><td>b_2</td><td>2.0</td><td colspan="2">3.0</td><td colspan="2">4.0</td><td colspan="2">5.0</td><td>8.0</td><td>10</td></tr>
<tr><td>h</td><td>0.1</td><td colspan="2">0.2</td><td>0.3</td><td colspan="2">0.4</td><td>0.6</td><td>0.8</td><td>1.2</td></tr>
<tr><td>r</td><td>0.2</td><td colspan="2">0.5</td><td>0.8</td><td colspan="2">1.0</td><td>1.6</td><td>2.0</td><td>3.0</td></tr>
<tr><td>d</td><td colspan="2">≤10</td><td colspan="2">>10~50</td><td colspan="2">>50~100</td><td colspan="3">>100</td></tr>
</table>

注：1. 越程槽内二直线相交处，不允许产生尖角。
　　2. 越程槽深度 h 与圆弧半径 r 要满足 $r \leqslant 3h$。

附录G 极限与配合

附表 G-1 标准公差数值（摘自 GB/T 1800.1—2009）

公称尺寸/mm		标准公差等级										
		IT1	IT2	IT3	IT4	IT5	IT6	IT7	IT8	IT9	IT10	IT11
大于	至	μm										
—	3	0.8	1.2	2	3	4	6	10	14	25	40	60
3	6	1	1.5	2.5	4	5	8	12	18	30	48	75
6	10	1	1.5	2.5	4	6	9	15	22	36	58	90
10	18	1.2	2	3	5	8	11	18	27	43	70	110
18	30	1.5	2.5	4	6	9	13	21	33	52	84	130
30	50	1.5	2.5	4	7	11	16	25	39	62	100	160
50	80	2	3	5	8	13	19	30	46	74	120	190
80	120	2.5	4	6	10	15	22	35	54	87	140	220
120	180	3.5	5	8	12	18	25	40	63	100	160	250
180	250	4.5	7	10	14	20	29	46	72	115	185	290
250	315	6	8	12	16	23	32	52	81	130	210	320
315	400	7	9	13	18	25	36	57	89	140	230	360
400	500	8	10	15	20	27	40	63	97	155	250	400

公称尺寸/mm		标准公差等级						
		IT12	IT13	IT14	IT15	IT16	IT17	IT18
大于	至	mm						
—	3	0.1	0.14	0.25	0.4	0.6	1	1.4
3	6	0.12	0.18	0.3	0.48	0.75	1.2	1.8
6	10	0.15	0.22	0.36	0.58	0.9	1.5	2.2
10	18	0.18	0.27	0.43	0.7	1.1	1.8	2.7
18	30	0.21	0.33	0.52	0.84	1.3	2.1	3.3
30	50	0.25	0.39	0.62	1	1.6	2.5	3.9
50	80	0.3	0.46	0.74	1.2	1.9	3	4.6
80	120	0.35	0.54	0.87	1.4	2.2	3.5	5.4
120	180	0.4	0.63	1	1.6	2.5	4	6.3
180	250	0.46	0.72	1.15	1.85	2.9	4.6	7.2
250	315	0.52	0.81	1.3	2.1	3.2	5.2	8.1
315	400	0.57	0.89	1.4	2.3	3.6	5.7	8.9
400	500	0.63	0.97	1.55	2.5	4	6.3	9.7

附表 G-2　轴的极限偏差数值（根据 GB/T 1800.2—2009）　　（单位：μm）

公称尺寸/mm	公差带代号													
	c	d	f			g		h						
	11	9	6	7	8	6	7	6	7	8	9	10	11	12
>0~3	-60 -120	-20 -45	-6 -12	-6 -16	-6 -20	-2 -8	-2 -12	0 -6	0 -10	0 -14	0 -25	0 -40	0 -60	0 -100
>3~6	-70 -145	-30 -60	-10 -18	-10 -22	-10 -28	-4 -12	-4 -16	0 -8	0 -12	0 -18	0 -30	0 -48	0 -75	0 -120
>6~10	-80 -170	-40 -76	-13 -22	-13 -28	-13 -35	-5 -14	-5 -20	0 -9	0 -15	0 -22	0 -36	0 -58	0 -90	0 -150
>10~18	-95 -205	-50 -93	-16 -27	-16 -34	-16 -43	-6 -17	-6 -24	0 -11	0 -18	0 -27	0 -43	0 -70	0 -110	0 -180
>18~30	-110 -240	-65 -117	-20 -33	-20 -41	-20 -53	-7 -20	-7 -28	0 -13	0 -21	0 -33	0 -52	0 -84	0 -130	0 -210
>30~40	-120 -280	-80 -142	-25 -41	-25 -50	-25 -64	-9 -25	-9 -34	0 -16	0 -25	0 -39	0 -62	0 -100	0 -160	0 -250
>40~50	-130 -290													
>50~65	-140 -330	-100 -174	-30 -49	-30 -60	-30 -76	-10 -29	-10 -40	0 -19	0 -30	0 -46	0 -74	0 -120	0 -190	0 -300
>65~80	-150 -340													
>80~100	-170 -399	-120 -207	-36 -58	-36 -71	-36 -90	-12 -34	-12 -47	0 -22	0 -35	0 -54	0 -87	0 -140	0 -220	0 -350
>100~120	-180 -400													
>120~140	-200 -450													
>140~160	-210 -460	-145 -245	-43 -68	-43 -83	-43 -106	-14 -39	-14 -54	0 -25	0 -40	0 -63	0 -100	0 -160	0 -250	0 -400
>160~180	-230 -480													
>180~200	-240 -530													
>200~225	-260 -550	-170 -285	-50 -79	-50 -96	-50 -122	-15 -44	-15 -61	0 -29	0 -46	0 -72	0 -115	0 -185	0 -290	0 -460
>225~250	-280 -570													
>250~280	-300 -620	-190 -320	-56 -88	-56 -108	-56 -137	-17 -49	-17 -69	0 -32	0 -52	0 -81	0 -130	0 -210	0 -320	0 -520
>280~315	-330 -650													
>315~355	-360 -720	-210 -350	-62 -98	-62 -119	-62 -151	-18 -54	-18 -75	0 -36	0 -57	0 -89	0 -140	0 -230	0 -360	0 -570
>355~400	-400 -760													

（续）

公称尺寸/mm	公差带代号													
	j	js	k		m		n		p		r	s	t	u
	7	6	6	7	6	7	6	7	6	7	6	6	6	6
>0～3	+6 −4	±3	+6 0	+10 0	+8 +2	+12 +2	+10 +4	+14 +4	+12 +6	+16 +6	+16 +10	+20 +14	—	+24 +18
>3～6	+8 −4	±4	+9 +1	+13 +1	+12 +4	+16 +4	+16 +8	+20 +8	+20 +12	+24 +12	+23 +15	+27 +19	—	+31 +23
>6～10	+10 −5	±4.5	+10 +1	+16 +1	+15 +6	+21 +6	+19 +10	+25 +10	+24 +15	+30 +15	+28 +19	+32 +23	—	+37 +28
>10～18	+12 −6	±5.5	+12 +1	+19 +1	+18 +7	+25 +7	+23 +12	+30 +12	+29 +18	+36 +18	+34 +23	+39 +28	—	+44 +33
>18～24	+13 −8	±6.5	+15 +2	+23 +2	+21 +8	+29 +8	+28 +15	+36 +15	+35 +22	+43 +22	+41 +28	+48 +35	—	+54 +41
>24～30													+54 +41	+61 +48
>30～40	+15 −10	±8	+18 +2	+27 +2	+25 +9	+34 +9	+33 +17	+42 +17	+42 +26	+51 +26	+50 +34	+59 +43	+64 +48	+76 +60
>40～50													+70 +54	+86 +70
>50～65	+18 −12	±9.5	+21 +2	+32 +2	+30 +11	+41 +11	+39 +20	+50 +20	+51 +32	+62 +32	+60 +41	+72 +53	+85 +66	+106 +87
>65～80											+62 +43	+78 +59	+94 +75	+121 +102
>80～100	+20 −15	±11	+25 +3	+38 +3	+35 +13	+48 +13	+45 +23	+58 +23	+59 +37	+72 +37	+73 +51	+93 +71	+113 +91	+146 +124
>100～120											+76 +54	+101 +79	+126 +104	+166 +144
>120～140	+22 −18	±12.5	+28 +3	+43 +3	+40 +15	+55 +15	+52 +27	+67 +27	+68 +43	+83 +43	+88 +63	+117 +92	+147 +122	+195 +170
>140～160											+90 +65	+125 +100	+159 +134	+215 +190
>160～180											+93 +68	+133 +108	+171 +146	+235 +210
>180～200	+25 −21	±14.5	+33 +4	+50 +4	+46 +17	+63 +17	+60 +31	+77 +31	+79 +50	+96 +50	+106 +77	+151 +122	+195 +166	+265 +236
>200～225											+109 +80	+159 +130	+209 +180	+287 +258
>225～250											+113 +84	+169 +140	+225 +196	+313 +284
>250～280	±26	±16	+36 +4	+56 +4	+52 +20	+72 +20	+66 +34	+86 +34	+88 +56	+108 +56	+126 +94	+190 +158	+250 +218	+347 +315
>280～315											+130 +98	+202 +170	+272 +240	+382 +350
>315～355	+29 −28	±18	+40 +4	+61 +4	+57 +21	+78 +21	+73 +37	+94 +37	+98 +62	+119 +62	+144 +108	+226 +190	+304 +268	+426 +390
>355～400											+150 +114	+224 +208	+330 +294	+471 +435

附表 G-3 孔的极限偏差数值（根据 GB/T 1800.2—2009）　　（单位：μm）

公称尺寸/mm	公差带代号													
	A	B	C	D	E	F		G	H					
	11	12	11	9	8	8	9	7	6	7	8	9	10	11
>0~3	+330 +270	+240 +140	+120 +60	+45 +20	+28 +14	+20 +6	+31 +6	+12 +2	+6 0	+10 0	+14 0	+25 0	+40 0	+60 0
>3~6	+345 +270	+260 +140	+145 +70	+60 +30	+38 +20	+28 10	+40 +10	+16 +4	+8 0	+12 0	+18 0	+30 0	+48 0	+75 0
>6~10	+370 +280	+300 +150	+170 +80	+76 +40	+47 +25	+35 +13	+49 +13	+20 +5	+9 0	+15 0	+22 0	+36 0	+58 0	+90 0
>10~18	+400 +290	+330 +150	+205 +95	+93 +50	+59 +32	+43 +16	+59 +16	+24 +6	+11 0	+18 0	+27 0	+43 0	+70 0	+110 0
>18~24	+430 +300	+370 +160	+240 +110	+117 +65	+73 +40	+53 +20	+72 +20	+28 +7	+13 0	+21 0	+33 0	+52 0	+84 0	+130 0
>24~30														
>30~40	+470 +310	+420 +170	+280 +120	+142 +80	+89 +50	+64 +25	+87 +25	+34 +9	+16 0	+25 0	+39 0	+62 0	+100 0	+160 0
>40~50	+480 +320	+430 +180	+290 +130											
>50~65	+530 +340	+490 +190	+330 +140	+174 +100	+106 +60	+76 +30	+104 +30	+40 +10	+19 0	+30 0	+46 0	+74 0	+120 0	+190 0
>65~80	+550 +360	+500 +200	+340 +150											
>80~100	+600 +380	+570 +220	+390 +170	+207 +120	+126 +72	+90 +36	+123 +36	+47 +12	+22 0	+35 0	+54 0	+87 0	+140 0	+220 0
>100~120	+630 +410	+590 +240	+400 +180											
>120~140	+710 +460	+660 +260	+450 +200	+245 +145	+148 +85	+106 +43	+143 +43	+54 +14	+25 0	+40 0	+63 0	+100 0	+160 0	+250 0
>140~160	+770 +520	+680 +280	+460 +210											
>160~180	+830 +580	+710 +310	+480 +230											
>180~200	+950 +660	+800 +340	+530 +240	+285 +170	+172 +100	+122 +50	+165 +50	+61 +15	+29 0	+46 0	+72 0	+115 0	+185 0	+290 0
>200~225	+1030 +740	+840 +380	+550 +260											
>225~250	+1110 +820	+880 +420	+570 +280											
>250~280	+1240 +920	+1000 +480	+620 +300	+320 +190	+191 +110	+137 +56	+186 +56	+69 +17	+32 0	+52 0	+81 0	+130 0	+210 0	+320 0
>280~315	+1370 +1050	+1060 +540	+650 +330											
>315~355	+1560 +1200	+1170 +600	+720 +360	+350 +210	+214 +125	+151 +62	+202 +62	+75 +18	+36 0	+57 0	+89 0	+140 0	+230 0	+360 0
>355~400	+1710 +1350	+1250 +680	+760 +400											

（续）

公称尺寸/mm	公差带代号													
	H	JS		K		M		N		P	R	S	T	U
	12	7	8	7	8	7	8	7	8	7	7	7	7	7
>0~3	+100 0	±5	±7	0 -10	0 -11	-2 -12	-2 -16	-4 -14	-4 -18	-6 -16	-10 -20	-14 -24	—	-18 -28
>3~6	+120 0	±6	±9	+3 -9	+5 -13	0 -12	+2 -16	-4 -16	-2 -20	-8 -20	-11 -23	-15 -27	—	-19 -31
>6~10	+150 0	±7	±11	+5 -10	+6 -16	0 -15	+1 -21	-4 -19	-3 -25	-9 -24	-13 -28	-17 -32	—	-22 -37
>10~18	+180 0	±9	±13	+6 -12	+8 -19	0 -18	+2 -25	-5 -23	-3 -30	-11 -29	-16 -34	-21 -39	—	-26 -44
>18~24	+210 0	±10	±16	+6 -15	+10 -23	0 -21	+4 -29	-7 -28	-3 -36	-14 -35	-20 -41	-27 -48	—	-33 -54
>24~30													-33 -54	-40 -61
>30~40	+250 0	±12	±19	+7 -18	+12 -27	0 -25	+5 -34	-8 -33	-3 -42	-17 -42	-25 -50	-34 -59	-39 -64	-51 -76
>40~50													-45 -70	-61 -86
>50~65	+300 0	±15	±23	+9 -21	+14 -32	0 -30	+5 -41	-9 -39	-4 -50	-21 -51	-30 -60	-42 -72	-55 -85	-76 -106
>65~80											-32 -62	-48 -78	-64 -94	-91 -121
>80~100	+350 0	±17	±27	+10 -25	+16 -38	0 -35	+6 -48	-10 -45	-4 -58	-24 -59	-38 -73	-58 -93	-78 -113	-111 -146
>100~120											-41 -76	-66 -101	-91 -126	-131 -166
>120~140	+400 0	±20	±31	+12 -28	+20 -43	0 -40	+8 -55	-12 -52	-4 -67	-28 -68	-48 -88	-77 -117	-107 -147	-155 -195
>140~160											-50 -90	-85 -125	-110 -159	-175 -215
>160~180											-53 -93	-93 -133	-131 -171	-195 -235
>180~200	+460 0	±23	±36	+13 -33	+22 -50	0 -46	+9 -63	-14 -60	-5 -77	-33 -79	-60 -106	-105 -151	-149 -195	-219 -265
>200~225											-63 -109	-113 -159	-163 -209	-241 -287
>225~250											-67 -113	-123 -169	-179 -225	-267 -313
>250~280	+520 0	±26	±40	+16 -36	+25 -56	0 -52	+9 -72	-14 -66	-5 -86	-36 -88	-74 -126	-138 -190	-198 -250	-295 -347
>280~315											-78 -130	-150 -202	-220 -272	-330 -382
>315~355	+570 0	±28	±44	+17 -40	+28 -61	0 -57	+11 -78	-16 -73	-5 -94	-41 -98	-87 -144	-169 -226	-247 -304	-369 -426
>355~400											-93 -150	-187 -244	-273 -330	-414 -471

参考文献

[1] 李华，李锡蓉. 机械制图项目化教程［M］. 北京：机械工业出版社，2017.

[2] 冯开平，左宗义. 画法几何与机械制图［M］. 2版. 广州：华南理工大学出版社，2007.

[3] 樊宁，何培英. 典型机械零部件表达方法350例［M］. 北京：化学工业出版社，2019.

[4] 唐克中，郑镁. 画法几何及工程制图［M］. 5版. 北京：高等教育出版社，2017.

[5] 王丹虹，宋洪侠，陈霞. 现代工程制图［M］. 2版. 北京：高等教育出版社，2019.

[6] 王成刚，赵奇平，崔汉国，等. 工程图学简明教程［M］. 4版. 武汉：武汉理工大学出版社，2014.

[7] 丁一，梁宁. 机械制图［M］. 2版. 重庆：重庆大学出版社，2016.